土建类高职高专创新型规划教材

建筑力学

主编 张小娜　朱学佳
主审 杨　斌
参编 （以拼音为序）
郦俊伍　申启飞　王凤波
徐　昕　张国平　张　莉
张　敏

东南大学出版社
·南京·

内 容 提 要

本教材是民办本科、高职高专土建及工程管理类规划教材，是在综合以往高职高专力学教材的经验基础上，结合近几年来高职高专学生培养方案的变化，努力做了不少修改。

本书内容包括四个部分，第一部分为静力学，包括力的基本性质和相关概念、平面汇交力系的合成与平衡、平面力偶系的合成与平衡以及平面任意力系的合成与平衡。第二部分为材料力学，包括材料力学的任务及基本概念、轴向拉伸或压缩、剪切和挤压、扭转、弯曲、组合变形和压杆稳定。第三部分为结构力学，包括结构力学的研究对象及结构的计算简图、结构的几何组成分析、静定结构的内力计算、静定结构的位移计算、力法、位移法和多层多跨刚架的近似计算。第四部分为建筑力学实验，突出理论性与实践性的结合。

本书可作为高职高专、成人高校等建筑工程、道路与桥梁、水利工程等土木工程专业的教材，也可作为广大自学者及相关专业工程技术人员的参考用书。

图书在版编目(CIP)数据

建筑力学 / 张小娜，朱学佳主编. —南京：东南大学出版社，2011.8(2017.8 重印)
土建类高职高专创新型规划教材
ISBN 978-7-5641-2819-7

Ⅰ.①建… Ⅱ.①张… ②朱… Ⅲ.①建筑力学—高等职业教育—教材 Ⅳ.①TU311

中国版本图书馆 CIP 数据核字(2011)第 102631 号

建筑力学

出版发行：东南大学出版社
社　　址：南京市四牌楼 2 号　邮编：210096
出 版 人：江建中
责任编辑：史建农　戴坚敏
网　　址：http://www.seupress.com
电子邮件：press@seupress.com
经　　销：全国各地新华书店
印　　刷：常州市武进第三印刷有限公司
开　　本：787mm×1 092mm　1/16
印　　张：20
字　　数：512 千字
版　　次：2011 年 8 月第 1 版
印　　次：2017 年 8 月第 5 次印刷
书　　号：ISBN 978-7-5641-2819-7
印　　数：10001～11000
定　　价：39.50 元

序

东南大学出版社以国家2010年要制定、颁布和启动实施教育规划纲要为契机，联合国内部分高职高专院校于2009年5月在东南大学召开了高职高专土建类系列规划教材编写会议，并推荐产生教材编写委员会人员。会上，大家达成共识，认为高职高专教育最核心的使命是提高人才培养质量，而提高人才培养质量要从教师的质量和教材的质量两个角度着手。在教材建设上，大会认为高职高专的教材要与实际相结合，要把实践做好，把握好过程，不能通用性太强，专业性不够；要对人才的培养有清晰的认识；要弄清高职院校服务经济社会发展的特色类型与标准。这是我们这次会议讨论教材建设的逻辑起点。同时，对于高职高专院校而言，教材建设的目标定位就是要凸显技能，摒弃纯理论化，使高职高专培养的学生更加符合社会的需要。紧接着在10月份，编写委员会召开第二次会议，并规划出第一套突出实践性和技能性的实用型优质教材；在这次会议上大家对要编写的高职高专教材的要求达成了如下共识：

一、教材编写应突出“高职、高专”特色

高职高专培养的学生是应用型人才，因而教材的编写一定要注重培养学生的实践能力，对基础理论贯彻“实用为主，必需和够用为度”的教学原则，对基本知识采用广而不深、点到为止的教学方法，将基本技能贯穿教学的始终。在教材的编写中，文字叙述要力求简明扼要、通俗易懂，形式和文字等方面要符合高职教育教和学的需要。要针对高职高专学生抽象思维能力弱的特点，突出表现形式上的直观性和多样性，做到图文并茂，以激发学生的学习兴趣。

二、教材应具有前瞻性

教材中要以介绍成熟稳定的、在实践中广泛应用的技术和以国家标准为主，同时介绍新技术、新设备，并适当介绍科技发展的趋势，使学生能够适应未来技术进步的需要。要经常与对口企业保持联系，了解生产一线的第一手资料，随时更新教材中已经过时的内容，增加市场迫切需求的新知识，使学生在毕业时能够适合企业的要求。坚决防止出现脱离实际和知识陈旧的问题。在内容安排上，要考虑高职教育的特点。理论的阐述要限于学生掌握技能的需要，不要囿于理论上的推导，要运用形象化的语言使抽象的理论易于为学生认识和掌握。对于实践性内容，要突出操作步骤，要满足学生自学和参考的需要。在内容的选择上，要注意反映生产与社会实践中的实际问题，做到有前瞻性、针对性和科学性。

三、理论讲解要简单实用

将理论讲解简单化，注重讲解理论的来源、出处以及用处，以最通俗的语言告诉学生所学的理论从哪里来用到哪里去，而不是采用烦琐的推导。参与教材编写的人员都具有丰富的课堂教学经验和一定的现场实践经验，能够开展广泛的社会调查，能够做到理论联系实际，并且强化案例教学。

四、教材重视实践与职业挂钩

教材的编写紧密结合职业要求，且站在专业的最前沿，紧密地与生产实际相连，与相关专业的市场接轨，同时，渗透职业素质的培养。在内容上注意与专业理论课衔接和照应，把握两者之间的内在联系，突出各自的侧重点。学完理论课后，辅助一定的实习实训，训练学生实践技能，并且教材的编写内容与职业技能证书考试所要求的有关知识配套，与劳动部门颁发的技能鉴定标准衔接。这样，在学校通过课程教学的同时，可以通过职业技能考试拿到相应专业的技能证书，为就业做准备，使学生的课程学习与技能证书的获得紧密相连，相互融合，学习更具目的性。

在教材编写过程中，由于编著者的水平和知识局限，可能存在一些缺陷，恳请各位读者给予批评斧正，以便我们教材编写委员会重新审定，再版的时候进一步提升教材质量。

本套教材适用于高职高专院校土建类专业，以及各院校成人教育和网络教育，也可作为行业自学的系列教材及相关专业用书。

高职高专土建系列规划教材编审委员会

2010 年 1 月于南京

前　言

《建筑力学》是高职高专建筑工程类专业的主干课程之一，本书按照高职教学高职高专人才的培养目标及教育的特点，结合编者多年从事教学的经验编写而成，以现行建筑结构设计规范和工程实践为依据，以高职高专教学需要和学生自主学习为出发点，更好地体现教育教学改革的要求，编写了这本简单、易懂、实用的教材。

本书可作为高职高专、成人高校等建筑工程、道路与桥梁、水利工程等土木工程专业的教材，也可作为广大自学者及相关专业工程技术人员的参考用书。本书内容包括四个部分，第一部分为静力学，包括力的基本性质和相关概念、平面汇交力系的合成与平衡、平面力偶系的合成与平衡以及平面任意力系的合成与平衡。第二部分为材料力学，包括材料力学的任务及基本概念、轴向拉伸或压缩、剪切和挤压、扭转、弯曲、组合变形和压杆稳定。第三部分为结构力学，包括结构力学的研究对象及结构的计算简图、结构的几何组成分析、静定结构的内力计算、静定结构的位移计算、力法、位移法和多层多跨刚架的近似计算。第四部分为建筑力学实验，突出理论性与实践性的结合。

本书由黄河科技学院、紫琅职业技术学院、昆山登云科技职业学院、安徽新华学院、无锡南洋职业技术学院、金肯职业技术学院和钟山职业技术学院的老师共同编写。

全书由张小娜、朱学佳主编并统稿。其中，张小娜编写第 1、15、20 章，张敏编写第 2、3、4、5 章，徐昕编写第 6、9、12 章，朱学佳编写第 7、8 章，郦俊伍编写第 10、11 章，张莉编写第 13、14 章，申启飞编写第 16、17 章，张国平编写第 18 章，王凤波编写第 19 章。全书由杨斌主审。

本书在编写过程中参考了大量的文献资料，在此向原作者表示衷心的感谢。由于编者水平有限，书中难免有不足之处，敬请各位同仁和读者批评指正。

编　者

2010 年 12 月

目　录

第一篇　静　力　学

第二篇　材料力学

第三篇　结构力学

第四篇　建筑力学实验

1 绪　论

学习目标：了解建筑力学的概念及研究对象和任务；了解刚体、变性固体及三大基本假设；掌握约束的概念及约束的分类，掌握荷载的类别；了解如何学好建筑力学。

1.1 建筑力学的研究对象及任务

1.1.1 什么是建筑力学

建筑力学是建筑工程专业的一门重要的技术基础课，也是力学的重要组成部分。力学从历史上可以追溯到公元前 287—212 年阿基米德发现的浮力和杠杆原理。自 18 世纪以来，力学得以不断发展，其基本理论日臻完善，并在工程实际中得到了广泛的应用，也因此造就了许多如牛顿、爱因斯坦等伟大的科学家。20 世纪以来，随着科学技术及计算机技术的迅猛发展，产生了许多新的力学分支，使得力学成为目前发展最活跃的学科之一。

建筑力学是由静力学、材料力学与结构力学中的主要内容，按照相近、相似内容集于一处的原则，重新整合成的一门综合学科。建筑力学主要是将力学原理应用于建筑工程实际的技术学科，为建筑工程专业的学生进一步学习专业课奠定基础，并在学生们整个知识结构与能力结构的构筑过程中起着相当大的作用，因此大家在学习的过程中一定要重视。

1.1.2 建筑力学的研究对象

人们在改善生活和征服自然、改造自然的活动中，经常要利用各种建筑材料建造各种各样的建筑物和构筑物，如常见的宿舍楼、教学楼、商场、体育馆之类的人们直接在内部进行生产、生活、娱乐的建筑就属于建筑物，而堤坝、烟囱、蓄水池等人们不直接在内部进行一系列活动的就属于构筑物，这些构筑物和建筑物又称为建筑结构，简称结构。结构在建筑物中起着承受和传递荷载的骨架作用。而完整的结构又是由许多单一的构件所组成的，如教学楼作为整体结构，是由梁、板、柱等许多构件所组成的。

建筑工程中的结构根据其几何特征的不同可分为杆件结构、薄壁结构、实体结构。

杆件结构是由若干杆件按照一定的方式连接起来组合而成的体系。杆件的几何特征是横截面的高、宽两个方向的尺寸要比杆件的长度小得多。如房屋结构中的钢筋混凝土框架或钢框架(图 1-1(a))，南京长江大桥等大跨度钢桁架桥等(图 1-1(b))。

薄壁结构也称板壳结构，这类结构由薄壁构件组成，它的厚度要比长度和宽度小得多。当它是由若干块薄板所构成时称为薄板结构或折板结构，如楼板、水池等，如图 1-2(a)所示；当它具有曲面或球面外形时称为薄壳结构，如图 1-2(b)所示。

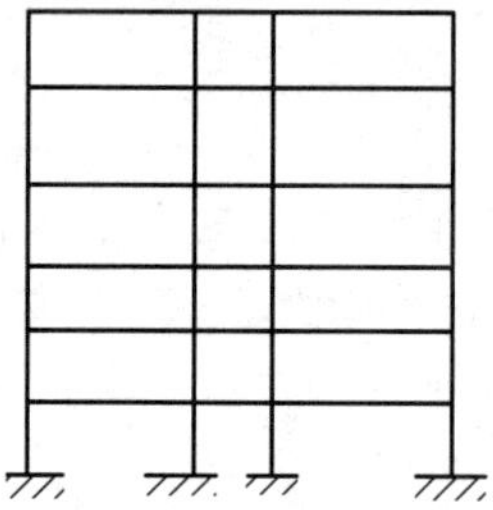

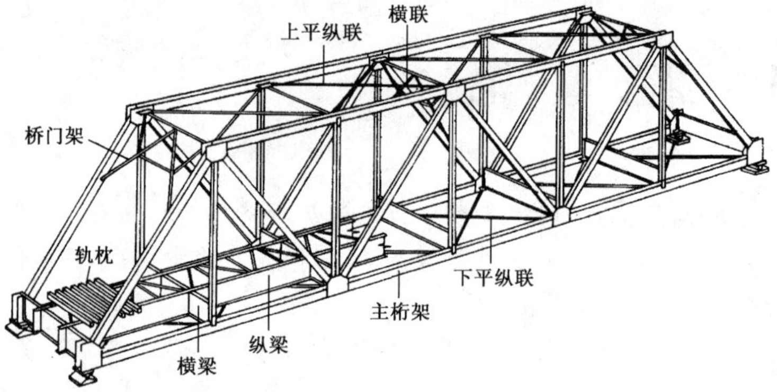

(a)　　　　(b)

图 1-1　房屋框架结构和钢桁架桥简图

实体结构也称块状结构，这类结构本身可看作是一个实体构件或由若干实体构件组成的。它的几何特征是呈块状的，长、宽、高三个方向的尺寸大体相近，且内部大多为实体，例如挡土墙、重力坝、基础等，如图 1.2(c)所示。

(a) 板　　(b) 壳　　(c) 水坝

图 1-2

建筑力学的主要研究对象就是杆件以及由杆件所组成的杆件结构。

1.1.3　建筑力学的主要任务

一栋建筑物要能够安全工作，从而保证满足人们生产、生活、娱乐、学习等多方面的要求。任何结构在满足人们要求的过程中，会受到来自各方面的作用，如学生坐在教室里就对教学楼有作用，通过重力的形式施加在教学楼上；还有像组成教学楼的各个构件也对教学楼有作用，这样的作用也经常被称为荷载，整个教学楼就受到了许多荷载的作用。在许多荷载的作用下，组成结构的每一个杆件必须有足够的能力来担负起所承受的荷载，具有抵抗变形和破坏的能力，这就需要综合构件的材料性质、截面的几何尺寸和形状、受力性质、工作情况和构造情况等，因此为了安全，需要对结构进行认真设计。在设计过程中，若其他条件一定，截面尺寸设计得过小，构件所受的荷载就大于它自身的承载能力，结构就会不安全；若截面尺寸设计得过大，就会浪费，所以需要讨论和研究建筑结构及构件在荷载或其他因素作用下的工作状况，具体归纳为以下几个方面：

(1) 力系的简化和力系的平衡问题

力是物体间的相互作用，力系是指作用在物体上的一群力，任何物体在力的作用下都将发生不同程度的变形,如梁柱受力后将产生弯曲和压缩变形。如果在其中的某个力作用下所产生的变形对物体的平衡问题影响甚小,常略去不计,因此可用简单的力系代替复杂的力系,从而可大大简化计算,这就是力系的简化问题。

力系的平衡是指物体相对地球静止或做匀速直线运动的状况。

(2) 强度问题

强度指的是构件在荷载作用下抵抗破坏的能力,构件在荷载作用下应能正常工作而不被破坏。构件应有足够的强度,因为构件若发生强度不足引起的破坏,轻者使构件不能正常工作,严重者将发生如飞机坠毁、轮船沉没、桥梁折断、房屋倒塌等事故,造成人员伤亡、财产损失,甚至带来严重灾难。

(3) 刚度问题

刚度指的是构件在荷载作用下抵抗变形的能力。一个结构或构件在荷载作用下,尽管有足够的强度,但如果变形过大,也会影响正常的使用。如厂房中的吊车梁,变形过大将会影响吊车的正常行驶;房屋中的檩条变形过大,会引起屋面漏水;跳水比赛中的跳水板,如果在受到运动员力的作用之后,变形过大,不能恢复,那可想而知绝对会影响运动员水平的正常发挥。

(4) 稳定问题

稳定指的是杆件在荷载作用下保持其原有平衡状态的能力。有些构件,如建筑工程中的细长的柱子,在受压时,从安全考虑的话,工程中要求它们始终保持直线的平衡形态。可是如果压力过大,达到某一数值时,压杆将由直线平衡形态变为曲线平衡形态,这种现象称为压杆失稳。失稳往往是突然发生而造成严重的工程事故,如 19 世纪末,瑞士的孟希大因大桥,20 世纪初加拿大的魁北克大桥,都是由于桥架受压弦杆失稳,使大桥突然坍塌。因此,对压杆来说,满足稳定性的要求是其正常工作必不可少的条件。

(5) 研究几何组成规则

研究几何组成规则的目的是为了能够设计出在外荷载的作用下能够正常工作的结构,稳固的结构,能够在外荷载的作用下保持不发生相对运动,能够维持自己的形状和位置不变。

(6) 超静定结构的内力分析问题

超静定结构是指利用静力分析的方法不能求出整个结构的全部内力以及支反力的结构。超静定结构的建筑在工程实际中越来越多,与静定结构相比,超静定结构具有很多方面的优势,比如受力更加均匀、变形幅度更小。另外,超静定结构的内力分析方法有很多,如力法、位移法、力矩分配法、分层法、反弯点法等。

1.2 刚体、变形固体及其基本假设

建筑力学的研究对象是杆件及由杆件所组成的杆件结构,杆件或杆件结构受到很多荷载的作用,从而产生变形,并存在着发生破坏的可能性。为了方便分析和研究问题,往往将建筑力学的研究对象抽象化为两种计算模型:刚体模型和理想变形固体模型。

1.2.1 刚体

刚体是受力作用而不变形的物体。实际上,任何物体受力作用都发生或大或小的变形,

但在一些力学研究问题中，物体变形这一因素与所研究的问题无关，或对所研究的问题影响甚微，这时就可以不考虑物体的变形，将物体视为刚体，从而使所研究的问题得以简化。

也就是说，在微小变形情况下，变形因素对求解平衡问题和求解内力问题的影响甚微。因此，研究平衡问题和求解内力问题时，可将物体视为刚体，即研究这些问题时将物体视为刚体模型。

1.2.2 变形固体及其三大基本假设

组成结构的构件是由多种多样的固体材料制成的，如钢铁、混凝土、砖石等，它们的共同特征是在外力作用下均会发生变形。为了简化计算，在研究平衡问题和求解内力问题时，可将物体视为刚体。然而为解决构件的强度、刚度、稳定性问题，需要研究构件在外力作用下的内力、应力及变形的问题，此时就不能将物体整体看成刚体，而应将组成构件的固体材料视为可变形固体。并且在进行理论分析时，为使问题得到简化，对组成变形固体的材料性质做了以下常说的三大基本假设：

连续性假设 认为组成固体的物质毫无空隙地充满了固体的体积，即固体在其整个体积内是连续的。实际可变形固体内部不同程度地存在着气孔、杂质等缺陷，但其与构件尺寸相比极微小，可忽略不计。根据此假设，当把某些力学量视为固体内点的坐标的函数时，对这些量就可以进行坐标增量为无限小的极限分析，并应用高等数学中如微分和积分等分析方法进行分析。

均匀性假设 认为材料内部各部分的力学性质完全相同，因此，在研究构件时，可取构件内部任意的或大或小的部分作为研究对象。

各向同性假设 认为在固体内任一点处，沿该点的各个方向都具有相同的材料性质，即材料的性质与方向无关。符合该假设的材料称为各向同性材料，如钢材、铸铁、玻璃、混凝土等。也有一些材料沿固体内任一点的各个方向具有不同的材料性质，称为各向异性材料，如木材、复合材料等。本教材中只研究各向同性材料。

理想的变形固体指的就是完全符合连续性假设、均匀性假设、各向同性假设的变形固体。

需要注意的是，无论是刚体还是理想变形固体，都是为简化计算针对所研究的问题的性质，略去一些次要因素，保留对问题起决定性作用的主要因素，而抽象化形成的理想体，它们在生活和生产实践中并不存在，但解决力学问题时，它们是必不可少的理想化的力学模型。

1.3 约束与约束力

如果一个物体不受任何限制，可以在空间自由运动，例如可以在空中自由飞行的飞机、炮弹等，称为自由体；反之，如果一个物体受到一定的限制，使其在空间沿某些方向的运动成为不可能，例如绳子悬挂下的重物、地面上的建筑物、沿轨道行驶的火车等，称为非自由体。对于建筑力学来说，主要研究的就是非自由体的运动和受力，因为工程结构如果不受到某种限制，便不能承受荷载以满足各种需要。

在力学中，把这种事先对于物体的运动所施加的限制条件称为约束。约束是以物体相互接触的方式构成的，构成约束的周围物体称为约束。例如沿轨道行驶的车辆，轨道事先限制车辆的运动，轨道就是车辆的约束；摆动的单摆，绳子就是单摆的约束；在房屋建筑中，柱子是大梁的约束，基础是柱子的约束等。

约束与被约束的物体间的作用，主要是通过它们之间的相互接触，以相互作用力的形式表现出来的，通常把研究对象受到的约束对它施加的力称为约束反力，简称约束力或反力。由于约束限制了物体某些方向的运动，故约束反力的方向与其所能限制的物体运动方向相反。因此分析约束反力的时候，就可以通过对物体的运动趋势加以分析，从而判断约束反力的方向。为区别起见，凡能主动使物体运动或使物体有运动趋势的力，称为主动力，在工程上也称为荷载，如重力、水压力、土压力等。

实际工程上的物体，一般同时受到主动力和约束反力的作用。对它们进行力学分析，主要是分析这两方面的力。通常主动力是已知的，约束反力是未知的，所以问题的关键在于正确地分析约束反力。一般条件下，根据约束的性质只能判断约束反力的作用点位置或作用力方向。约束反力的大小要根据作用在物体上的已知力以及物体的运动状态来确定。应用这个原则可以确定约束反力的性质。

工程中约束种类很多，为了分析方便，我们将工程中常见的约束理想化，归纳为以下几种。

(1) 柔索约束

柔索约束指的是由张紧的柔绳、链条、胶带等物体形成的约束。由于柔索只能拉物体，不能压物体，故柔索约束只能限制物体在柔索受拉方向的运动，而不能限制物体沿其他方向的运动，所以柔性约束的约束反力只能是作用在物体的连接点上的拉力，即约束反力的作用线沿着柔索中心线，方向沿柔索中心线背离被约束体的拉力，用 F_T 表示，如图 1-3 所示。

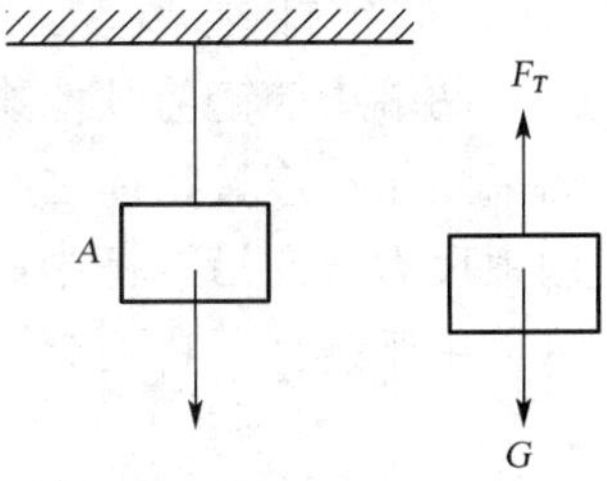

图 1-3

图 1-3 为一受柔索约束的物体 A，物体 A 所受的约束力 F_T 如图中所示，拉力 F_T 的方向是沿柔索背离物体 A。

(2) 光滑接触面约束

两个相互接触的物体，如果略去接触面间的摩擦，就可以认为它们之间的接触面就是光滑接触面。由光滑接触面所形成的约束，称为光滑接触面约束。

这种约束无论光滑接触面的形状如何，都不能限制物体沿光滑接触面的相对滑动，只能限制物体沿光滑面的公法线而指向光滑面的运动。所以光滑面的约束反力通过接触点，其方向沿着光滑面的公法线而指向物体(为压力)，约束反力方向已知，大小待求。这种约束反力通常用 N 表示，如图 1-4 和图 1-5 所示。

图 1-4 和图 1-5 给出了光滑接触面约束的例子。图 1-4 中圆盘属于被约束的非自由体，它与接触面间光滑接触，约束反力沿接触面法线指向圆盘中心；图 1-5 中杆件与接触面有三个接触位置，约束反力分别沿着接触面的公法线而指向物体。

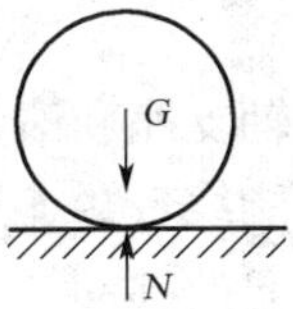

图 1-4

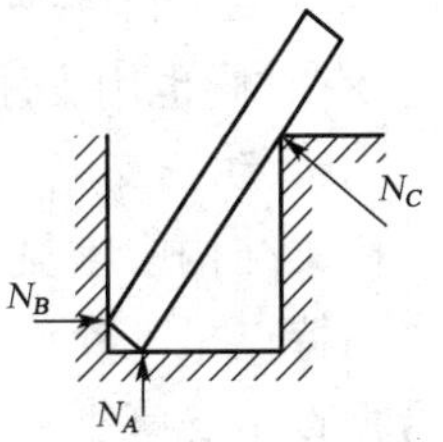

图 1-5

(3) 光滑铰链约束

在两个构件上分别钻上直径相同的圆孔，再

将一直径略小于孔径的圆柱形销钉插入两物体的孔中连接起来(图 1-6(a)),略去相互间的摩擦,便形成了光滑铰链约束,简称铰链约束,或更简单地称为铰链、铰(图 1-6(b)),简化图示如图 1-6(c)所示。

这类约束的特点是只能阻止构件彼此之间沿孔径方向的相对移动,但不能阻止构件绕销钉做相对转动。由于圆柱销钉与圆孔实质是光滑面接触约束,如图 1-6(d)所示,因此约束反力应是通过接触点、沿公法线指向物体。然而由于接触面位置难以确定,因此约束反力的方向也不能预先确定。所以,圆柱铰链的约束反力是在垂直于销钉周线的平面内,通过铰链中心而方向未定的压力。这种约束反力往往通过用相正交的两个力表示,如该圆柱铰链为 C 铰,则可将该约束反力分解为 F_{Cx} 和 F_{Cy} 来表示,如图 1-6(e)所示。

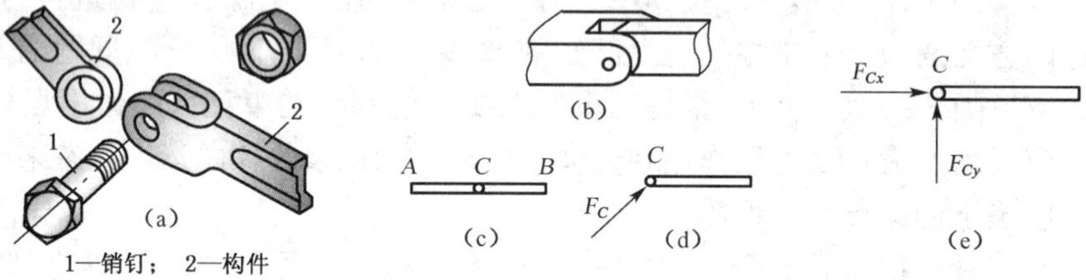

图 1-6

(4) 链杆约束

两端用铰链与其他物体相连且中间不受力的自重可以忽略的刚性杆件称为链杆。链杆约束阻止被连接物体之间沿链杆轴向方向的相对运动,却不能阻止其他方向的运动,因此其约束反力方向沿链杆中心线方向,通过两端的铰接点,或为压力,或为拉力,该力用 F_N 表示。由于链杆只在两铰链铰接点处受力,因此链杆也称为二力杆,如图 1-7 所示。

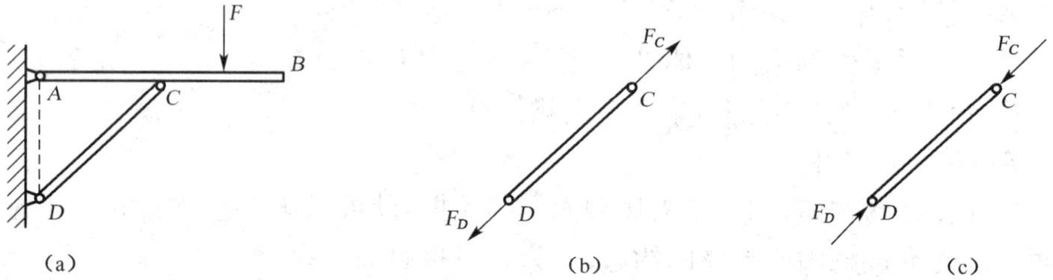

图 1-7

(5) 支座约束

将结构与基础或其他支承物相联系,用来固定结构位置的装置称为支座。在工程结构中,支座对结构有约束作用,约束作用以约束力来体现,在约束解除后,其作用以约束反力来表示,有时候也用支座反力或支反力来表示。在建筑结构中常见的支座形式有以下几类:

① 活动铰支座

桥梁结构中常见的辊轴支座和滚动支座都是活动铰支座的实例。如图 1-8 所示,这种支座的特点是既允许结构能绕铰 A 转动,又允许结构沿支承面有微量的移动,但限制了铰 A 沿垂直于支座支承面方向的移动。因此,在忽略支承面上摩擦力的影响下,支座反力 F_A 将通过铰 A 的中心并垂直于支承面,即支座反力 F_A 的方向和作用点都是确定的,只是大小未知。根据上述特征，在后面杆件结构分析的计算简图中，这种支座也常用一根链杆 AB 来表示，原因是与该链杆相连的结构不仅可绕铰 A 转动，而且当链杆绕铰 B 作微小转动时，结构也可在垂直于链杆的方向作微小移动。

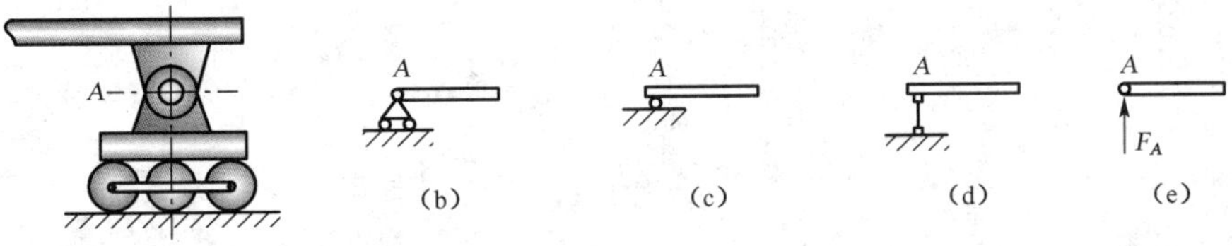

图 1-8

在实际结构中，凡符合或近似符合上述约束条件的支撑装置，都可取为活动铰支座，也称链杆支座。

② 固定铰支座

固定铰支座对结构的约束特征是：结构可以绕铰 A 转动，但沿水平和竖向的移动受到限制，如图 1-9(a)模型和图 1-9(b)计算简图所示。此时支座反力 F_A 仍通过铰 A 的中心，但其大小和方向均为未知。通常可将反力 F_A 分解为水平和竖向的分力 F_{Ax} 和 F_{Ay}，如图 1-9(c) 所示，计算时较为方便。根据这种支座的位移和受力特点，在计算简图中常用交于 A 点的两根链杆或一个光滑圆柱铰链来表示，如图 1-9(b)所示。

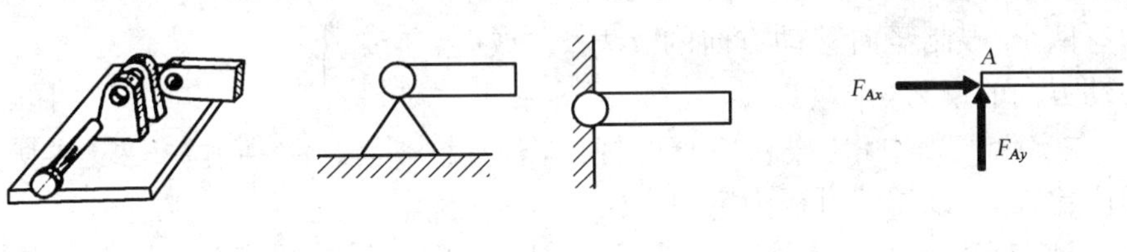

图 1-9

在实际工程中，凡属于不能移动但可以作微小转动的支承结构，都可视为固定铰支座。例如，插入杯口基础中的钢筋混凝土预制柱，当杯口中用沥青麻刀填充缝隙时，则柱子与基础的连接可视为固定铰支座，如图 1-10 所示。

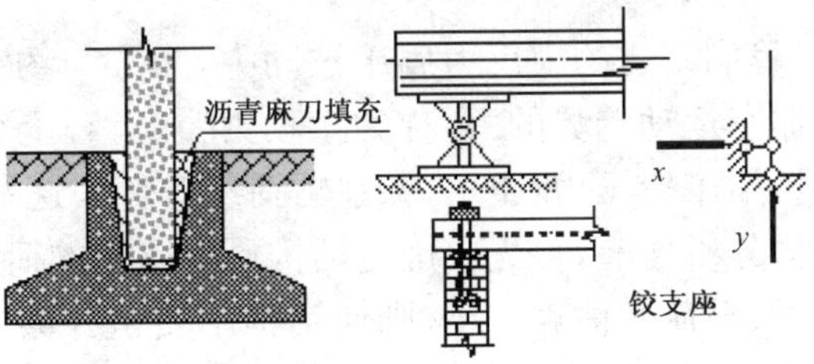

图 1-10

③ 固定支座

固定支座的特点是：结构与支座相连接的 A 处，既不能发生转动，也不能发生水平和竖向的移动，如图 1-11(a)所示。这种支座的计算简图如图 1-11(b)所示，其约束反力通常可用反力矩 M_A 和水平及竖向分反力 F_{Ax}、F_{Ay} 来表示，如图 1-11(c)所示。

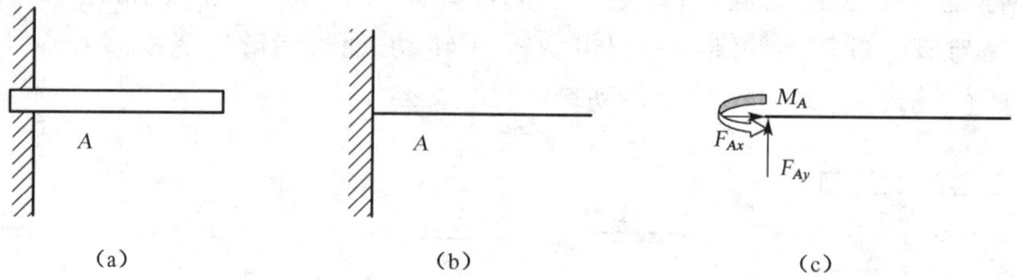

图 1-11

在实际结构中，凡嵌入墙身的杆件嵌入部分有足够的长度，以致使杆端不能有任何移动和转动时，该端就可视为固定支座。又如插入杯口基础足够深度的钢筋混凝土预制柱，杯口内用细石混凝土填充，则柱子受到基础给它的约束作用就可视为固定支座，如图 1-12 所示。

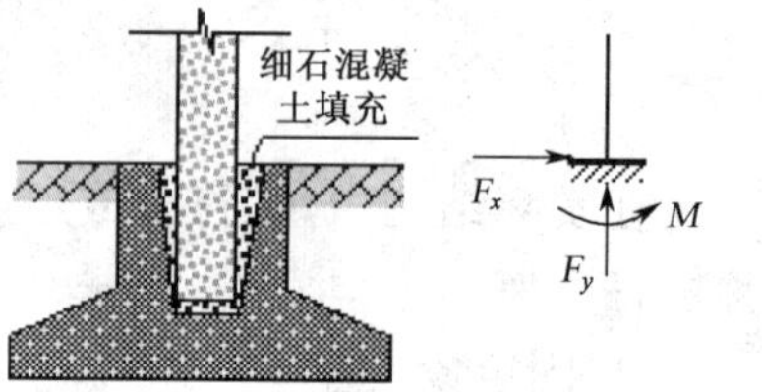

图 1-12 固定端支座

④ 滑动支座

滑动支座能限制结构的转动和沿垂直于滑动面方向上的移动，但允许结构在接触面上有滑动的自由，往往可用两根平行且垂直于支承面的链杆来表示，这类滑动支座的约束和受力特征如图 1-13 所示。相应的支座反力有两个：限制竖向移动方向的反力 F_{Ay} 或 F_{Ax} 和限制转动方向的反力矩 M_A。

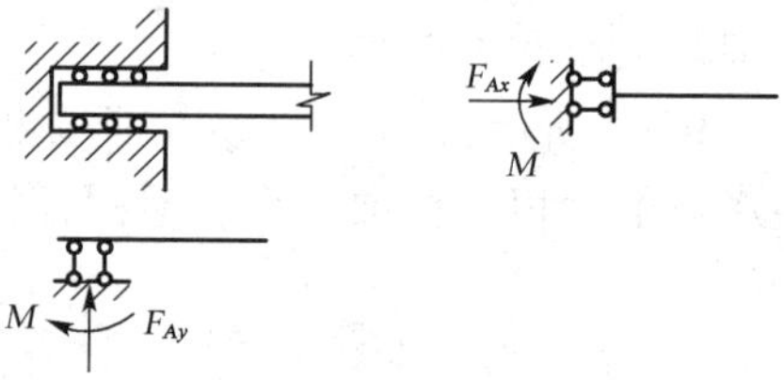

图 1-13 定向支座

另外，在实际工程中，凡嵌入墙身的杆件，若其嵌入部分长度比较短，该端就可视为定向支座。

上述四种支座均建立在支座本身是不能变形的假设上，计算简图中相应的支杆，也被认为其本身是不能变形的刚性链杆，所以这类支座称为刚性支座。若要考虑支座本身的变形，这类支座称为弹性支座。本书只涉及刚性支座，弹性支座属于弹塑性力学的研究内容。

1.4 荷载的分类

通过第 3 节的学习，我们知道约束反力属于被动力，为了与约束反力相区别，规定凡能主动使物体运动或使物体有运动趋势的力，称为主动力，在工程上也称为荷载，如结构的自重、人群以及货物的重量，吊车轮压力、土压力、风雪荷载等等。这些外力使结构产生内力和变形。设计者在进行结构分析之前，首先要确定结构可能承受的荷载。如果荷载估算过大，则造成结构材料的浪费；如果荷载估算过小，则使结构不安全并会造成破坏，或因结构变形过大而不能正常使用。在结构设计中所要考虑的各种荷载，国家都有具体规定，设计时可以查阅《结构荷载规范》和《抗震设计规范》等。

在工程实际中，结构所受到的荷载是多种多样的，为了便于分析，可以从不同的角度对荷载进行如下分类：

1）荷载按作用在结构上的时间长短，可分为恒荷载和活荷载

(1) 恒荷载

恒荷载是指作用在结构上的不变荷载，即在结构建成后，其大小和位置都不再发生变化的荷载，例如，构件的自重及土压力等。构件的自重可根据结构尺寸和材料的容积密度进行计算。例如，截面为 20 cm×50 cm 的钢筋混凝土梁，总长为 6 m，已知钢筋混凝土的容积密度为 24 kN/m^3，则可计算得到梁的自重为

$$G = 24 \times 0.2 \times 0.5 \times 6 = 14.4(\text{kN})$$

该梁每米长度的重量为

$$q = \frac{14.4}{6} = 2.4(\text{kN/m})$$

对于楼板的自重，一般以 1 m^2 面积的重量来表示，例如，10 cm 厚的钢筋混凝土楼板，其重量为

$$24 \times 0.1 = 2.4(\text{kN/m}^2)$$

就是说，10 cm 厚的钢筋混凝土楼板每平方米的重量为 2.4 kN。

(2) 活荷载

活荷载是指在施工过程中或建成后使用期间，可能作用在结构上的可变荷载。所谓可变荷载，就是这种荷载有时存在，有时不存在，它们的作用位置及范围可能是固定的，如风荷载、雪荷载、会议室的人群重量等；也可能是移动的，如吊车荷载、桥梁上行驶的车辆、会议室的人群重量等。不同类型的房屋建筑，因使用情况不同，活荷载的大小就不相同。各种常用活荷载在《建筑结构荷载规范》中都有详细规定，并以每平方米面积的重量来表示。例如，住宅、办公楼、托儿所、医院病房、教室等一类民用建筑的楼面活荷载，目前规范定为 2 kN/m^2，而商店、车站则为 3.5 kN/m^2。

2) 荷载按作用的范围和分布情况，可分为分布荷载和集中荷载

(1) 分布荷载

分布荷载是指连续满布在结构某一表面上的荷载，它又可分为均布荷载和非均布荷载。当分布荷载的集度在各处相同时称为均布荷载，例如等截面杆件的自重，可简化为沿杆长作用的均布荷载；当分布荷载的集度各处不相同时称为非均布荷载，例如作用在池壁上的水压力和作用在挡土墙上的土压力，均可简化为按直线变化的非均布荷载。

(2) 集中荷载

集中荷载是指作用在结构上某一点处的荷载，当实际结构上分布荷载的分布区域远小于结构的尺寸时，为了计算简便，可将此区域内分布荷载的综合视为作用在区域内某一点上的集中荷载。集中荷载又可分为集中力和集中力偶。

3) 荷载按作用在结构上的性质，可分为静荷载和动荷载

(1) 静荷载

静荷载是指荷载从零慢慢增加，不致使结构产生显著的冲击和振动效应，而可以略去惯性力影响的荷载。恒荷载和上述大多数活荷载都属于静荷载。

(2) 动荷载

动荷载是指作用在结构上面而对结构产生显著的冲击作用或引起其振动的荷载。在这类荷载的作用下，结构将会产生不能忽视的加速度。例如动力机械的振动、爆炸冲击、地震等所引起的荷载就是动荷载。

以上从不同的角度将荷载分为三大类，但它们不是孤立无关的，如结构的自重，它既是恒荷载，又是分布荷载，还是静荷载。

应当指出，结构除承受荷载作用外，还可能受到其他外在因素的作用，如温度变化、支座位移、基础沉陷、制造误差等等，这些因素也会对结构的受力和变形产生影响，一般统称为广义上的荷载。

1.5 建筑力学的学习方法

建筑力学是土木工程各专业的一门重要的课程，是介于基础课与专业技术课之间的专业基础课，或称为技术基础课，在专业学习中占有重要地位，在各门课程的学习中起着承上启下的作用。

建筑力学的先修课程是高等数学、矩阵代数、大学物理等，其中高等数学、矩阵代数提供数学计算方面的基础，大学物理提供一定的力学基础。建筑力学的后续课程是弹性力学、混凝土结构、砌体结构、钢结构、建筑结构抗震等专业课程，能够为这些课程的学习奠定力学基础。因此，建筑力学课程的学习在土木工程方向的房屋建筑工程、建筑结构、道路、桥梁、水利及地下岩土工程各专业的学习中均占有重要地位。

那么我们又该如何来学习建筑力学呢？

(1) 注意与其他课程的联系

建筑力学与其他学科的联系非常密切，先修课程的学习很关键，在建筑力学的研究中要用到大量的数学知识，包括微积分、微分方程、线性代数、空间解析几何等，因此，有较好的数学基础是学习力学的前提。在学习过程中，要不断反思和复习已学习过的知识。

(2) 掌握基本的计算原理和分析方法

建筑力学是一门计算学科，其计算结果将直接作为结构设计的依据。计算的工作量一般都很大，掌握基本的计算原理和分析方法就很关键了。如结构计算分为静定性问题的计算和超静定性问题的计算，而其中静定性问题的计算只需利用力系的平衡条件即可，而超静定性问题必须综合力系的平衡条件、变形协调条件才能解决。

(3) 理论联系实际

要注意建筑力学的理论是怎样服务于工程实际的，要留心观察、比较、理解实际结构，了解它们的构造。分析它们的受力特点，并考虑怎样用所学的理论方法解决其力学分析问题。只有通过理论联系实际，才能更深更透彻地掌握力学原理，才能更好地做到用所学的理论知识去服务于实际。

(4) 多做练习

多做练习，是学习建筑力学的重要环节。一般情况下，如果不做一定数量的习题是很难掌握其中的概念、原理和方法的。但是做题也要避免盲目性，不能贪多求快、不求甚解、只会凑答案。应该在学习过程中认真听讲，学会思考、总结，细心，认真，改正错误，努力提高。

(5) 注重实验环节

建筑力学是一门与实验密切结合的课程，为了加深理解，有一些配套的实验，本书专门在最后一章中将建筑力学所涉及的一些实验列了出来。通过做实验，可以锻炼学生的动手能力，调动学生的积极性，为建筑力学的学习提供帮助。

第一篇 静力学

引 言

静力学是研究物体的受力分析、力系等效，建立各种力系平衡条件的科学。静力学是土木工程专业的学生学习其他力学课程的理论基础。

静力学的基本概念：

刚体：在受力作用后不产生变形的物体。刚体是对实际物体经过科学抽象的简化而得到的一种理想模型，实际上是不存在的。而当变形在所研究的问题中成为主要因素时（如在材料力学中研究变形杆件），一般就不能再把物体看作是刚体了。静力学的研究对象一般为刚体。

平衡：指物体相对于地球保持静止或做匀速直线运动的状态。显然，平衡是机械运动的特殊形态，因为静止是暂时的、相对的，而运动才是永恒的、绝对的。

2 力的基本性质和相关概念

学习目标：在明确力的概念、平衡的概念、力的基本性质、力矩及力偶矩的性质、常见的约束及相应约束反力的基础上，能对单个物体和简单的物体系统进行正确的受力分析并绘出受力图。

2.1 力的性质及力的作用效应

2.1.1 力的概念

1) 定义

力是物体间相互的机械作用，作用效果使物体的机械运动状态发生改变。

2) 力的三要素

力对物体作用的效应，决定于力的大小、方向和作用点，这三个要素称为力的三要素。

3) 力的单位

力的国际单位制是牛顿(N)，常见单位是千牛顿(kN)。

4）力的图示法

力具有大小和方向，故力是矢量。用黑体字或字上加一横表示，例如 **F** 或 $\overline{F}$。在图示中通常用带箭头的线段来表示力。线段的长度表示力的大小，箭头所指的方向表示力的方向，线段的起点或终点画在力的作用点上（如图 2-1 所示）。

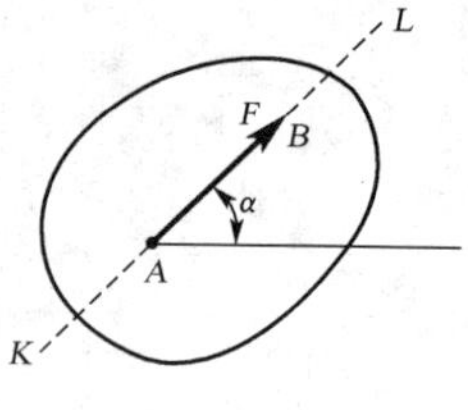

图 2-1

2.1.2 力的基本性质

力的基本性质是人们从实践中总结得出的最基本的力学规律，这些规律被实践证明是正确的，符合客观实际的，这些力学规律通常称为静力学公理。

公理 1　力的平行四边形法则

作用于物体上同一点的两个力，其合力也作用在该点上，合力的大小和方向则由以这两个力为边所构成的平行四边形的对角线来表示，而该两个力称为合力的分力（如图 2-2 所示）。

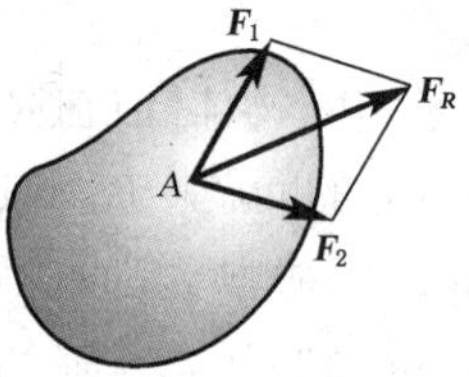

图 2-2

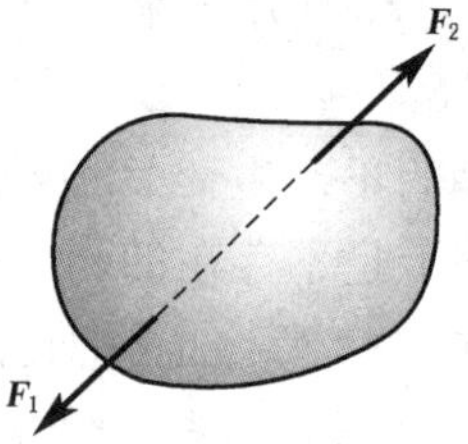

图 2-3

公理 2　二力平衡公理

一个刚体受到两个力的作用，若这两个力大小相等、方向相反、作用在一条直线上，这个刚体则平衡。

如图 2-3 所示，使刚体平衡的充分必要条件是 $\boldsymbol{F}_1 = -\boldsymbol{F}_2$。

二力杆件的概念

在受力分析中常会看到二力杆件，什么是二力杆件呢？二力杆件是两个力作用在一个杆件上，且能使其处于平衡状态的杆件。可见二力杆件正是二力平衡公理的应用，很快判断出二力杆件，是物体受力分析的前提。

成为二力杆件的条件：①不计自重；②两端铰链连接；③不一定是直杆，形状任意；④杆件上不受外力。

【例 2-1】　如图 2-4 所示各结构中，不计各构件自重，各连接处均为铰链连接，请判断二力杆件。

【解】　根据二力构件的条件，图(a)中 CD 和图(b)中 AB 均为二力杆件。符合二力杆件的条件：不计自重；不受外力；两端铰链连接；形状任意。

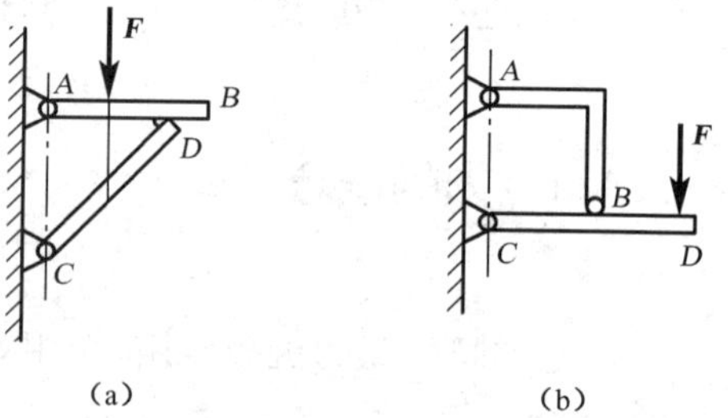

图 2-4

公理 3　加减平衡力系公理

在已知力系上加上或减去任意的平衡力系，并不改变原力系对刚体的作用。

推理 1　力的可传性

作用于刚体上某点的力，可以沿着它的作用线移到刚体内任意一点，并不改变该力对刚体的作用。如图 2-5 所示，作用在刚体上的力可沿力作用线 AB 滑动，而不改变力的作用效果，所以力是滑动矢量。

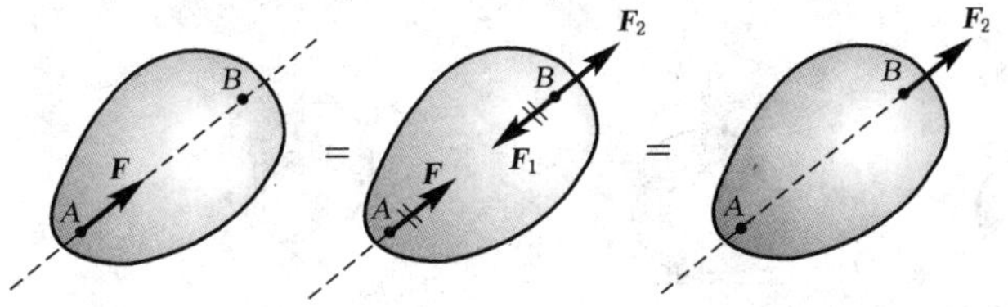

图 2-5

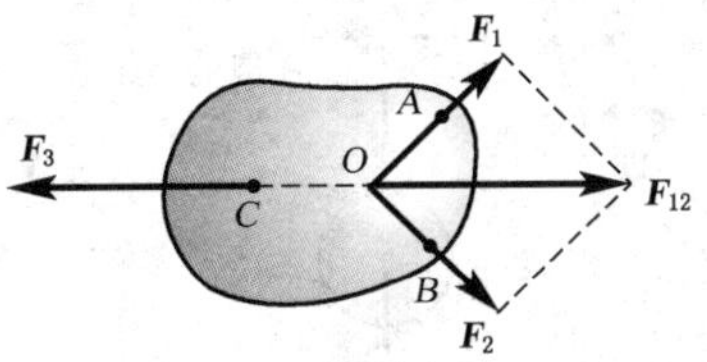

图 2-6

推理 2　三力平衡汇交定理

作用于刚体上三个相互平衡的力，若其中两个力的作用线汇交于一点，则此三力必在同一平面内，且第三个力的作用线通过汇交点，如图 2-6 所示。

公理 4　作用力和反作用力公理

作用力和反作用力总是同时存在，同时消失，等值、反向、共线，作用在相互作用的两个物体上。在画物体受力图时要注意此公理的应用。

注意：不能把作用力与反作用力公理与二力平衡公理相混淆。虽然作用力与反作用力大小相等、方向相反、沿同一直线，但分别作用于两个物体上；而二力平衡公理中的力作用在一个物体上。

2.1.3　力的作用效应

物体间的相互机械作用可分为两类：一类是物体间的直接接触的相互作用；另外一类是物和物体间的相互作用。

力的两种作用效应为：

(1) 外效应，也称为运动效应——使物体的运动状态发生改变。

(2) 内效应，也称为变形效应——使物体的形状发生变化。

静力学研究物体的外效应，使物体的运动状态发生改变。

2.2　工程中常见的约束和约束反力

2.2.1　约束和约束反力的概念

约束是对非自由体的某些位移起限制作用的周围物体。约束是个名词。

阻碍物体运动的力称为约束反力，简称反力。约束反力通常大小待定，方向与该约束所能阻碍的位移方向相反，作用点为接触点。

2.2.2　工程中常见的约束类型

1) 柔体约束

柔体约束的特点：力的作用点在连接点，力的作用线沿着柔体的中心线，力的方向离开被约束物体。通常用 F_T 或 F_S 表示，如图 2-7 所示。

2）光滑面约束

光滑支承接触对非自由体的约束力，作用在接触处；方向沿接触处的公法线并指向受力物体，故称为法向约束力，用 F_N 表示，如图 2-8 所示。

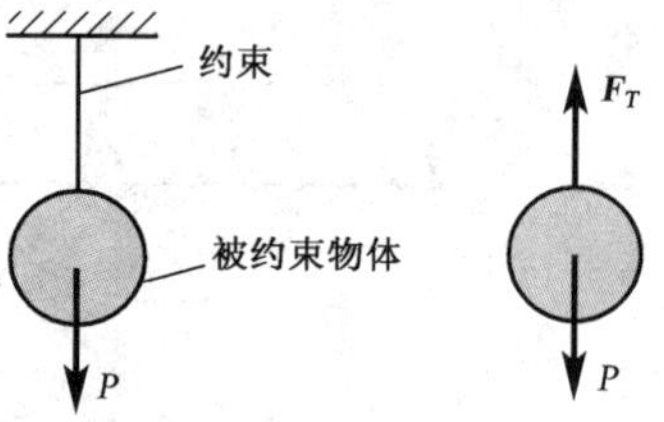

图 2-7

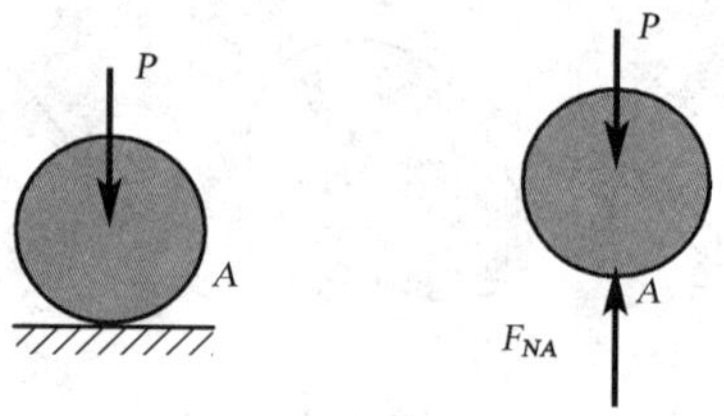

图 2-8

3）链杆约束

两端用铰链与物体分别连接且中间不受其他力的直杆称为链杆约束。链杆一定是二力杆件，如图 2-9 所示。这种约束只能限制物体沿链杆轴线方向上的移动。链杆可以受拉或者是受压，但不能限制物体沿其他方向的运动和转动，所以，链杆约束的约束反力沿着链杆的轴线，其指向假设。

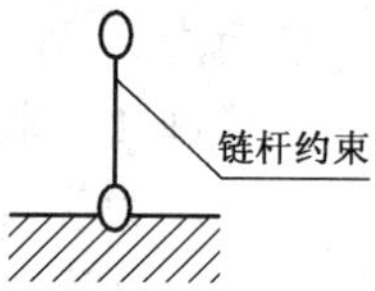

图 2-9

2.2.3 支座及支座反力

工程中将结构或构件支承在基础或另一静止构件上的装置称为支座。支座也是约束。支座对它所支承的构件的约束反力也称支座反力。

固定铰支座（铰链支座）、活动铰支座和固定端支座是建筑工程中常见的三种支座，如图 2-10 所示。

1）固定铰支座

用圆柱铰链把结构或构件与支座底板连接，并将底板固定在支承物上构成的支座称为固定铰支座。约束反力一定作用于接触点，通过销钉中心，方向未定。固定铰支座的简图及约束反力如图 2-10 所示。

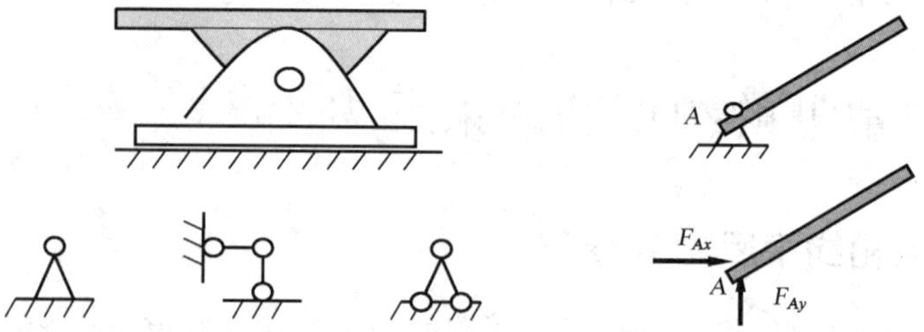

图 2-10　固定铰支座的计算简图及约束反力

2）活动铰支座

活动铰支座又叫滚动支座。

约束特点：在上述固定铰支座与光滑固定平面之间装有光滑辊轴而成。构件受到垂直于光滑面的约束反力，如图 2-11 所示。

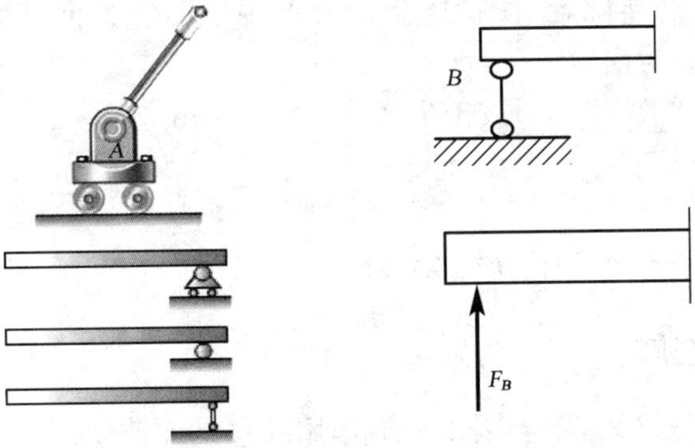

图 2-11　活动铰支座的计算简图及约束反力

3）固定端支座

把构件和支承物完全连接为一整体，构件在固定端既不能沿任意方向移动也不能转动的支座称为固定端支座，如图 2-12 所示。

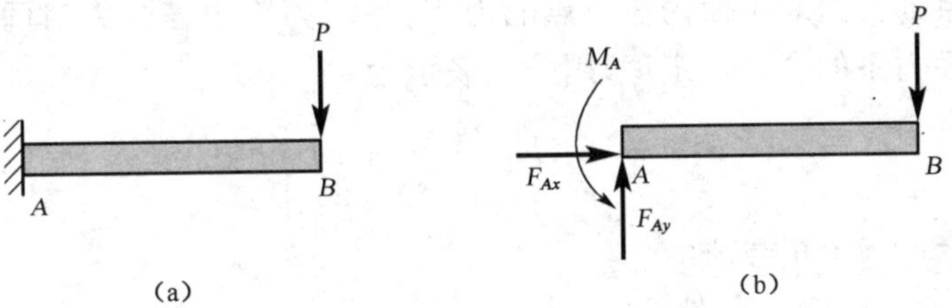

图 2-12　固定端支座计算简图及支座反力

2.3　力矩

2.3.1　力矩的概念

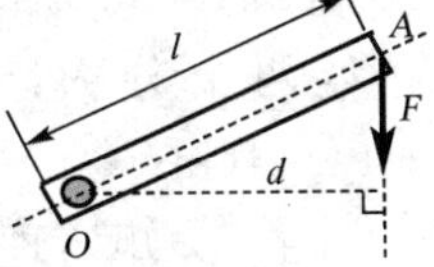

图 2-13

在力的作用下，物体将发生移动和转动。力的转动效应用力矩来衡量，即力矩是衡量力转动效应的物理量。

如图 2-13 所示，力 F 使物体绕 O 点转动的效应，不仅与力的大小，而且与点 O 到力的作用线的垂直距离 d 有关。

用力 F 与距离 d 两者的乘积 Fd 来量度力 F 对物体的转动效应。转动中心 O 称为力矩中心，简称矩心。矩心到力作用线的垂直距离 d，称为力臂。

力 F 对 O 点的力矩以记号 $M_O(F)$ 表示。力矩的计算公式为

$$M_O(F) = \pm Fd \tag{2-1}$$

力 F 对物体绕 O 点转动的效应，由下列两种因素决定，又称力矩两要素：

(1) 力矩的大小：力与力臂的乘积 Fd。

(2) 方向：力使物体绕 O 点的转动方向。

力矩的正负号通常这样规定：使物体绕矩心产生逆时针方向转动的力矩为正，反之为负。在平面问题中，力矩为代数量。

力矩的单位：牛顿·米(N·m)或千牛顿·米(kN·m)。

力矩在下列两种情况下等于零：

(1) 力等于零。

(2) 力的作用线通过矩心，即力臂等于零。

2.3.2 力矩的性质

(1) 力对任一已知点之矩，不会因该力沿作用线移动而改变。

(2) 力的作用线如通过矩心，则力矩为零；反之，如果一个力其大小不为零，而它对某点之力矩为零，则此力的作用线必通过该点。

(3) 互成平衡的二力对同一点之力矩的代数和为零。

2.3.3 合力矩定理

平面汇交力系的合力对平面内任一点的力矩，等于力系中各分力对同一点的力矩的代数和。这就是平面力系的合力矩定理，用公式表示为

$$M_O(F_R) = M_O(F_1) + M_O(F_2) + \cdots + M_O(F_n) = \sum M_O(F) \tag{2-2}$$

2.3.4 合力矩解析表达式

如图 2-14 所示，合力 F 对坐标原点之矩，根据合力矩定理，可通过分力 F_x、F_y 求得，即

$$M_O(F) = M_O(F_x) + M_O(F_y) = xF_y - yF_x \tag{2-3}$$

上式就是平面内力矩的解析表达式。

【例 2-2】 求图 2-15 中力对 A 点之矩。

【解】 将力 F 沿 x 方向和 y 方向等效分解为两个分力，$F_x = F_y = F\cos 45° = -14.14(\text{kN}\cdot\text{m})$。

由合力矩定理得：$M_A = F_x x - F_y y$

由于 $x = 0$，所以 $M_A = F_x x - F_y y = -F_y y = -28.28\ \text{kN}\cdot\text{m}$。

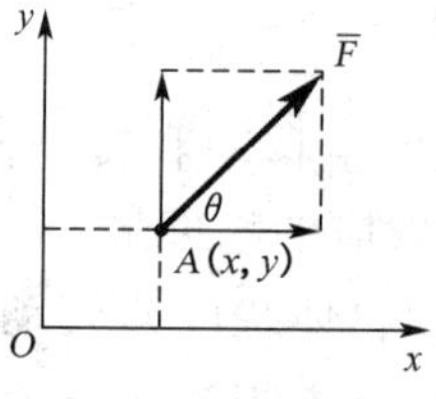

图 2-14

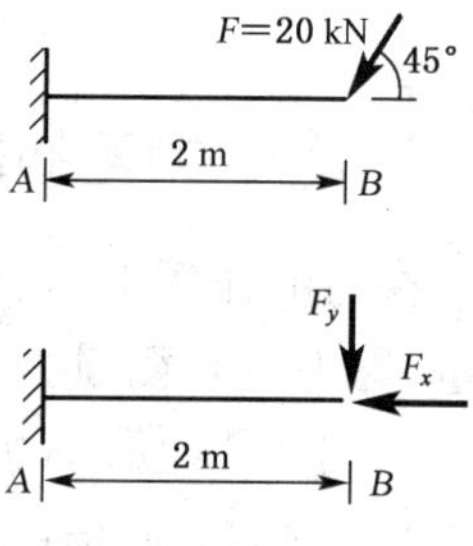

图 2-15

2.4 力偶及力偶矩

2.4.1 力偶及力偶矩的概念

1) 力偶

由两个大小相等、方向相反、不共线的平行力组成的力系，称为力偶。用符号$(F、F')$表示，

如图 2-16 所示。生活中,用两个手指拧水龙头;钳工用丝锥攻螺丝;司机用双手转动方向盘。

力偶的两个力之间的距离 d 称为力偶臂;

力偶所在的平面称为力偶的作用面。

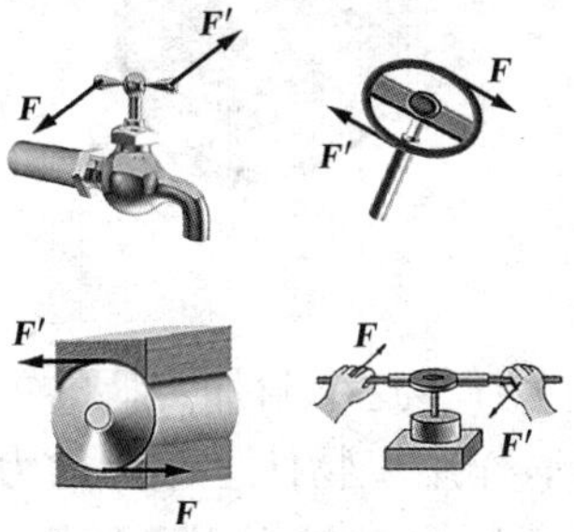

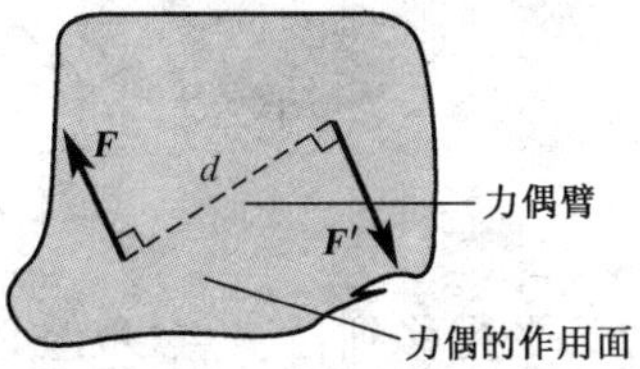

图 2-16

2) 力偶矩

力与力偶臂的乘积称为力偶矩,用符号 $\boldsymbol{M}(\boldsymbol{F}、\boldsymbol{F}')$表示,可简记为 M。规定:力偶使物体做逆时针转动时,力偶矩为正号;反之为负。

在平面力系中,力偶矩为代数量。其表达式为:$M=\pm Fd$。

力偶矩的单位:牛顿·米(N·m)或千牛顿·米(kN·m)。

力偶对物体的转动效应完全取决于力偶的三要素:力偶矩的大小、力偶的转向和力偶所在的作用面。

2.4.2 平面力偶的等效定理

定理:在同一个平面内的两个力偶,如果力偶矩相等,则两个力偶彼此等效。

由此,得出两个推论:

推论 1 力偶可以在其作用平面内任意移动或转动,只要不改变力偶的三要素,就不会改变它对物体的转动效应。

推论 2 只要保持力偶矩的大小和力偶的转向不变,可同时改变组成力偶的力的大小和力偶臂的长度,而不改变它对物体的转动效应。

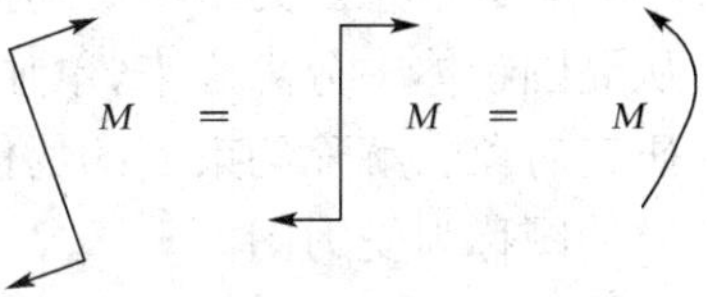

图 2-17

今后常用如图 2-17 所示的符号表示力偶,每一种表示符号都是等价的。

2.4.3 平面力偶的性质

性质 1:力偶不能简化为一合力。

性质 2:力偶对于作用面内任一点之矩的和恒等于力偶矩,与矩心位置无关。因此力偶对刚体的转动效应用力偶矩度量,在平面问题中,力偶矩是个代数量。

性质 3:力偶中两力在任一轴上投影的代数和等于零。

2.5 力的等效平移定理

问题的提出:力平行移动后,和原来作用不等效,如何才能保持等效呢?

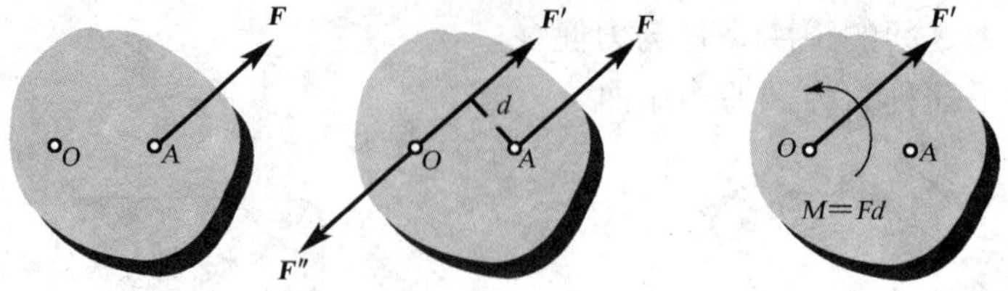

图 2-18

A的力F平行移到任一点O,但必须同时附加一个力偶,这个附加力偶的矩等于原来的力F对新作用点O的矩。其力偶矩为$M=Fd$。由此可见,作用于物体上某点的力可以平移到此物体上的任一点,但必须附加一个力偶,其力偶矩等于原力对新作用点的矩,这就是力的平移定理。此定理只适用于刚体。

应用力的平移定理时,须注意下列两点:

(1) 平移力F'的大小与作用点位置无关。

(2) 力的平移定理说明作用于物体上某点的一个力可以和作用于另外一点的一个力和一个力偶等效,反过来也可将同平面内的一个力和一个力偶简化为一个合力。

2.6 物体的受力分析和受力图

在研究平衡物体上力的关系及运动物体上作用力与运动的关系时,都需要首先对物体进行受力分析,即确定作用在物体上的力的数目、作用点的位置,以及了解其作用线方向、大小的有关信息。为了明确物体的受力状态,通常将被研究的物体(也称受力体或研究对象)从周围物体中分离出来,单独画出它的简图,并用矢量标明全部作用力。所研究的物体称为研究对象。解除约束后的物体称为分离体。在分离体上画上它所受的全部主动力和约束反力的图称为受力图。

无论静力学中或是动力学中,受力分析都是研究问题的最基本步骤,画受力图是学习建筑力学的基本功。画受力图的步骤如下:

(1) 选取研究对象。

(2) 取分离体。

(3) 画出全部已知的主动力及解除约束时相应的约束反力。

(4) 标出各主动力和约束反力的符号。

【例 2-3】 均质球重G,用绳系住,并靠于光滑的斜面上,如图 2-19(a)所示。试分析球的受力情况,并画出受力图。

【解】 (1) 确定球为研究对象(即取分离体),并单独画出其简图。

(2) 画出主动力G,约束反作用力F_T和F_N,受力图如图 2-19(b)。

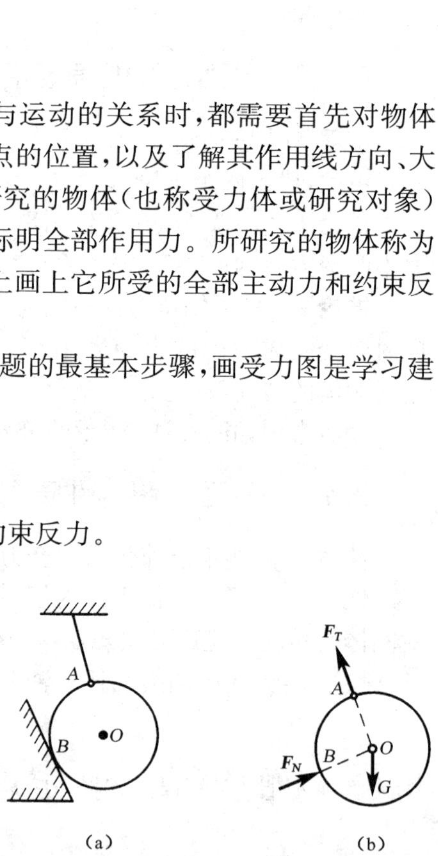

图 2-19

【例 2-4】 一受力系统如图 2-20(a)所示。AB 在梁上作用一分布力 q(单位:kN/m)。CD 梁上作用一集中力 F,A 端为固定端,自重不计。试作出 AB、CD 的受力图。

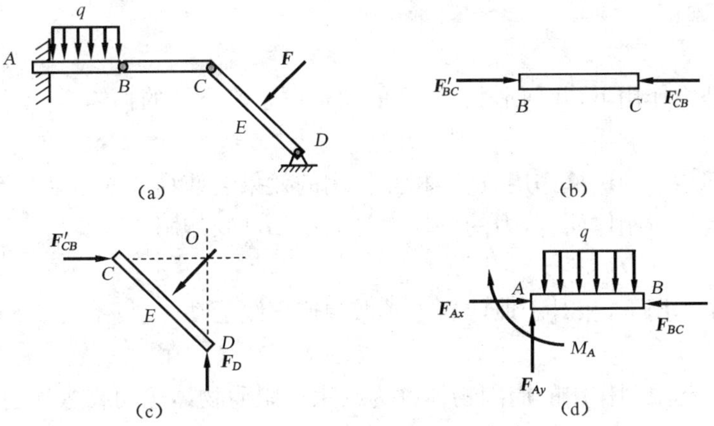

图 2-20

【解】 (1) 由于 BC 为二力杆,故 NBC 为二力杆 BC 对 AB 梁的约束反力。BC 杆的受力图如图 2-20(b)所示。

(2) 取 CD 为研究对象,作分离体。满足三力平衡汇交定理,CD 杆的受力图如图 2-20(c)所示。

(3) 再取 AB 为研究对象,作分离体。在 AB 梁上,因 A 端为固定端约束,故有 F_{Ax}、F_{Ay}、M_A 三个约束反力。AB 杆的受力图如图 2-20(d)所示。

正确地画物体的受力图,是分析、解决力学问题的基础。画受力图要注意以下几点:

(1) 必须明确研究对象。画受力图首先必须明确要画哪个物体的受力图,是单个物体,还是几个物体组成的系统。不同的研究对象的受力图是不同的。应先找出二力杆分析,再分析其他。

(2) 正确确定研究对象受力的数目。对每一个力都应明确它是哪一个物体施加给研究对象的,不能凭空产生,也不能漏掉。

(3) 注意约束反力与约束类型相对应。每解除一个约束,就有与它相应的约束反力作用于研究对象;约束反力的方向要依据约束的类型来画,不能根据主动力的方向来简单推想。另外,同一约束反力在各受力图中假定的指向应一致。

(4) 注意作用力与反作用力之间的关系。当分析两物体之间的相互作用时,要注意作用力与反作用力的关系。作用力的方向一旦确定,其反作用力的方向就必须与其相反。在画整个系统的受力图时,系统中各物体间的相互作用力是内力,不必画出,只需画出全部外力。

(5) 作用力方位一经确定,不能再随意假设。物体受力分析时,应注意,物体系统包含多个物体,其受力图画法与单个物体相同,只是研究对象可能是整个物体系统或系统的某一部分或某一物体。画物体系统整体的受力图时,只需把整体作为单个物体一样对待;画系统的某一部分或某一物体的受力图时,只需把研究对象从系统中分离出来,同时注意被拆开的连接,有相应的约束反力,并应符合作用力与反作用力公理。

本章小结

1. 基本概念

(1) 刚体

刚体是在外力作用下，几何形状、尺寸的变化可忽略不计的物体。

(2) 力

力是物体间相互的机械作用，这种相互作用的效果会使物体的运动状态发生变化，或者使物体发生变形。对刚体而言，力的三要素是大小、方向、作用线。

(3) 平衡

物体在力系作用下，相对于地球静止或做匀速直线运动。

(4) 约束

对非自由体起限制作用的周围物体称为约束。阻碍物体运动或运动趋势的力称为约束反力。约束反力的方向必与该约束所能阻碍的运动方向相反。工程中常见的约束有：柔体约束，光滑接触面约束，圆柱铰链约束，链杆约束。常见的支座有：固定铰支座，可动铰支座，固定端支座。

2. 基本公理

(1) 平行四边形公理

(2) 二力平衡公理

以上两个公理，阐明了作用在一个物体上的最简单的力系的合成规则及其平衡条件。

(3) 加减平衡力系公理

这个公理阐明了任意力系等效替换的条件。

(4) 作用与反作用公理

这个公理说明了两个物体相互作用的关系。

推论 1　力的可传性原理

推论 2　三力平衡汇交定理

3. 物体受力分析的基本方法——画受力图

在脱离体上画出周围物体对它全部作用力的简图称为受力图。正确画出受力图是力学计算的基础。

思考题

1. 合力一定比分力大吗？

2. 试区别 $\boldsymbol{F}_R = \boldsymbol{F}_1 + \boldsymbol{F}_2$ 和 $F_R = F_1 + F_2$ 两个等式的意义。

3. 凡是两端用铰链连接的杆都是二力杆吗？凡不计自重的刚性杆都是二力杆吗？二力构件受力时与构件的形状有无关系？

4. 试比较力矩和力偶的异同。

5. 力是滑动矢量，可沿作用线转移吗？

6. 若作用在刚体上的三个力的作用线汇交于同一点，则该刚体必处于平衡态。此说法对不对？

习 题

1. 如图 2-21 所示，盘由 O 点处的轴承支持，在力偶 M 和力 $\overline{F}$ 的作用下处于平衡。力 $\overline{F}$ 对 O 点取矩，力矩大小是多少？能不能说力偶 M 被力 $\overline{F}$ 所平衡？为什么？

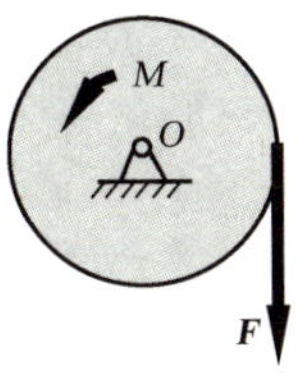

图 2-21

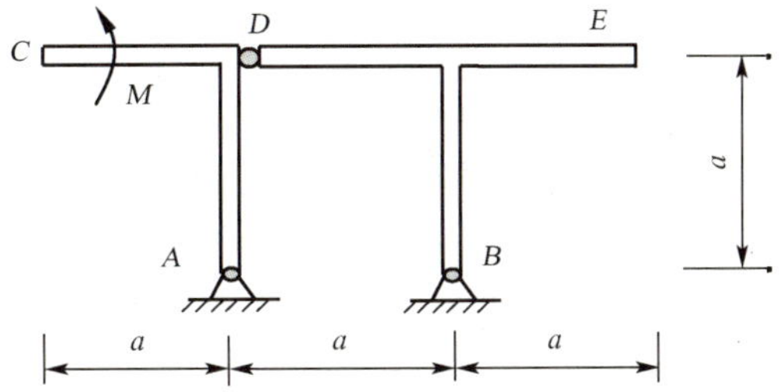

图 2-22

2. 直角杆 CDA 和 T 字形杆 BDE 在 D 处铰接，并支承如图 2-22。若系统受力偶矩为 M 的力偶作用，不计各杆自重，求 A 支座反力的大小和方向。

3. 如图 2-23 所示各结构中，不计各构件自重，各连接处均为铰链连接，画出 AB 杆的受力图。

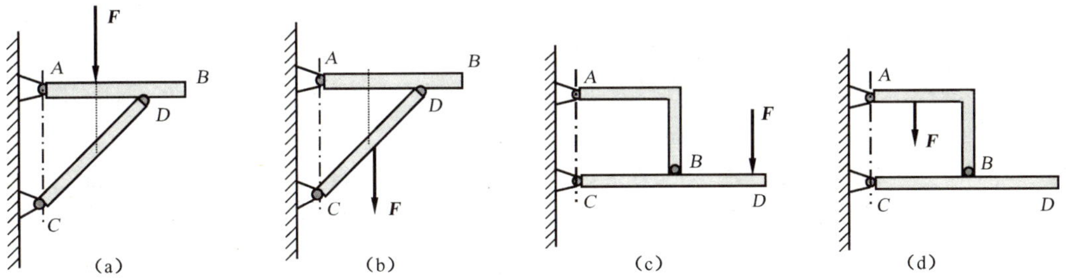

图 2-23

4. 画出图 2-24 结构中各杆件的受力图。设接触处均为光滑的，除注明者外，各物体自重不计。

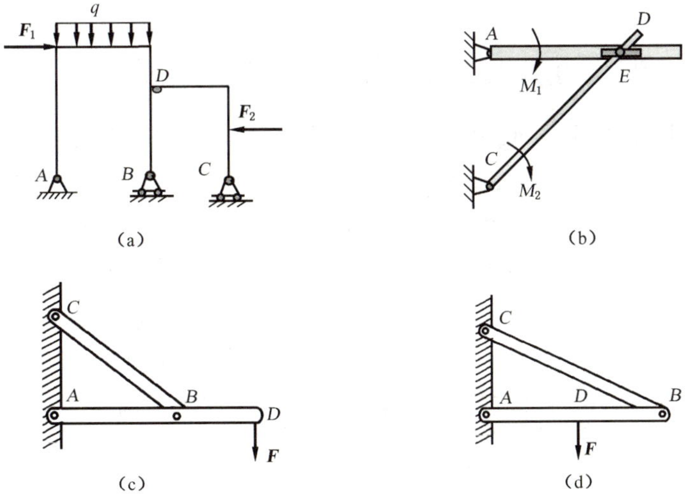

图 2-24

3 平面汇交力系的合成与平衡

学习目标：掌握平面汇交力系合成的几何法与解析法；能应用平衡的几何条件求解平面汇交力系的平衡问题；能熟练地运用平衡方程求解汇交力系的平衡问题。

3.1 平面力系的分类

静力学是研究力系的合成和平衡问题，平面力系分类如下：

力系
- 平面力系
  - 平面汇交力系
  - 平面平行力系
  - 平面一般力系
- 空间力系

平面汇交力系是指各力的作用线汇交于同一点的力系，且汇交力系中各力的作用线位于同一平面内。

平面汇交力系是一种最基本的力系，它不仅是研究其他复杂力系的基础，而且在工程中用途也比较广泛，例如屋架节点处的受力即可简化为汇交力系。

本章将用几何法、解析法来研究平面汇交力系的合成和平衡问题。

3.2 平面汇交力系的合成与平衡——几何法

3.2.1 平面汇交力系合成的几何法

力多边形法则：各分力矢依一定次序首尾相接，形成一力矢折线链，合力矢是封闭边，合力矢的方向是从第一个力矢的起点指向最后一个力矢的终点。

设汇交力系 $\boldsymbol{F}_1$、$\boldsymbol{F}_2$、$\boldsymbol{F}_3$ 汇交于 O，由力的多边形法则作图，如图 3-1 所示，其中 $\boldsymbol{F}_R=\boldsymbol{F}_1+\boldsymbol{F}_2+\boldsymbol{F}_3$。这种用力多边形法则求合力的大小和方向的方法称为合成的几何法。

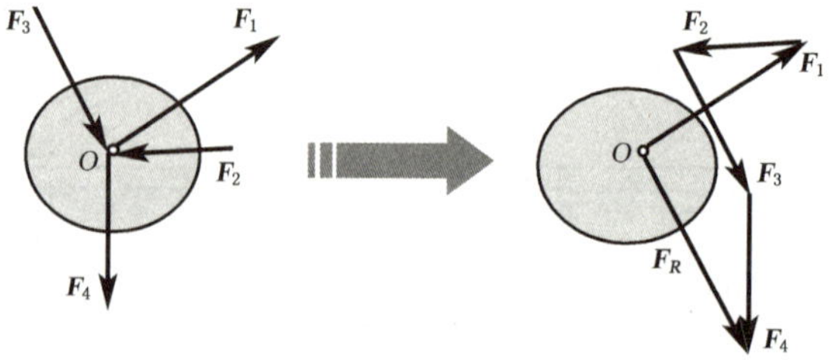

图 3-1

汇交力系合成的结果是一个合力，合力的作用点在各作用线的汇交点，合力大小和方向为各分力的矢量和，即 $\boldsymbol{F_R}=\sum \boldsymbol{F_i}$，合力矢量 $\boldsymbol{F_R}$ 与各力相加的次序无关。

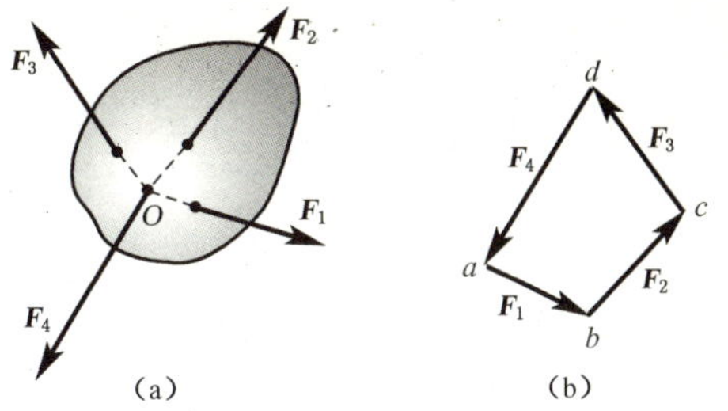

图 3-2

3.2.2 平面汇交力系平衡的几何条件

平面汇交力系平衡的必要和充分条件是：力系的合力等于零。其矢量表达式为

$$\boldsymbol{F_R}=\sum \boldsymbol{F}=0 \tag{3-1}$$

平面汇交力系平衡的几何条件为：力多边形自行闭合，如图 3-2。

【例 3-1】 如图 3-3 所示，钢梁的重量 $P=6\ \text{kN}$，$\theta=30°$，试求平衡时钢丝绳的约束力。

【解】 取钢梁为研究对象。作用力有：钢梁重力 P，钢绳约束力 F_A 和 F_B。三力汇交于 D 点，受力如图 3-3(a)所示。

作力多边形，求未知量。首先选择力比例尺，以 1 cm 长度代表 2 kN。其次，任选一点 e，作矢量 ef，平行且等于重力 P，再从 e 和 f 两点分别作两条直线，与图 3-3(a)中的 F_A 和 F_B 平行，相交于 h 点，得到封闭的力三角形 efh。按各力首尾相接的次序，标出 fh 和 he 的指向，则矢量 fh 和 he 分别代表力 F_A 和 F_B（图 3-3(b)）。

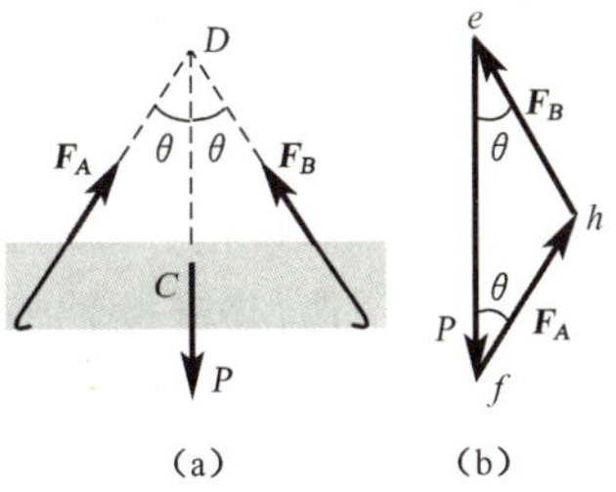

图 3-3

按比例尺量得 fh 和 he 的长度为

$$fh=1.73(\text{cm}),\ he=1.73(\text{cm})$$

即

$$F_A=1.73\times 2=3.46(\text{kN})$$

$$F_B=1.73\times 2=3.46(\text{kN})$$

从力三角形可以看到，在重力 P 不变的情况下，钢绳约束力随角 θ 增加而加大。因此，起吊重物时应将钢绳放长一些，以减小其受力，不致被拉断。

通过上述例题，可以总结出几何法求解平面汇交力系平衡问题的步骤如下：

(1) 选取研究对象。根据题意选取与已知力和未知力有关的物体作为研究对象，并画出简图。

(2) 受力分析，画出受力图。在研究对象上画出全部已知力和未知力（包括约束反力）。注意运用二力杆的性质和三力平衡汇交定理来确定约束反力的作用线。当约束反力的指向未定时，可先假设。

(3) 作力多边形。选择适当的比例尺，作出封闭的力多边形。注意，作图时先画已知力，后画未知力，按力多边形法则和封闭特点确定未知力的实际指向。

(4) 量出未知量。根据比例尺量出未知量。对于特殊角还可用三角公式计算得出。

3.3 平面汇交力系合成与平衡的解析法

3.3.1 力在坐标轴上的投影

如图 3-4，若已知力 F 的大小及其与 x 轴、y 轴的夹角为 α、β，则力在 x、y 轴上的投影为 $F_x = F\cos\alpha$，$F_y = F\cos\beta = F\sin\alpha$。即力在某轴上的投影等于力的模乘以力与该轴的正向间夹角的余弦。这样当 α、β 为锐角时，F_x、F_y 均为正值；当 α、β 为钝角时，F_x、F_y 可能为负值。

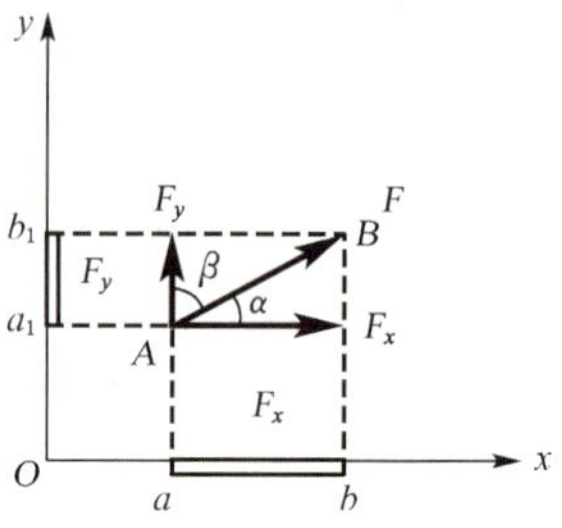

图 3-4　力在坐标轴上的投影

投影正、负号的规定：

当从力的始端的投影 a 到终端的投影 b 的方向与坐标轴的正向一致时，该投影取正值；反之，取负值。图 3-4 中力 F 的投影 F_x、F_y 均取正值。

两种特殊情形：

(1) 当力与坐标轴垂直时，力在该轴上的投影为零。

(2) 当力与坐标轴平行时，力在该轴上的投影的绝对值等于该力的大小。

特别强调：力沿直角坐标轴方向的分力与该力的投影不同，力的投影只有大小和正负，是标量；而力的分力为矢量，有大小、方向，其作用效果与作用点或作用线有关。二者不可混淆。所以力在坐标轴上的投影是个标量。

3.3.2 合力投影定理

合力投影定理：合力在任一坐标轴上的投影等于各分力在同一坐标轴上投影的代数和。即

$$F_{Rx} = F_{x1} + F_{x2} + \cdots + F_{xn} = \sum F_x \tag{3-2}$$

$$F_{Ry} = F_{y1} + F_{y2} + \cdots + F_{yn} = \sum F_y \tag{3-3}$$

3.3.3 用解析法求平面汇交力系的合力公式

$$F_R = \sqrt{F_{Rx}^2 + F_{Ry}^2} = \sqrt{\left(\sum F_x\right)^2 + \left(\sum F_y\right)^2} \tag{3-4}$$

$$\tan\alpha = \frac{|F_{Ry}|}{|F_{Rx}|} = \frac{\left|\sum F_y\right|}{\left|\sum F_x\right|} \tag{3-5}$$

式中 α 为合力 F_R 与 x 轴所夹的锐角。合力的作用线通过力系的汇交点 O，合力 F_R 的指向，由 F_{Rx} 和 F_{Ry}（即 $\sum F_x$、$\sum F_y$）的正负号来确定。

3.3.4 平面汇交力系平衡的解析条件

平面汇交力系平衡的必要和充分条件是该力系的合力等于零。即

$$F_R=\sqrt{F_{Rx}^2+F_{Ry}^2}=\sqrt{(\sum F_x)^2+(\sum F_y)^2}=0 \tag{3-6}$$

上式中$(\sum F_x)^2$与$(\sum F_y)^2$恒为正数。若使$F_R=0$,必须同时满足

$$\sum F_x=0,\ \sum F_y=0 \tag{3-7}$$

平面汇交力系平衡的必要和充分的解析条件是:**力系中所有各力在两个坐标轴上投影的代数和分别等于零。**

上式称为平面汇交力系的平衡方程。这是两个独立的方程,可以求解两个未知量。

【例 3-2】 已知:在铰拱不计拱重,结构如图 3-5(a)所示,在D点作用水平力P,不计自重,求支座A、C的约束反力。

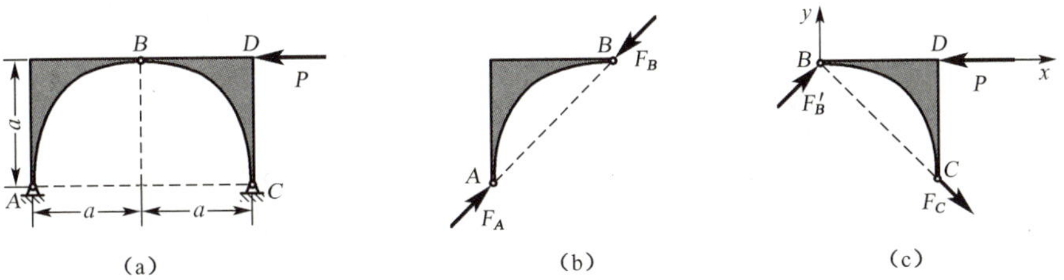

图 3-5

【解】 分析易知OAB是二力杆件,受力沿AB连线。

(1) 以BCD为研究对象。

(2) 进行受力分析,画受力图如图 3-5(b)。

(3) 列平衡方程,求解。建立坐标系Bxy,如图 3-5(c)。

$$\sum F_x=0 \qquad -P+F_B\cos 45^\circ-F_C\cos 45^\circ=0$$

$$\sum F_y=0 \qquad F_C\cos 45^\circ+F_B\sin 45^\circ=0$$

求得 $F_B=\frac{\sqrt{2}}{2}P$, $F_C=-\frac{\sqrt{2}}{2}P$

【例 3-3】 已知$P=20\,\text{kN}$,不计杆重和滑轮尺寸,如图 3-6(a)所示,求杆AB与BC所受的力。

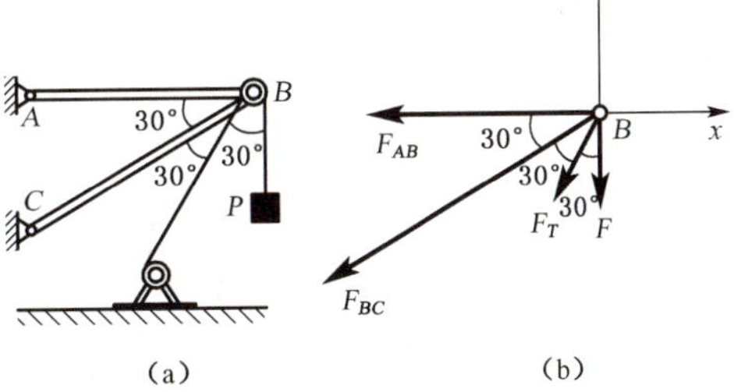

图 3-6

【解】 (1) 明确研究对象。考虑滑轮平衡,并认为滑轮为质点。

(2) 进行受力分析,画受力图。AB、BC为二力杆,受力沿杆向,滑轮的受力如图 3-6(b)。

(3) 列平衡方程,由已知求未知。建立坐标

系 Bxy 如图 3-6(b)。

$$\sum F_x = 0 \qquad -F_{BA} - F_{BC}\cos 30^\circ - F_T \sin 30^\circ = 0$$

$$\sum F_y = 0 \qquad -F_{BC}\sin 30^\circ - F_1 \cos 30^\circ - F = 0$$

其中　$F = F_T = P$

解得　$F_{BC} = -74.64(\text{kN})$(压)　　　$F_{AB} = 54.64(\text{kN})$(拉)

通过以上各例的分析讨论,现将解析法求解平面汇交力系平衡问题时的步骤归纳如下:

(1) 选取研究对象。

(2) 画出研究对象的受力图。当约束反力的指向未定时,可先假设其指向。

(3) 选取适当的坐标系。最好使坐标轴与某一个未知力垂直,以便简化计算。

(4) 建立平衡方程求解未知力,尽量做到一个方程解一个未知量,避免解联立方程。列方程时注意各力的投影的正负号。求出的未知力带负号时,表示该力的实际指向与假设指向相反。

本章小结

1. 力在坐标轴上的投影的概念

正负规定:当从力始端投影到终端投影的方向与坐标轴的正向一致时,该投影取正值;反之,取负值。

两种特殊情形:

(1) 当力与轴垂直时,投影为零。

(2) 当力与轴平行时,投影的绝对值等于力的大小。

2. 合力投影定理

3. 解析法求合力公式

$$F_R = \sqrt{F_{Rx}^2 + F_{Ry}^2} = \sqrt{(\sum F_x)^2 + (\sum F_y)^2}$$

$$\tan\alpha = \frac{|F_{Ry}|}{|F_{Rx}|} = \frac{\left|\sum F_y\right|}{\left|\sum F_x\right|}$$

4. 平面汇交力系的平衡方程

$$\sum F_x = 0, \ \sum F_y = 0$$

思考题

1. 什么是平面汇交力系?试举一些在你生活和工作中遇到的平面汇交力系实例。
2. 什么是力的投影?投影的正负号是怎样规定的?
3. 同一个力在两个相互平行的坐标轴上的投影是否一定相等?
4. 两个大小相等的力在同一坐标轴它的投影是否一定相等?
5. 什么是合力投影定理?为什么说它是解析法的基础?

6. 求解平面汇交力系问题时，如果力的方向不能预先确定，应如何解决？

习　题

1. 用几何法求图 3-7 所示汇交力系的合力。$P_1 = 100\ \text{N}$，$P_2 = 80\ \text{N}$，$P_3 = 120\ \text{N}$。

2. 用解析法求图 3-8 中合力的大小和方向。

3. 重物 A 质量 $m = 10\ \text{kg}$，悬挂在支架铰接点 B 处，A、C 为固定铰支座，杆件位置如图 3-8 所示，略去支架杆件重量，求重物处于平衡时 AB、BC 杆的内力。

4. 在图 3-9 所示刚架的点 D 作用一水平力 F，刚架重量不计，求支座 A、B 的约束力 F_A 和 F_B。

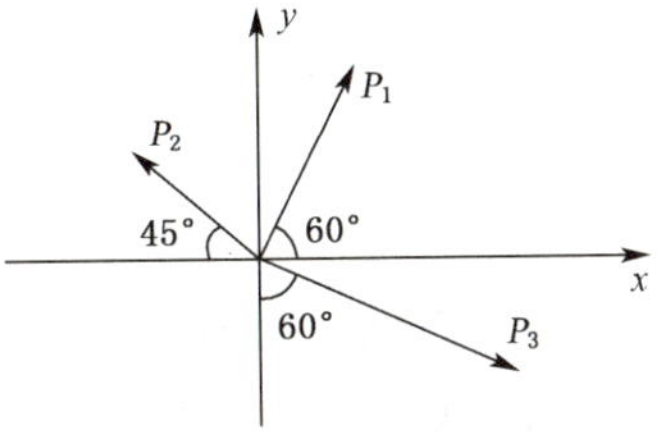

图 3-7

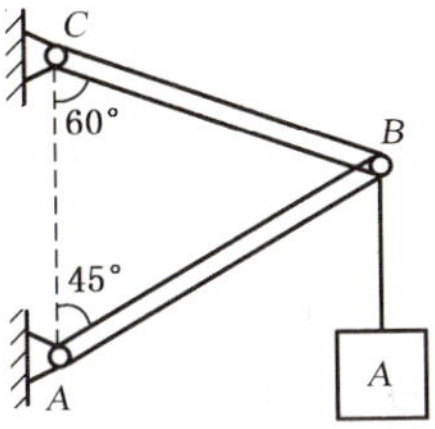

图 3-8

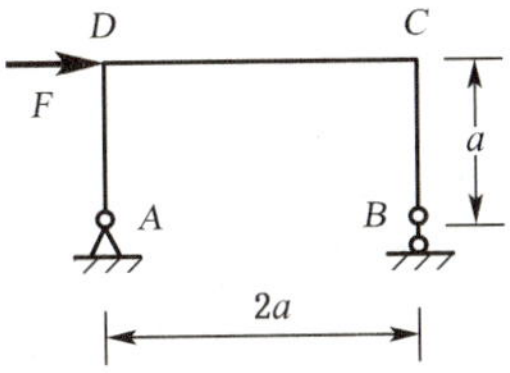

图 3-9

4 平面力偶系的合成与平衡

学习目标：了解平面力偶系的合成分析过程；掌握平面力偶系的平衡条件；能运用平衡条件求解力偶系的平衡问题。

4.1 平面力偶系的合成

同时作用在物体上的两个或两个以上的力偶，称为力偶系。作用在同一平面内的力偶系称为平面力偶系。

设平面有两个力偶（$\boldsymbol{F}_1$、$\boldsymbol{F}_1'$），（$\boldsymbol{F}_2$、$\boldsymbol{F}_2'$），如图 4-1(a) 所示，其力偶矩分别为 $\boldsymbol{M}_1 = F_1 d_1$，$\boldsymbol{M}_2 = F_2 d_2$。根据力偶的性质，可将两力偶移到同一位置上，且使其力偶臂相同，假设都为 d，如 4-1(b) 所示，则得到两个等效的新力偶（F_{P1}、F_{P1}'）及（F_{P2}、F_{P2}'），且有 $\boldsymbol{M}_1 = \boldsymbol{F}_1 d_1 = F_{P1} d$，$\boldsymbol{M}_2 = -\boldsymbol{F}_2 d_2 = -\boldsymbol{F}_{P2} d$。

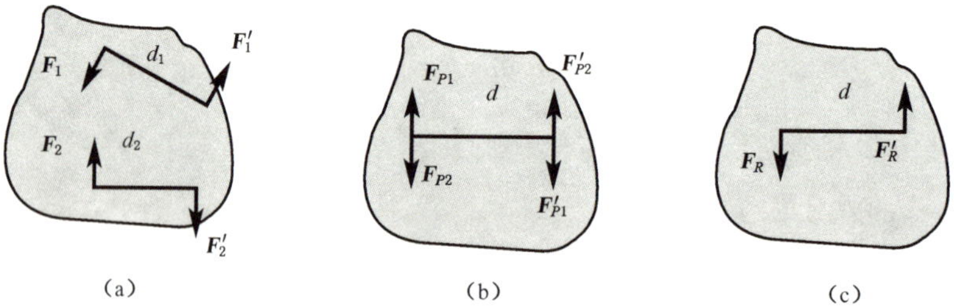

图 4-1

即得到一个等效的合力偶（$\boldsymbol{F}_R$、$\boldsymbol{F}_R'$），合力偶的力偶矩 $\boldsymbol{M}$ 为

$$\boldsymbol{M} = \boldsymbol{F}d = (\boldsymbol{F}_{P1} - \boldsymbol{F}_{P2})d = \boldsymbol{F}_{P1}d - \boldsymbol{F}_{P2}d = \boldsymbol{M}_1 + \boldsymbol{M}_2 \tag{4-1}$$

于是得到结论：同一平面中的两个力偶可以合成一个力偶，合力偶的力偶矩等于两个分力偶力偶矩的代数和。

如果有 n 个同一平面的力偶，可以按上述方法依次合成，亦即在同一平面内的任意个力偶可以合成一个合力偶，合力偶的力偶矩等于分力偶力偶矩的代数和

$$\boldsymbol{M} = \boldsymbol{M}_1 + \boldsymbol{M}_2 + \cdots + \boldsymbol{M}_n = \sum_{i=1}^{n} \boldsymbol{M}_i \tag{4-2}$$

4.2 平面力偶系的平衡条件

平面力偶系合成的结果为一个合力偶，力偶系的平衡就要求合力偶矩等于零。因此，平面力偶系平衡的必要和充分条件是：力偶系中所有各力偶矩的代数和等于零。

用公式表达为

$$\sum_{i=1}^{n} M_i = 0 \tag{4-3}$$

上式又称为平面力偶系的平衡方程。可知平面力偶系的平衡方程可求解一个未知数。

【例 4-1】 长为 4 m 的简支梁的两端 A、B 处作用有两个力偶矩，各为 $M_1 = 16\ \text{N}\cdot\text{m}$，$M_2 = 4\ \text{N}\cdot\text{m}$，如图 4-2(a)所示。求 A、B 支座的约束反力。

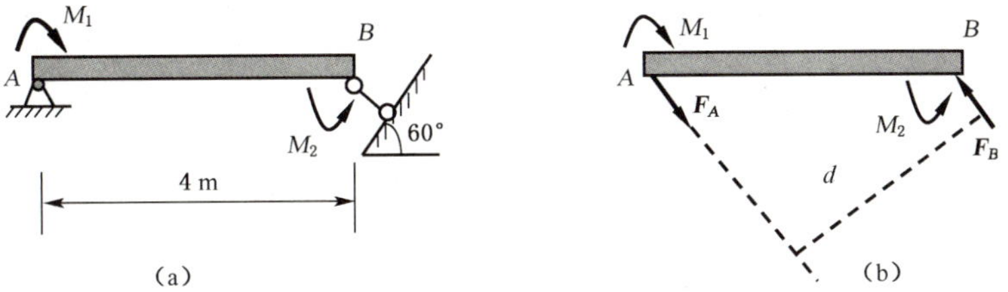

图 4-2

【解】 (1) 选取 AB 梁为研究对象，作 AB 梁的受力图，如图 4-2(b)所示。AB 梁上作用有两个力偶组成的平面力偶系，在 A、B 处的约束反力也必须组成一个同平面的力偶(M_{FA}，M_{FB})与之平衡。

(2) 由平衡方程 $\sum_{i=1}^{n} M_i = 0$，得 $M_1 - M_2 - F_B \cdot l\cos 60^\circ = 0$

解得　$F_B = 6(\text{N}\cdot\text{m})$

故　$F_A = F_B = 6(\text{N}\cdot\text{m})$

F_A、F_B 为正值，说明图中 F_A、F_B 所示的指向正确。

【例 4-2】 如图 4-3(a)所示，机构 $OABO_1$ 在图示位置平衡。已知 $OA = 400$ mm，$O_1B = 600$ mm，作用在 OA 上的力偶矩 $M_1 = 1\ \text{N}\cdot\text{m}$。试求力偶矩 M_2 的大小和杆 AB 所受的力 F。各杆的重量及各处摩擦均不计。

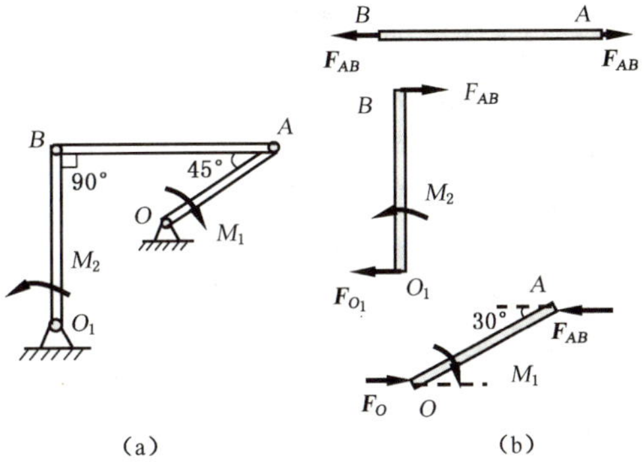

图 4-3

【解】 (1) 作 AB、AO 及 BO_1 杆的受力图如图 4-3(b)所示，AB 杆为二力构件。

(2) 分析 OA 杆，由平衡方程 $\sum_{i=1}^{n} M_i = 0$ 得

$F_{AB} \cdot AO \cdot \sin 30^\circ - M_1 = 0$

解得　$F_{AB} = 5(\text{N})$

(3) 分析 BO_1 杆，由平衡方程 $\sum_{i=1}^{n} M_i = 0$ 得 $M_2 - F_{AB} \cdot O_1B = 0$

解得　$M_2 = 3(\text{N}\cdot\text{m})$

本章小结

1. 平面力偶系的合成

如果有 n 个同平面的力偶，可以按上述方法依次合成，亦即：在同平面内的任意个力偶

可以合成一个合力偶，合力偶的力偶矩等于分力偶力偶矩的代数和。

$$M = M_1 + M_2 + \cdots + M_n = \sum_{i=1}^{n} M_i$$

2. 平面力偶系的平衡条件

平面力偶系平衡的必要和充分条件是：力偶系中所有各力偶矩的代数和等于零。用公式表达为：$\sum_{i=1}^{n} M_i = 0$。

思考题

1. 力偶的作用效果只能转动，不能移动。这种说法对吗？
2. 力偶是平衡力系吗？
3. 力偶对任一点取矩恒等于力偶矩吗？
4. 在刚体 $ABCD$ 四点作用有大小相等的力，此四力沿四个边恰好组成封闭的力多边形，如图 4-4(a)所示，此刚体是否平衡？若 F_1、F_3 均改变方向后，如图 4-4(b)所示，此刚体是否平衡？

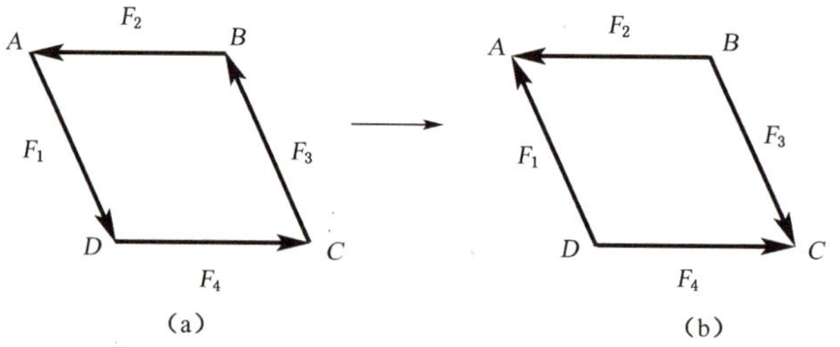

图 4-4

习　题

1. 已知刚体上作用两力偶，$F_1 = F_2 = 1.5$ kN，$F_3 = F_4 = 1$ kN，如图 4-5 所示，求作用在刚体上的合力偶矩。

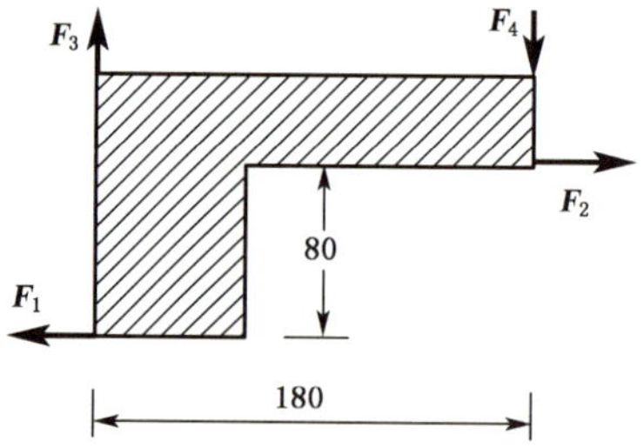

图 4-5

2. 在图 4-6 所示结构中，各构件不计自重，在构件 AB 上作用一力偶矩为 M 的力偶，各尺寸如图 4-6 所示，求支座 A 和 C 的约束力。

3. 在图 4-7 所示结构中，各构件不计自重，在 BC 构件上作用一力偶为 M 的力偶，各尺寸如图 4-7 所示，求支座 A 的约束力。

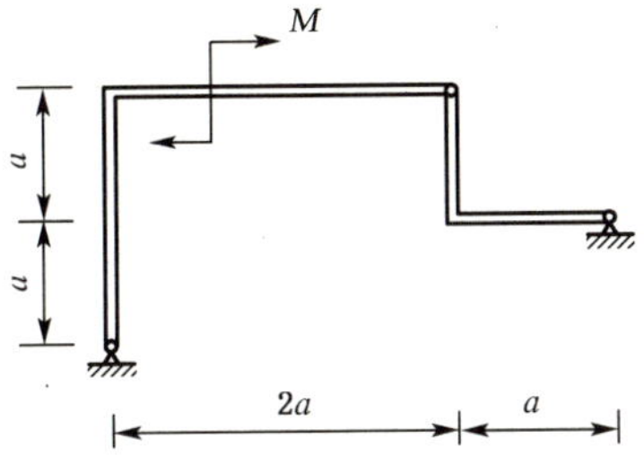

图 4-6

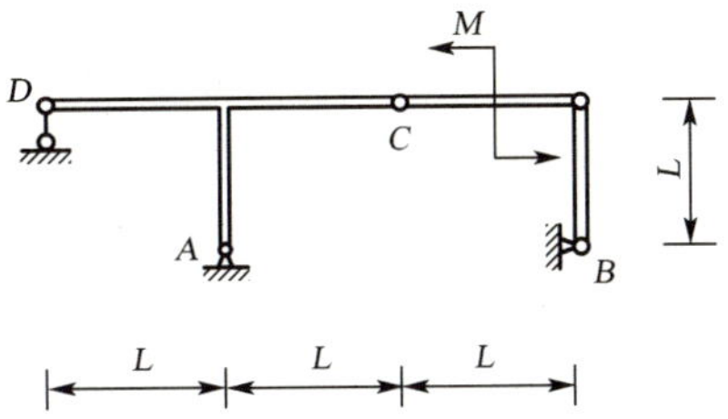

图 4-7

5 平面任意力系的合成与平衡

学习目标：掌握平面一般力系向一点简化的方法，会用解析法求主矢和主矩；了解力系简化的结果；理解平面任意力系的平衡条件及平衡方程形式；掌握在平面一般力系作用下物体和物体系的平衡问题。

5.1 平面一般力系的简化

5.1.1 平面一般力系向平面内一点简化

把未知力系（平面一般力系）先化为平面汇交力系及平面力偶系，然后再进行简化，称为平面一般力系向一点简化。如图 5-1 所示，将图(a)的平面一般力系进行合成，可应用力的平移定理，将力系中各力都平移到平面内的任一点 O（见图(b)），于是得到一个汇交于 O 点的平面汇交力系 $\boldsymbol{F}_1'$、$\boldsymbol{F}_2'$、$\boldsymbol{F}_3'$ 和一个附加的力偶矩为 $\boldsymbol{m}_1$、$\boldsymbol{m}_2$、$\boldsymbol{m}_3$ 的平面力偶系。如图(c)所示，平面汇交力系可以合成为作用在 O 点的一个力 $\boldsymbol{R}'$，这个力叫做原力系的主矢，附加的平面力偶系可合成为一个力偶 M_O，这个力偶的力偶矩叫做原力系的主矩。

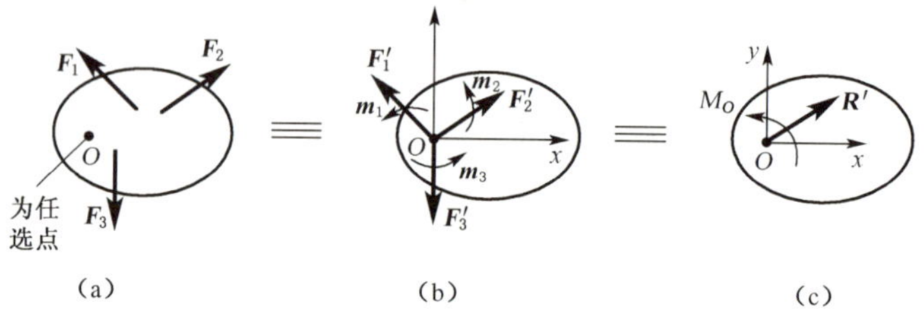

图 5-1

假设刚体上作用有 n 个力组成的平面一般力系，选平面上任意点 O 为简化中心，则有

(1) 主矢

大小：$R' = \sqrt{R_x'^2 + R_y'^2} = \sqrt{(\sum F_x)^2 + (\sum F_y)^2}$ (5-1)

方向：$\alpha = \tan\left|\dfrac{R_y}{R_x}\right| = \tan\left|\dfrac{\sum F_y}{\sum F_x}\right|$ (5-2)

简化中心：因主矢等于原力系各力的矢量和，所以它与简化中心的位置无关。

(2) 主矩

大小：$\boldsymbol{M}_O = \sum m_O(\boldsymbol{F}_i)$ (5-3)

方向：逆时针为正，顺时针为负。

简化中心：与简化中心有关，因主矩等于各力对简化中心取矩的代数和。

综上所述可知：平面一般力系向作用面内任一点简化的结果，是一个力和一个力偶。这个力作用在简化中心，它的矢量称为原力系的主矢，并等于这个力系中各力的矢量和；这个力偶的力偶矩称为原力系对简化中心的主矩，并等于原力系中各力对简化中心的力矩的代数和。

主矢描述原力系对物体的平移作用，主矩描述原力系对物体绕简化中心的转动作用，二者的作用总和才能代表原力系对物体的作用。

下面看一个平面力系向一点简化的实例。如图 5-2(a)所示雨搭可视为悬臂梁结构，它的端部约束方式称为插入端或固定端。端部的约束力在一定范围内分布，属于分布力系，如图 5-2(b)所示，其作用效果可用分布力系向梁根部中点的简化结果表示，如图 5-2(c)所示；由于主矢量方向未知，故用两个分力 Y_A、X_A 和一个力偶矩 M_A 表示，如图 5-2(d)所示。房屋建筑中雨塔、阳台结构就可以简化为固定端约束计算。

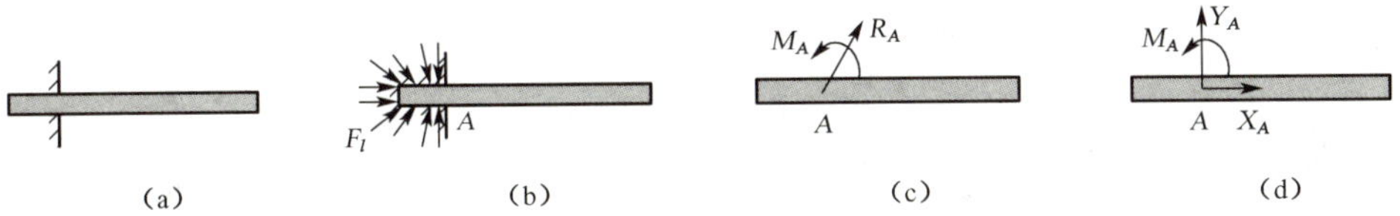

图 5-2

5.1.2 平面一般力系简化结果的讨论

平面一般力系向作用面内任一点简化的一般结果，是一个力和一个力偶。针对简化一般结果，下面讨论简化最后结果。

(1) $R' = 0$，$M_O = 0$，则力系平衡。

(2) $R' = 0$，$M_O \neq 0$，即简化结果为一合力偶，$M = M_O$，此时刚体等效于只有一个力偶的作用，因为力偶可以在刚体平面内任意移动，故这时主矩与简化中心 O 无关。

(3) $R' \neq 0$，$M_O = 0$，即简化为一个作用于简化中心的合力。这时，简化结果就是合力(这个力系的合力)(此时简化结果与简化中心有关，换个简化中心，主矩不为零)。

(4) $R' \neq 0$、$M_O \neq 0$ 为最一般的情况。此种情况还可以继续简化为一个合力。合力的大小等于原力系的主矢 R；合力 R 的作用线位置 $d = \dfrac{M_O}{R}$。

5.1.3 平面力系的合力矩定理

$$\boldsymbol{M}_O(R) = \sum_{i=1}^{n} \boldsymbol{M}_O(\boldsymbol{F}_i) \tag{5-4}$$

即：平面任意力系的合力对作用面内任一点之矩等于力系中各力对于同一点之矩的代数和。

【例 5-1】 如图 5-3(a)所示，已知 $F_1 = 150\ \text{N}$，$F_2 = 200\ \text{N}$，$F_3 = 300\ \text{N}$，$F = F' = 200\ \text{N}$。求力系向 O 点简化的结果，并求力系合力的大小及其与原点 O 的距离 d。

【解】 力系向 O 点简化的主矢 $R' = \sqrt{R_x'^2 + R_y'^2} = \sqrt{(\sum F_x)^2 + (\sum F_y)^2}$

$$F_x = -\frac{\sqrt{2}}{2}F_1 - \frac{1}{\sqrt{10}}F_2 - \frac{2}{\sqrt{5}}F_3 = -75\sqrt{2} - 20\sqrt{10} - 120\sqrt{5} = -437.6\ (\text{N})$$

$$F_y = -\frac{\sqrt{2}}{2}F_1 - \frac{3}{\sqrt{10}}F_2 + \frac{1}{\sqrt{5}}F_3 = -75\sqrt{2} - 60\sqrt{10} + 60\sqrt{5} = -161.6\ (\text{N})$$

$$R' = \sqrt{(\sum F_x)^2 + (\sum F_y)^2} = 466.5\ (\text{N})$$

与 x 轴的夹角 $\alpha = \arctan\frac{F_{Rx}}{F_{Ry}} = 20.3°$

力系向 O 点简化的主矩 $M_O = \sum M_O(\overline{F}_i) = \frac{100}{\sqrt{2}}F_1 + \frac{200}{\sqrt{5}}F_3 - 80F = 21\,439.4\ (\text{N}\cdot\text{mm})$

合力与原点 O 的距离 $d = \frac{M_O}{R'} = 45.96$ mm，如图 5-3(b)所示。

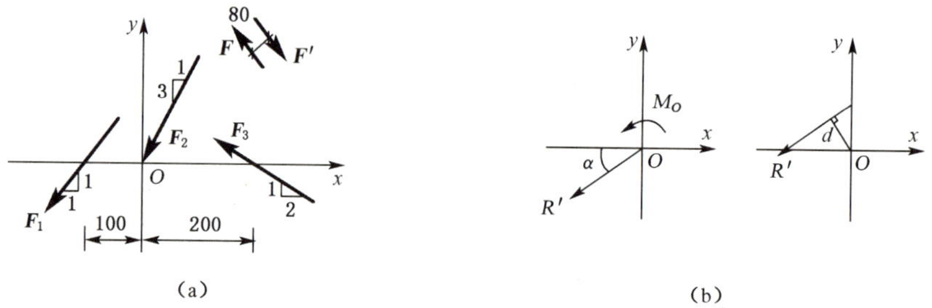

图 5-3

5.2 平面一般力系的平衡

5.2.1 平面一般力系的平衡条件

平面一般力系向作用面内任一点简化的一般结果，是一个力和一个力偶。当简化结果主矢 $\boldsymbol{R}' = 0$，主矩 $\boldsymbol{M}_O = 0$，则力系平衡。故平面一般力系平衡的充分和必要条件是：

$$\boldsymbol{R}' = 0,\ \boldsymbol{M}_O = 0 \tag{5-5}$$

5.2.2 平面一般力系的平衡方程

力系的平衡条件 $R' = 0$，$M_O = 0$；在写投影式时，可以向任何轴投影，可以对任何点取矩，可写出数量众多的平衡方程式。其中有许多是不独立的，从中选出三个相互独立的方程式。可见平衡方程并非唯一形式，下面介绍平衡方程的三种形式。

(1) 平面一般力系平衡方程的基本形式，又叫一矩式，这是应用较广的一种形式。

$$\left.\begin{aligned} \sum F_x &= 0 \\ \sum F_y &= 0 \\ \sum M_O(F) &= 0 \end{aligned}\right\} \tag{5-6}$$

(2) 二矩式

$$\left.\begin{aligned}&\sum F_x = 0 \text{ 或} \sum F_y = 0\\&\sum M_A(F) = 0\\&\sum M_B(F) = 0\end{aligned}\right\} \tag{5-7}$$

式中 x 或 y 轴不可与 A、B 两点的连线垂直。(证明略)

(3) 三矩式

$$\left.\begin{aligned}&\sum M_A(F) = 0\\&\sum M_B(F) = 0\\&\sum M_C(F) = 0\end{aligned}\right\} \tag{5-8}$$

式中 A、B、C 三点不共线。(证明略)

以上每式中只有三个独立的平衡方程,只能解出三个未知量。平衡方程的多种形式,如能灵活选择应用,可以简化解题过程。

【例 5-2】 如图 5-4(a)所示,已知:$q = 2\ \text{kN/m}$, $P = 2\ \text{kN}$, $l = 1.5\ \text{m}$, $\alpha = 45°$,求固定端 A 处的反力。

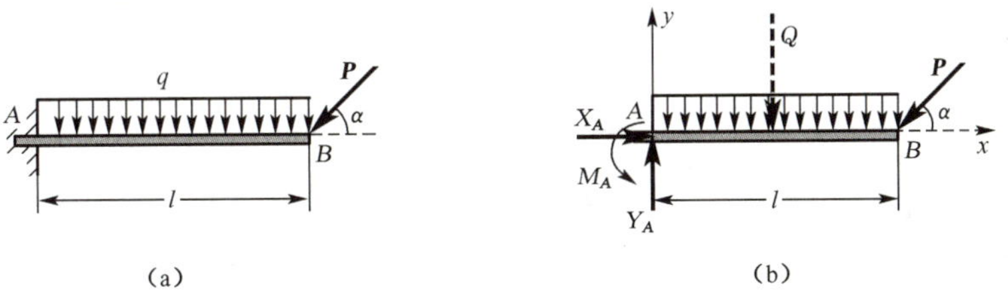

图 5-4

【解】 (1) 取 AB 梁为研究对象。

(2) 对 AB 梁受力分析如图 5-4(b)所示。

(3) 取 Axy 坐标系。

(4) 列平衡方程,此力系为平面一般力系,本例题采用平面一般力系平衡方程的基本形式—矩式来列平衡方程。

$$\begin{cases}\sum F_x = 0\\\sum F_y = 0\\\sum M_A(F) = 0\end{cases}$$

(5) 由 $F_x = 0$,可得 $\qquad X_A - P\cos\alpha = 0 \qquad (1)$

由 $\sum F_y = 0$ 得 $\qquad Y_A - Q - P\sin\alpha = 0 \qquad (2)$

由 $\sum M_A(F) = 0$ 得 $\qquad -P\sin\alpha \cdot l = 0 \qquad (3)$

联立式(1)(2)(3)得：$X_A = 1.41\ kN$，$M_A = 4.37\ kN \cdot m$，$Y_A = 4.41\ kN$。

5.3 平面平行力系的合成与平衡方程

平面力系中，各力的作用线互相平行时，称为平面平行力系。

5.3.1 平面平行力系的简化

设有 F_1，F_2，…，F_n 各平行力系，向 O 点简化得

$$\boldsymbol{R}_O = \boldsymbol{R} = \sum \boldsymbol{F}_i(\text{主矢}) \quad (5\text{-}9)$$

$$\boldsymbol{M}_O = \sum \boldsymbol{M}_O(\boldsymbol{F}_i) = \sum \boldsymbol{F}_i x_i(\text{主矩}) \quad (5\text{-}10)$$

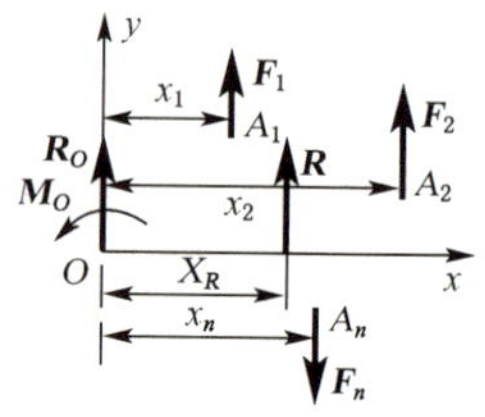

图 5-5

合力 R 作用线的位置

$$x_R = \frac{M_O}{R_O} = \frac{\sum F_i x_i}{\sum F} \quad (5\text{-}11)$$

5.3.2 平面平行力系的平衡方程

1) 一矩式

$$\left.\begin{aligned}\sum F_y = 0\\ \sum M_O(F) = 0\end{aligned}\right\} \quad (5\text{-}12)$$

2) 二矩式

$$\left.\begin{aligned}\sum M_A(F) = 0\\ \sum M_B(F) = 0\end{aligned}\right\} \quad (5\text{-}13)$$

其中 A、B 两点的连线不与各力的作用线平行。(证明略)

实质上是各力在 x 轴上的投影恒等于零，即 $\sum F_x = 0$ 恒成立，所以只有两个独立方程，只能求解两个独立的未知数。

【例 5-3】 如图 5-6(a)所示，$P = 20\ kN$，$m = 16\ kN \cdot m$，$q = 20\ kN \cdot m$，$a = 0.8\ m$，求 A、B 的支反力。

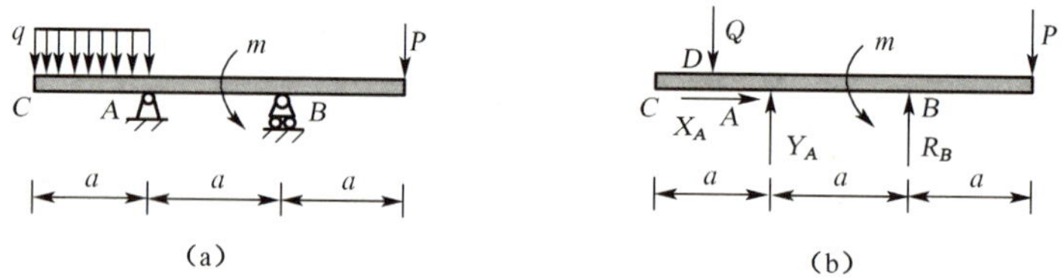

图 5-6

【解】 (1) 明确研究对象。选取梁 AB 为研究对象，本例题只有一个构件。

(2) 对 AB 梁受力分析,如图 5-6(b)所示。

(3) 取 Axy 为直角坐标系。

(4) 建立平衡方程:由 $F_x \equiv 0$,此力系为平行力系,这里采用平面平行力系平衡方程的基本形式,即一矩式

$$\begin{cases}\sum F_y = 0 \\ \sum M_A(F) = 0\end{cases}$$

由 $\sum F_y = 0$ 得 $$Y_A + R_B - qa - P = 0 \qquad (a)$$

由 $\sum M_A(F) = 0$ 得 $$R_B \cdot a + q \cdot a \cdot \frac{a}{2} + m - P \cdot 2a = 0 \qquad (b)$$

联立式(a)、(b) 得 $$R_B = -\frac{qa}{2} - \frac{m}{a} + 2P = -\frac{20\times 0.8}{2} - \frac{16}{0.8} + 2\times 20 = 12(\text{kN})$$

$$Y_A = P + qa - R_B = 20 + 20\times 0.8 - 12 = 24(\text{kN})$$

5.4 物体系统的平衡问题

5.4.1 物体静定与超静定问题的概念

静定问题:一个静力平衡问题,如果未知量的数目正好等于或小于独立的平衡方程数,单用平衡方程就能解出这些未知量。如图 5-7(a)所示,三个独立平衡方程数,三个未知数,用静力法能解出全部未知数,故属于静定问题。

超静定问题:一个静力平衡问题,如果未知量的数目超过独立的平衡方程数目,用刚体静力学方法就不能解出所有的未知量。如图 5-7(b)所示,三个独立平衡方程数,四个未知数,用静力法不能解出全部未知数,故属于超静定问题。

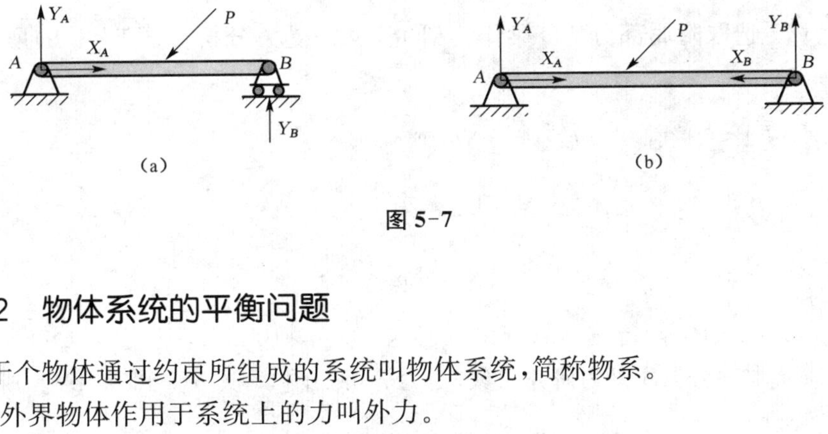

图 5-7

5.4.2 物体系统的平衡问题

由若干个物体通过约束所组成的系统叫物体系统,简称物系。

外力:外界物体作用于系统上的力叫外力。

内力:系统内部各物体之间的相互作用力叫内力。

物系平衡的特点:

(1) 物系静止。

(2) 物系中每个单体也是平衡的。每个单体可列三个平衡方程,整个系统可列 $3n$ 个方程(设物系中有 n 个物体)。

在解决物体系统的平衡问题时,既可选整个系统为研究对象,也可选其中某个物体为研究对象,然后列出相应的平衡方程,以解出所需的未知量。

研究物体系统的平衡问题,不仅要求解支座反力,而且还需要计算系统内各物体之间的相互作用力。

应当注意:我们研究物体系统平衡问题时,要寻求解题的最佳方法,即以最少的计算过程,迅速而准确地求出未知力。其有效方法就是尽量避免解联立方程。一般情况下,通过合理地选取研究对象,以及恰当地列平衡方程及其形式,就能取得事半功倍的效果。而合理地选取研究对象,一般有两种方法:

(1)"先整体,后局部"。

(2)"先局部,后整体"或"先局部,后另一局部"。

在整个计算过程中,当画整体、部分或单个物体的受力图时还应注意:①同一约束反力的方向和字母标记必须前后一致;②内部约束拆开后相互作用的力应符合作用与反作用规律;③不要把某物体上的力移到另一个物体上;④正确判断二力杆,以简化计算。

【例 5-4】 已知 $P = 20\text{ kN}$, $q = 5\text{ kN/m}$, $\alpha = 45°$,求支座 A、C 的反力和中间铰 B 处的压力。

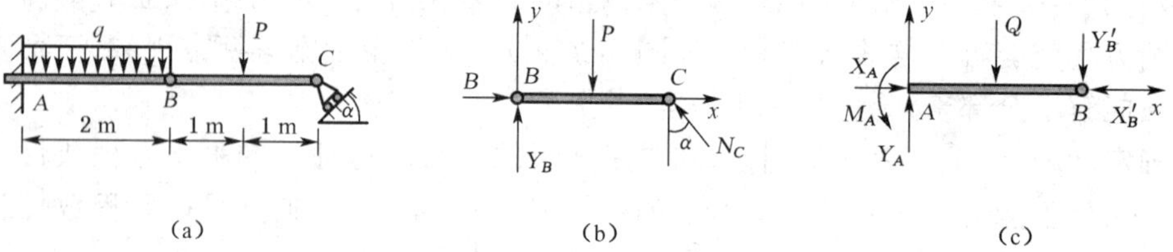

图 5-8

【解】 (1) 选取附属部分 BC 梁作为研究对象,受力分析如图 5-8(b)所示,列平衡方程

由 $\sum M_B(\overline{F}) = 0$ 得 $\quad -P \cdot 1 + N_C\cos\alpha \cdot 2 = 0 \quad (1)$

由 $\sum F_x = 0$ 得 $\quad X_B - N_C\sin\alpha = 0 \quad (2)$

由 $\sum F_y = 0$ 得 $\quad Y_B - P + N_C\cos\alpha = 0 \quad (3)$

联立式(1)、(2)、(3)解得 $\quad N_C = 14.14\text{ kN},\ X_B = 10\text{ kN},\ Y_B = 10\text{ kN}$

(2) 选取基本部分 AB 梁为研究对象,受力分析如图 5-7(c)所示,列平衡方程

由 $\sum F_x = 0$ 得 $\quad X_A - X'_B = 0 \quad (4)$

由 $\sum F_y = 0$ 得 $\quad Y_A - Q - Y'_B = 0 \quad (5)$

由$\sum M_A(\overline{F}) = 0$得 $M_A - Q \cdot 1 - Y'_B \cdot 2 = 0$ (6)

联立式(4)、(5)、(6),其中:$Q = q \cdot 2 = 5 \times 2 = 10$ (kN/m),$Y'_B = Y_B = 10$(kN)

解得:$M_A = 30$(kN·m) $X_A = X'_B = 10$(kN) $Y_A = 20$(kN)

【例 5-5】 求图 5-9 所示多跨静定梁的支座反力。梁重及摩擦均不计。

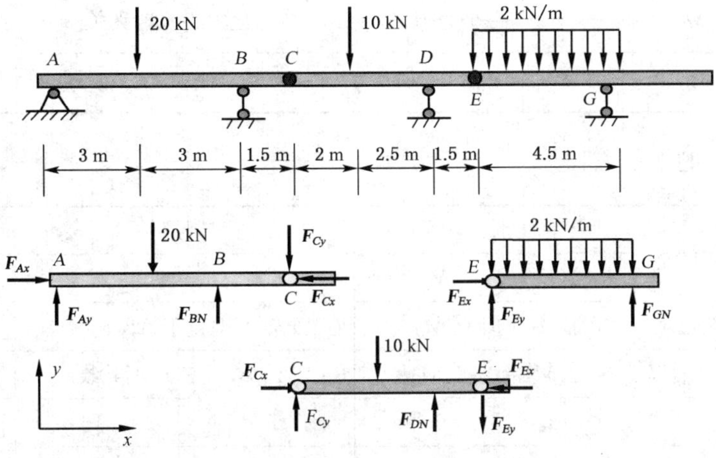

图 5-9

【解】 (1) 研究 EG 梁,受力分析如图 5-9 所示,列平衡方程

由$\sum Fx = 0$,得 $F_{Ex} = 0$

由对称关系得 $F_{Ey} = F_{GN} = \frac{1}{2}(2 \times 4.5) = 4.5$(kN)(↑)

(2) 研究 CE 梁,受力分析如图 5-9 所示,列平衡方程

由$\sum Fx = 0$,得 $F_{Cx} - F_{CE} = 0$,$F_{Cx} = F_{CE} = 0$

由$\sum M_C(\vec{F}) = 0$,得 $F_{DN} \times 4.5 - 10 \times 2 - F_{Ey} \times 6 = 0 \Rightarrow F_{DN} = 10.44$(kN)

(3) 研究 AC 梁,受力分析如图 5-9 所示,列平衡方程

由$\sum Fx = 0$,得 $F_{Ax} - F_{Cx} = 0 \Rightarrow F_{Ax} = F_{Cx} = 0$

由$\sum M_A(\vec{F}) = 0$,得 $F_{BN} \times 6 - 20 \times 3 - F_{Cy} \times 7.5 = 0 \Rightarrow F_{BN} = 15.08$(kN)

由$\sum Fy = 0$,得 $F_{Ay} - 20 + F_{BN} - F_{Cy} = 0 \Rightarrow F_{Ay} = 8.98$(kN)

本章小结

1. 平面一般力系向任一点简化

(1) 简化依据,力的平移定理。

(2) 简化方法和初始结果。

(3) 简化的最后结果。

情　况	最后结果
$\boldsymbol{F}_R' \neq 0$, $\boldsymbol{M}_O' \neq 0$	一个力，作用线通过简化中心，$\boldsymbol{F}_R = \boldsymbol{F}_R'$
$\boldsymbol{F}_R' \neq 0$, $\boldsymbol{M}_O' \neq 0$	一个力，作用线与简化中心相距 $d = \dfrac{\lvert \boldsymbol{M}_O' \rvert}{\boldsymbol{F}_R}$，$\boldsymbol{F}_R = \boldsymbol{F}_R'$
$\boldsymbol{F}_R' \neq 0$, $\boldsymbol{M}_O' \neq 0$	一个力偶，$\boldsymbol{M} = \boldsymbol{M}_O'$ 与简化中心位置无关
$\boldsymbol{F}_R' \neq 0$, $\boldsymbol{M}_O' \neq 0$	平衡

2. 平面力系的平衡方程

力系类别		平衡方程	限制条件	可求未知量数目
一般力系	基本形式	$\sum F_x=0$, $\sum F_y=0$, $\sum M_O=0$		3
	二力矩形式	$\sum F_x=0$, $\sum M_A=0$, $\sum M_B=0$	x 轴不垂直于 AB 连线	3
	三力矩形式	$\sum M_A=0$, $\sum M_B=0$, $\sum M_C=0$	A, B, C 三点不共线	3
平行力系		$\sum F_y=0$, $\sum M_O=0$		2
		$\sum M_A=0$, $\sum M_B=0$	AB 连线平行于各力作用线	2
汇交力系		$\sum F_x=0$, $\sum F_y=0$		
力偶系		$\sum M=0$		

3. 平衡方程的应用——求解未知量

解算物体系统平衡问题时，往往先以整体系统为研究对象，当不能求出全部未知力时，就要将物体拆成若干单个物体，通过"拆"，可使物体间相互作用的内力转化为外力，可化为若干个研究对象以增加独立的平衡方程，有利于求解较多未知量。物体系"拆开"后应考虑研究对象选择问题，简单地说，要选择既能算出所求未知量同时外力又较少的物体为研究对象，然后画出其受力图，列方程求解。

思考题

1. 平面任意力系向作用面内一点简化为主矩和主矢，主矩和主矢均与简化中心无关。这种说法正确吗？

2. 平面汇交力系向汇交点以外一点简化，其结果可能是一个力吗？可能是一个力和一个力偶吗？可能是一个力偶吗？

3. 平面任意力系平衡的充分必要条件是什么？

习　题

1. 如图 5-10 所示结构，已知 q_0，F，M，尺寸如图 5-10，求 A、B、C、D 处的反力。

2. 组合梁受荷载如图 5-11 所示。已知 $q = 4\ \text{kN/m}$，$F_P = 20\ \text{kN}$，梁自重不计。求支座 A、C 的反力。

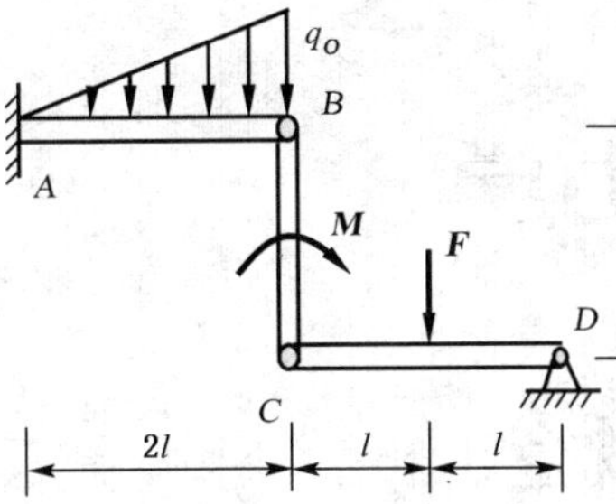

图 5-10

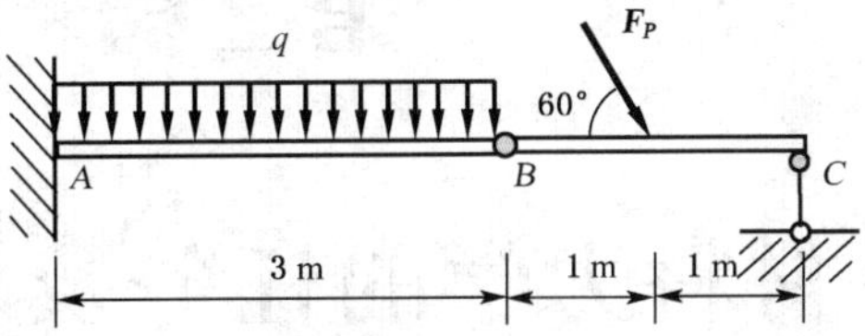

图 5-11

3. 如图 5-12 所示钢筋混凝土三铰刚架上作用着均匀分布于左半跨内的铅直荷载，其集度为 $q = 12\ \text{kN/m}$，$F_P = 18\ \text{kN}$，拱重及摩擦均不计。求铰链 A、B 处的反力。

4. 如图 5-13 所示结构由 AB、CD、DE 三个杆件铰接组成。已知 $a = 2\ \text{m}$，$q = 500\ \text{N/m}$，$F = 2\,000\ \text{N}$。求铰链 B 的约束反力。

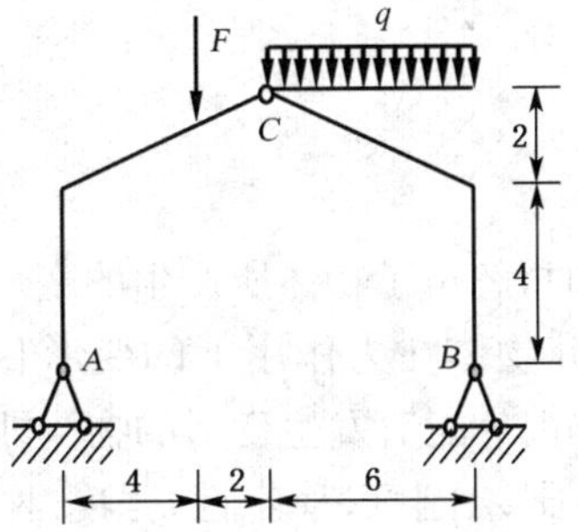

图 5-12

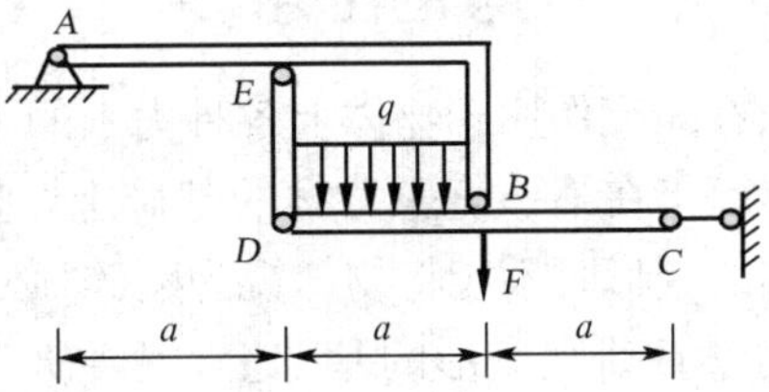

图 5-13

第二篇　材料力学

6　材料力学的任务及基本概念

学习目标：明确材料力学的任务，理解多形体的基本假设；掌握杆件变形的基本形式及特点。

6.1　材料力学的任务及研究对象

6.1.1　材料力学的任务

第一篇在研究作用于物体上各种力系的平衡条件时，忽略了物体所产生的变形，将物体看做刚体。本篇将在第一篇静力学的基础上，进一步研究物体在力作用下的变形和破坏规律。在研究物体的变形时不能将物体视为刚体，必须将物体视为能够发生变形的物体即变形体。

材料力学在研究变形的基础上，主要研究构件的强度、刚度、稳定性，强度、刚度、稳定性合起来也称为构件的承载能力，它们的概念在第1章绪论中已经做了详细的介绍，这里就不再重复了。为了保证结构的安全，工程中要求组成结构的构件首先应考虑使构件满足强度、刚度、稳定性这三方面的要求。但实际工程中设计构件时，除了应考虑上述三方面要求外，还必须考虑尽可能选用合适的材料和节省用量。材料力学就是通过对构件承载能力的研究，找到构件的截面尺寸、截面形状及所用材料的力学性质与所受荷载之间的内在关系，从而在既安全可靠又经济节省的前提下，为构件选择适当的材料和合理的截面尺寸、截面形状，这也是学习材料力学的目的。

6.1.2　材料力学的研究对象及其几何性质

绪论中提到了变形固体的概念及其基本假设，材料力学的研究对象就是由均匀连续、各向同性的变形固体材料所制成的构件，且限于小变形范围。

材料力学所研究的主要构件从几何上大都抽象成杆件。所谓杆件，是指长度远大于其他两个方向尺寸的构件。杆件的几何特点可由横截面和轴线来描述。横截面是与杆长方向垂直的截面，而轴线是各截面形心的连线(图6-1)。杆截面相同且轴线为直线的杆，称为等截面直杆。材料力学的主要研究对象就是等直杆。

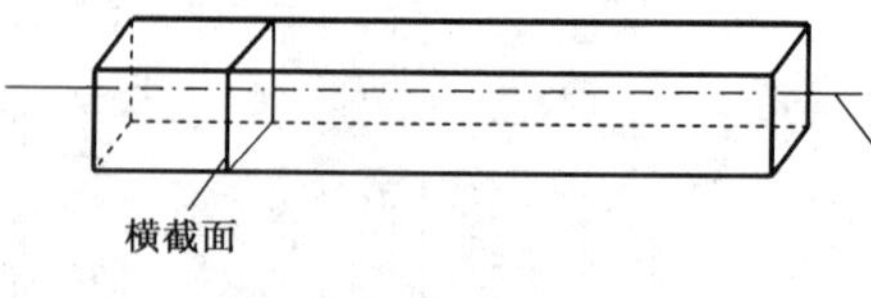

图6-1

6.2 外力、内力、截面法和应力的概念

6.2.1 外力

在第一篇对物体进行受力分析时，常将该物体作为研究对象单独分离，画出该物体的受力图。物体所受到的力全部是研究对象（该物体）以外的其他物体对它的作用力，称为外力。

6.2.2 内力

所谓内力，是指由于构件受外力作用以后，其内部各部分间相对位置改变而引起的相互作用力。必须指出的是，构件的内力是由于外力的作用引起的。因此，又称为附加内力。

6.2.3 截面法

研究杆件内力常用的方法是截面法。截面法是用一个假想的平面将杆件“截开”，使杆件在被切开位置处的内力显示出来，然后取杆件的任一部分作为研究对象，利用这部分的平衡条件求出杆件在被切开处的内力。

截面法是求杆件内力的基本方法。不管杆件产生何种变形，都可以用截面法求出内力。下面以图 6-2 杆件为例，介绍截面法求内力的基本方法和步骤。

（1）截开：用假想的截面，在要求内力的位置处将杆件截开，把杆件分为两部分。

（2）代替：取截开后的任一部分为研究对象，画受力图。画受力图时，在截开的截面处用该截面上的内力代替另一部分对研究部分的作用。

（3）平衡：由于整体杆件原本处于平衡状态，因此被截开后的任一部分也应处于平衡状态。

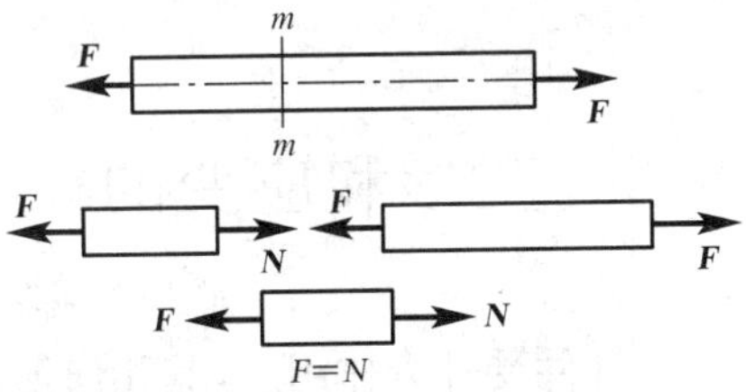

图 6-2

6.2.4 应力

为了解决杆件的强度问题，只知道杆件的内力是不够的。因为根据经验我们知道：用同种材料制作两根粗细不同的杆件并使这两根杆件承受相同的轴向拉力，当拉力达到某一值时，细杆将首先被拉断（发生了破坏）。这一事实说明：杆件的强度不仅和杆件横截面上的内力有关，而且还与横截面的面积有关。细杆将先被拉断是因为内力在小截面上分布的密集程度（简称集度）大而造成的。因此，在求出内力的基础上，还应进一步研究内力在横截面上的分布集度。受力杆件截面上某一点处的内力集度称为该点的应力。

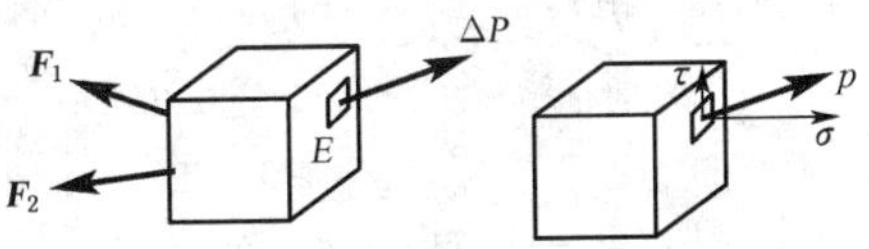

图 6-3

为了分析图 6-3 所示截面上任意一点 E 处的应力，围绕 E 点取一微小面积 ΔA，作用在

微小面积 ΔA 上的合内力集为 ΔP，则

$$P_m = \frac{\Delta P}{\Delta A} \tag{6-1}$$

称为 ΔA 上的平均应力。平均应力 P_m 不能精确地表示 E 点处的内力分布集度。当 ΔA 无限接近于零时，平均应力 P_m 的极限值 P 才能表示 E 点处的内力集度，即

$$P = \lim_{\Delta A \to 0} \frac{\Delta P}{\Delta A} = \frac{\mathrm{d}P}{\mathrm{d}A} \tag{6-2}$$

上式中 P 称为 E 点处的应力。

一般情况下，应力 P 的方向与截面既不垂直也不相切。通常将应力 P 分解为与截面垂直的法向分量 σ 和与截面相切的应力分量 τ。垂直于截面的法向分量 σ 称为正应力或法向应力；相切于截面的应力分量 τ 称为切应力或切向应力，又称为剪应力。

工程中应力的单位常用 Pa 和 MPa。

$$1\ \text{Pa} = 1\ \text{N/m}^2$$

$$1\ \text{MPa} = 1\ \text{N/mm}^2$$

$$1\ \text{kPa} = 10^3\ \text{Pa}$$

$$1\ \text{MPa} = 10^6\ \text{Pa}$$

$$1\ \text{GPa} = 10^9\ \text{Pa} = 10^3\ \text{MPa}$$

6.3 变形和应变的概念

杆件受外力作用后，其几何形状和尺寸一般都要发生改变，这种改变量称为变形。变形的大小是用位移和应变这两个量来度量的。

位移是指位置改变量的大小，分为线位移和角位移。应变是指变形程度的大小，分为线应变和切应变。

图 6-4 所示微小正六面体，棱边边长的改变量 $\Delta\mu$ 称为线变形，$\Delta\mu$ 与 Δx 的比值 ε 称为线应变。线应变是无量纲的。

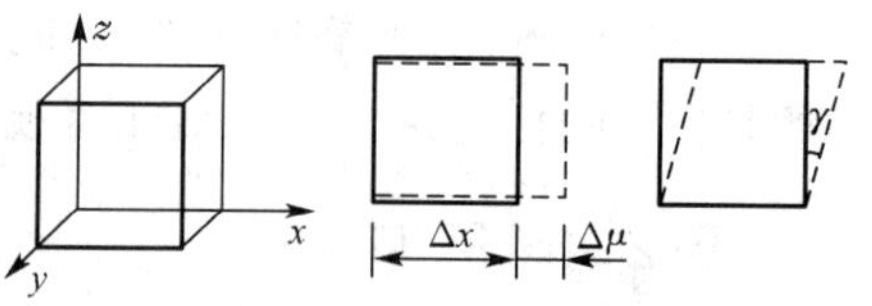

图 6-4

$$\varepsilon = \frac{\Delta\mu}{\Delta x} \tag{6-3}$$

上述微小正六面体的各边缩小为无穷小时，通常称为单元体。单元体中相互垂直棱边夹角的改变量 γ，称为切应变或是角应变(剪应变)。角应变用弧度来度量，它也是无量纲的。

6.4 杆件变形的基本形式

作用在杆上的外力是多种多样的，因此，杆件的变形也是多种多样的。但总不外乎是由

下列四种基本变形之一，或者是几种基本变形形式的组合。

6.4.1 轴向拉伸和轴向压缩

在一对大小相等、方向相反、作用线与杆轴线重合的外力作用下，杆件的主要变形是长度改变。这种变形称为轴向拉伸(图 6-5(a))或轴向压缩(图 6-5(b))。

6.4.2 剪切

在一对相距很近、大小相等、方向相反的横向外力作用下，杆件的主要变形是横截面沿外力作用方向发生错动。这种变形形式称为剪切(图 6-5(c))。

6.4.3 扭转

在一对大小相等、方向相反、位于垂直于杆轴线的两平面内的外力偶作用下，杆的任意横截面将绕轴线发生相对转动，而轴线仍维持直线，这种变形形式称为扭转(图 6-5(d))。

6.4.4 弯曲

在一对大小相等、方向相反、位于杆的纵向平面内的外力偶作用下，杆件的轴线由直线弯曲成曲线，这种变形形式称为弯曲(图 6-5(e))。

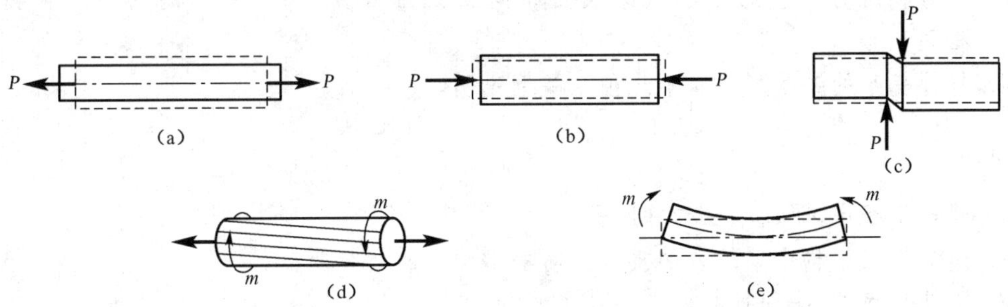

图 6-5

在工程实际中，杆件可能同时承受不同形式的荷载而发生复杂的变形，但却可看作是上述基本变形的组合。由两种或两种以上基本变形组成的复杂变形称为组合变形。

本书以下几章中，将分别讨论上述各种基本变形，然后再讨论组合变形。

本章小结

1. 材料力学的任务

材料力学就是通过对构件承载能力的研究，找到构件的截面尺寸、截面形状及所用材料的力学性质与所受荷载之间的内在关系，从而在既安全可靠又经济节省的前提下，为构件选择适当的材料和合理的截面尺寸、截面形状。

2. 材料力学的研究对象

材料力学的主要研究对象是等直杆。

3. 外力、内力和应力的概念

外力是研究对象(该物体)以外的其他物体对它的作用力；内力是指由于构件受外力作用以后,其内部各部分间相对位置改变而引起的相互作用力;应力是受力杆件截面上某一点处的内力集度,与截面相垂直的分量称为正应力,与截面相切的分量称为切应力。

4. 截面法

截面法是用一个假想的平面将杆件“截开”,使杆件在被切开位置处的内力显示出来,然后取杆件的任一部分作为研究对象,利用这部分的平衡条件求出杆件在被切开处的内力。其步骤为:截开、代替、平衡。

5. 变形和应变的概念

变形是杆件受外力作用后,其几何形状和尺寸的改变量,它的大小是用位移和应变这两个量来度量的。位移是指位置改变量的大小,分为线位移和角位移;应变是指变形程度的大小,分为线应变和切应变。

6. 杆件的基本变形形式

四种基本变形形式:拉伸(或压缩)、剪切、扭转、弯曲。

思考题

1. 材料力学的研究对象是什么?
2. 简述用截面法求内力的步骤。
3. 内力和应力有什么区别?两根受相同轴向拉力的杆件,它们的内力和应力是否相同?
4. 杆件变形的基本形式有哪几种?举例说明。

习　题

1. 建筑工程中,梁、板、柱构件所受变形类型是什么?
2. 建立框架结构中梁的力学模型并对变形形式进行分析。
3. 工业厂房中,牛腿柱的变形形式有哪些?

7 轴向拉伸或压缩

学习目标:正确理解内力、应力等概念,清楚材料力学解决问题的方法;熟练掌握截面法;掌握轴向拉压杆的正应力公式、胡克定律和拉杆的强度计算方法。

7.1 轴向拉伸或压缩的概念及工程实例

在工程实际中,许多构件承受拉力和压力的作用。如图 7-1 所示的支架中,如忽略自重,则 BC 杆为二力杆。计算表明,BC 杆在通过轴线的压力作用下沿杆轴线发生收缩变形,而 AD 杆则在通过轴线的压力作用下沿轴线发生弯曲变形。BC 这类杆件的受力特点是:杆件承受外力的作用线与杆件轴线重合;变形特点是:杆件沿轴线方向伸长或缩短。如图 7-2 所示,这种变形形式称为轴向拉伸或压缩,简称拉伸或压缩,这类杆件称为拉杆或压杆。土木工程结构中的桁架,就是由大量的拉压杆组成的。内燃机中的连杆、压缩机中的活塞杆等也均属此类。

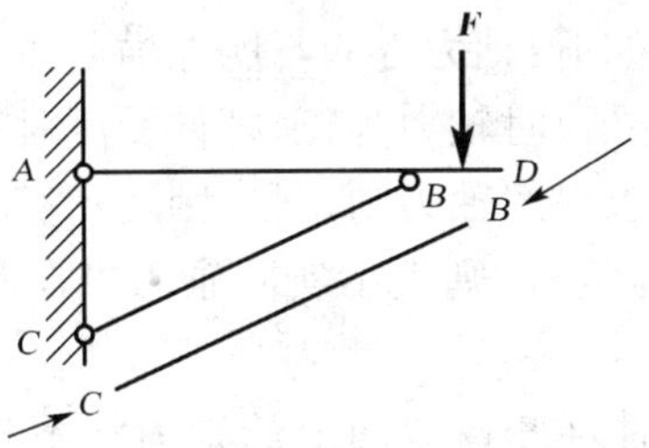

图 7-1

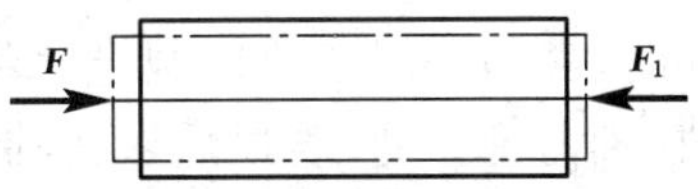

图 7-2

7.2 拉压杆的轴力和轴力图

7.2.1 内力的概念

当杆件受到外力作用后,杆件内部相邻质点之间相对位置就会发生变化,这种相对位置的变化使整个杆件产生变形,并使杆件内各质点之间原来的相互作用力发生改变,各质点之间相互作用力的变化使得构件相互连接的两部分之间的相互作用力发生了改变。在研究建筑力学时,习惯上将这种由于外力作用而使杆件相连接两部分之间的相互作用力产生的改变量称为附加内力,简称内力。内力是由外力引起的,杆件受的外力越大,内力也越大,同时变形也越大。同时,内力与杆件的强度、刚度等有密切关系,而讨论杆件强度、刚度和稳定性问题,必须先求出杆件内力。

7.2.2 求杆件内力的基本方法——截面法

为了求两端受轴向拉力 F 的杆件任一横截面 1-1 上的内力，可假想地用与杆件轴线垂直的平面，在 1-1 截面处将杆件截开；取左端为研究对象，设右端截面对左端截面的作用力分别用合力 F 和 F_{N1} 来表示，并沿杆件轴线方向（设向右为正）建立平衡方程

$$F_{N1} - F = 0 \tag{7-1}$$

由上面方程得

$$F_{N1} = F \tag{7-2}$$

这种假想地将构件截开成两部分，从而显示并解出内力的方法称为截面图。

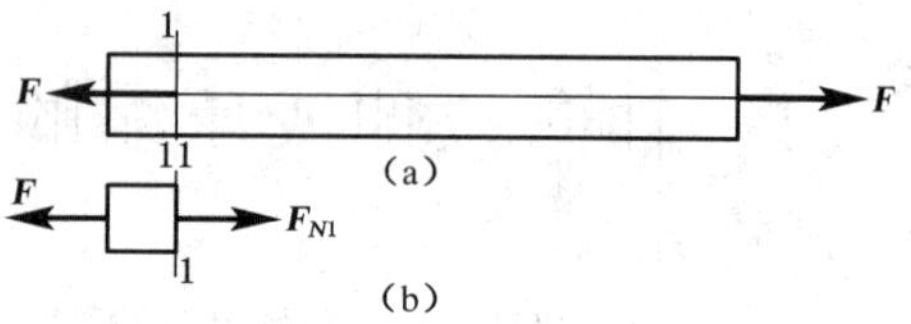

图 7-3

用截面法求构件内力可归纳为以下三个步骤：

(1) 截开。假想地沿待求内力所在截面将构件截开成两部分。

(2) 代替。取截开后的任一部分作为研究对象（隔离体），并把弃去部分对留下部分的作用以截开面的内力代替。

(3) 平衡。列出研究对象的平衡方程，计算内力的大小和方向。

截面法是求构件内力的基本方法，以后将经常用到。由于外力 F 的作用线沿着杆的轴线，内力 F_N 的作用线也必通过杆的轴线，故轴向拉伸或压缩时杆件的内力称为轴力。轴力的正负号由杆件的变形确定。为保证无论取截面左端还是右端作研究对象所求得的同一个截面上轴力的正负号相同，对轴力的正负号规定如下：轴力方向与所在横截面的外法线方向一致时，轴力为正；反之为负。由此可知，当杆件受拉时轴力为正，杆件受压时轴力为负。当轴力方向未知时，轴力一般按正向假设。若最后求得的轴力为正号，则表示实际轴力方向与假设方向一致，轴力为拉力；若最后求得的轴力为负号，则表示实际轴力方向与假设方向相反，轴力为压力。

实际问题中，杆件所受外力可能很复杂，这时直杆各截面上的轴力将不相同，F_N 将是横截面位置坐标 x 的函数。即

$$F_N = F_N(x) \tag{7-3}$$

用平行于杆件轴线的 x 坐标表示各横截面的位置，以垂直于杆轴线的 F_N 坐标表示对应横截面上的轴力，这样画出的函数图形称为轴力图。

【例 7-1】 直杆 AD 受力如图 7-4 所示。已知 $F_1 = 15\text{ kN}$，$F_2 = 10\text{ kN}$，$F_3 = 20\text{ kN}$，试画出直杆 AD 的轴力图。

【解】 (1) 计算 D 端支座反力

由整体受力图建立平衡方程

$$\sum F(x) = 0 \qquad F_1 - F_2 - F_3 = 0$$

$$F_D = F_2 + F_3 - F_1 = 10 + 20 - 15 = 15(\text{kN})$$

(2) 分段计算轴力

作轴力图时必须应用截面法分别计算杆件各段轴力。对于本例，宜将杆件分成三段计

算。由于在横截面 B 和 C 上作用有外力，三段隔离体可按图 7-4 截取。用截面法截取图 7-4(b)、(c)、(d)所示的研究对象后，由平衡方程求得

$$F_{N1}=F_1=15\ \text{kN}(\text{压})$$

$$F_{N2}=F_1-F_2=15-10=5(\text{kN})(\text{压})$$

$$F_{N3}=-F_D=+15(\text{kN})(\text{拉})$$

式中，F_{N3} 为正值，表明图(d)横截面上的轴力 F_{N3} 的实际方向与图中所假设的方向相同，为拉力。

(3) 画轴力图

根据所求得的轴力值，按比例画出轴力图，如图 7-4 所示。由轴力图可以看出最大拉力 $F_{N,\max}=15\ \text{kN}$，发生在 AB 段内，最大拉力 $F_{T,\max}=15\ \text{kN}$，发生在 CD 段内。

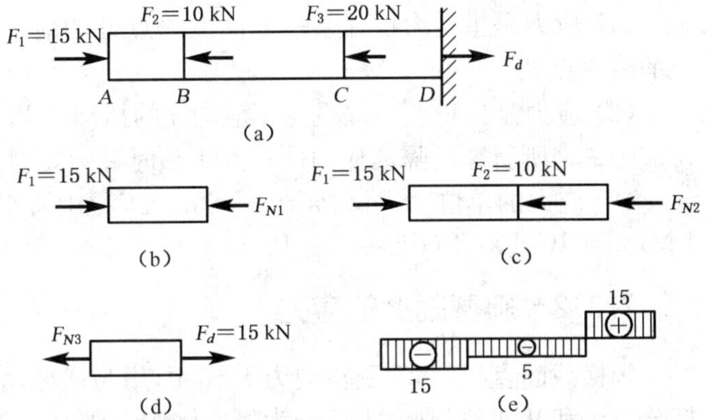

图 7-4

【例 7-2】 钢杆上端固定，下端自由。已知 $l=2\ \text{m}$，$F=4\ \text{kN}$，$q=2\ \text{kN/m}$，求出最大正应力。

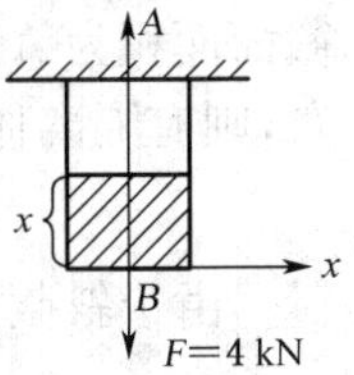

图 7-5

【解】 以 B 点为坐标原点，BA 方向为坐标轴 x 的正方向；将杆件在 x 处截开。由 BC 受力图建立平衡方程

$$\sum F_x=0\quad F_N-F-qx=0$$

$$F_N=F+qx=4+2x\ (0\leqslant x\leqslant 2\ \text{m})$$

由轴力 F_N 的表达式可知，轴力 F_N 与横截面位置坐标 x 成线性关系，轴力图为一斜直线段。当 $x=0$ 时，$F_N=4\ \text{kN}$；当 $x=2\ \text{m}$ 时，$F_N=8\ \text{kN}$。画出轴力图可以看出，$F_{N,\max}=8\ \text{kN}$，发生在截面 A 上。如图 7-6 所示。

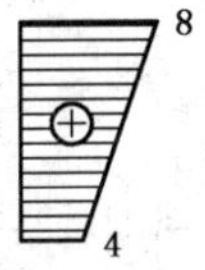

图 7-6

7.3 拉压杆横截面及斜截面上的应力

7.3.1 拉压杆横截面的应力

应力是受力杆件某一截面上一点处的分布内力集度。分析杆件 m-m 截面上 k 点的应力，可取隔离体。围绕 k 点取一微面积 ΔA，由于内力在整个截面上是连续分布的，假设在微面积 ΔA 上作用着总内力的一部分 ΔF_R，则内力 ΔF_R 在 ΔA 上的平均集度就可认为是微面积 ΔA 上的平均应力，有

$$P=\lim\frac{\Delta F_R}{\Delta A}=\frac{\mathrm{d}F_R}{\mathrm{d}A}\tag{7-4}$$

一般情况下，内力在横截面上不是均匀分布的，为能真实的横截面上一点处的分布内力集度，消除所取面积 ΔA 大小造成的影响，令 ΔA 向 k 点无限缩小而趋近于零，则其极限值为

$$P = \frac{F_{max}}{\Delta A} \tag{7-5}$$

式中 P 称为横截面 $m-m$ 上 k 点的总应力。总应力 P 的方向一般既不与横截面垂直也不与横截面相切。通常将其分解为垂直于截面的法向分量 σ 和沿截面切向的切向分量 τ。法向分量 σ 称为正应力；切向分量 τ 称为正应力。

关于应力，应注意以下几点：

(1) 应力是指受力杆件某一截面上一点处的应力，在研究力时必须明确其在哪个截面上的哪一点处。

(2) 应力是矢量。一般规定正应力 σ 的指向离开所作用的截面时为正号，反之为负号；切应力 τ 是所研究的隔离体内一点产生顺时针力矩时为正号，反之为负号。

(3) 应力的单位为 Pa，$\mathrm{Pa} = 1\ \mathrm{N/m^2}$，工程中常采用 MPa 和 GPa，它们之间的关系是：$1\ \mathrm{MPa} = 10^6\ \mathrm{Pa}$，$1\ \mathrm{GPa} = 10^9\ \mathrm{Pa}$。

7.3.2 斜截面上的应力

等横截面直杆，两端受轴向力 F 作用，用与横截面 $m-n$ 成 α 度角的假想斜截面 $m-n$ 将杆分成Ⅰ和Ⅱ两部分，取Ⅰ部分为隔离体作为研究对象。若杆件横截面面积为 A，$m-m$ 斜截面面积为 A_α，斜截面的内力为 $F_{N\alpha}$，应力为 P_α，P_α 与杆轴线平行，且在斜截面上均匀分布，则有隔离体的静力平衡方程

$$F_{N\alpha} = F \tag{7-6}$$

由于斜截面上的内力 $F_{N\alpha}$ 是应力 P_α 的合力，有

$$F_{N\alpha} = P_\alpha \cdot A_\alpha \tag{7-7}$$

结合式(a) 和式(b)，得

$$\sigma = \frac{\Delta F}{\Delta A} \tag{7-8}$$

式中：σ——横截面上的正应力。

将 P_α 分解为垂直于斜截面的正应力 σ_α 和相切于斜截面的切应力 τ_α，其正负号规定已在前面介绍过，α 角自横截面的法外线量起，到所求斜截面外法线为止，逆时针转为正，顺时针转为负。

说明：(1) 应力是针对受力杆件的某一截面上某一点而言的，所以提及应力时必须要指明杆件截面和点的位置。

(2) 应力是矢量，不仅有大小还有方向。

(3) 内力与应力的关系。内力在某一点处的点的集度为该点的应力；截面上各点处应力总和等于该截面上的内力。

7.4 材料拉伸、压缩时的力学性能

7.4.1 轴向拉压杆的纵向、横向变形

材料在外力作用下所呈现的有关强度和变形方面的特性，称为材料的力学性能。材料

的力学性能是杆件进行强度和刚度计算的重要依据，通常采用实验的方法测定。本节主要介绍在常温、静载下，材料在拉伸和压缩时的力学性能。

在做材料拉压试验时，为了得到可靠的试验数据并便于比较试验结果，应将材料做成标准试件。拉伸试验的标准试件如图 7-7 所示，试验前先在构件的中间等值部分上画两条垂直于杆轴线的横线，两横线之间的部分称为工作段，工作段时间的标距为 l，试验数据是从工作段内测得的。试件两部分加粗的部分是为了便于与试验机的夹头连接，并防止由于其他原因造成端部破坏。一般规定，圆截面标准试件的标距 l 与横截面直径 d 的比例为

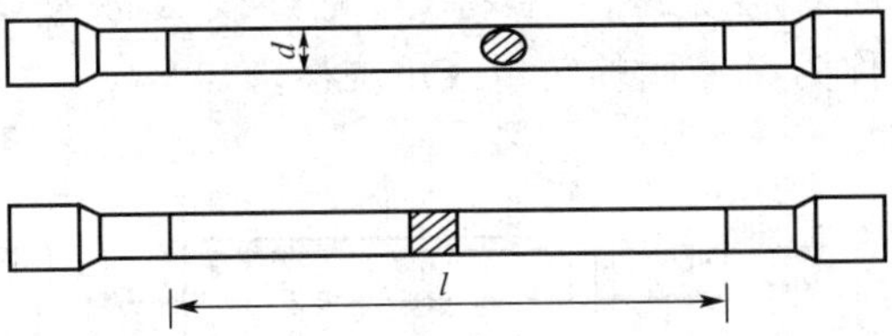

图 7-7

$$l = 10d \quad 或 \quad l = 5d$$

矩形截面标准试件标距和横截面的面积关系是

$$l = 11.3\sqrt{A} \quad 或 \quad l = 5.65\sqrt{A}$$

7.4.2 塑性材料的主要性质

1）变形发展的四个阶段

根据低碳钢的应力应变曲线，将拉伸过程分为四个阶段，即弹性阶段、屈服阶段、强化阶段和颈缩阶段。对应的极限状态分别是比例极限、屈服极限、强度极限等。

2）延伸率和断面收缩率

试件拉断后，弹性变形全部消失，而塑性变形留了下来，工程中常用试件拉断后保留下来的塑性变形大小表示材料塑性性质。塑性性质有延伸率和断面收缩率。

延伸率的表示法：

$$\delta = \frac{l_1 - l}{l} \times 100\% \tag{7-9}$$

低碳钢的延伸率为 20% ～ 30%。$\delta \geqslant 5\%$ 的材料为塑性材料；$\delta \leqslant 5\%$ 的材料为脆性材料。拉伸试验证明低碳钢是一种拉伸能力良好的塑性材料。

断面收缩率的表示法：

$$\psi = \frac{A - A_1}{A} \times 100\% \tag{7-10}$$

断面的收缩率为 60%～70%。此外，铸铁是一种很好的脆性材料，无明显的屈服阶段，工程中常将它作为受压构件。

7.5 轴向拉压杆变形及强度计算

7.5.1 轴向拉压杆的纵向、横向变形

结构在荷载作用下，既产生应力同时也发生变形和位移。变形是指结构及构件的形状

发生变化，位移是指构件截面位置的改变。图 7-8 为一矩形截面的悬臂梁，在荷载 F 作用下发生了变形，图 7-12(b)中虚曲线为变形曲线，同时梁中的截面位置也发生了变化。如截面 C 移动到了 C'，将 CC' 的连线 Δ 称为 C 截面的线位移；同时截面 C 转过了一个角度 θ，θ 称为 C 截面的转角或角位移。

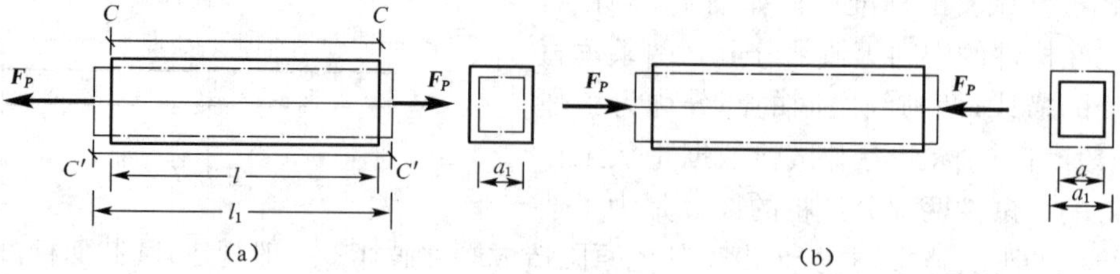

图 7-8

杆的纵向变形量为

$$\Delta l = l_1 - l \tag{7-11}$$

杆在轴向拉伸时纵向变形为正值，压缩时为负值。

纵向线应变的表达式

$$\xi = \frac{\Delta l}{l} \tag{7-12}$$

7.5.2 泊松比与胡克定律

杆件在轴向拉压变形时，纵向线应变与横向线应变总是正、负相反的。而纵向线应变和横向线应变的比值的绝对值为一常数，通常将这一常数称为泊松比，其表达式为

$$\mu = \left[\frac{\xi'}{\xi}\right] \tag{7-13}$$

泊松比是一个无量纲的量，它的值与材料有关，可以由试验测出。

试验表明工程中使用的大部分材料都有一个弹性范围，在弹性范围内，纵向变形量 Δl 与杆所受的轴力 F_N、杆的原长 l 成正比，而与杆的横截面积 A 成反比，引进弹性模量 E 后得

$$\Delta l = \frac{F_N l}{EA} \tag{7-14}$$

这一定律首先是由英国人胡克提出来的，所以叫做胡克定律，而 EA 反映了杆件抗拉(压)变形的能力，称为杆件抗拉(压)刚度。

胡克定律的另一表现形式为

$$\xi = \frac{\sigma}{E} \quad 或 \quad \sigma = E\xi \tag{7-15}$$

它表明在弹性范围内，正应力与线应变成正比，比例系数即为弹性模量 E。

7.5.3 拉压杆的强度计算

1）强度条件

杆件所有横截面上正应力的最大值称为最大工作应力，用 σ_{max} 表示，其所在的截面为危险截面。保证构件正常工作，不致破坏的强度条件是

$$\sigma_{max} \leqslant [\sigma] \tag{7-16}$$

对于等直杆，由于横截面面积相同，所以强度条件可写为

$$\sigma_{max} = \frac{F_{max}}{A} \leqslant [\sigma] \tag{7-17}$$

根据强度条件可对杆件进行强度校核、截面选择和承载力计算。

2）强度条件的应用

（1）强度校核

强度校核就是利用强度条件对杆件的强度进行验算。已知杆件的轴力 F_N、截面面积 A 和材料的许用应力 $[\sigma]$，如果满足 $\sigma_{max} \leqslant [\sigma]$，则杆件的强度满足要求，否则杆件就可能发生破坏。

【例 7-3】 结构在刚性杆 AC 上作用有集中荷载 $F = 95$ kN，钢拉杆 AB 由∟45×5 的等边角钢制成，其许用应力 $[\sigma] = 160$ MPa。试求校核拉杆 AB 的强度。

【解】（1）计算拉杆 AB 的轴力 F_N

取 AC 杆为隔离体（图 7-9），对 C 点取矩，建立静力平衡方程

$$\sum M_C = 0,\ F_N \sin\alpha \times 1.6\ \text{m} - F \times 0.8\ \text{m} = 0$$

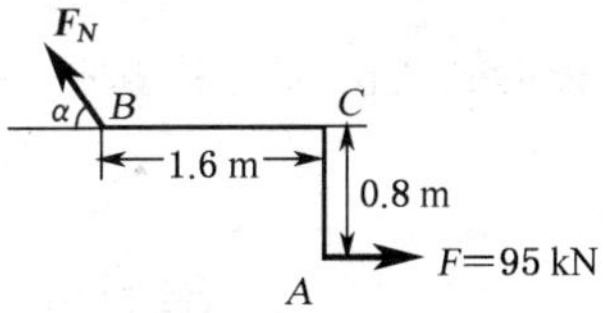

图 7-9

故

$$F_N = 61.75(\text{kN})$$

（2）强度校核

由型钢表查得拉杆 AB 的横截面面积 $A = 4.292\ \text{cm}^2$，则杆 AB 横截面上的应力为

$$\sigma = 144\ \text{MPa} < [\sigma] = 160\ \text{MPa}$$

故拉杆 AB 满足强度要求。

（3）截面选择

已知杆件的轴力 F_N 和材料的许用应力 $[\sigma]$，可根据强度条件确定杆件所需的横截面面积 A，计算公式为 $A \geqslant \dfrac{F_N}{\sigma}$。

【例 7-4】 若例 7-3 中拉杆 AB 由等边角钢制成，但角钢型号未知，其他条件不变。试选择拉杆 AB 的角钢型号。

【解】 本题应先求拉杆 AB 所需截面面积，再由型钢表查出所需的角钢型号。

（1）计算拉杆 AB 的轴力 F_N

拉杆 AB 的轴力 F_N 已在例 7-3 中求出

$$F_N = 61.75\ (\text{kN})$$

(2) 截面选择

$$A \geqslant \frac{F_N}{\sigma} = 3.86\ (\mathrm{cm}^2)$$

查型钢表可选∟45×5的等边角钢，其横截面面积 $A = 4.29\ \mathrm{cm}^2 > 3.86\ \mathrm{cm}^2$，满足要求。

(3) 承载力计算

已知杆件横截面面积A和材料的许用应力$[\sigma]$，可根据强度条件确定杆件所能承受的最大轴力 $F_{N,\max} \leqslant [\sigma]A$，由最大轴力 $F_{N,\max}$ 可进一步确定结构的最大承载力。

【例 7-5】 若例 7-3 中作用在刚性杆 AC 上的集中荷载 F 未知，其他条件不变。试按拉杆 AB 的强度条件确定此结构的承载力。

【解】 (1) 求拉杆 AB 的容许轴力

根据例 7-3 中的分析，F_N 与 F 的关系为

$$F_N = 0.65F$$

(2) 求拉杆 AB 的容许轴力

由例 7-3 知，拉杆 AB 的横截面面积为 $A = 4.292\ \mathrm{cm}^2$，由强度条件可得其容许轴力

$$[F_N] = A[\sigma] = 4.292 \times 10^{-4}\,\mathrm{m}^2 \times 160 \times 10^6\ \mathrm{Pa} = 68.7(\mathrm{kN})$$

(3) 求承载力

将$[F_N]$代入上式得

$$[F_N] = 1.54[F_N] = 1.54 \times 68.7\ \mathrm{kN} = 106(\mathrm{kN})$$

故该结构的最大承载力为 106 kN。

7.6 应力集中的概念

在平面假设中曾经认为杆横截面上的应力均匀分布，但实验证明，当杆横截面尺寸突然变化，如在杆件上钻孔等，都会造成横截面突变处的局部区域内应力的急剧增大，离突变区域稍远处应力又趋于均匀。通常将这种横截面尺寸突然变化处应力急剧增大的现象称为应力集中。

假设一开有圆孔的受拉半圆，在圆孔附近的局部区域内应力急剧增大为 $\sigma_{\max}$。$\sigma_{\max}$ 与该截面上平均应力 σ_{m} 的比值称为应力集中系数，用 α 表示，即应力集中系数 α 反映了应力集中的程度，是一个大于 1 的系数，可以从有关手册中查到。

这种由于杆件截面尺寸的突然变化引起局部应力急剧增大的现象叫做应力集中。通常用最大局部应力 $\sigma_{\max}$ 和按净面积计算的平均应力 σ_{m} 的比值来表示应力集中的程度，即

$$\frac{\sigma_{\max}}{\sigma_{\mathrm{m}}} = k \tag{7-18}$$

通常将 k 称为理论应力集中系数，它反映集中的程度。

为了避免和减小应力集中对杆的不利影响，在设计时应尽量使杆件外形平缓光滑，

不使杆截面尺寸发生突然变化。当杆件上必须开有孔洞时，应尽量将孔洞置于低应力区内。

应力集中对杆件是不利的，在设计时应尽可能不使截面尺寸发生变化。应力集中对杆件强度的影响还与材料有关。

本章小结

本章研究了杆件产生轴向拉伸和压缩时的内力、应力、变形及强度计算。

1. 基本概念

(1) 轴向拉压：杆件受到与轴向相重合的外力作用，产生沿轴线方向的伸长或缩短变形。

(2) 内力：由于外力作用，而在构件相邻两部分之间产生的相互作用力。

(3) 轴力：轴向拉压时，杆件横截面上的内力。拉力为正，压力为负。

(4) 应力：截面上任意一点处的分布内力集中度称为该点的应力。与截面上相垂直的分量称为正应力，与截面上相切的分量称为切应力。轴向拉压杆横截面上只有正应力。

(5) 应变：单位尺寸上构件的变形量。

2. 基本计算

(1) 轴向拉压杆的轴力计算

基本方法——截面法。

轴力图能表明轴力随横截面位置变化的规律。

画轴向拉压杆的轴力图是本章的重点内容之一，要特别熟悉这一内容。

(2) 轴向拉压杆横截面上应力的计算

任一横截面的应力计算公式

$$\sigma = \frac{F_N}{A}$$

等直杆的最大应力计算公式

$$\sigma_{\max} = \frac{F_{N,\max}}{A}$$

(3) 轴向拉压杆的变形计算

胡克定律：$\Delta l = \dfrac{F_N l}{EA}$ 或 $\sigma = E\xi$

胡克定律适用于弹性变形。

泊松比：$\mu = \left|\dfrac{\xi'}{\xi}\right|$

(4) 轴向拉压杆的强度计算

① 强度条件

塑性材料　　$\sigma_{\max} \leqslant [\sigma]$

脆性材料　　$\sigma_{t,\max} \leqslant [\sigma_t]$　　$\sigma_{c,\max} \leqslant [\sigma_c]$

② 强度条件在工程中的三类应用

a. 强度校核。

b. 设计截面。

c. 计算许用荷载。

强度是本章的重点，应能灵活地运用强度条件解决工程中的三类问题。

3. 材料的力学性质

塑性材料：有明显的屈服现象，屈服极限为极限应力。

脆性材料：压缩强度大于拉伸强度，强度极限为极限应力。

思考题

1. 简述轴向拉压杆的受力特点和变形特点。

2. 什么是轴力？简述用截面法求轴力的步骤。

3. 正应力的"正"指的是正负的意思，所以正应力恒大于零。这种说法对吗？为什么？

4. 力的可传性原理在研究杆件变形时是否适用？为什么？

5. 什么是危险截面？什么是危险点？对于等截面轴向拉压杆而言，轴力最大截面一定是危险截面，这种说法对吗？

6. 内力与应力有何区别和联系？

7. 两根材料与截面积均相同，受力也相同的轴向拉压杆只是截面形状不同，它们的轴力图是否相同？截面上的应力是否相同？

8. 有一低碳钢试件，由试验测得其应变，已知低碳钢的比例极限、弹性模量，问能否由拉压胡克定律计算其正应力？为什么？

9. 塑性材料与脆性材料的主要区别是什么？什么是延伸率？塑性材料、脆性材料的延伸率各自在何范围内？延伸率是不是衡量材料塑性大小的唯一指标？

10. 一圆截面直杆，受轴向拉力作用，若将其直径变为原来的2倍，其他条件不变。试问：①轴力是否改变？②横截面上的应力是否改变？若改变，变为原来的多少倍？③纵向变形是否改变？若有改变，是比原来变大还是变小？

11. 什么是极限应力？什么是许用应力？什么是安全系数？什么是工作应力？塑性材料和脆性材料的极限应力各指什么极限？

12. 材料经过冷作硬化处理后，其力学性能有何变化？

13. 分别写出轴向拉压杆件用塑性材料和脆性材料时的强度条件，并简述强度条件在工程中的三类应用。

14. 什么是应力集中？

习 题

1. 图7-10中所示托架结构为铰链连接方式，AB 为圆截面。直径 $d = 25$ mm，BC 为正方形截面，边长 $a = 80$ mm，$F = 30$ kN，求 AB 杆所受的支座反力以及 BC 杆内的应力。

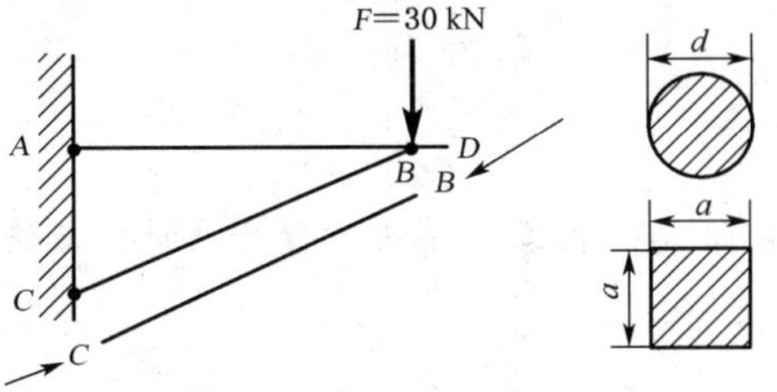

图 7-10

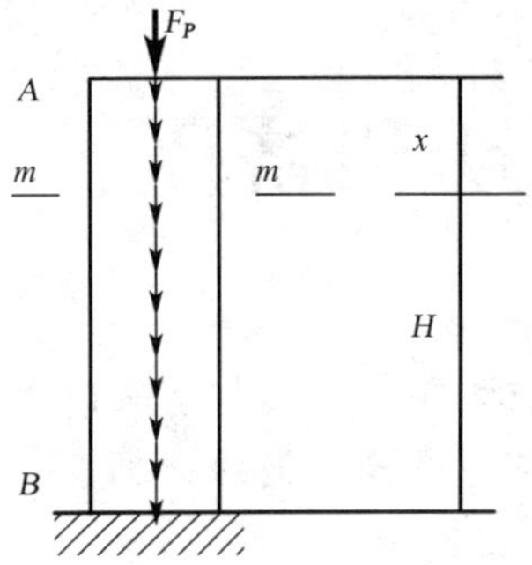

图 7-11

2. 若低碳钢的弹性模量 $E_1=210\,\text{GPa}$，混凝土的弹性模量 $E_2=28\,\text{GPa}$。求：① 在正应力相同的情况下，低碳钢与混凝土的应变的比值。② 在线应变 ξ 相同的情况下，低碳钢和混凝土正应力的比值。③ 当线应变 $\xi=-0.000\,15$ 时，低碳钢和混凝土的正应力。

3. 拉伸试验时，低碳钢试件的直径是 $d=10\,\text{mm}$，在标距为 $l=100\,\text{mm}$ 内的伸长量 $\Delta l=0.06\,\text{mm}$，材料的比例极限 $\sigma_p=200\,\text{MPa}$，弹性模量 $E=200\,\text{GPa}$，试求杆件内力和此时杆件能承受的拉力。

4. 如图 7-11 所示各杆的截面及荷载情况。求最大的压应力并写出压应力变化的表达式。

5. 如图 7-12 所示的结构，材料的许用应力$[\sigma]=160\,\text{MPa}$，构件的截面积为正方形，试求正方形构件的边长并绘制轴力图。

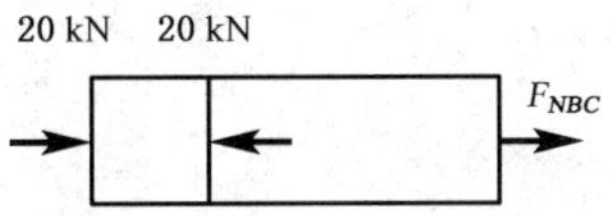

图 7-12

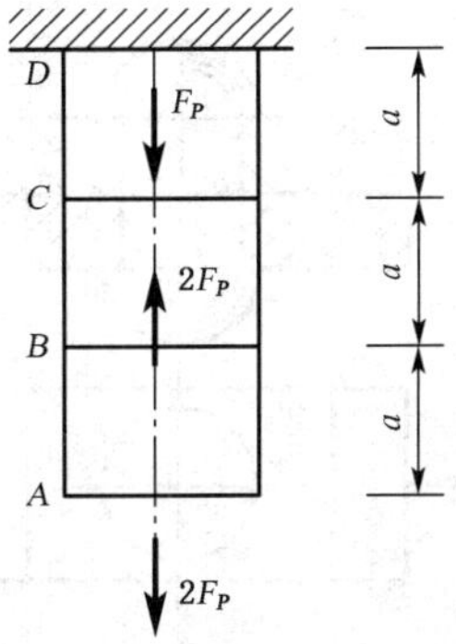

图 7-13

6. 一正方形截面混凝土柱如图 7-13 所示，设混凝土的重度 $\gamma=20\,\text{kN/m}^3$，柱顶荷载 $F_P=300\,\text{kN}$，许用拉应力$[\sigma_t]=2\,\text{MPa}$。试画出轴力图并选择构件的截面边长 a。

8 剪切和挤压

学习目标：了解剪切和挤压的概念和工程应用；掌握挤压的概念及计算方法和强度的校核与设计；掌握螺栓连接的计算。

8.1 剪切与挤压的实用计算

8.1.1 剪切与挤压的概念

在工程实际中，构件与构件之间的连接一般都采用螺栓、销钉、焊接等形式。这些连接件中，不仅受剪切作用，而且伴随着挤压的作用。图 8-1 是一铆钉连接的两块钢板的简图。当钢板受拉时，铆钉的左上侧和右下侧受到传来的一对力 F 的作用。这时铆钉的部分将沿着外力的方向分别向右和向左移动。当外力足够大时，将会使铆钉剪断，这就是剪切破坏。同时，钢板和铆钉在接触面上相互挤压，产生局部压缩现象。当传递的压力很大时，钢板圆孔可能被挤压成椭圆孔，导致连接松动，或铆钉可能被压扁或压坏，这就是挤压破坏。

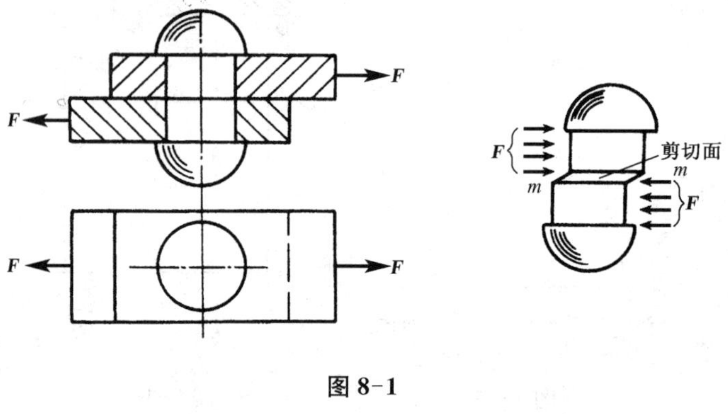

图 8-1

由此可知，构件受到一对大小相等、方向相反、作用线相距很近的横向力(即垂直杆轴向方向力)作用时，两力间的横截面将沿力的方向发生相对错动，这种变形称为剪切变形。发生相对错动的截面称为剪切面。只有一个受剪切面的情况称为单剪(图 8-1 中的铆钉)，同时存在两个受剪切面的情况称为双剪(如图 8-2)。

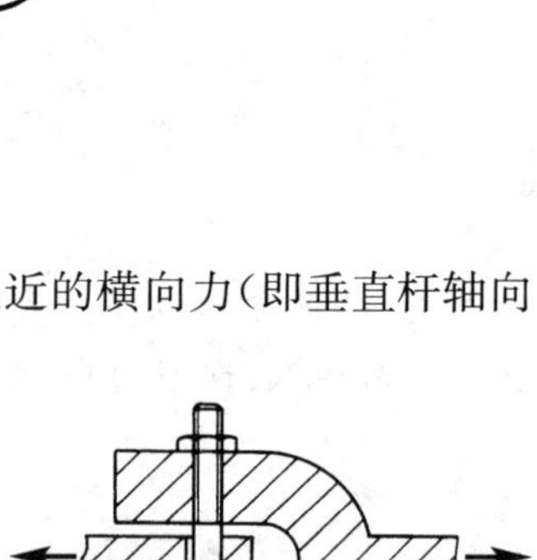

图 8-2

连接件受剪切时，两构件接触面上相互压紧，产生挤压。局部受压的表面称为挤压面。作用在挤压面上的压力称为挤压力。

必须注意，挤压与压缩是截然不同的两个概念，前者是产生在两个物体的表面，而后者是产生于一个物体上。

8.1.2 剪切的实用计算

下面以螺栓(图 8-3)为例，说明剪切强度的计算方法。

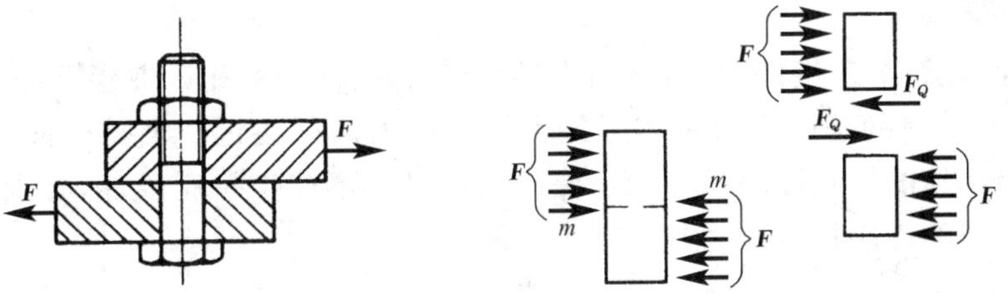

图 8-3

取螺栓为研究对象，其受力情况如图 8-3 所示。首先求出 $m-m$ 截面上的内力。将螺栓从 $m-m$ 截面假想截开，分为上下两部分，取其中一部分作为研究对象。根据静力平衡条件，在剪切面内必然有一个与外力 F 大小相等、方向相反的内力存在，这个内力叫剪力，用 F_Q 表示。受剪面上的剪力是沿着截面作用的，因此在截面上各点处均引起相应的剪应力，剪应力在剪应面上的分布是复杂的，工程上常以实验为基础的实用计算法来计算，即假设剪应力在剪切面上是均匀分布的，所以剪应力的计算公式为

$$\tau = \frac{F_Q}{A} \tag{8-1}$$

式中：F_Q——剪切面上的剪力；

A——剪切面面积。

为了保证构件在工作中不发生剪切破坏，必须使构件工作时产生剪应力，不超过材料的许用剪应力，即

$$\tau = \frac{F_Q}{A} \leqslant [\tau] \tag{8-2}$$

式中：$[\tau]$——材料的许用剪应力。

式(8-2)就是剪切强度条件。

工程中常用材料的许用剪应力可从规范中查到，也可用下面的经验公式确定：

脆性材料：$[\tau]=(0.6 \sim 0.8)[\sigma_l]$

塑性材料：$[\tau]=(0.8 \sim 1.0)[\sigma_l]$

式中：$[\sigma_l]$——材料的许用拉应力。

8.1.3 挤压的实用计算

在挤压面上，由挤压力所引起的应力称为挤压应力，以 σ_{jy} 表示。挤压应力在挤压面上的分布规律也是比较复杂的，工程上同样采用实用计算法来计算，即假设挤压应力在挤压面

上是均匀分布的，因此挤压应力为

$$\sigma_{jy}=\frac{F_{jy}}{A_{jy}} \tag{8-3}$$

式中：F_{jy}——挤压面上的挤压力；

A_{jy}——挤压面面积；

σ_{jy}——挤压应力。

对于螺栓、螺钉等连接件，当挤压面为半圆柱时，挤压面面积则取半圆柱的正投影面积。这样按式(8-3)计算的挤压应力和实际最大挤压应力值很接近。当挤压面为平面时，挤压面积就是两个物体的接触面面积。为了保证构件局部不产生挤压破坏，必须满足工作挤压应力不超过材料的许用挤压应力，即

$$\sigma_{jy}=\frac{F_{jy}}{A_{jy}}\leqslant[\sigma_{jy}] \tag{8-4}$$

式(8-4)是挤压强度条件。材料的许用挤压应力是根据实验确定的，工程中常用材料的许用挤压应力，可从相关规范中查得。在一般情况下材料的需用挤压应力与许用拉应力存在下述近似关系：

脆性材料：$\sigma_{jy}=(1.5\sim2.5)[\sigma_l]$

塑性材料：$\sigma_{jy}=(0.9\sim1.5)[\sigma_l]$

当连接件与被连接件的材料不同时，应该按连接中抵抗挤压能力弱的构件来进行强度计算。

【例 8-1】 如图 8-4 所示，两块厚度 $t=10$ mm，宽度 $b=60$ mm 的钢板，用一个直径为 $d=18$ mm 的圆形铆钉连接在一起，钢板受拉力 $F=40$ kN。设铆钉受力相等，已知$[\tau]=180$ MPa，$[\sigma_{jy}]=300$ MPa，$\sigma_l=210$ MPa，试校核铆钉连接件的强度。

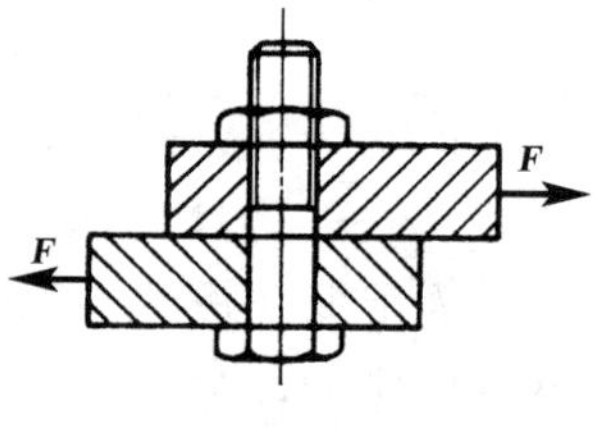

图 8-4

【解】 (1) 根据经验，连接件破坏形式一般有三种，即剪切、挤压和拉伸。板上有一个铆钉。故每个铆钉的剪力为 $F_Q=F$。

(2) 校核铆钉的剪切强度为

$$\tau=\frac{F}{A}=\frac{40\times10^3}{\frac{\pi d^2}{4}}=\frac{4\times40\times10^3}{3.14\times18^2}=157(\text{MPa})<180(\text{MPa})=[\tau]$$

故满足剪切强度要求。

(3) 校核铆钉的挤压强度为

$$\sigma_{jy}=\frac{F}{\mathrm{d}t}=\frac{40\times10^3}{10\times18}=220(\text{MPa})<[\sigma_{jy}]$$

故满足挤压强度要求。

校核板的拉伸强度为

$$\sigma_l=\frac{F}{(b-d)\times t}=\frac{40\times10^3}{(60-18)\times10}=95(\text{MPa})<[\sigma_l]$$

故满足拉伸强度要求。

【例 8-2】 电机挂钩的销钉连接如图 8-5(a) 所示，已知 $F=18\,\text{kN}$，板厚 $t_1=10\,\text{mm}$，$t_2=8\,\text{mm}$，销钉的材料与板相同，许用剪应力 $[\tau]=80\,\text{MPa}$，许用挤压应力 $[\sigma_{jy}]=200\,\text{MPa}$，试选择销钉直径。

【解】 (1) 销钉受力情况如图 8-5(b)、(c)所示。因销钉受双剪，故每个剪切面上的剪力 $F_Q=F/2=9\,\text{kN}$。

(2) 先根据剪切强度条件选择销钉直径为 $\tau=\dfrac{\frac{F}{2}}{A}=\dfrac{\frac{F}{2}}{\frac{\pi d^2}{4}}\leqslant[\tau]$，则

$$d\geqslant\sqrt{\frac{2F}{\pi[\tau]}}=\sqrt{\frac{18\times10^3}{3.14\times80\times10^6}}=11.97(\text{mm})$$

取 $d=12\,\text{mm}$，可以同时满足挤压和剪切强度的要求。

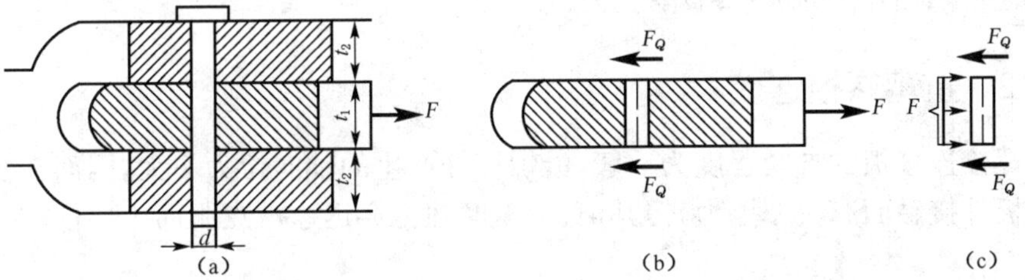

图 8-5

从上面的例题可以看出，剪切和挤压计算中，关键是剪切和挤压面的判定及面积的计算。一般来说，剪切面与外力平行，在两个外力的作用线之间。它是同一物体的一部分相对另一部分沿外力方向发生错动的平面。挤压面发生于两个构件的接触面，挤压面积在垂直于外力平面上。

8.2 螺栓连接工作性能及计算

8.2.1 螺栓的排列

螺栓在连接中的排列要便于计算，螺栓应排列成行，以便利用多头钻床钻孔，同时相邻螺栓孔的中心应保证为拧紧螺栓置放扳手所需要的最小间距，构件上排列成行的螺栓孔中心连线叫做螺栓线。沿螺栓线相邻螺栓孔的中心距离称为螺栓距，连接中最末一个螺栓孔中心连接的受力方向至构件端部的距离叫做端距，螺栓孔中心在垂直于受力方向至构件边缘的距离叫做边距。而螺栓排列还应考虑连接受力的要求，螺栓线上螺栓距过小，则受力后两螺栓孔间的钢材也易剪切坏；而螺栓间距过大，当构件为受压时，两螺栓中心间的板易局部屈曲，因此，规定的最小和最大螺栓间距见表 8-1 所示。

表 8-1 螺栓式铆钉的最大、最小容许距离

<table>
<tr><th>名称</th><th colspan="3">位置和方向</th><th>最大容许距离
(取两者较小值)</th><th>最小容许距离</th></tr>
<tr><td rowspan="5">中心间距</td><td colspan="3">外排(垂直内力方向或顺内力方向)</td><td>$8d_0$ 或 $12t$</td><td rowspan="5">$3d_0$</td></tr>
<tr><td rowspan="3">中间排</td><td colspan="2">垂直内力方向</td><td>$16d_0$ 或 $24t$</td></tr>
<tr><td rowspan="2">顺内力方向</td><td>构件受压力</td><td>$12d_0$ 或 $18t$</td></tr>
<tr><td>构件受拉力</td><td>$16d_0$ 或 $24t$</td></tr>
<tr><td colspan="3">沿对角线方向</td><td>——</td></tr>
<tr><td rowspan="4">中心至构件边缘距离</td><td colspan="3">顺内力方向</td><td rowspan="4">$4d_0$ 或 $8t$</td><td>$2d_0$</td></tr>
<tr><td rowspan="3"></td><td colspan="2">剪切边或手工气割边</td><td rowspan="2">$1.5d_0$</td></tr>
<tr><td rowspan="2">轧割边,自动气割或锯割边</td><td>高强度螺栓</td></tr>
<tr><td>其他螺栓或铆钉</td><td>$1.2d_0$</td></tr>
</table>

注:d_0 为螺栓或铆钉孔径;t 为外层较薄板件的厚度。

8.2.2 抗剪螺栓连接

普通螺栓连接板的拧紧程度为一般,沿螺栓杆产生的轴向拉力不大,因而在抗剪连接中虽然连接板件接触面有一摩擦力,但其值甚小,摩擦力会迅速被克服而主要依靠孔壁承受传递荷载。

抗剪螺栓连接破坏的形式有:螺栓杆被剪断;钢板孔壁承压破坏螺栓端部距离不足,端部钢板受剪撕裂;沿孔中心连接板受拉破坏;螺栓弯曲变形过大。而在普通螺栓和承压高强螺栓抗剪连接中需要进行的是三项:保证螺杆不剪断;保证孔壁不会因承压而破坏;要求构件具有足够的净截面面积而不使板件被拉断。

8.2.3 螺栓承载力的计算

螺栓连接的计算通常步骤是,首先计算单个螺栓的承载力设计值,其次按受力情况确定所需螺栓数量,最后按构造要求排列需要的螺栓,必要时还进行构件的净截面强度验算。在受力较复杂的螺栓连接中也可先假定需要的螺栓数进行排列后验算受力最大的螺栓是否小于其承载力设计值,当相差过大时,重新假定螺栓数进行排列和复算。

在抗剪螺栓连接中,螺栓承载力设计值取螺杆受剪和孔壁承压承载力设计值中的较小者,一个螺栓的受剪承载力设计值公式为

$$N_v = n_v \frac{\pi d^2}{4} f_v \tag{8-5}$$

式中:n_v—— 受剪面数目,单剪取 $n_v = 1$,双剪取 $n_v = 2$;

d—— 螺杆直径;

f_v—— 螺栓抗剪强度设计值。

其中一个螺栓的孔壁承压承载力设计值按下式计算:

$$N_c = d \cdot \sum t \cdot f_c \tag{8-6}$$

式中：d——螺栓孔直径；

$\sum t$——在同一受力方向承压的构件较小总厚度；

f_c——螺栓孔壁承压强度设计值。

螺栓的抗拉承载力设计值应按下式计算：

$$N_l = \frac{\pi d_e^2}{4} f_t \tag{8-7}$$

式中：d_e——螺栓在螺纹处有效直径，其大小与螺距有关；

f_t——螺栓抗拉强度设计值。

【例 8-3】 一钢板的对接拼接，螺栓直径 $d=20$ mm，孔径 $d_o=21.5$ mm，C 级螺栓，钢板截面为－16×220，拼接板为 2－8×220，Q235－A·F 钢，承受外力设计值 $N=535$ kN，试计算所需螺栓个数（查表可知钢板抗拉强度设计值 $f=215$ N/mm²，螺栓的设计强度值分别为 $f_v=140$ N/mm² 和 $f_c=305$ N/mm²）。

【解】 首先做下列计算，依式可得

$$N_v = n_v \frac{\pi d^2}{4} f_v = 2 \times \frac{3.14 \times 20^2}{4} \times 140 \times 10^{-3} = 88.0(\text{kN})$$

$$N_c = d \cdot \sum t \cdot f_c = 20 \times 16 \times 305 \times 10^{-3} = 97.6(\text{kN})$$

取

$$N = \min\{N_v,\ N_c\} = 88.0(\text{kN})$$

需要螺栓个数

$$n = \frac{N}{N_v} = \frac{535}{88.0} = 6.08$$

至少采用 $n=7$。

【例 8-4】 图 8-6 表示某厚度为 t 的钢板的搭接连接，采用 C 级普通螺栓，螺栓直径 $d=22$ mm，螺栓孔径 $d_o=23.5$ mm，排列螺栓如图所示，求此连接钢板的最小净截面面积。

【解】 图中上面一块钢板受力最大处在螺栓群的右端，破坏时的断裂线有以下几种可能，当不能立即判明时，需分别计算其净面积，然后确定何者为最小，净截面面积取断裂线总长度减去穿过孔的直径后乘以板的厚度。

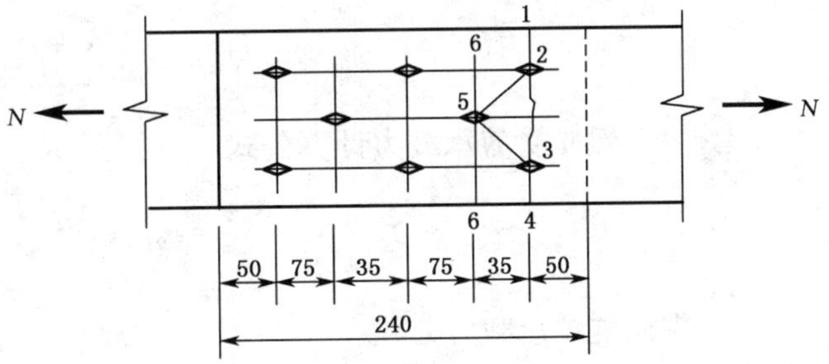

图 8-6

(1) 沿 1-2-3-4 破坏时，穿过 2 个孔

$$A_{n1} = (b - 2d_o)t = (240 - 2 \times 23.5)t = 193t(\text{mm})^2$$

(2) 沿 1-2-5-3-4 线破坏时，穿过 2 个孔

$$A_{n2} = (40 + \sqrt{80^2 + 35^2} + \sqrt{80^2 + 35^2} + 40 - 3 \times 23.5)t = 184.1t(\text{mm})^2$$

可见，沿 1-2-5-3-4 线断裂破坏时，钢板的净截面面积较小，$A_n=184.1t(\mathrm{mm})^2$。

本章小结

本章研究了剪切、挤压以及扭转的基本概念，以及剪切、挤压和扭转的实用计算方法。

1. 基本公式

（1）剪切计算时的切应力

$$\tau=\frac{F_Q}{A}$$

（2）挤压计算时的挤压应力

$$\sigma_{jy}=\frac{F_{jy}}{A_{jy}}$$

2. 强度计算

（1）强度条件

① 抗剪强度条件

$$\tau=\frac{F_Q}{A_s}\leqslant[\tau]$$

② 挤压强度条件

$$\sigma_c=\frac{F_c}{A_c}\leqslant[\sigma_c]$$

（2）强度条件在工程中的应用

① 强度校核。

② 设计截面。

③ 确定许用荷载。

3. 螺栓孔壁承压力计算公式

$$N_c=d\cdot\sum t\cdot f_c$$

4. 一个螺栓受剪承载力计算公式

$$N_v=n_v\cdot\frac{\pi d^2}{4}\cdot f_v$$

5. 螺栓抗拉承载力公式

$$N_l=\frac{\pi d_e^2}{4}f_t$$

思考题

1. 简述剪切的受力特征和变形特征及其与拉伸变形有什么不同。

2. 挤压应力与压应力是否相同？

3. 为什么柱面的有效挤压面是正投影面积?

4. 阶梯轴上的最大扭矩剪应力是否一定发生在最大扭矩的截面上?

5. 螺栓连接中最大、最小间距如何规定?

习　题

1. 如图 8-7 所示，两块厚度 $t_2 = 20\,\text{mm}$ 的钢板，上下各加一块厚度 $t_1 = 12\,\text{mm}$ 的盖板，用直径相同的四个铆钉连接，已知拉力 $F = 120\,\text{kN}$，$[\sigma] = 180\,\text{MPa}$，$[\sigma_{jy}] = 300\,\text{MPa}$，$[\tau] = 160\,\text{MPa}$，板宽 $b = 50\,\text{mm}$。试确定铆钉直径 d。

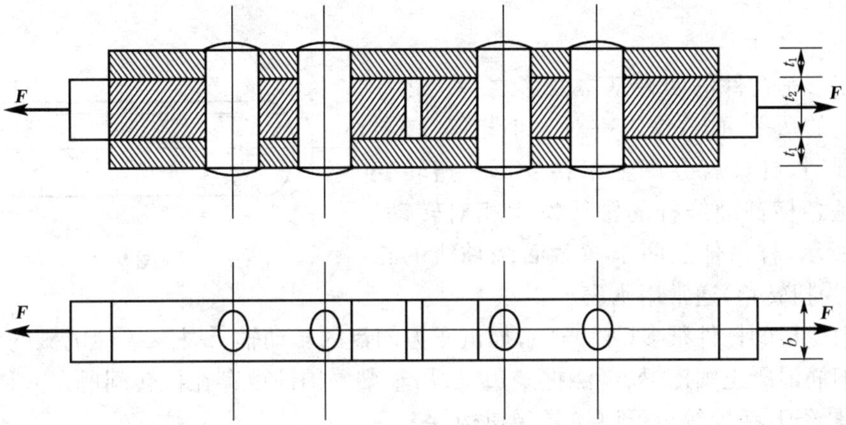

图 8-7

2. 如图 8-8 所示一铆接接头，板厚 $t = 2\,\text{mm}$，板宽 $b = 15\,\text{mm}$，铆钉直径 $d = 4\,\text{mm}$，许用剪应力 $[\tau] = 100\,\text{MPa}$，许用挤压应力 $[\sigma_{jy}] = 300\,\text{MPa}$，板的许用拉应力 $[\sigma] = 160\,\text{MPa}$，试计算接头的许可荷载。

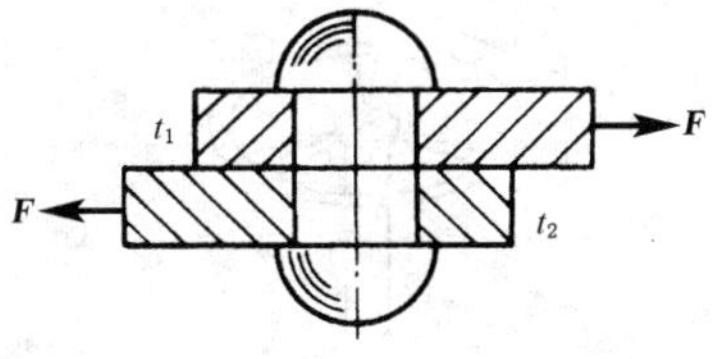

图 8-8

3. 角钢 ∟90×10，$A = 17.167\,\text{cm}^2$，两边上都有螺栓孔且对应排列孔径为 $d_o = 21.5\,\text{mm}$，求此角钢受拉破坏时的最小净截面面积。

9 扭　　转

学习目标：了解扭转的概念；掌握扭转的内力计算方法；掌握扭转时应力和变形的计算。

9.1 扭转的概念及实例

扭转变形是杆件的四种基本变形之一。在垂直杆件轴线的两平面内，作用一对大小相等、转向相反的力偶时，杆件就会产生扭转变形。扭转变形的特点是各横截面绕杆的轴线发生相对转动。如图 9-1 所示，杆件任意两个横截面绕轴线的相对转角，称为扭转角，通常用 ϕ 表示。

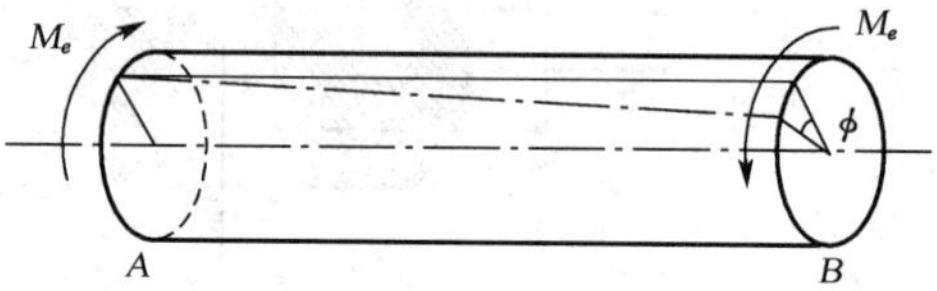

图 9-1

工程中受扭的杆件很多(图 9-2)，如汽车方向盘的转动轴、钻杆、各种机械的传动轴等。房屋中的钢筋混凝土雨篷梁、现浇框架边梁、吊车梁等构件也存在扭转问题。我们日常生活中常用的螺丝刀、钥匙等也可以说是受扭构件。

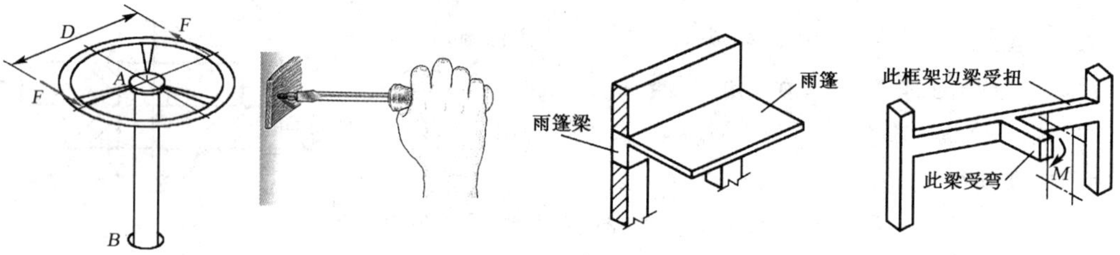

图 9-2

9.2 外力偶矩及扭矩的计算，扭矩图

在对杆件进行强度和刚度计算之前，首先要计算出作用在杆轴上的外力偶和横截面上的内力。

9.2.1 外力偶矩的计算

外力偶矩一般给出三种情况：

(1) 直接给出作用在轴上的外力偶矩的大小。

(2) 通过外力平移计算得出。

(3) 通过电机给轴所传递的功率和轴的转速计算得出。

下面我们看一下，通过电机给轴所传递的功率和轴的转速如何计算得出外力偶矩。对于工程中常用的传动轴，往往只知道它所传递的功率和转速。因此，为了对它进行强度和刚度计算，就要根据它所传递的功率和轴的转速，求出使轴发生扭转的外力偶矩。导出外力偶矩、功率和转速之间的关系为

$$m = 9\,550\,\frac{N}{n} \tag{9-1}$$

式中：m——作用于轴上的外力偶（N・m）；

N——轴所传递的功率（kW）；

n——轴的转速（r/min）。

工程计算中有时也采用公制马力（PS）表示功率。由于 1 kW=1.36 PS，故有

$$m = 7\,\frac{N}{n}\ (\mathrm{kN \cdot m}) \tag{9-2}$$

式中：N——公制马力数。

9.2.2 扭转时的内力——扭矩

如图 9-3(a)所示，圆轴 AB 在一对外力偶 M_e 的作用下产生扭转变形，现求任意横截面 C 上产生的内力。计算圆轴内力的方法仍然是截面法。假想用一个垂直于杆轴的平面在要求内力的截面 C 处截开，选取左边 AC 为研究对象（图 9-3(b)）。由于圆轴 AB 在外力偶矩 M_e 的作用下处于平衡状态，因此，截取的任何一部分也应该是平衡的。左边部分 AC 只受外力偶 M_e 的作用，根据力偶的性质，力偶只能与力偶平衡，因此，截面 C 上必然存在一个内力偶 T 与外力偶 M_e 相互平衡。根据平衡条件 $\sum M_x = 0$，可得内力偶矩 T 的大小为

$$T = M_e$$

上式表明，在这种外力偶的作用下，圆轴横截面上的内力是一个作用在该截面内的力偶，其内力偶矩 T 称为扭矩。

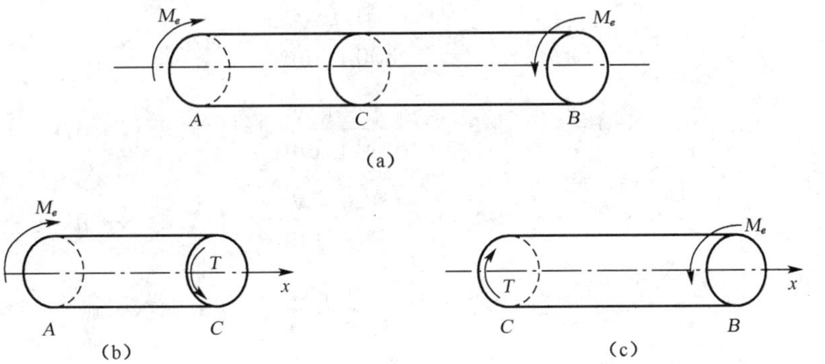

图 9-3

如果选取右边部分 BC 为研究对象（图 9-3(c)），同样求得 C 截面上的内力偶的大小为 $T = M_e$，但方向相反。为了使截开的同一截面上的扭矩具有同样的符号，对扭矩的正负号规定如下（图 9-4）：按照右手螺旋法则，即以右手的四指表示扭矩的转向，若大拇指的指向

背离截面时扭矩为正;指向截面时扭矩为负。例如图 9-3(b)、(c)中,C 截面上的扭矩均为正值。

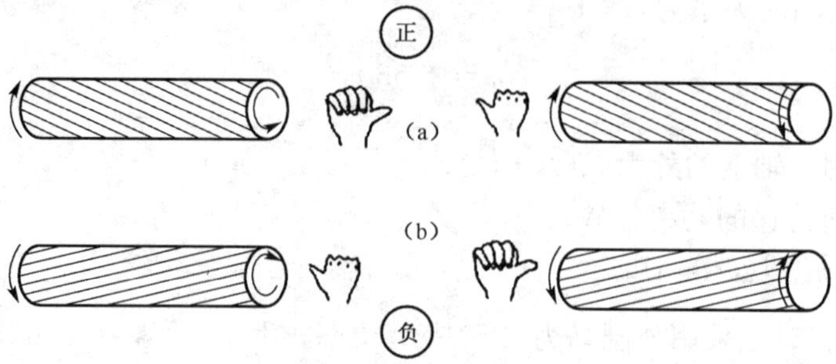

图 9-4

扭矩的单位为 N·m(牛顿·米)或 kN·m(千牛顿·米)。

9.2.3 扭矩图

当轴上同时有几个外力偶作用时,圆轴内各段横截面上的扭矩是不相同的,这时应分段用截面法计算。为了表明各横截面上的扭矩随横截面位置的变化情况,可绘制扭矩图。反映轴各横截面上扭矩随截面位置不同而变化的图形称为扭矩图。根据扭矩图可以确定最大扭矩值及其所在截面的位置。扭矩图的绘制时常用与轴线平行的 x 坐标表示横截面的位置,以与之垂直的坐标表示相应横截面的扭矩,把计算结果按比例绘在图上,正值扭矩画在 x 轴上方,负值扭矩画在 x 轴下方,并要标注图名、正负和单位。

【例 9-1】 一传动轴如图 9-5(a)所示,轴的转速为 $n = 300\ \text{r/min}$。A 轮为主动轮,输入功率为 $N_A = 10\ \text{kW}$,若不计轴承摩擦所损失的功率,三个从动轮输出的功率分别为 $N_B = 4.5\ \text{kW}$, $N_C = 3.5\ \text{kW}$, $N_D = 2.0\ \text{kW}$。试画出此传动轴的扭矩图。

【解】 (1) 计算外力偶矩

$$M_{eA} = 9\,550\frac{N_A}{n} = 9\,550 \times \frac{10\ \text{kW}}{300\ \text{r/min}} = 318.3(\text{N}\cdot\text{m})$$

$$M_{eB} = 9\,550\frac{N_B}{n} = 9\,550 \times \frac{4.5\ \text{kW}}{300\ \text{r/min}} = 143.3(\text{N}\cdot\text{m})$$

$$M_{eC} = 9\,550\frac{N_C}{n} = 9\,550 \times \frac{3.5\ \text{kW}}{300\ \text{r/min}} = 111.4(\text{N}\cdot\text{m})$$

$$M_{eD} = 9\,550\frac{N_D}{n} = 9\,550 \times \frac{2.0\ \text{kW}}{300\ \text{r/min}} = 63.7(\text{N}\cdot\text{m})$$

(2) 计算扭矩

根据已知条件,各段横截面上的扭矩是不相同的,现用截面法计算各段杆轴内的扭矩。

在 BA 段,用一个假想的截面 1-1 将杆截开,选取左边部分为脱离体,T_1 表示横截面上的扭矩,并假设为正值,如图 9-5(c)所示。由平衡方程

$$\sum M_x = 0$$

得 $T_1 - M_{eB} = 0$

$$T_1 = M_{eB} = 143.3(\text{N} \cdot \text{m})$$

同理，在 AC 段，如图 9-5(d)

$$T_2 = M_{eB} - M_{eA} = 143.3\ \text{N} \cdot \text{m} - 318.3\ \text{N} \cdot \text{m} = -175(\text{N} \cdot \text{m})$$

在 CD 段，可选取右边部分为研究对象，如图 9-5(e)

$$T_3 = -M_{eD} = -63.7\ \text{N} \cdot \text{m}$$

T_2、T_3 为负值，说明实际方向与假设的相反，也可说明横截面上的实际扭矩为负值。

(3) 画扭矩图

根据计算的扭矩值及其正负号，即可画出扭矩图(图 9-5(f))。从图中可见，最大的扭矩 T_{max} 发生在 AC 段，其值为 175 N · m。

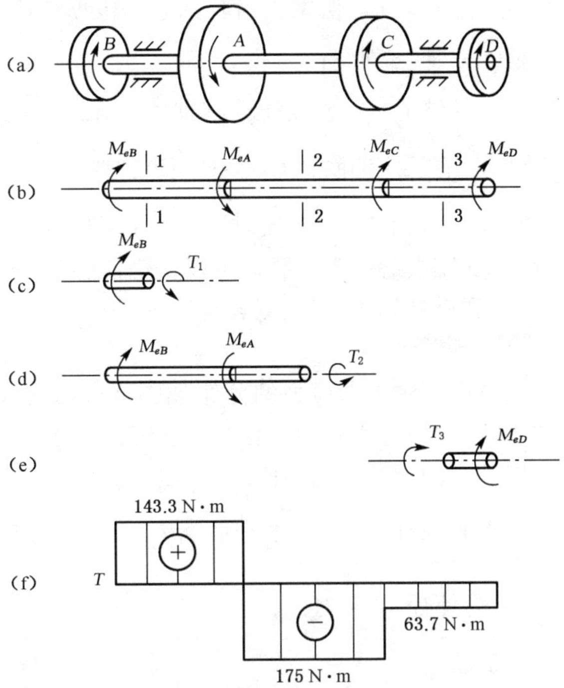

图 9-5

通过这个例题，可以总结出画扭矩图的一般规律：

(1) 计算某截面上的扭矩时，应取受力比较简单的一段为研究对象。

(2) 受扭杆件任一横截面上扭矩的大小，等于此截面一侧(左或右)所有外力偶矩的代数和。

9.3 圆轴扭转时的应力与变形

9.3.1 圆轴扭转时的应力

1) 实心圆轴

经过实验和理论研究得知，圆周扭转时横截面上任意点只存在剪应力，其任一点的剪应力 τ 的大小与横截面上的扭矩 T 及该点到圆心的距离 ρ 成正比，即切应力大小沿半径方向呈线性分布，在截面中心处切应力为零，在截面边缘各点切应力最大，如图 9-6 所示。由于切应变垂直于半径，所以切应力的方向也必垂直于半径，指向与截面扭矩的转向相同。其任一点的剪应力 τ 计算公式为

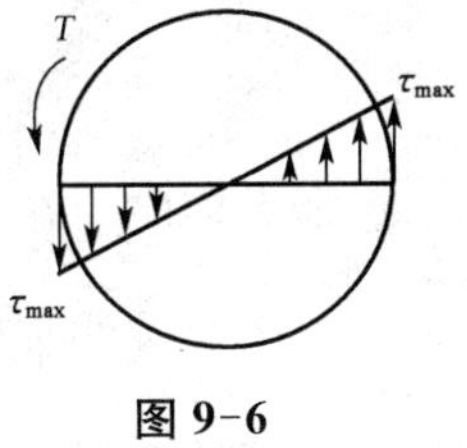

图 9-6

$$\tau_\rho = \frac{T}{I_\rho} \cdot \rho \qquad (9\text{-}3)$$

式中：T——横截面上的扭矩；

ρ——截面上所求应力的点到截面圆心的距离；

I_ρ——实心圆截面对其圆心的极惯性矩，其计算式为 $I_\rho = \dfrac{\pi D^4}{32}$。

由公式(9-3)可知：

(1) 对于某一根受扭的圆轴而言，τ_{max} 一定发生在 T_{max} 所在段。

(2) 在确定的截面上，τ_{max} 一定发生在 ρ_{max} 处(周边上)，$\tau_{max} = \dfrac{T}{I_\rho}\cdot\rho = \dfrac{T}{W_p}$，其中 $W_p = \dfrac{\pi d^3}{16}$；

(3) 从 τ 的计算公式讨论 I_ρ：I_ρ 愈大，τ 愈小；从应力分布状况讨论 I_ρ，靠近圆心的材料，承受较小的应力。我们可以设想：把实心轴内受应力较小部分的材料移到外层，做成空心，达到充分利用材料、减轻自重的目的。

2) 空心圆轴

空心圆轴上剪应力的分布如图 9-7 所示，可知剪应力的分布规律、方向与实心圆轴相同。计算式与实心圆轴也相同，只是极惯性矩的计算公式不同。

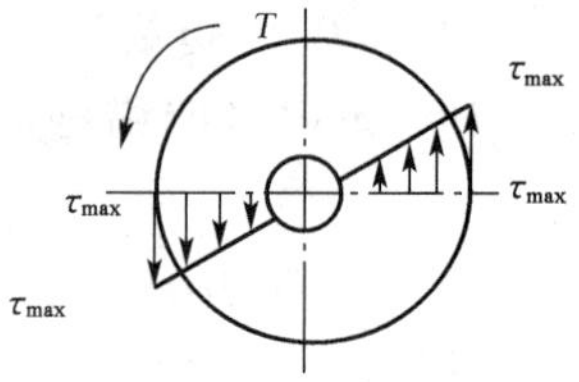

图 9-7

空心圆轴的 $I_{\rho空}$ 计算公式为 $I_{\rho空} = \dfrac{\pi D^4}{32}(1-\alpha^4)$，式中，$\alpha = \dfrac{d}{D}$，$D$ 为外径，d 为内径。

在圆周上，$\tau_{max} = \dfrac{T}{W_{p空}}$，其中 $W_{p空} = \dfrac{\pi D^3}{16}(1-\alpha^4)$。

【例 9-2】 如图 9-8 所示的圆轴。AB 段直径 $d_1 = 120$ mm，BC 段直径 $d_2 = 100$ mm，外力偶矩 $M_A = 22$ kN·m，$M_B = 36$ kN·m，$M_C = 14$ kN·m。试求该轴的最大剪应力。

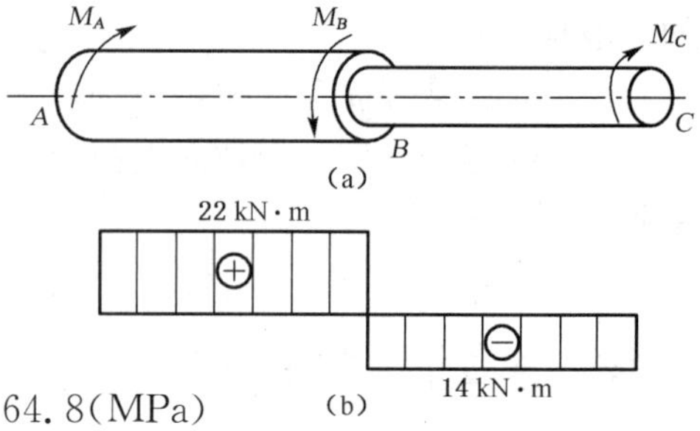

图 9-8

【解】 (1) 作扭矩图(如图 9-8(a))。

(2) 计算 AB 段切应力

$$\tau_{max} = \frac{T_1}{W_{p1}} = \frac{22\times 10^6}{\dfrac{\pi}{16}\times 120^3} = 64.8(\text{MPa})$$

(3) 计算 BC 段切应力

$$\tau_{max} = \frac{T_1}{W_{p1}} = \frac{14\times 10^6}{\dfrac{\pi}{16}\times 100^3} = 71.3(\text{MPa})$$

最大切应力在 BC 段，为 71.3 MPa。

9.3.2 圆轴扭转时的变形

由扭转变形现象可知，圆轴扭转时，各横截面之间绕轴线发生相对转动，如图 9-9 所示。因此，圆轴的扭转变形是用两个横截面间绕轴线的相对扭转角来度量的。相距为 l 的两个横截面的相对扭转角为

$$\varphi = \int_0^l \frac{T}{GI_\rho}\mathrm{d}x \quad (\text{rad}) \tag{9-4}$$

若等截面圆轴两截面之间的扭矩为常数，则上式化为

$$\varphi=\frac{Tl}{GI_\rho}\quad(\text{rad})\tag{9-5}$$

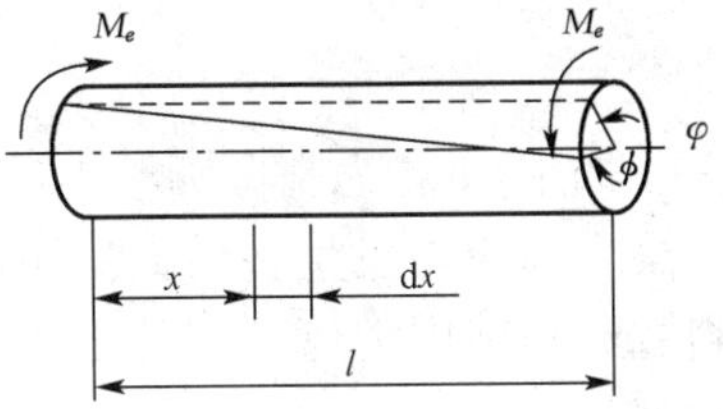

图 9-9

式中 GI_ρ 称为圆轴的抗扭刚度。显然，φ 的正负号与扭矩正负号相同。

公式(9-4)的适用条件：

(1) 材料在线弹性范围内的等截面圆轴，即 $\tau\leqslant\tau_\rho$。

(2) 在长度 l 内，T、G、I_ρ 均为常量。当以上参数沿轴线分段变化时，应分段计算扭转角，然后求代数和得总扭转角。即

$$\varphi=\sum_{i=1}^{n}\frac{T_il_i}{G_iI_{\rho_i}}\quad(\text{rad})\tag{9-6}$$

当 T、I_ρ 沿轴线连续变化时，用式(9-4)计算 φ。

【例 9-3】 如图 9-10 所示圆轴承受外力偶作用。已知：$M_A=1.5\ \text{kN}\cdot\text{m}$，$M_B=2.3\ \text{kN}\cdot\text{m}$，$M_C=0.8\ \text{kN}\cdot\text{m}$，$AB$ 段的直径 $d_1=7$ cm，长度 $l_1=1\,000$ mm，BC 段的直径 $d_2=4$ cm，长度 $l_2=800$ mm。已知材料的切变模量 $G=80$ GPa。试计算 φ_{AB}、φ_{BC} 和 φ_{AC}。

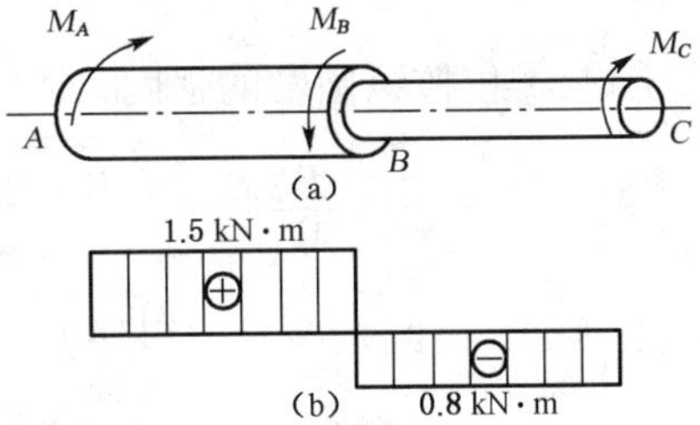

图 9-10

【解】 (1) 作扭矩图

如图 9-10(a)所示。

(2) 计算极惯性矩

$$AB\text{ 段：}I_{\rho1}=\frac{\pi d_1^4}{32}=\frac{3.14\times70^4}{32}\text{mm}^4=2.36\times10^6(\text{mm}^4)$$

$$BC\text{ 段：}I_{\rho2}=\frac{\pi d_2^4}{32}=\frac{3.14\times40^4}{32}\text{mm}^4=0.251\times10^6(\text{mm}^4)$$

(3) 计算扭转角

$$\varphi_{AB}=\frac{T_1l_1}{GI_{\rho1}}=\frac{1.5\times10^6\times1.0\times10^3}{80\times10^3\times2.36\times10^6}\text{rad}=0.007\,9(\text{rad})$$

$$\varphi_{BC}=\frac{T_2l_2}{GI_{\rho2}}=\frac{-0.8\times10^6\times0.8\times10^3}{80\times10^3\times0.251\times10^6}\text{rad}=-0.031\,9(\text{rad})$$

$$\varphi_{AC}=\varphi_{AB}+\varphi_{BC}=0.007\,9-0.031\,9=-0.024(\text{rad})$$

9.4 圆轴扭转时的强度及刚度计算

9.4.1 圆轴扭转时的强度计算

为了保证圆轴在扭转变形中不会因强度不足而发生破坏，应使圆轴横截面上的最大切应力不超过材料的许用切应力。因此，圆轴扭转时的强度条件为

$$\tau_{max} = \frac{T_{max}}{W_p} \leqslant [\tau] \tag{9-7}$$

式中，T_{max}为整个圆轴内的最大扭矩。最大扭矩所在的截面称为危险截面。显然，圆轴内最大剪应力发生在最大扭矩所在截面的圆轴表面上。$[\tau]$为材料的许用剪应力。各种材料的许用剪应力可从有关手册中查找。实验表明，在静荷载作用下，材料的许用剪应力$[\tau]$与材料的许用正应力$[\sigma]$存在如下关系：

$$[\tau] = (0.5 \sim 0.6)\tau_{max}$$

$$[\sigma] = (0.8 \sim 1.0)\sigma_{max}$$

与拉(压)杆的强度问题相似，应用式(9-7)可以解决圆轴扭转时的三类强度问题，即进行扭转强度校核、圆轴截面尺寸设计及确定许用荷载。

【例 9-4】 某胶带传动圆轴，已知其最大的外力偶矩$M = 0.637\ \text{kN} \cdot \text{m}$，轴的直径$D = 40\ \text{mm}$，许用切应力$[\tau] = 60\ \text{MPa}$。试校核该圆轴的强度。

【解】 (1) 确定该圆轴的最大扭矩

$$T_{max} = M = 0.637(\text{kN} \cdot \text{m})$$

(2) 校核该圆轴的强度

$$\tau_{max} = \frac{T_{max}}{W_p} = \frac{0.637 \times 10^6 \times 16}{\pi \times 40^3}\text{MPa} = 50.7\ \text{MPa} < [\tau] = 60(\text{MPa})$$

所以，该圆轴满足抗扭强度要求。

9.4.2 圆轴扭转时的刚度计算

为了保证圆轴的正常工作，除了要求满足强度外，还要求有足够的刚度。要求圆轴在一定的长度内扭转角不超过某个值，通常限制单位长度扭转角。

工程中规定：整个轴上的最大单位长度扭转角不超过规定的单位长度许用扭转角，即

$$\theta_{max} \leqslant [\theta]$$

$$\theta_{max} = \frac{T_{max}}{GI_\rho} \leqslant [\theta] \tag{9-8}$$

在工程中$[\theta]$的单位习惯用(度/米)表示，将上式中的弧度换算为度，得

$$\theta_{max} = \frac{T_{max}}{GI_\rho} \times \frac{180°}{\pi} \leqslant [\theta] \tag{9-9}$$

应用刚度条件与应用强度条件一样，可以解决圆轴的扭转刚度校核、截面设计及确定许可荷载三方面的问题。

【例 9-5】 一空心圆截面的传动轴，已知轴的内径$d = 85\ \text{mm}$，外径$D = 90\ \text{mm}$，材料的许用剪应力$[\tau] = 60\ \text{MPa}$，剪切弹性模量$G = 80\ \text{GPa}$，轴单位长度的许用扭转角$[\theta] = 0.8°/\text{m}$。试求该轴所能传递的许用扭矩。

【解】 (1) 强度方面

圆轴的抗扭截面系数为

$$W_p = \frac{\pi D^3}{16}\left[1-\left(\frac{d}{D}\right)^4\right] = \frac{3.14\times 90^3}{16}\left[1-\left(\frac{85}{90}\right)^4\right] = 2.93\times 10^4(\text{mm}^3)$$

由强度条件得

$$T_{\max} \leqslant W_p[\tau] = 2.93\times 10^4\times 60 = 1\,768\times 10^3(\text{N}\cdot\text{mm}) = 1\,768(\text{N}\cdot\text{m})$$

(2) 刚度方面

圆轴的极惯性矩为

$$I_p = \frac{\pi D^4}{32}\left[1-\left(\frac{d}{D}\right)^4\right] = \frac{3.14\times 90^4}{32}\left[1-\left(\frac{85}{90}\right)^4\right] = 1.32\times 10^6(\text{mm}^4)$$

由刚度条件得

$$T_{\max} \leqslant GI_p\cdot\frac{\pi}{180}[\theta] = 80\times 10^3\times 1.32\times 10^6\times\frac{3.14}{180}\times 0.8\times 10^{-3} = 1\,480\times 10^3\ (\text{N}\cdot\text{mm})$$
$$= 1\,480(\text{N}\cdot\text{m})$$

取小者,因此,该圆轴所能传递的许用扭矩$[T]=1\,480(\text{N}\cdot\text{m})$。

【例 9-6】 某轴 AB 段是空心轴,如图 9-11 所示,内外径之比 $\alpha=\dfrac{d}{D}=0.8$;BC 段是实心轴(其倒角过度忽略不计)。已知 $M_A=1\,146\ \text{kN}\cdot\text{m}$,$M_B=1\,910\ \text{kN}\cdot\text{m}$,$M_C=764\ \text{kN}\cdot\text{m}$,$AB$ 段的长度 $l_1=500\ \text{mm}$,BC 段的长度 $l_2=1\,000\ \text{mm}$,轴材料的$[\tau]=80\ \text{MPa}$,$[\theta]=1°/\text{m}$,$G=80\ \text{GPa}$,试设计 D 和 d 应等于多少。

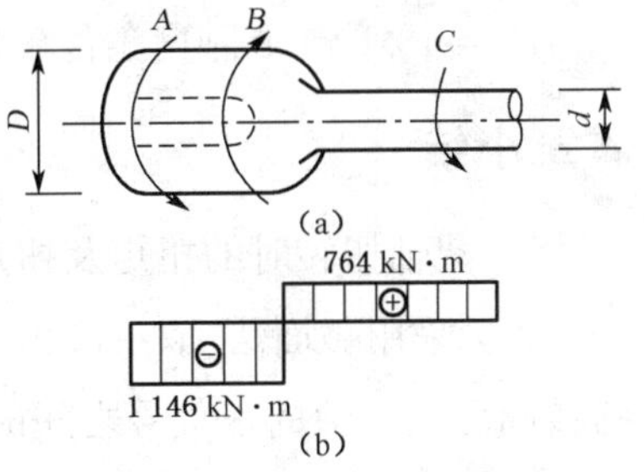

图 9-11

【解】 (1) 作扭矩图(如图 9-11(a))

(2) 根据强度条件设计 D、d

AB 段:

$$\tau_{\max} = \frac{T}{W_{p空}} = \frac{1\,146}{\frac{\pi}{16}D^3(1-\alpha^4)} \leqslant [\tau] = 80(\text{MPa})$$

$$D \geqslant \sqrt[3]{\frac{16\times 1\,146}{3.14\times(1-0.8^4)\times 80\times 10^6}} = 49.6(\text{mm})$$

BC 段:

$$\tau_{\max} = \frac{T}{W_{p实}} = \frac{764}{\frac{3.14d^3}{16}} \leqslant [\tau] = 80(\text{MPa})$$

$$d \geqslant \sqrt[3]{\frac{16\times 764}{3.14\times 80\times 10^6}} = 0.036\,5\ \text{m} = 36.5(\text{mm})$$

(3) 根据刚度条件设计 D、d

AB 段:

$$\theta=\frac{Mn}{GI_{\rho空}}\cdot\frac{180^\circ}{\pi}=\frac{1\,146}{80\times10^9\times\frac{\pi}{32}D^4(1-\alpha^4)}\cdot\frac{180}{\pi}\leqslant[\theta]=1(^\circ/\mathrm{m})$$

$$D\geqslant\sqrt[4]{\frac{32\times1\,146}{80\times10^9\times3.14\times(1-0.8^4)\times1}\times\frac{180^\circ}{3.14}}=0.061\,1\,(\mathrm{m})=61.1(\mathrm{mm})$$

BC 段：

$$\theta=\frac{Mn}{GI_{\rho实}}\cdot\frac{180^\circ}{\pi}\leqslant[\theta]=1(^\circ/\mathrm{m})$$

$$\frac{764}{80\times10^9\times\frac{\pi d^4}{32}}\cdot\frac{180^\circ}{\pi}=1$$

$$d\geqslant\sqrt[4]{\frac{32\times764}{80\times10^9\times3.14\times1}\times\frac{180^\circ}{3.14}}=0.048\,6(\mathrm{m})=48.6(\mathrm{mm})$$

(4) 结论：

$D=61.1$ mm(刚度条件确定)。

$d=48.6$ mm(刚度条件确定)。

本章小结

1. 圆轴扭转时的扭矩及扭矩图

(1) 采用截面法，取一段为分离体，由平衡条件 $\sum M_x=0$ 可求出截面上的扭矩。扭矩的转向和扭矩值的正负号之间的关系按右手螺旋法则确定。

(2) 反映轴各横截面上扭矩随截面位置不同而变化的图形称为扭矩图。

2. 圆轴扭转时截面上的应力

圆轴扭转时横截面上任意点只存在剪应力，其任一点的剪应力 τ 的大小与横截面上的扭矩 T 及该点到圆心的距离 ρ 成正比，方向垂直于半径，指向与截面扭矩的转向相同。

(1) 剪应力 τ 计算公式为 $\tau_\rho=\frac{T}{I_\rho}\cdot\rho$

对于实心圆轴 $I_{\rho实}=\frac{\pi D^4}{32}$

对于空心圆轴 $I_{\rho空}=\frac{\pi D^4}{32}(1-\alpha^4)$

式中：$\alpha=\frac{d}{D}$，D 为外径，d 为内径。

(2) 最大剪应力 $\tau_{\max}$ 发生在圆周边上

实心圆轴：$\tau_{\max}=\frac{T}{W_{\rho实}}$，其中 $W_{\rho实}=\frac{\pi d^3}{16}$

空心圆轴：$\tau_{\max}=\frac{T}{W_{\rho空}}$，其中 $W_{\rho空}=\frac{\pi D^3}{16}(1-\alpha^4)$

3. 圆轴扭转时的变形

圆轴扭转时，各横截面之间绕轴线发生相对转动。圆轴的扭转变形是用两个横截面间绕轴线的相对扭转角来度量的。相距为 l 的等截面圆轴两截面之间的相对扭转角为：$\varphi = \frac{Tl}{GI_\rho}$。

4. 圆轴扭转时的强度计算

圆轴扭转时的强度条件为：$\tau_{\max} = \frac{T_{\max}}{W_\rho} \leqslant [\tau]$

圆轴扭转时的强度条件为：$\theta_{\max} = \frac{T_{\max}}{GI_\rho} \leqslant [\theta]$

应用强度条件与刚度条件，可以解决圆轴的扭转强度(刚度)校核、截面设计及确定许可荷载三方面的问题。

思考题

1. 圆轴扭转时横截面上的剪应力是怎样分布的？
2. 什么是圆轴的扭转角和单位长度扭转角？两者是否是相同的概念？
3. 两根直径、长度均相同，但材料不同的圆轴，在同一扭矩作用下，它们的最大剪应力是否相同？扭转角是否相同？
4. 如果轴的直径增大一倍，其他情况不变，那么最大剪应力将变化多少？
5. 在进行圆轴扭转强度校核时，应采用哪个横截面上的哪点处的剪力？
6. 在进行圆轴扭转刚度校核时，应计算哪一段轴的单位长度扭转角？

习　题

1. 用截面法求图 9-12 所示轴各段的扭矩，并绘制扭矩图。

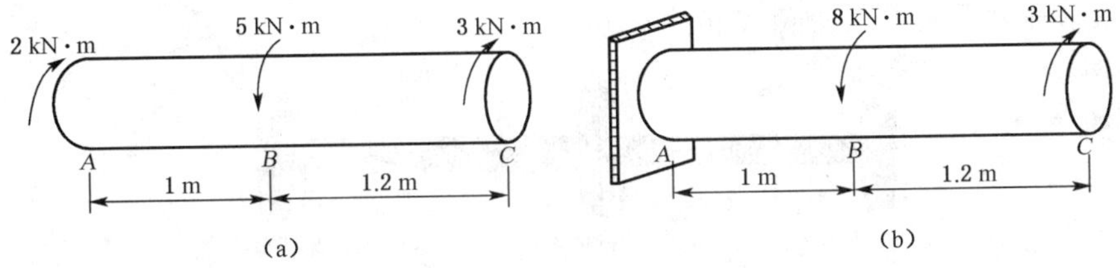

图 9-12

2. 如图 9-13 所示的圆轴，AB 段为实心，BC 段为空心。AB 段直径 $d_1 = 150\,\text{mm}$，BC 段外径为 $D_2 = 120\,\text{mm}$，内径 $d_2 = 90\,\text{mm}$，外力偶矩 $M_A = 28\,\text{kN}\cdot\text{m}$，$M_B = 39\,\text{kN}\cdot\text{m}$，$M_C = 11\,\text{kN}\cdot\text{m}$。试求该轴的最大剪应力。

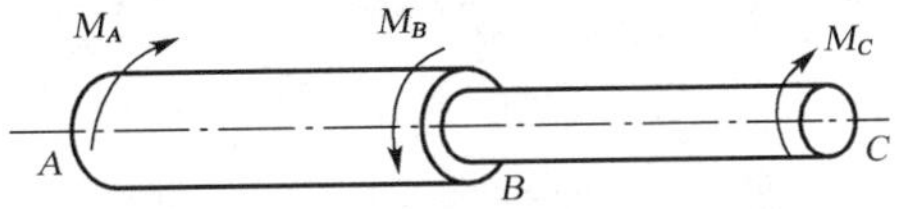

图 9-13

3. 如图 9-14 所示圆轴承受外力偶作用。已知：$M_A = 2.5\,\text{kN}\cdot\text{m}$，$M_B = 3.3\,\text{kN}\cdot\text{m}$，$M_C = 0.8\,\text{kN}\cdot\text{m}$，$AB$ 段的直径 $d_1 = 8\,\text{cm}$，长度 $l_1 = 1\,200\,\text{mm}$，BC 段的直径 $d_2 = 5\,\text{cm}$，

长度 $l_2 = 1\,000$ mm。已知材料的切变模量 $G = 80$ GPa。试计算 φ_{AB}、φ_{BC} 和 φ_{AC}。

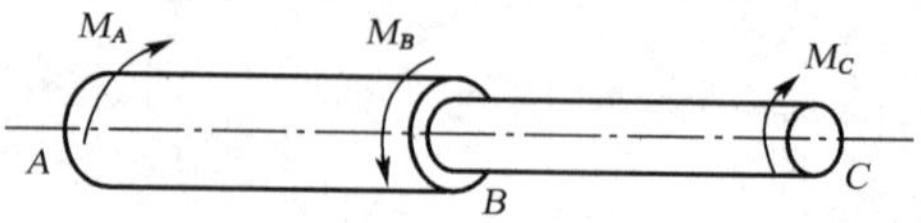

图 9-14

4. 圆轴受力如图 9-15 所示。已知 $D = 3$ cm，$d = 1.5$ cm，$[\tau] = 50$ MPa，$[\theta] = 2.5°/\mathrm{m}$，$G = 80 \times 10^9$ Pa，试对此轴进行强度和刚度校核。

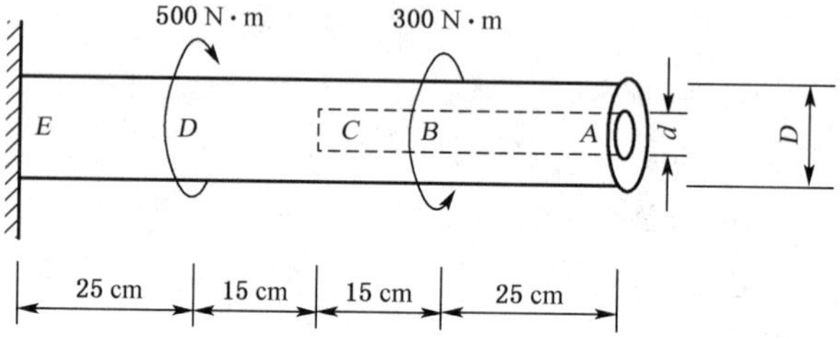

图 9-15

5. 如图 9-16 所示传动轴的转速 $n = 500$ r/min，主动轮 A 输入功率 $N_1 = 400$ kW，从动轮 B、C 分别输出功率 $N_2 = 160$ kW、$N_3 = 240$ kW。已知$[\tau] = 70$ MPa，$[\theta] = 1°/\mathrm{m}$，$G = 80$ GPa。试求：

(1) AB 段的直径 d_1 和 BC 段的直径 d_2；

(2) 若 AB 和 BC 两段选同一直径，试确定直径 d；

(3) 主动轮和从动轮应如何安排才比较合理？

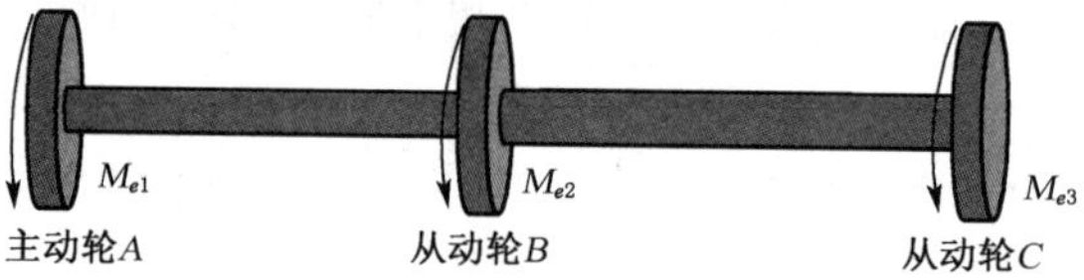

图 9-16

10 弯　　曲

学习目标:掌握弯曲变形等基本概念;熟练掌握截面法求解弯曲内力的方法;熟练掌握正确绘制剪力图和弯矩图的方法。

10.1 弯曲的概念、实例及梁的计算简图

10.1.1 弯曲的概念

杆件受到垂直于轴线的外力作用或纵向平面内力偶的作用,杆的轴线在变形后成为曲线,这种变形称为弯曲。工程上将以弯曲变形为主的杆件称为梁。

弯曲变形是工程中最常见的一种基本变形。例如房屋建筑中的楼面梁受到楼面荷载和梁自重的作用(10-1(a)、(b)),阳台挑梁受到阳台板及挑梁自重的作用(10-1(c)、(d)),这些杆件发生的主要变形都是弯曲变形。

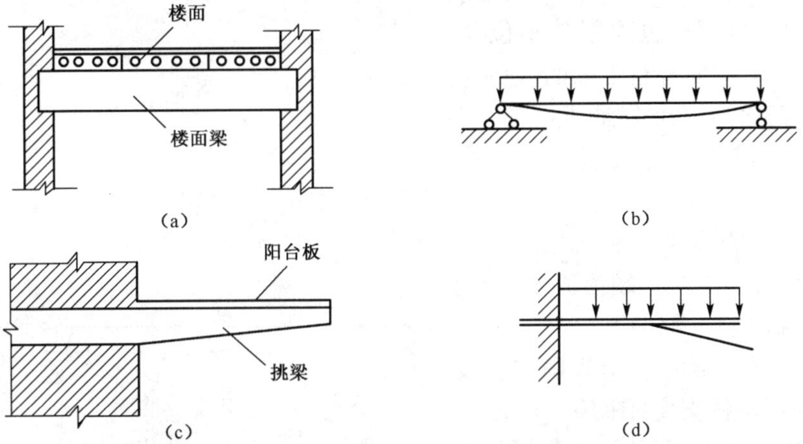

图 10-1

工程中常见的梁其横截面往往有一根对称轴,对称轴与梁轴线所组成的平面,称为纵向对称平面(图 10-2)。如果作用在梁上的外力(包括荷载和支座反力)和外力偶都位于纵向对称平面内,梁变形后,轴线将在此纵向对称平面内弯曲,成为一条曲线。这种梁的弯曲平面与外力作用平面相重合的弯曲,称为平面弯曲。平面弯曲是一种最简单也是最常见的弯曲变形,本章将讨论等截面直梁的平面弯曲问题。

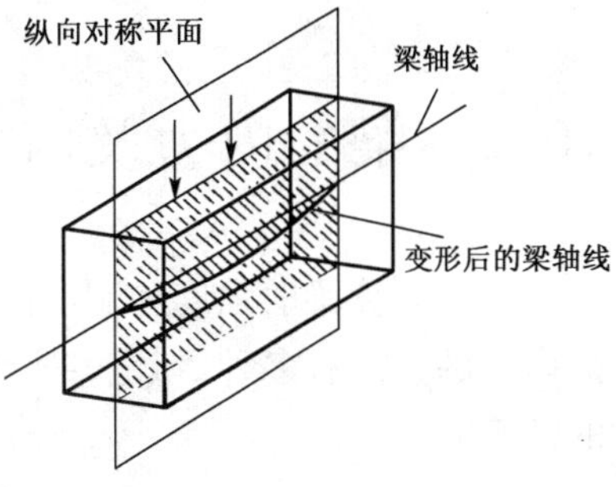

图 10-2

10.1.2 梁的计算简图

梁的支承条件与荷载情况一般都比较复杂，为了便于分析计算，应进行必要的简化，抽象出计算简图。

1）杆件本身的简化

杆件本身的简化通常取梁的轴线来代替梁。

2）梁的支座及支座反力

（1）可动铰支座

这种支座如图 10-3(a)所示，它只限制梁在支承处沿垂直于支承面方向的位移，但不能限制梁在支承处沿平行于支承面的方向移动和转动。故其只有一个垂直于支承面方向的支座反力 F_{Ry}。

（2）固定铰支座

这种支座如图 10-3(b)所示，它限制梁在支座处沿任何方向的移动，但不限制梁在支座处的转动。故其反力一定通过铰中心，但大小和方向均未知，一般将其分解为两个相互垂直的分量：水平分量 F_{Rx} 和竖向分量 F_{Ry}。即可认为该支座有两个支座反力。

（3）固定端支座

这种支座如图 10-3(c)所示，它既限制梁在支座处的线位移，也限制其角位移。支座反力的大小、方向都是未知的，通常将该支座反力简化为三个分量 F_{Rx}、F_{Ry} 和 M，即可认为该支座有三个支座反力。

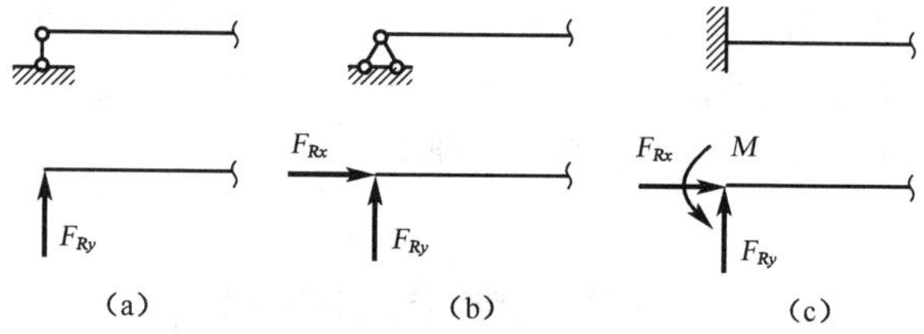

图 10-3

3）梁的分类

工程中常见的梁有三种形式：

（1）悬臂梁。梁的一端为固定端，另一端为自由端(图 10-4(a))。

（2）简支梁。梁的一端为固定铰支座，另一端为可动铰支座(图 10-4(b))。

（3）外伸梁。梁的一端或两端伸出支座以外的简支梁(图 10-4(c))。

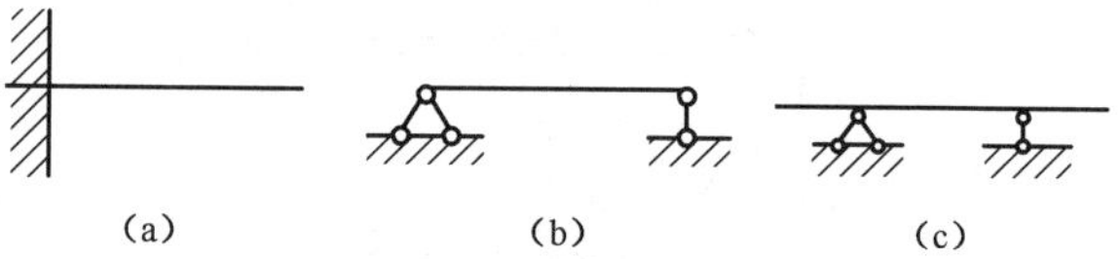

图 10-4

10.2 梁的内力及内力图

为了计算梁的强度和刚度问题，在求得梁的支座反力后，就必须计算梁的内力。计算梁的内力的方法有多种，但最基本的方法是用截面法求梁的内力。下面将着重讨论梁的内力的计算方法。

1）梁的弯曲内力——剪力和弯矩

现以图 10-5(a)所示简支梁为例，其受到荷载 F，支座反力 R_A、R_B 均由平衡方程求得。

现用截面法分析任一截面 m-m 上的内力。假想将梁沿 m-m 截面分为两段，现取左段为研究对象，从图 10-5(b)可见，因有支座反力 R_A 作用，为使左段满足 $\sum Y=0$，截面 m-m 上必然有与 R_A 等值、平行且反向的内力 Q 存在，这个内力 Q 称为剪力；同时，因 R_A 对截面 m-m 的形心 O 点有一个力矩 $R_A \cdot a$ 的作用，为满足 $\sum M_O=0$，截面 m-m 上也必然有一个与力矩 $R_A \cdot a$ 大小相等且转向相反的内力偶矩 M 存在，这个内力偶矩 M 称为弯矩。由此可见，梁发生弯曲时，横截面上同时存在着两个内力，即剪力和弯矩。

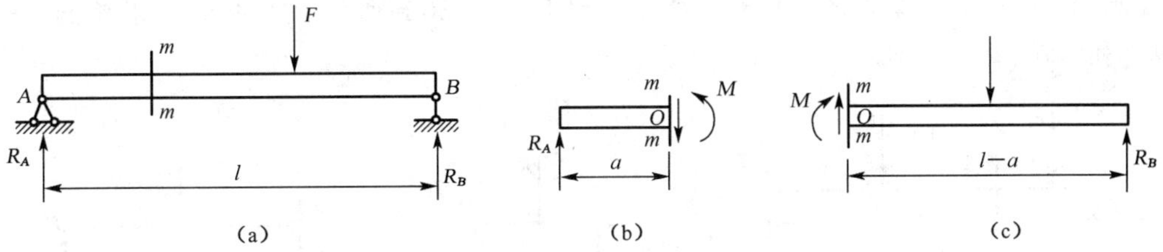

图 10-5 用截面法求梁的内力

剪力的常用单位为 N 或 kN，弯矩的常用单位为 N·m 或 kN·m。

剪力和弯矩的大小，可由左段梁的静力平衡方程求得，即

$$\sum Y=0,\ R_A-Q=0,\text{得 } Q=R_A$$

$$\sum M_O=0,\ R_A \cdot a-M=0,\text{得 } M=R_A \cdot a$$

如果取右段梁作为研究对象，同样可求得截面 m-m 上的 Q 和 M，根据作用力与反作用力的关系，它们与从右段梁求出 m-m 截面上的 Q 和 M 大小相等、方向相反，如图 10-5(c)所示。

2) 剪力和弯矩的正、负号规定

(1) 剪力的正负号

截面上的剪力 Q 使梁段有顺时针转动趋势时规定为正(图 10-6(a))；反之，为负(图 10-6(b))。

(2) 弯矩的正负号

截面上的弯矩使梁段的下部产生拉伸而上部产生压缩的变形时为正(图 10-7(a))；反之为负(图 10-7(b))。

注意，截面上的剪力和弯矩计算时均沿正方向假设。

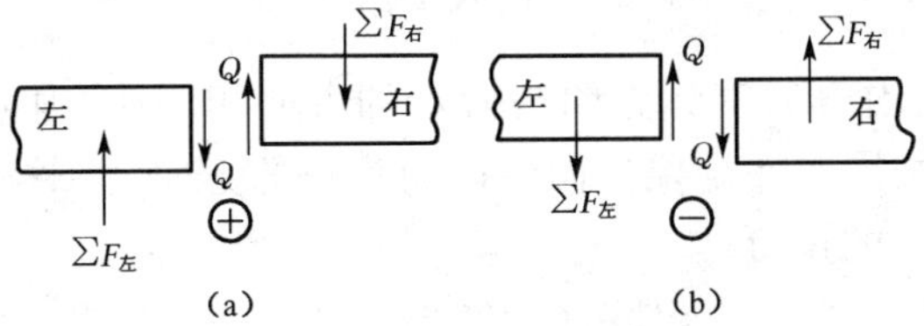

图 10-6 剪力的正负号规定

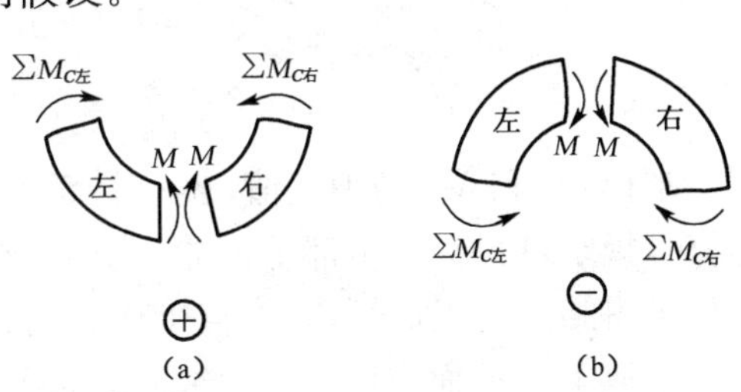

图 10-7 弯矩的正负号规定

3）用截面法计算指定截面上的剪力和弯矩

用截面法求指定截面上的剪力和弯矩的步骤如下：

（1）计算支座反力。

（2）用假想的截面在需求内力处将梁截成两段，取其中任一段为研究对象。

（3）画出研究对象的受力图（截面上的 Q 和 M 都先假设为正的方向）。

（4）建立平衡方程，解出内力。

下面举例说明用截面法计算指定截面上的剪力和弯矩。

【例 10-1】 简支梁如图 10-8(a)所示。已知 $F_1=30\ \text{kN}$，$F_2=30\ \text{kN}$，试求截面 1-1 上的剪力和弯矩。

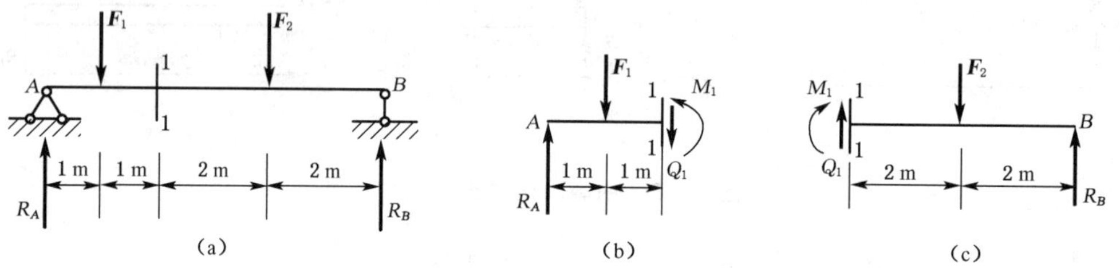

图 10-8

【解】 （1）求支座反力，取整体为研究对象，设 R_A、R_B 向上，如图 10-8(a)，列平衡方程

$$\sum M_B=0 \quad F_1\times5+F_2\times2-R_A\times6=0$$

$$\sum M_A=0 \quad -F_1\times1-F_2\times4+R_B\times6=0$$

解得 $$R_A=35(\text{kN})(\uparrow),\quad R_B=25(\text{kN})(\uparrow)$$

校核 $$\sum Y=R_A+R_B-F_1-F_2=35+25-30-30=0$$

（2）求截面 1-1 上的内力

在截面 1-1 处将梁截开，取左段梁为研究对象，画出其受力图，内力 Q_1 和 M_1 均先假设为正的方向（图 10-8(b)），列平衡方程

$$\sum Y=0 \qquad R_A-F_1-Q_1=0$$

$$\sum M_1=0 \quad -R_A\times2+F_1\times1+M_1=0$$

得 $$Q_1=R_A-F_1=35-30=5(\text{kN})$$

$$M_1=R_A\times2-F_1\times1=35\times2-30\times1=40(\text{kN}\cdot\text{m})$$

求得 Q_1 和 M_1 均为正值，表示截面 1-1 上内力的实际方向与假定的方向相同；按内力的符号规定，剪力、弯矩都是正的。所以，画受力图时一定要先假设内力为正的方向，由平衡方程求得结果的正负号，就能直接代表内力本身的正负。

如取 1-1 截面右段梁为研究对象（图 10-8(c)），可得出同样的结果。

【例 10-2】 求图 10-9 所示悬臂梁截面 1-1 上的剪力和弯矩，其尺寸及梁上荷载如图 10-9 所示。

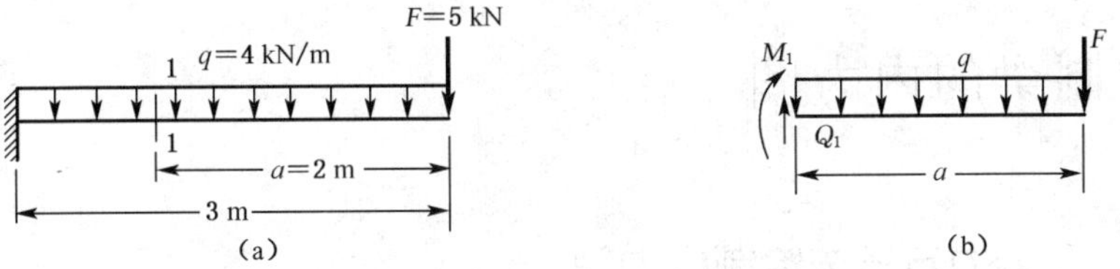

图 10-9

【解】 因为悬臂梁自由端在右段，为避免计算支反力，故取右段梁为研究对象，其受力图如图 10-9(b)所示。列平衡方程

$$\sum Y = 0 \qquad Q_1 - qa - F = 0$$

$$\sum M_1 = 0 \qquad -M_1 - qa \cdot \frac{a}{2} - Fa = 0$$

解得

$$Q_1 = qa + F = 4 \times 2 + 5 = 13(\text{kN})$$

$$M_1 = -\frac{qa^2}{2} - F_a = -\frac{4 \times 2^2}{2} - 5 \times 2 = -18(\text{kN} \cdot \text{m})$$

求得 Q_1 为正值，表示 Q_1 的实际方向与假定的方向相同；M_1 为负值，表示 M_1 的实际方向与假定的方向相反。所以，按梁内力的符号规定，1-1 截面上的剪力为正，弯矩为负。

4）内力图

(1) 剪力方程和弯矩方程

梁内各截面上的剪力和弯矩一般随截面的位置而变化。若横截面的位置用沿梁轴线的坐标 x 来表示，则各横截面上的剪力和弯矩都可以表示为坐标 x 的函数，即

$$Q = Q(x)$$

$$M = M(x)$$

以上两个函数式表示梁内剪力和弯矩沿梁轴线的变化规律，分别称为梁的内力方程——剪力方程和弯矩方程。

(2) 剪力图和弯矩图

为了形象地表明内力沿梁轴线的变化情况，通常用图形将剪力和弯矩沿梁长的变化情况表示出来，这样的图形分别称为剪力图和弯矩图，统称为内力图。

一般规定绘图坐标体系如图 10-10，坐标原点一般选在梁的左侧截面，以沿梁轴线的横坐标 x 表示梁横截面的位置，以纵坐标 y 表示相应横截面上的剪力或弯矩。

作图时，习惯上把正剪力画在 x 轴上方，负剪力画在 x 轴下方；而把弯矩图画在梁受拉的一侧，即正弯矩画在 x 轴下方，负弯矩画在 x 轴上方。在弯矩图中，不要求标出十、一号。如图 10-10 所示。

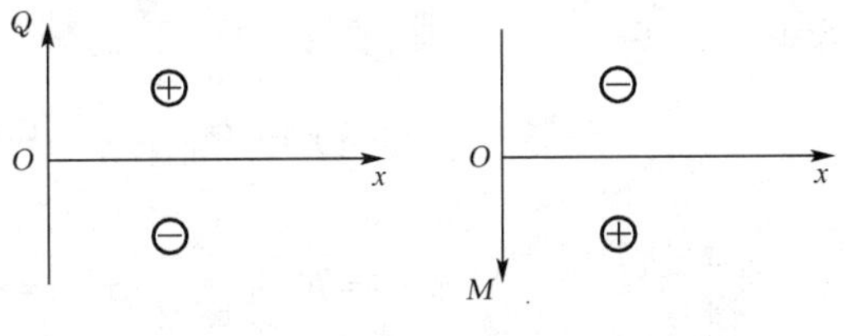

图 10-10 画剪力图和弯矩图的规定

10.3 绘制梁的内力图

10.3.1 用内力方程法绘制内力图

【例 10-3】 如图 10-11(a)所示的悬臂梁，自由端作用集中力 F，试作梁的剪力图和弯矩图。

【解】 首先利用截面法求得距左端为 x 的横截面上剪力和弯矩分别为

$$Q(x)=-F \qquad M(x)=-Fx$$

上两式即为此梁的剪力方程和弯矩方程，通过此两式便可计算出此梁任意横截面上的剪力和弯矩。

剪力图应是一条平行于梁轴线的直线段，如图 10-11(b)所示。弯矩方程是关于坐标 x 的一次函数，所以弯矩图应是一条斜直线段。这样只要确定出直线上的两个点就可以画出此弯矩图如图 10-11(c)所示。

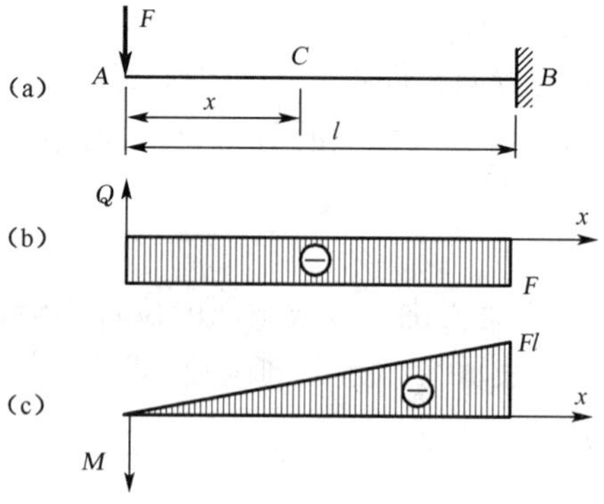

图 10-11

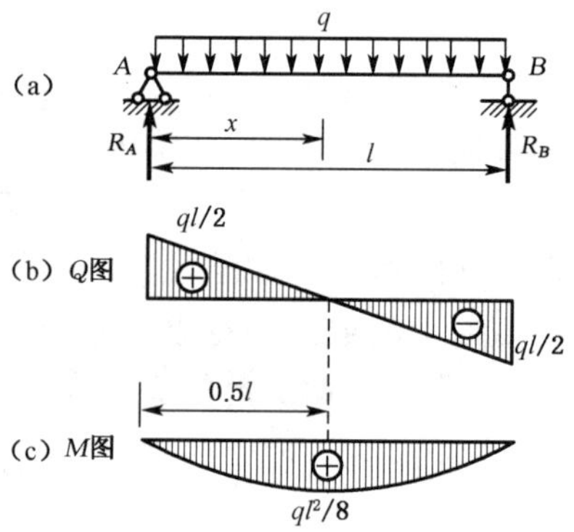

图 10-12

【例 10-4】 如图 10-12(a)所示的简支梁，在全梁上受集度为 q 的均布荷载作用，试作梁的剪力图和弯矩图。

【解】 (1) 利用平衡方程求得 $R_A=R_B=\frac{1}{2}ql$

(2) 列内力方程

取距左端为 x 的任意横截面(图 10-12(a))，考虑截面左侧的梁段，则梁的剪力和弯矩方程分别为

$$Q(x)=R_A-qx=\frac{1}{2}ql-qx \quad (0<x<l) \tag{1}$$

$$M(x)=R_Ax-\frac{1}{2}qx^2=\frac{1}{2}qlx-\frac{1}{2}qx^2 \quad (0\leqslant x\leqslant l) \tag{2}$$

(3) 画剪力图和弯矩图

由式(1)可见，$Q(x)$是 x 的一次函数，即剪力方程为一直线方程，剪力图是一条斜直线。

当$x=0$时，$Q_A=\frac{ql}{2}$；当$x=l$时，$Q_B=-\frac{ql}{2}$。

根据这两个截面的剪力值，画出剪力图，如图 10-12(b)所示。

由式(2)知，$M(x)$是x的二次函数，说明弯矩图是一条二次抛物线，应至少计算三个截面的弯矩值，才可描绘出曲线的大致形状。

当$x=0$时，$M_A=0$；当$x=\frac{l}{2}$时，$M_C=\frac{ql^2}{8}$；当$x=l$时， $M_B=0$。

根据以上计算结果，画出弯矩图，如图 10-12(c)所示。

从剪力图和弯矩图中可知，受均布荷载作用的简支梁，其剪力图为斜直线，弯矩图为二次抛物线；最大剪力发生在两端支座处，绝对值为$|Q|_{\max}=\frac{1}{2}ql$；而最大弯矩发生在剪力为零的跨中截面上，其绝对值为$|M|_{\max}=\frac{1}{8}ql^2$。

结论：在均布荷载作用的梁段，剪力图为斜直线，弯矩图为二次抛物线。在剪力等于零的截面上弯矩有极值。

【例 10-5】 简支梁受集中力作用如图 10-13(a)所示，试画出梁的剪力图和弯矩图。

【解】 (1) 求支座反力

由梁的整体平衡条件

$$\sum M_B=0,\quad R_A=\frac{Fb}{l}(\uparrow)$$

$$\sum M_A=0,\quad R_B=\frac{Fa}{l}(\uparrow)$$

校核：$\sum Y=R_A+R_B-F=\frac{Fb}{l}+\frac{Fa}{l}-F=0$

计算无误。

(2) 列剪力方程和弯矩方程

梁在C处有集中力作用，故AC段和CB段的剪力方程和弯矩方程不相同，要分段列出。

AC段：距A端为x_1的任意截面处将梁假想截开，并考虑左段梁平衡，列出剪力方程和弯矩方程为

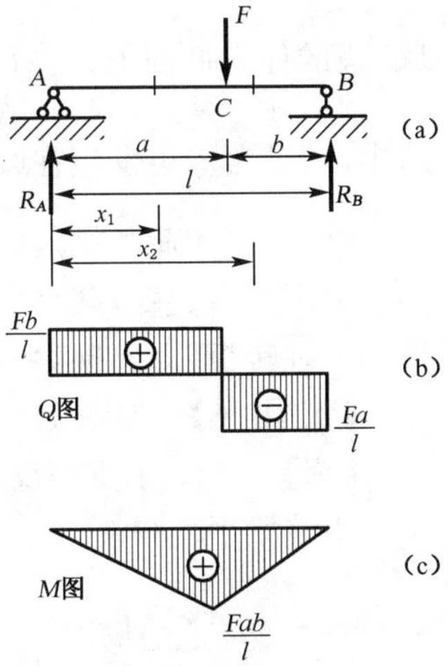

图 10-13

$$Q(x_1)=R_A=\frac{Fb}{l}(0<x_1<a) \tag{1}$$

$$M(x_1)=R_Ax_1=\frac{Fb}{l}x_1(0\leqslant x_1\leqslant a) \tag{2}$$

CB段：距A端为x_2的任意截面外假想截开，并考虑左段的平衡，列出剪力方程和弯矩方程为

$$Q(x_2)=R_A-F=\frac{Fb}{l}-F=-\frac{Fa}{l}(a<x_2<l) \tag{3}$$

$$M(x_2)=R_Ax_2-F(x_2-a)=\frac{Fa}{l}(l-x_2)(a\leqslant x_2\leqslant l) \tag{4}$$

(3) 画剪力图和弯矩图

根据剪力方程和弯矩方程画剪力图和弯矩图。

Q 图：AC 段剪力方程 $Q(x_1)$ 为常数，其剪力值为 $\frac{Fb}{l}$，剪力图是一条平行于 x 轴的直线，且在 x 轴上方。CB 段剪力方程 $Q(x_2)$ 也为常数，其剪力值为 $-\frac{Fa}{l}$，剪力图也是一条平行于 x 轴的直线，但在 x 轴下方。画出全梁的剪力图，如图 10-13(b)所示。

M 图：AC 段弯矩 $M(x_1)$ 是 x_1 的一次函数，弯矩图是一条斜直线，只要计算两个截面的弯矩值，就可以画出弯矩图。

当 $x_1=0$ 时，$M_A=0$；当 $x_1=a$ 时，$M_C=\frac{Fab}{l}$。

根据计算结果，可画出 AC 段弯矩图。

CB 段弯矩 $M(x_2)$ 也是 x_2 的一次函数，弯矩图仍是一条斜直线。

当 $x_2=a$ 时，$M_C=\frac{Fab}{l}$；当 $x_2=l$ 时，$M_B=0$。

由上面两个弯矩值，画出 CB 段弯矩图。整梁的弯矩图如图 10-13(c)所示。

从剪力图和弯矩图中可见，简支梁受集中荷载作用，当 $a>b$ 时，$|Q|_{max}=\frac{Fa}{l}$，发生在 BC 段的任意截面上；$|M|_{max}=\frac{Fab}{l}$，发生在集中力作用处的截面上。若集中力作用在梁的跨中，则最大弯矩发生在梁的跨中截面上，其值为：$M_{max}=\frac{Fl}{4}$。

结论：在无荷载梁段剪力图为平行线，弯矩图为斜直线。在集中力作用处，左右截面上的剪力图发生突变，其突变值等于该集中力的大小，突变方向与该集中力的方向一致；而弯矩图出现转折，即出现尖点，尖点方向与该集中力方向一致。

【例 10-6】 如图 10-14(a)所示简支梁受集中力偶作用，试画出梁的剪力图和弯矩图。

【解】 (1) 求支座反力

由整梁平衡得

$$\sum M_B=0,\quad R_A=\frac{m}{l}(\uparrow)$$

$$\sum M_A=0,\quad R_B=-\frac{m}{l}(\downarrow)$$

校核 $\sum Y=R_A+R_B=\frac{m}{l}-\frac{m}{l}=0$

计算无误。

(2) 列剪力方程和弯矩方程

在梁的 C 截面的集中力偶 m 作用，分两段列出剪力方程和弯矩方程。

AC 段：在 A 端为 x_1 的截面处假想将梁截开，考虑左段梁平衡，列出剪力方程和弯矩方程为

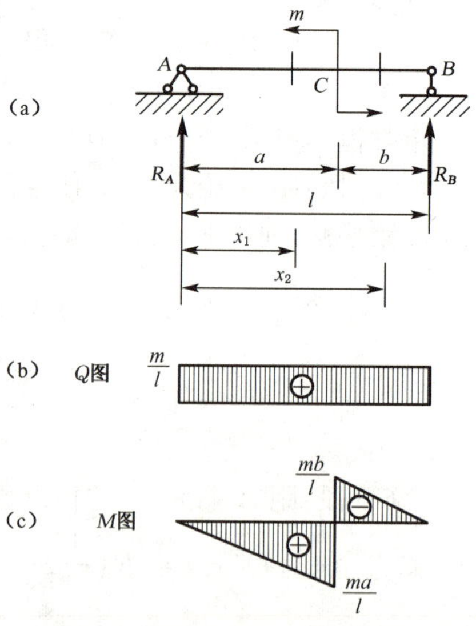

图 10-14

$$Q(x_1)=R_A=\frac{m}{l}\quad(0<x_1\leqslant a)\tag{1}$$

$$M(x_1)=R_Ax_1=\frac{m}{l}x_1\quad(0\leqslant x_1<a)\tag{2}$$

CB 段:在 A 端为 x_2 的截面处假想将梁截开,考虑左段梁平衡,列出剪力方程和弯矩方程为

$$Q(x_2)=R_A=\frac{m}{l}\quad(a\leqslant x_2<l)\tag{3}$$

$$M(x_2)=R_Ax_2-m=-\frac{m}{l}(l-x_2)\quad(a<x_2\leqslant l)\tag{4}$$

(3) 画剪力图和弯矩图

Q 图:由式(1)、(3)可知,梁在 AC 段和 CB 段剪力都是常数,其值为$\frac{m}{l}$,故剪力是一条在 x 轴上方且平行于 x 轴的直线。画出剪力图如图 10-14(b)所示。

M 图:由式(2)、(4)可知,梁在 AC 段和 CB 段内弯矩都是 x 的一次函数,故弯矩图是两段斜直线。

AC 段:当 $x_1=0$ 时, $M_A=0$;当 $x_1=a$ 时, $M_C=\frac{ma}{l}$。

CB 段:当 $x_2=a$ 时, $M_2=-\frac{mb}{l}$;当 $x_2=l$ 时, $M_B=0$ 。

画出弯矩图如图 10-14(c)所示。

由内力图可见,简支梁只受一个力偶作用时,剪力图为同一条平行线,而弯矩图是两段平行的斜直线,在集中力偶处左右截面上的弯矩发生了突变。

结论:梁在集中力偶作用处,左右截面上的剪力无变化,而弯矩出现突变,其突变值等于该集中力偶矩。

10.3.2 微分关系法绘制剪力图和弯矩图

1) 荷载集度、剪力和弯矩之间的微分关系

上一节从直观上总结出剪力图、弯矩图的一些规律和特点,现进一步讨论剪力图、弯矩图与荷载集度之间的关系。

如图 10-15(a)所示,梁上作用有任意的分布荷载 $q(x)$,设 $q(x)$以向上为正。取 A 为坐标原点,x 轴以向右为正。现取分布荷载作用下的一微段 dx 来研究(图 10-15(b))。

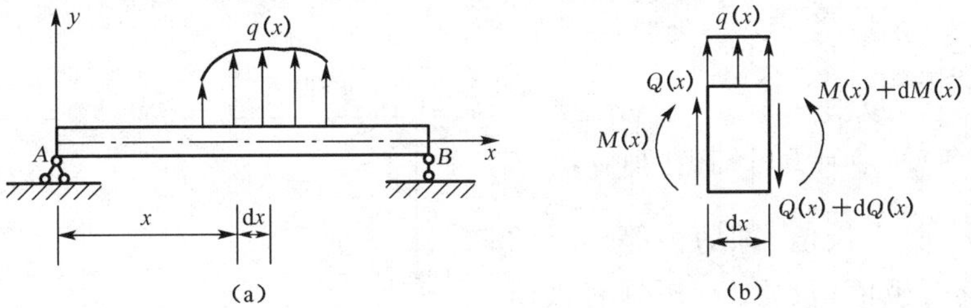

图 10-15 荷载与内力的微分关系

由于微段的长度 dx 非常小，因此，在微段上作用的分布荷载 $q(x)$ 可以认为是均布的。微段左侧横截面上的剪力是 $Q(x)$，弯矩是 $M(x)$；微段右侧截面上的剪力是 $Q(x)+dQ(x)$，弯矩是 $M(x)+dM(x)$，并设它们都为正值。考虑微段的平衡，由

$$\sum Y=0 \quad Q(x)+q(x)dx-[Q(x)+dQ(x)]=0$$

得

$$\frac{dQ(x)}{dx}=q(x) \tag{10-1}$$

再由 $\sum M_O=0 \quad -M(x)-Q(x)dx-q(x)\frac{dx^2}{2}+[M(x)+dM(x)]=0$

上式中，C 点为右侧横截面的形心，经过整理，并略去二阶微量 $q(x)\frac{dx^2}{2}$ 后，得

$$\frac{dM(x)}{dx}=Q(x) \tag{10-2}$$

将式(10-2)两边求导，可得

$$\frac{d^2M(x)}{dx^2}=q(x) \tag{10-3}$$

从式(10-1)、(10-2)、(10-3)可看出：弯矩方程对 x 一阶导数得到剪力方程，而剪力方程对 x 一阶导数得到均布荷载 $q(x)$。根据数学的定义，一阶导数表示斜率，二阶导数表示凹凸性能，更可看出剪力的大小正好等于弯矩图的斜率，分布荷载集度 q 大小正好等于剪力图的斜率。梁上任一横截面上的弯矩对 x 的二阶导数等于该截面处的分布荷载集度。这一微分关系的几何意义是，弯矩图上某点的曲率等于相应截面处的荷载集度，即由分布荷载集度的正负可以确定弯矩图的凹凸方向。

2）用微分关系法绘制剪力图和弯矩图

利用弯矩、剪力与荷载集度之间的微分关系及其几何意义，可总结出下列一些规律，以用来校核或绘制梁的剪力图和弯矩图。

（1）在无荷载梁段，即 $q(x)=0$ 时

由式(10-1)可知，$Q(x)$ 是常数，即剪力图是一条平行于 x 轴的直线；又由式(10-2)可知，该段弯矩图上各点切线的斜率为常数，因此，弯矩图是一条斜直线。

（2）均布荷载梁段，即 $q(x)=$ 常数时

由式(10-1)可知，剪力图上各点切线的斜率为常数，即 $Q(x)$ 是 x 的一次函数，剪力图是一条斜直线；又由式(10-2)可知，该段弯矩图上各点切线的斜率为 $Q(x)$ 的一次函数，因此，$M(x)$ 是 x 的二次函数，即弯矩图为二次抛物线。这时可能出现两种情况，如图 10-16 所示。

（3）弯矩的极值

由 $\frac{dM(x)}{dx}=Q(x)=0$ 可知，在 $Q(x)=0$ 的截面处，$M(x)$ 具有极值。即剪力等于零的截面上，弯矩具有极值；反之，弯矩具有极值的截面上，剪力一定等于零。

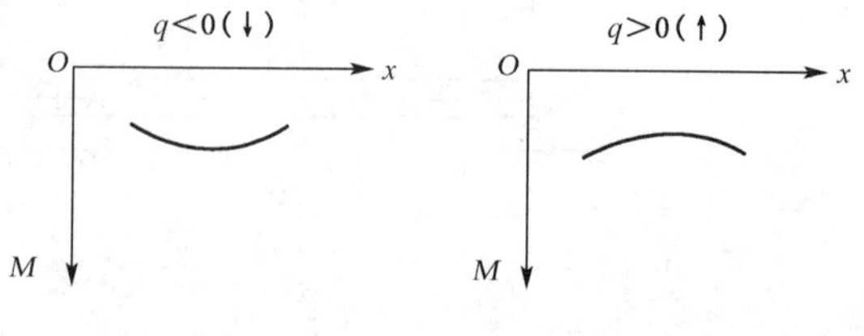

图 10-16 M 图的凹凸向与 q(x) 的关系

(4) 集中力作用处

在集中力作用处剪力图发生突变，突变值等于该集中力值，并且当从左向右作剪力图时突变方向与该集中力方向一致。

(5) 集中力偶作用处

在集中力偶作用处剪力图没有发生变化；而弯矩图发生突变，突变值等于该集中力偶值。

3) 绘制内力图的简捷方法

利用上述荷载、剪力和弯矩之间的微分关系及规律，可更简捷地绘制梁的剪力图和弯矩图，其步骤如下：

(1) 分段，即根据梁上外力及支承等情况将梁分成若干段。

(2) 根据各段梁上的荷载情况，判断其剪力图和弯矩图的大致形状。

(3) 利用计算内力的简便方法，直接求出若干控制截面上的 Q 值和 M 值。

(4) 逐段直接绘出梁的 Q 图和 M 图。

【例 10-7】 一外伸梁，梁上荷载如图 10-17(a)所示，已知 $l=4$ m，试利用微分关系绘出外伸梁的剪力图和弯矩图。

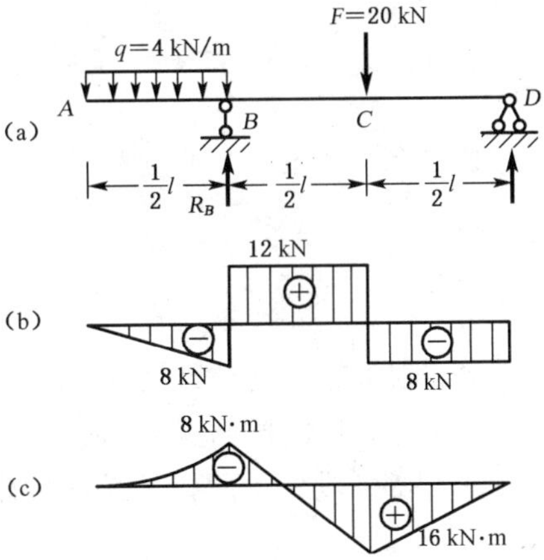

图 10-17

【解】 (1) 求支座反力

$$R_B = 20(\text{kN})(\uparrow),\ R_D = 8(\text{kN})(\uparrow)$$

(2) 根据梁上的外力情况将梁分段，将梁分为 AB、BC 和 CD 三段。

(3) 计算控制截面剪力，画剪力图

AB 段梁上有均布荷载，该段梁的剪力图为斜直线，其控制截面剪力为

$$Q_A = 0$$

$$Q_B = -\frac{1}{2}ql = -\frac{1}{2}\times 4\times 4 = -8(\text{kN})$$

BC 段和 CD 段均为无荷载区段，剪力图均为水平线，其控制截面剪力为

$$Q_B = -\frac{1}{2}ql + R_B = -8 + 20 = 12(\text{kN})$$

$$Q_D = -R_D = -8(\text{kN})$$

画出剪力图如图 10-17(b)所示。

(4) 计算控制截面弯矩，画弯矩图

AB 段梁上有均布荷载，该段梁的弯矩图为二次抛物线。因 q 向下($q<0$)，所以曲线向下凸，其控制截面弯矩为

$$M_A = 0$$

$$M_B = -q\frac{l}{2}\cdot\frac{l}{4} = -\frac{1}{8}\times 4\times 4^2 = -8(\text{kN}\cdot\text{m})$$

BC 段与 CD 段均为无荷截区段，弯矩图均为斜直线，其控制截面弯矩为

$$M_B = -8(\text{kN}\cdot\text{m})$$

$$M_C = R_D \cdot \frac{l}{2} = 8\times 2 = 16(\text{kN}\cdot\text{m})$$

$$M_D = 0$$

画出弯矩图如图 10-17(c)所示。

从以上过程可以看到，对本题来说，只需算出 Q_B、Q_D 和 M_B、M_C，就可画出梁的剪力图和弯矩图。

【例 10-8】 一简支梁，尺寸及梁上荷载如图 10-18(a)所示，利用微分关系绘出此梁的剪力图和弯矩图。

【解】 (1) 求支座反力

由 $\sum M_A = 0$

$$F_D\times 4 - P\times 1 - q\times 2\times 3 = 0$$

得
$$F_D = \frac{2\times 1+4\times 2\times 3}{4} = 6.5(\text{kN})(\uparrow)$$

由 $\sum F_y = 0$

$$F_A + 6.5 - 2 - 4\times 2 = 0$$

得
$$F_A = 3.5(\text{kN})(\uparrow)$$

(2) 根据梁上的荷载情况，将梁分为 AB、BC、CD 三段，逐段画出内力图

(3) 计算控制截面剪力，画剪力图

AB、BC 段为无荷载区段，剪力图为水平线，其控制截面剪力为

$$Q_A = Q_{B左} = R_A = 3.5(\text{kN})$$

B 点由于存在集中力，剪力发生突变

$$Q_{B右} = R_A - 2 = 1.5(\text{kN})$$

CD 为均布荷载段，剪力图为斜直线，其控制截面剪力为

$$Q_D = -R_D = 6.5(\text{kN})$$

画出剪力图如图 10-18(b)所示。

(4) 计算控制截面弯矩，画弯矩图

AB、BC 段为无荷载区段，弯矩图为斜直线，其控制截面弯矩为

$$M_A = 0$$

$$M_B = F_A\times 1 = 3.5\times 1 = 3.5(\text{kN}\cdot\text{m})$$

$$M_C = F_A\times 2 - P\times 1 = 3.5\times 2 - 2\times 1 = 5(\text{kN}\cdot\text{m})$$

CD 为均布荷载段。由于 q 向下，弯矩图为凸向下的二次抛物线，其控制截面弯矩 $M_D = 0$。

从剪力图可知，此段弯矩图中存在着极值，应该求出极值所在的截面位置及其大小。

设弯矩具有极值的截面距右端的距离为 x，由该截面上剪力等于零的条件可求得 x 值，即

$$Q(x) = qx - Q_D,\quad x = F_D/q = 6.5/4 = 1.625(\mathrm{m})$$

弯矩极值：$M_{\max} = F_D \times 1.625 - q \times 1.625 \times 1.625/2 \approx 5.3(\mathrm{kN \cdot m})$

画出弯矩图如图 10-18(c)所示。

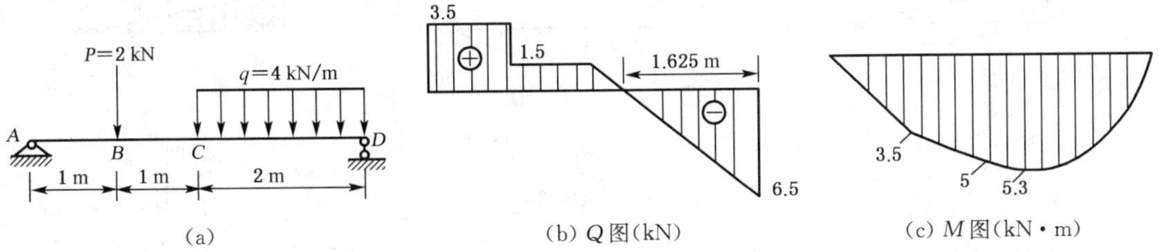

图 10-18

对本题来说，反力 F_A、F_D 求出后，便可直接画出剪力图。而弯矩图，也只需确定 M_B、M_C 及 $M_{\max}$ 值便可画出。

在熟练掌握简便方法求内力的情况下，可以直接根据梁上的荷载及支座反力画出内力图。

10.3.3 用叠加法画弯矩图

1) 叠加原理

由于小变形的假设，梁的内力、支座反力、应力和变形等量值均与荷载呈线性关系，每一荷载单独作用时引起的某一量值不受其他荷载的影响。所以，梁在 n 个荷载共同作用下所引起的某一量值(内力、支座反力、应力和变形等)，等于梁在各个荷载单独作用时所引起的该量值的代数和，这种关系称为叠加原理(图 10-19)。

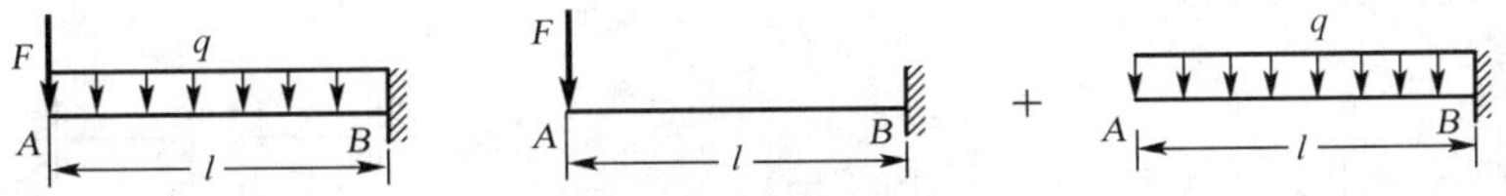

图 10-19 叠加原理

2) 叠加法画弯矩图

根据叠加原理来绘制梁的内力图的方法称为叠加法。由于剪力图一般比较简单，因此不用叠加法绘制。下面只讨论用叠加法作梁的弯矩图。其方法为，先分别作出梁在各个荷载单独作用下的弯矩图，然后将各弯矩图中同一截面相应的纵坐标相加，即可得到梁在所有荷载共同作用下的弯矩图。

【例 10-9】 试用叠加法画出图 10-20 所示简支梁的弯矩图。

【解】 (1) 先将梁上荷载分为集中力偶 m 和均布荷载 q 两组。

(2) 分别画出 m 和 q 单独作用时的弯矩图 M_1 和 M_2(图 10-20(b)、(c))，然后将这两个弯矩图相叠加。叠加时，是将相应截面的纵坐标代数相加。叠加方法如图10-20(a) 所

示。先作出直线形的弯矩图 M_1（即 ab 直线，可用虚线画出），再以 ab 为基准线作出曲线形的弯矩图 M_2。这样，将两个弯矩图相应纵坐标代数和相加后，就得到 m 和 q 共同作用下的最后弯矩图 M（图 10-20(a)）。其控制截面为 A、B、C。即

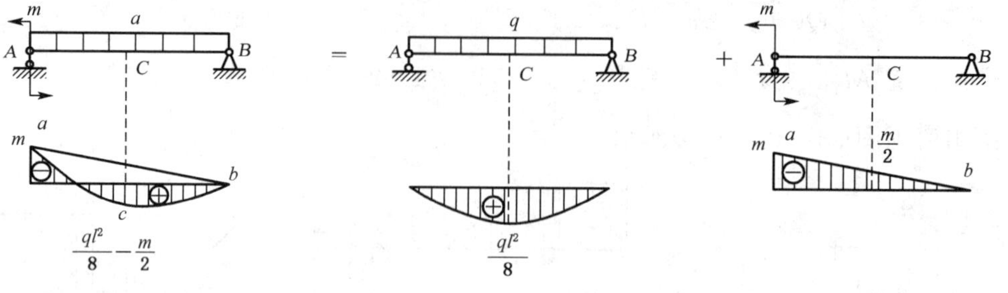

(a) M 图　　(b) M_1 图　　(c) M_2 图

图 10-20

A 截面弯矩为：$M_A=-m+0=-m$

B 截面弯矩为：$M_B=0+0=0$

跨中 C 截面弯矩为：$M_C=\dfrac{ql^2}{8}-\dfrac{m}{2}$

叠加时宜先画直线形的弯矩图，再叠加上曲线形或折线形的弯矩图。

由上例可知，用叠加法作弯矩图，一般不能直接求出最大弯矩的精确值，若需要确定最大弯矩的精确值，应找出剪力 $Q=0$ 的截面位置，求出该截面的弯矩，即得到最大弯矩的精确值。

3）用区段叠加法画弯矩图

任意段梁都可以当作简支梁，并可以利用叠加法来作该段梁的弯矩图。这种利用叠加法作某一段梁弯矩图的方法称为区段叠加法。

【例 10-10】 试作出图 10-21 外伸梁的弯矩图。

【解】 此题用区段叠加，画 M 图较容易。

（1）将梁分成 AB 段和 BD 段。

（2）计算控制截面弯矩

$$M_A=0$$

$$M_B=-3\times2\times1=-6(\text{kN}\cdot\text{m})$$

$$M_D=0$$

AB 区段 C 点处的弯矩叠加值为

$$\frac{Fab}{l}=\frac{6\times4\times2}{6}=8(\text{kN}\cdot\text{m})$$

$$M_C=\frac{Fab}{l}-\frac{2}{3}M_B=8-\frac{2}{3}\times6=4(\text{kN}\cdot\text{m})$$

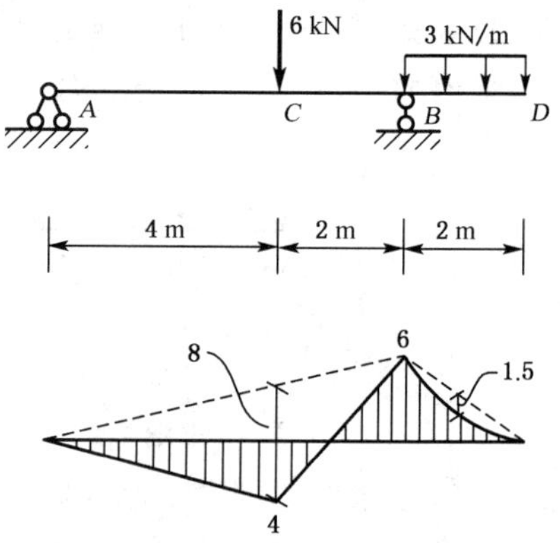

图 10-21

BD 区段中点的弯矩叠加值为

$$M_{BD中}=\frac{-6+0}{2}+\frac{3\times2^2}{8}=-1.5(\text{kN}\cdot\text{m})$$

(3) 作 M 图如图 10-21 所示。

由上例可以看出，用区段叠加法作外伸梁的弯矩图时，不需要求支座反力，就可以画出其弯矩图。所以，用区段叠加法作弯矩图是非常方便的。

10.4 梁弯曲时的正应力及其强度计算

梁在荷载作用下，横截面上一般都有 M 和 Q，相应地在梁的横截面上有正应力 σ 和剪应力 τ。本节主要讨论梁的正应力 σ 计算和剪应力 τ 计算。

画出如图 10-22(a)所示梁的内力图，如图 10-22(b)、(c)所示。由图可知，梁的 AC、DB 段的各个横截面上既有弯矩又有剪力，而在 CD 段内，梁横截面上剪力等于零，只有弯矩，这种情况称为纯弯曲。下面，首先分析梁在纯弯曲时横截面上的弯曲正应力，然后推导梁纯弯曲时横截面上的正应力公式。应综合考虑变形几何关系、物理关系和静力学关系三个方面。

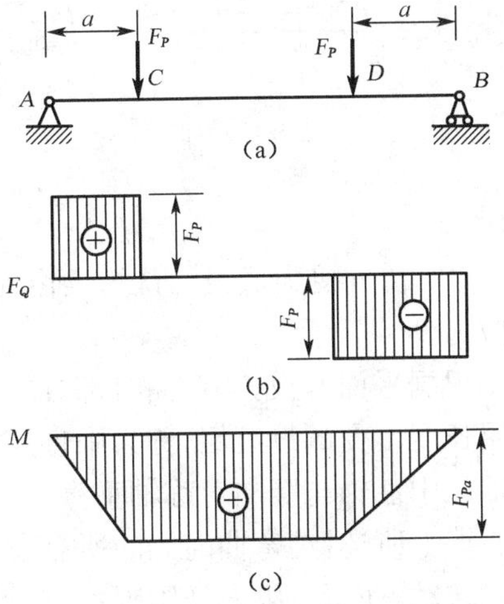

图 10-22

10.4.1 梁弯曲的正应力计算

1) 正应力分布规律

现象：横向线 a-b 变形后仍为直线，但有转动；纵向线 a-a 变为曲线，且上面压缩下面拉伸；横向线与纵向线变形后仍垂直，如图 10-23 所示。

中性层：梁内有一层纤维既不伸长也不缩短，因而纤维不受拉应力和压应力，此层纤维称中性层。

中性轴：中性层与横截面的交线。

为研究梁弯曲时的变形规律，可通过试验观察弯曲变形的现象。取一具有对称截面的矩形截面梁，在其中段的侧面上，画两条垂直于梁轴线的横线 mm 和 nn，再在两横线间靠近上、下边缘处画两条纵线 ab 和 cd，如图 10-24(a)所示。然后按图 10-24(b)所示施加荷载，使梁的中段处于纯弯曲状态。从试验中可以观察到：

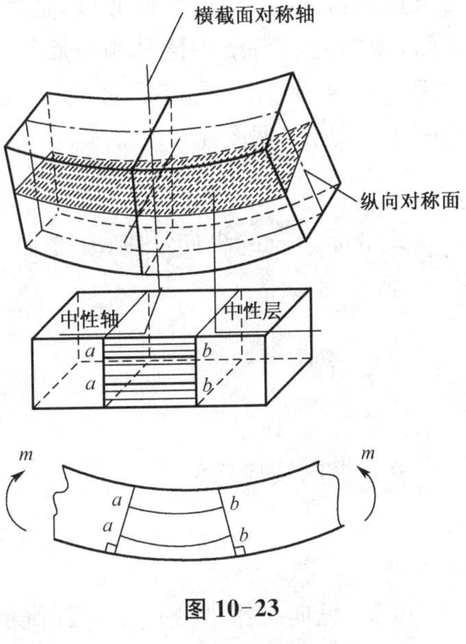

图 10-23

(1) 纵线变为曲线，而且靠近梁顶面的纵向线缩短，靠近梁底面的纵向线伸长。

(2) 梁表面的横线仍为直线，只是各横向线间做了相对转动，但仍与纵线正交。

(3) 变形后，横截面的高度不变，在纵线伸长区梁的宽度减小，而在纵线缩短区梁的宽度则增加，情况与轴向拉、压时的变形相似。

根据上述现象，对梁内变形与受力作如下假设：

(1) 弯曲平面假设。变形后，横截面仍保持平面，它像刚性平面一样绕其轴旋转了一个角度，但却仍与纵线正交。

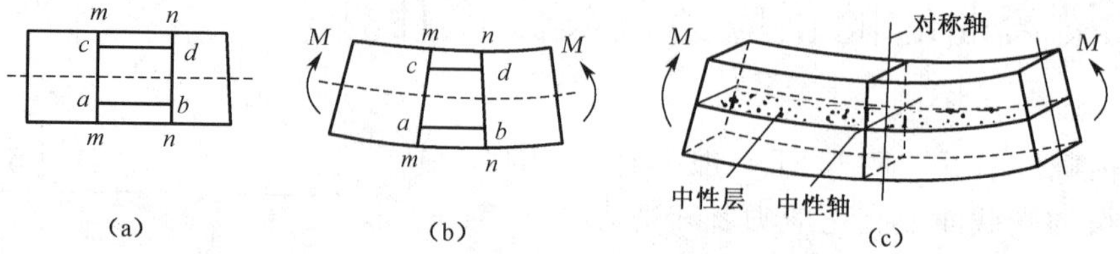

图 10-24

(2) 单向受力假设。认为梁由无数根纵向纤维组成，各纵向纤维仅承受轴向拉应力或压应力。

根据平面假设，梁弯曲时部分纤维伸长，部分纤维缩短，由伸长区到缩短区，其间必存在一层长度不变的过渡层，称为中性层，如图 10-24(c)所示。中性层与横截面的交线称为中性轴。中性轴与竖向对称轴垂直。

综上所述，纯弯曲时梁的所有横截面保持平面，仍与变弯后的梁轴正交，并绕中性轴做相对转动，而所有纵向纤维则均处于单向受力状态。

2) 横截面上任一点处的线应变

从梁中截取一微段 dx，取梁横截面的对称轴为 y 轴，且向下为正，如图 10-25 所示，以中性轴为 z 轴，但中性轴的确切位置尚待确定。根据平面假设，变形前相距为 dx 的两个横截面，变形后各自绕中性轴相对旋转了一个角度 $d\varphi$，并仍保持为平面。中性层的曲率半径为 ρ，因中性层在梁弯曲后的长度不变，所以据图 10-25 有

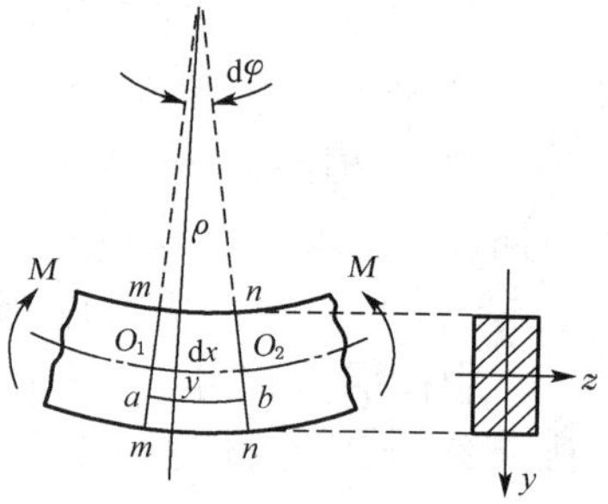

图 10-25

$$O_1O_2 = \rho d\varphi = dx$$

又坐标为 y 的纵向纤维 ab 变形前的长度为

$$ab = dx = \rho d\varphi$$

变形后为

$$ab = (\rho + y)d\varphi$$

故其纵向线应变为

$$\varepsilon = \frac{(\rho + y)d\varphi - \rho d\varphi}{\rho d\varphi} = \frac{y}{\rho} \tag{a}$$

可见，纵向纤维的线应变与纤维的坐标 y 成正比。

(1) 物理关系

因为纵向纤维之间无正应力，每一纤维都处于单向受力状态，当应力小于比例极限时，由胡克定律知

$$\sigma = E\varepsilon$$

将式(a)代入上式，得

$$\sigma = E\frac{y}{\rho} \tag{b}$$

这就是横截面上正应力变化规律的表达式。由此可知，横截面上任一点处的正应力与该点到中性轴的距离成正比，而在距中性轴为 y 的同一横线上各点处的正应力均相等，这一变化规律可由图 10-26 来表示。

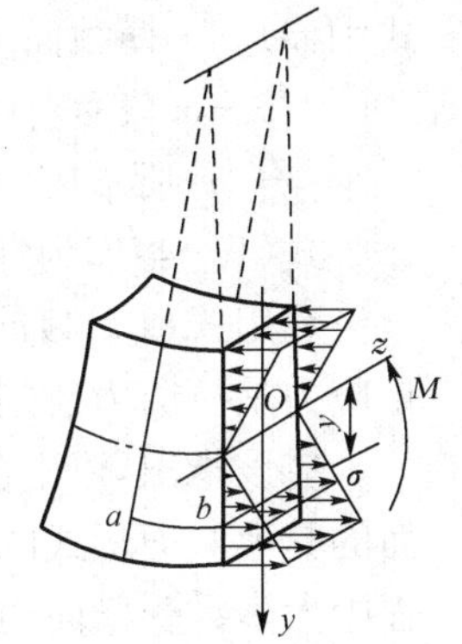

图 10-26

(2) 静力学关系

如图 10-27 所示，横截面上各点处的法向微内力为 $\sigma \mathrm{d}A$，此微内力沿梁轴线方向的各内力为 $\int_A \sigma \mathrm{d}A$，它应等于该横截面上的轴力 F_N，同时它对 z 轴的合力偶矩为 $\int_A y\sigma \mathrm{d}A$，并应等于该横截面上的弯矩 M，故有

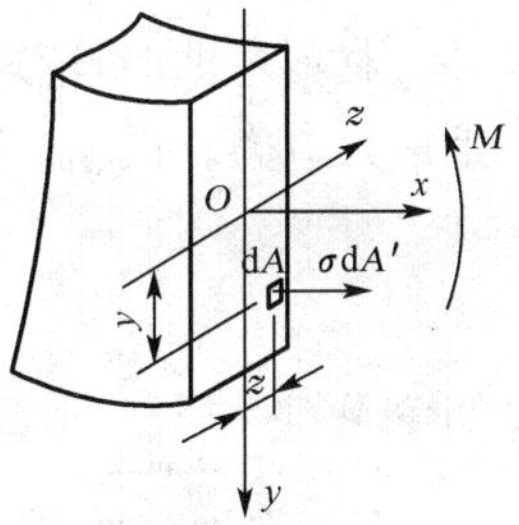

图 10-27

$$F_N = \int_A \sigma \mathrm{d}A = 0 \tag{c}$$

$$M = \int_A y\sigma \mathrm{d}A \tag{d}$$

将式(b)代入式(c)，得

$$\int_A \sigma \mathrm{d}A = \frac{E}{\rho}\int_A y\mathrm{d}A = 0 \tag{e}$$

上式中的积分代表截面对 z 轴的静矩 S_z。静距等于零意味着 z 轴必须通过截面的形心。

将式(b)代入式(d)，得

$$M = \int_A y\sigma \mathrm{d}A = \frac{E}{\rho}\int_A y^2 \mathrm{d}A \tag{f}$$

式中积分

$$\int_A y^2 \mathrm{d}A = I_Z \tag{g}$$

是横截面对 z 轴(中性轴)的惯性矩。于是，式(f)可以写成

$$\frac{1}{\rho} = \frac{M}{EI_z} \tag{h}$$

此式表明，在指定的横截面处，中性层的曲率与该截面上的弯矩 M 成正比，与 EI_z 成反比。在同样的弯矩作用下，EI_z 越大，则曲率越小，即梁越不易变形，故 EI_z 称为梁的抗弯刚度。

再将式(h)代入式(b)，于是得到横截面上 y 处的正应力为

$$\sigma = \frac{M}{I_z}y \tag{10-4}$$

式中：M——横截面上的弯矩；

I_z——截面对中性轴的惯性矩；

y——所求应力点至中性轴的距离。

式(10-4)即为纯弯曲正应力的计算公式。

利用式(10-4)计算正应力时，可以不考虑式中弯矩 M 和 y 的正负号，均以绝对值代入，正应力是拉应力还是压应力可以由梁的变形来判断。

应该指出，以上公式虽然是纯弯曲的情况下以矩形梁为例建立的，但对于具有纵向对称面的其他截面形式的梁，如工字形、T 字形和圆形截面梁等仍然可以使用。同时，在实际工程中大多数受横向力作用的梁，横截面上都存在剪力和弯矩，但对一般细长梁来说，剪力的存在对正应力分布规律的影响很小。因此，式(10-4)也适用于非纯弯曲情况。

10.4.2 梁正应力的强度条件

1）最大正应力

材料弯曲时，弯矩随截面位置变化。一般情况下，在弯矩最大的截面上离中性轴最远处发生最大应力。设 y_{max} 为横截面上离中性轴最远点到中性轴的距离，则截面上的最大正应力为

$$\sigma_{max}=\frac{M_{max}y_{max}}{I_z}$$

如令 $W_z=\dfrac{I_z}{y_{max}}$，则截面上最大弯曲正应力可以表达为 $\sigma_{max}=\dfrac{M_{max}}{W_z}$。

W_z 称为截面图形的抗截面模量。由上式可见，最大弯曲正应力与弯矩成正比，与抗弯截面系数成反比。

抗弯截面系数只与截面图形的几何性质有关，它综合反映了横截面的形状与尺寸对弯曲正应力的影响。

图 10-28 中矩形截面与圆形截面的抗弯截面系数分别为

$$W_z=\frac{bh^2}{6}$$

$$W_z=\frac{\pi d^3}{32}$$

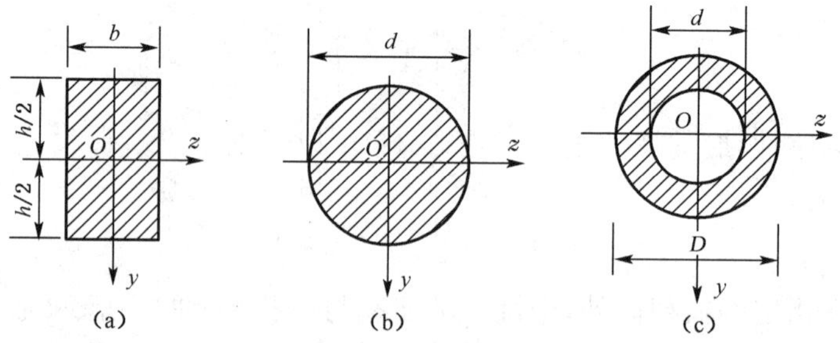

图 10-28

而空心圆截面的抗弯截面系数则为

$$W_z=\frac{\pi D^3}{32}(1-\alpha^4)$$

式中 $\alpha = d/D$，代表内、外径的比值。

至于各种型钢截面的抗弯截面系数，可从型钢规格表中查得。

【例 10-11】 图 10-29 所示悬臂梁，自由端承受集中荷载 F 作用，已知 $h = 18\ \text{cm}$，$b = 12\ \text{cm}$，$y = 6\ \text{cm}$，$a = 2\ \text{m}$，$F = 1.5\ \text{kN}$。计算 A 截面上 K 点的弯曲正应力。

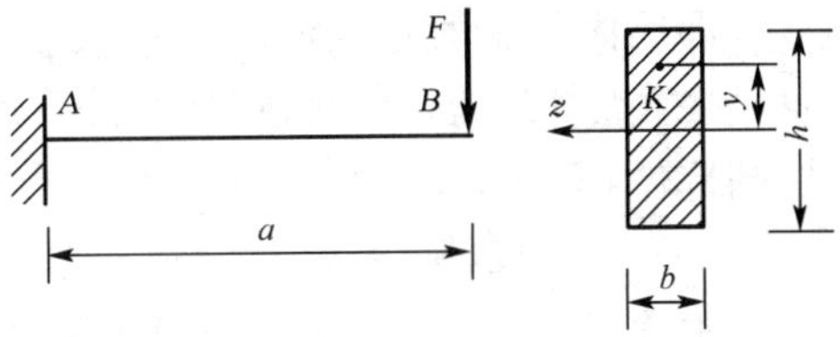

图 10-29

【解】 先计算截面上的弯矩

$$M_A = -Fa = -1.5 \times 2 = -3(\text{kN} \cdot \text{m})$$

截面对中性轴的惯性矩

$$I_z = \frac{bh^3}{12} = \frac{120 \times 180^3}{12} = 5.832 \times 10^7(\text{mm}^4)$$

则
$$\sigma_K = \frac{M_A}{I_z}y = \frac{3 \times 10^6}{5.832 \times 10^7} \times 60 = 3.09(\text{MPa})$$

A 截面上的弯矩为负，K 点是在中性轴的上面，所以为拉应力。

2) 正应力强度条件

为了保证梁能安全工作，必须使梁横截面荷载产生的最大正应力 $\sigma_{\max}$ 不超过材料在弯曲时的许用正应力 $[\sigma]$。因此，梁的正应力强度条件为

$$\sigma_{\max} = \frac{M_{\max}}{W_z} \leqslant [\sigma] \tag{10-5}$$

利用上述强度条件，可以对梁进行正应力强度校核、截面选择和确定容许荷载。

【例 10-12】 图 10-30(a)所示外伸梁，用铸铁制成，横截面为 T 字形，并承受均布荷载 q 作用。试校核梁的强度。已知荷载集度 $q = 25\ \text{N/mm}$，截面形心离底边与顶边的距离分别为 $y_1 = 95\ \text{mm}$ 和 $y_2 = 95\ \text{mm}$，惯性矩 $I_z = 8.84 \times 10^{-6}\ \text{m}^4$，许用拉应力 $[\sigma_t] = 35\ \text{MPa}$，许用压应力 $[\sigma_c] = 140\ \text{MPa}$。

【解】 (1) 危险截面与危险点判断

梁的弯矩如图 10-30(b)所示，在横截面 D 与 B 上，分别作用有最大正弯矩与最大负弯矩，因此，该二截面均为危险截面。

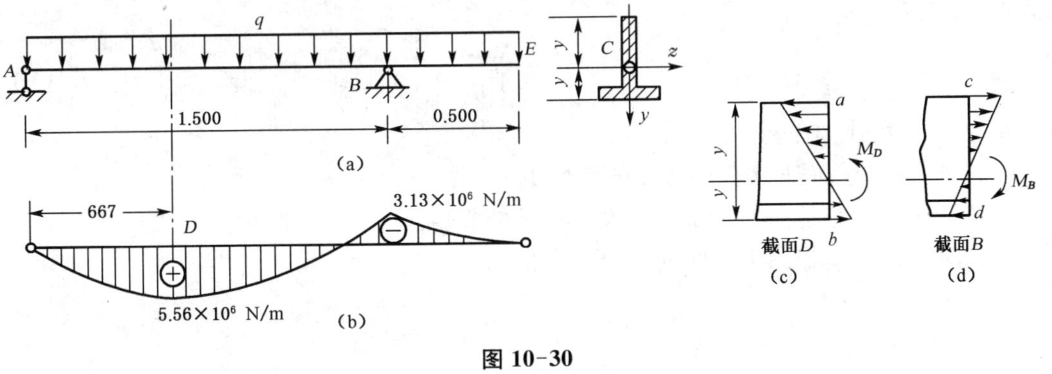

图 10-30

截面 D 与 B 的弯曲正应力分布分别如图 10-30(c)、(d)所示。截面 D 的 a 点与截面 B

的 d 点处均受压；而截面 D 的 b 点与截面 B 的 c 点处均受拉。

由于 $|M_D|>|M_B|$，$|y_a|>|y_d|$，因此

$$|\sigma_a|>|\sigma_d|$$

即梁内的最大弯曲压应力 $\sigma_{c,\max}$ 发生在截面 D 的 a 点处。至于最大弯曲拉应力 $\sigma_{t,\max}$ 究竟发生在 b 点处还是 c 点处，则须经计算后才能确定。概言之，a、b、c 三点处为可能最先发生破坏的部位，简称为危险点。

(2) 强度校核

由式(10-4)得 a、b、c 三点处的弯曲正应力分别为

$$\sigma_a=\frac{M_D y_a}{I_z}=\frac{(5.56\times10^6\times950)}{8.84\times10^6\ \mathrm{mm}^4}=59.8(\mathrm{MPa})$$

$$\sigma_b=\frac{M_D y_b}{I_z}=28.3(\mathrm{MPa})$$

$$\sigma_c=\frac{M_B y_c}{I_z}=33.6(\mathrm{MPa})$$

由此可得

$$\sigma_{c,\max}=\sigma_a=59.8\ \mathrm{MPa}<[\sigma_c]$$

$$\sigma_{t,\max}=\sigma_c=33.6\ \mathrm{MPa}<[\sigma_t]$$

可见，梁的弯曲强度符合要求。

10.5 梁弯曲时的剪应力及其强度计算

1) 剪应力计算公式

当进行平面弯曲梁的强度计算时，一般来说，弯曲正应力是支配梁强度计算的主要因素，但在某些情况下，例如，当梁的跨度很小或在支座附近有很大的集中力作用时梁的最大弯矩比较小，而剪力却很大，如果梁截面窄且高或是薄壁截面，这时剪应力可达到相当大的数值，剪应力就不能忽略了。梁横截面上的切应力分布比较复杂，此处不作详细推导。剪应力计算公式为

$$\tau=\frac{QS_z^*}{I_z b} \tag{10-6}$$

式中：Q——横截面上的剪力；

I_z——整个截面对中性轴矩 z 的惯性矩；

S_z^*——y 处横线一侧的部分截面对 z 轴的静矩。

对于矩形截面，如图 10-31 所示，S_z^* 的值为

$$S_z^*=b\left(\frac{h}{2}-y\right)\times\frac{1}{2}\left(\frac{h}{2}+y\right)=\frac{b}{2}\left(\frac{h^2}{4}-y^2\right)$$

将上式及 $I_z=\frac{bh^3}{12}$ 代入式(10-6)，得

$$\tau = \frac{3Q}{2bh}\left(1 - \frac{4y^2}{h^2}\right)$$

由此可见：矩形截面梁的弯曲剪应力沿截面高度呈抛物线分布（图 10-31(b)）；在截面的上、下边缘（$y = \pm \frac{h}{2}$），剪应力 $\tau = 0$；在中性轴（$y = 0$），剪应力最大，其值为 $\tau_{max} = \frac{3}{2}\frac{F_Q}{bh}$。

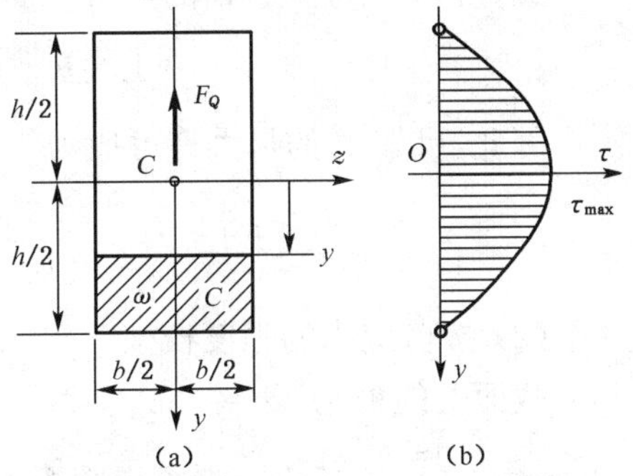

图 10-31

2）弯曲剪应力强度条件

与梁的正应力强度计算一样，为了保证梁的安全工作，梁在荷载作用下产生的最大剪应力也不能超过材料的许用剪应力。由前面讨论可知，最大弯曲剪应力通常发生在中性轴上，对整个梁来说，最大剪应力发生在剪力最大的截面上，此最大剪应力 τ_{max} 应不超过材料的许用剪应力 $[\tau]$，即

$$\tau_{max} = \left(\frac{QS^*_{z,\,max}}{I_z b}\right)_{max} \leqslant [\tau] \tag{10-7}$$

式(10-7)即为梁的剪应力强度条件。

对于等截面直梁，式(10-7)变为

$$\tau_{max} = \frac{Q_{max} S^*_{z,\,max}}{I_z b} \leqslant [\tau]$$

在进行梁的强度计算时，必须同时满足正应力强度条件式(10-5)和剪应力强度条件式(10-7)。但两者有主有次，通常梁的强度计算由正应力强度条件控制。因此，在选择梁的截面时，一般都是先按正应力强度条件设计截面，在确定好截面尺寸后，再按剪应力强度条件进行校核。但是，对于薄壁截面梁与弯矩较小而剪力却较大的梁，后者如短而粗的梁、集中荷载作用在支座附近的梁等，则不仅应考虑弯曲正应力强度条件，也应注意校核梁的剪应力强度条件。

【例 10-13】 悬臂工字钢梁如图 10-32(a)，长 $l = 1.2$ m，在自由端有一集中荷载 F，工字形钢的型号为 18 号，已知钢的许用应力 $[\sigma] = 170$ MPa，钢材的抗剪许用应力 $[\tau] = 100$ MPa。略去梁的自重，试求：(1) 集中荷载 F 的最大许可值；(2) 按剪应力校核梁的强度，并计算腹板所担负的剪力 F_{Q1}。

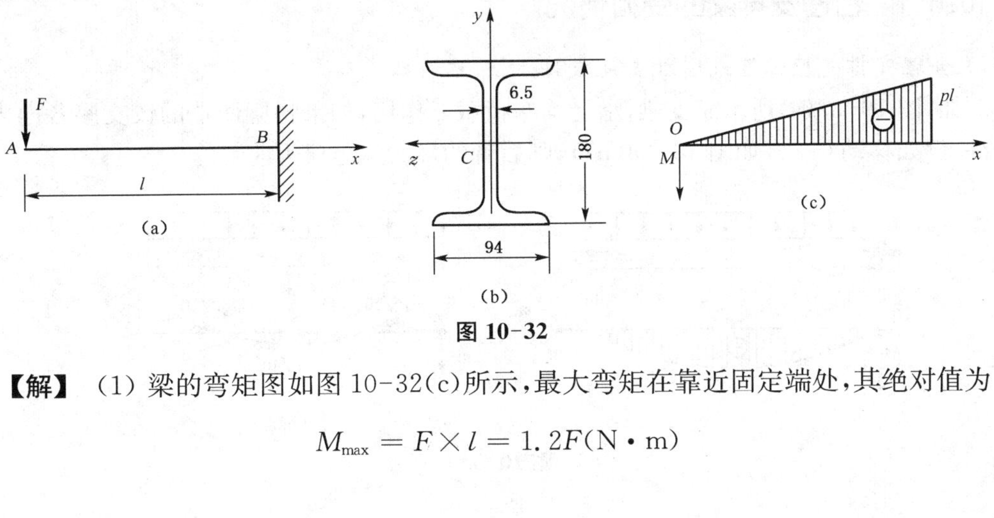

图 10-32

【解】 (1) 梁的弯矩图如图 10-32(c)所示，最大弯矩在靠近固定端处，其绝对值为

$$M_{max} = F \times l = 1.2F(\text{N} \cdot \text{m})$$

经查得,18 号工字钢的抗弯截面模量为 $W_z = 185 \times 10^3\ \text{mm}^3$,由公式得

$$1.2F \leqslant (185 \times 10^{-6})(170 \times 10^6)$$

因此,可知 F 的最大许可值为

$$[F]_{\max} = \frac{185 \times 170}{1.2} = 26.2 \times 10^3\ \text{N} = 26.2(\text{kN})$$

(2) 按剪应力的强度校核

截面上的剪力 $Q = 26.2\ \text{kN}$。查得 18 号工字钢截面的主要数据为 $I_z = 1\,660 \times 10^4\ \text{mm}^4$,$\frac{I_z}{S_z} = 154\ \text{mm}$,可得腹板上的最大剪应力

$$\tau_{\max} = \frac{Q}{\left(\frac{I_z}{S_z}\right)d} = \frac{26.2 \times 10^3}{(154 \times 10^{-3})(6.5 \times 10^{-3})} = 26.2 \times 10^6(\text{N/m}^2)$$

$$= 26.2\ \text{MPa} < 100\ \text{MPa}$$

可见工字钢的剪应力强度是足够的。

10.6 提高梁抗弯强度的措施

在梁弯曲中,控制梁强度的主要因素是梁的最大正应力。本节主要从梁的正应力强度条件来研究提高梁抗弯强度的措施。梁的正应力强度条件为

$$\sigma_{\max} = \frac{M_{\max}}{W_z} \leqslant [\sigma]$$

由这个条件可看出,对于一定长度的梁,在承受一定荷载的情况下,应设法适当地安排梁所受的力,使梁最大的弯矩绝对值降低,同时选用合理的截面形状和尺寸,使抗弯截面模量 W_z 值增大,以达到设计出的梁满足节约材料和安全适用的要求。关于提高梁的抗弯强度问题,分别作以下几方面讨论。

10.6.1 合理安排梁的受力情况

1) 合理安排支座位置或增加支座数目

例如,图 10-33(a)所示简支梁,承受均布荷载 q 作用,如果将梁两端的铰支座各向内移动少许,例如移动 0.2 l(如图 10-33(b)),则后者的最大弯矩仅为前者的 1/5。

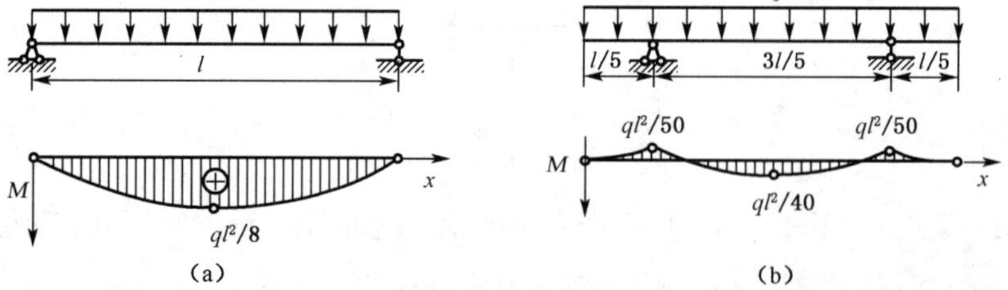

图 10-33

2) 合理布置荷载作用位置及方式

在结构条件允许的情况下，适当考虑把荷载安排得靠近支座，或把集中荷载分散成多个较小的荷载，尽量降低截面上最大弯矩值 M_{max} 的值。

例如，图 10-34(a)所示简支梁 AB，在跨度中点承受集中荷载 P 作用，如果在梁的中部设置一长为 1/2 的辅助梁 CD(如图 10-34(b))，这时，梁 AB 内的最大弯矩将减小一半。

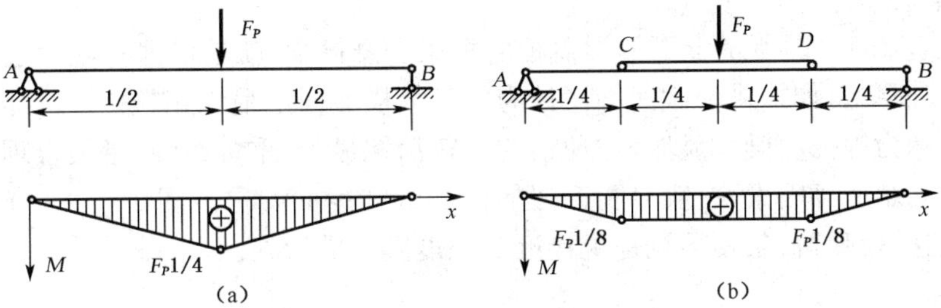

图 10-34

上述实例说明，合理安排支座和加载方式将显著减小梁内的最大弯矩。

10.6.2 选用合理的截面形状

比较合理的截面形状，是指使用较少的材料，却能获得最大的 W_z 值。

截面形状和放置位置不同，$\frac{W_z}{A}$ 比值不同，因此，可用$\frac{W_z}{A}$ 比值来衡量截面的合理性和经济性。比值越大，说明在消耗相同材料的情况下，抵抗弯曲破坏的能力越大，截面形状越经济合理。

对于宽为 b、高为 h 的矩形，$\frac{W_z}{A}=\frac{\frac{1}{6}bh^2}{bh}=\frac{h}{6}=0.167h$ 。

对于直径为 h 的圆形，$\frac{W_z}{A}=\frac{\frac{\pi h^3}{32}}{\frac{\pi h^2}{4}}=\frac{h}{8}=0.125h$ 。

高为 h 的槽形及工字形钢截面，$\frac{W_z}{A}=(0.27\sim 0.31)h$ 。

三者相比，工字形和槽形截面最合理，矩形截面次之，圆形截面最差。这一点也可利用正应力分布规律分析，正应力沿截面高度线性分布，当离中性轴最远各点处的正应力达到许用应力值时，中性轴附近各点处的正应力仍很小，这部分材料没有得到充分使用。因此，在离中性轴较远的位置配置较多的材料，将提高材料的应用率。

一般在截面面积相同的情况下，截面高度较大，靠近中性轴附近的截面宽度较小，截面就较合理。另外，对于抗拉与抗压强度相同的塑性材料梁，宜采用对中性轴对称的截面，如工字形截面等。而对于抗拉强度低于抗压强度的脆性材料梁，宜采用中性轴而不是对称轴的截面，且应使中性轴靠近材料强度较低的一侧，即中性轴偏于受拉一侧的截面，如 T 字形和槽形截面等。

10.6.3 采用变截面梁

一般情况下，梁内不同横截面的弯矩不同。因此，在按最大弯矩所设计的等截面梁中，除最大弯矩所在截面外，其余截面的材料强度均未得到充分利用。为了节约材料，减轻梁的自重，可采用弯矩大的截面用较大的截面尺寸，弯矩较小的截面用较小的截面尺寸，这种梁称为变截面梁。

如图 10-35(a)、(b)所示上下加焊盖板的板梁和悬挑梁，就是根据各截面上弯矩的不同而采用的变截面梁。如果将变截面梁设计为使每个横截面上最大正应力 σ_{max} 都等于材料的许用应力时，称为等强度梁。显然，这种梁的材料消耗最少、重量最轻，是最合理的。但实际上，由于自加工制造等因素，一般只能近似的做到等强度的要求。图 10-35(c)、(d)所示的车辆上常用的叠板弹簧、鱼腹梁就是很接近等强度要求的形式。

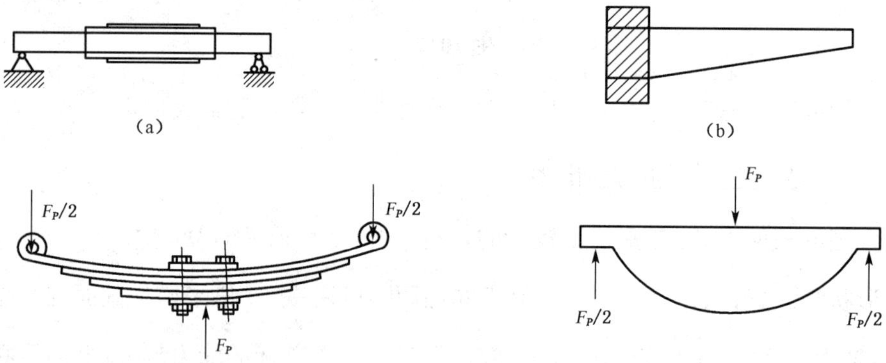

图 10-35

10.7 工程中的弯曲变形问题

梁在外力的作用下，不但要满足强度要求，同时还需要满足刚度要求，使梁的最大变形不得超过某一限度，才能使梁正常工作。

关于梁的弯曲变形，可以从梁的轴线和横截面两个方面来研究。

图 10-36 为一根任意梁，以变形前直梁的轴线为 x 轴，垂直向下的轴为 y 轴，建立 xOy 直角坐标系。当梁在 xy 面内发生弯曲时，梁的轴线由直线变为 xy 面内的一条光滑连续曲线，称为梁的挠曲线或弹性曲线。如图所示，梁发生弯曲时梁的每个截面都发生了移动和转动。

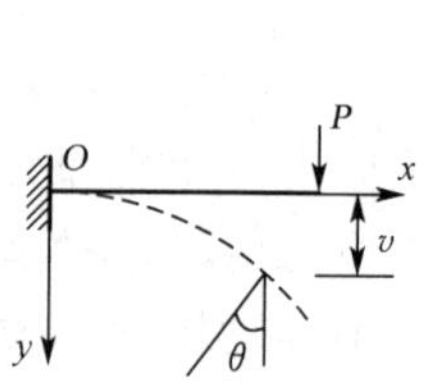

图 10-36

横截面的形心在垂直于梁轴(x 轴)方向的线位移，称为横截面的挠度，并用符号 υ 表示。规定挠度向下(与 y 轴同向)为正，向上(与 y 轴反向)为负。各个截面的挠度是截面形心坐标 x 的函数，即有

$$\upsilon = \nu(x)$$

上式是挠曲线的函数表达式，亦称为挠曲线方程。

横截面的角位移，称为截面的转角，用符号 θ 表示。关于转角的正负符号，规定在图示坐标系中从 x 轴顺时针转到挠曲线的切线形成的转角 θ 为正；反之，为负。

显然，转角也是随截面位置不同而变化的，它也是截面位置 x 的函数，即

$$\theta = \theta(x)$$

此式称为转角方程。工程实际中，小变形时转角 θ 是一个很小的量，因此可表示为

$$\theta \approx tg\theta = \frac{dy}{dx} = \nu'(x)$$

综上所述，求梁的任一截面的挠度和转角，关键在于确定梁的挠曲线方程 $\upsilon = \nu(x)$。

10.8 挠曲线近似微分方程

对细长梁，梁轴的曲率半径 ρ 与梁上的弯矩 M 的关系为

$$\frac{1}{\rho(x)} = \frac{M(x)}{EI}$$

即梁的任一截面处挠曲线的曲率与该截面上的弯矩成正比，与截面的抗弯刚度 EI 成反比。

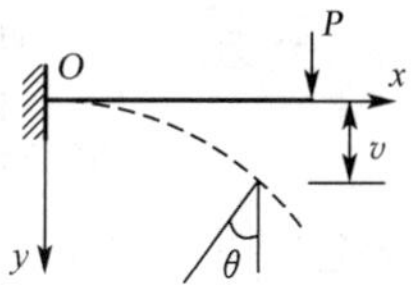

图 10-37

另外，由高等数学可知，曲线 $y = (x)$ 任一点的曲率为

$$\frac{1}{\rho(x)} = \pm \frac{\nu''}{[1 + (\nu')^2]^{\frac{3}{2}}}$$

显然，上述关系同样适用于挠曲线。比较以上两式，可得

$$\pm \frac{\nu''}{[1 + (\nu')^2]^{\frac{3}{2}}} = \frac{M(x)}{EI}$$

上式称为挠曲线微分方程。这是一个二阶非线性常微分方程。在工程实际中，梁的挠度 y 和转角 θ 数值都很小，因此，$(\nu')^2$ 之值和 1 相比很小，可以略去不计。于是，该式可简化为

$$\pm \nu'' = \frac{M(x)}{EI}$$

式中左端的正负号的选择，与弯矩 M 的正负符号规定及 xOy 坐标系的选择有关。根据弯矩 M 的正负符号规定，当梁的弯矩 $M > 0$ 时，梁的挠曲线为凹曲线，按图示坐标系，挠曲线的二阶导函数值 $\nu'' < 0$；反之，当梁的弯矩 $M < 0$ 时，挠曲线为凸曲线，在图示坐标系中挠曲线的 $\nu'' > 0$。可见，在右手坐标系中，梁上的弯矩 M 与挠曲线的二阶导数 ν'' 符号相反。所以，上式的左端应取负号，即

$$-\nu'' = \frac{M(x)}{EI}$$

上式称为挠曲线近似微分方程。

10.9 用积分法和叠加法计算梁的变形

10.9.1 积分法求弯曲变形

对 $v''=\dfrac{M(x)}{EI}$ 两侧积分,可得梁的转角方程为

$$\theta(x)=v'=\int\frac{M(x)}{EI}\mathrm{d}x+C$$

再积分一次,即可得梁的挠曲线方程

$$v(x)=\int\left(\int\frac{M(x)}{EI}\mathrm{d}x\right)\mathrm{d}x+Cx+D$$

式中 C 和 D 为积分常数,由位移边界与连续条件确定。

表 10-1 简单荷载作用下梁的挠度和转角

悬臂梁

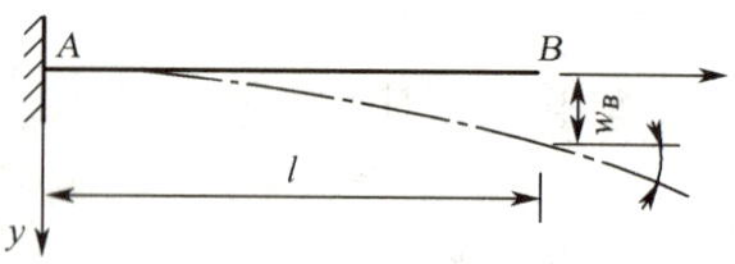

w=沿 y 方向的挠度
$w_B=w(l)$=梁右端处的挠度
$\theta_B=w'(l)$=梁右端处的转角

序号	梁上荷载及弯矩图	挠曲线方程	转角和挠度
1	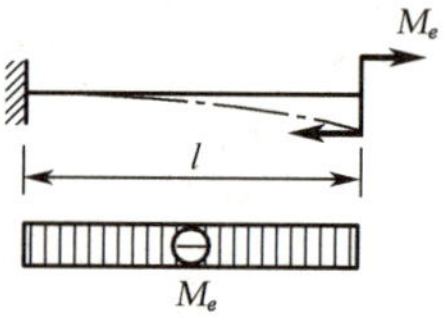	$w=\dfrac{M_ex^2}{2EI}$	$\theta_B=\dfrac{M_el}{EI}$ $w_B=\dfrac{M_el^2}{2EI}$
2	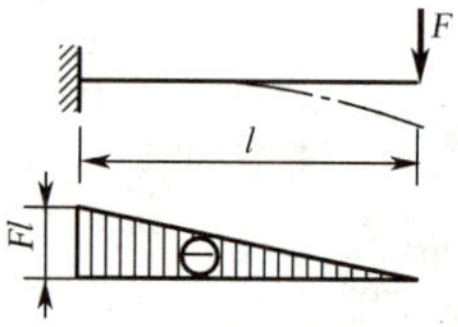	$w=\dfrac{Fx^2}{6EI}(3l-x)$	$\theta_B=\dfrac{Fl^2}{3EI}$ $w_B=\dfrac{Fl^3}{3EI}$
3	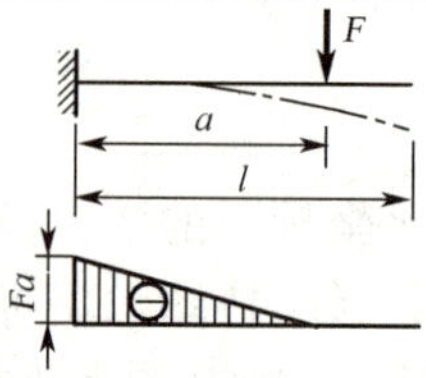	$w=\dfrac{Fx^2}{6EI}(3a-x)$ $(0\leqslant x\leqslant a)$ $w=\dfrac{Fa^2}{6EI}(3x-a)$ $(a\leqslant x\leqslant 1)$	$\theta_B=\dfrac{Fa^2}{2EI}$ $w_B=\dfrac{Fa^2}{6EI}(3l-a)$
4	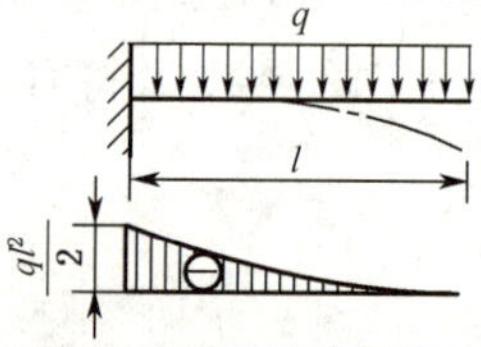	$w=\dfrac{qx^2}{24EI}(x^2+6l^2-4lx)$	$\theta_B=\dfrac{ql^3}{6EI}$ $w_B=\dfrac{ql^4}{8EI}$

续表 10-1

序号	梁上荷载及弯矩图	挠曲线方程	转角和挠度
5	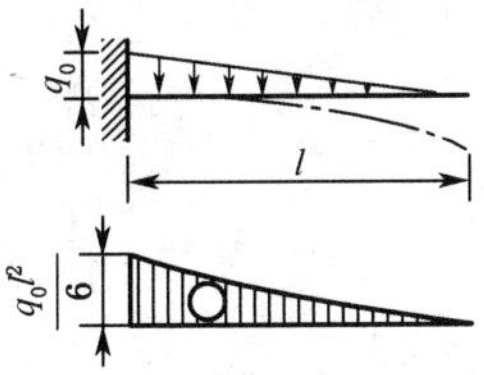	$w=\frac{q_0 x^2}{120EIl}(10l^3-10l^2+5lx^2-x^3)$	$\theta_B=\frac{q_0 x^3}{24EI}$ $w_B=\frac{q_0 l^4}{30EI}$
	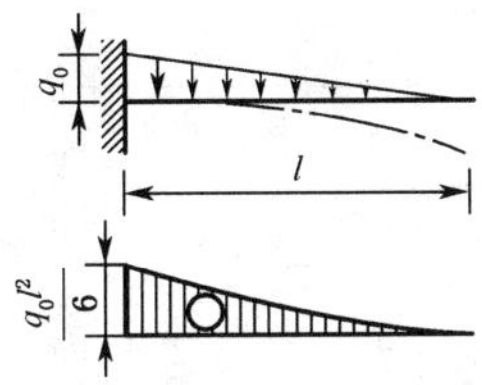	$w=$ 沿 y 的方向挠度 $w_c=w\left(\frac{1}{2}\right)=$ 梁的中点挠度 $\theta_A=w'(0)=$ 梁左端处的转角 $\theta_B=w'(l)=$ 梁右端处的转角	
6	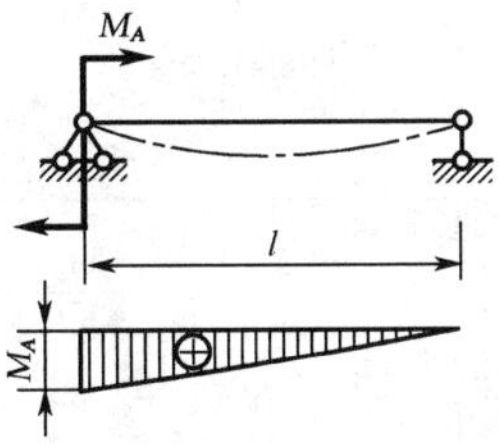	$w=\frac{M_A x}{6EIl}(l-x)(2l-x)$	$\theta_A=\frac{M_A l}{3EI}$ $\theta_B=-\frac{M_A l}{6EI}$ $\theta_C=\frac{M_a l^2}{16EI}$
7	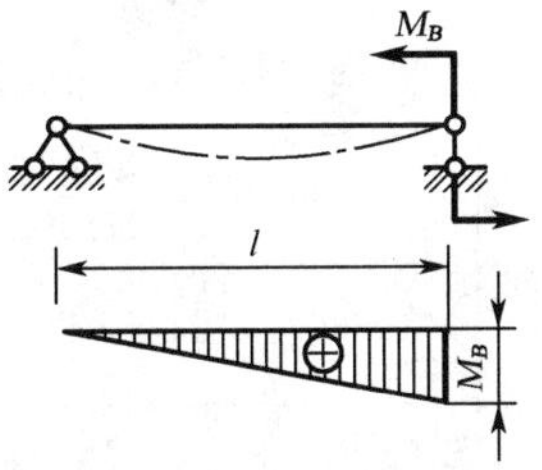	$w=\frac{M_B x}{6EIl}(l^2-x^2)$	$\theta_A=\frac{M_B l}{6EI}$ $\theta_B=-\frac{M_B l}{3EI}$ $w_C=\frac{M_B l^2}{16EI}$
8	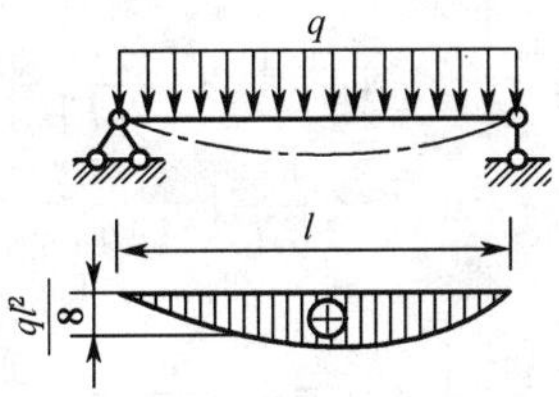	$w=\frac{qx}{24EI}(l^3-2lx^2+x^3)$	$\theta_A=\frac{ql^3}{24EI}$ $\theta_B=-\frac{ql^3}{24EI}$ $w_C=\frac{5ql^4}{384EI}$
9	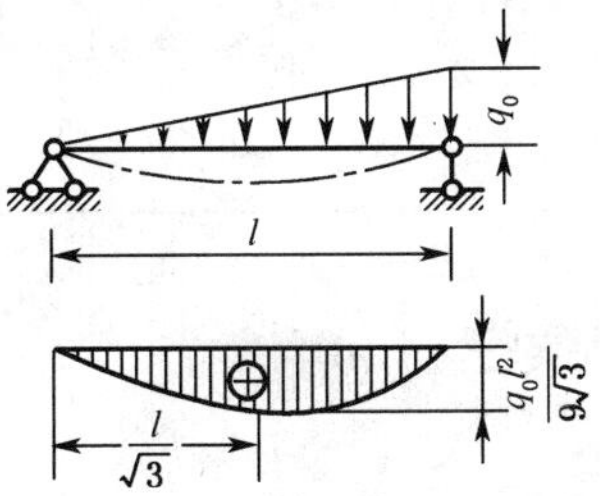	$w=\frac{q_0 x}{360EIl}(7l^4-10l^2x^2+3x^4)$	$\theta_A=\frac{7q_0 l^3}{360EI}$ $\theta_B=\frac{q_0 l^3}{45EI}$ $w_C=\frac{5q_0 l^4}{768EI}$

续表 10-1

序号	梁上荷载及弯矩图	挠曲线方程	转角和挠度
10	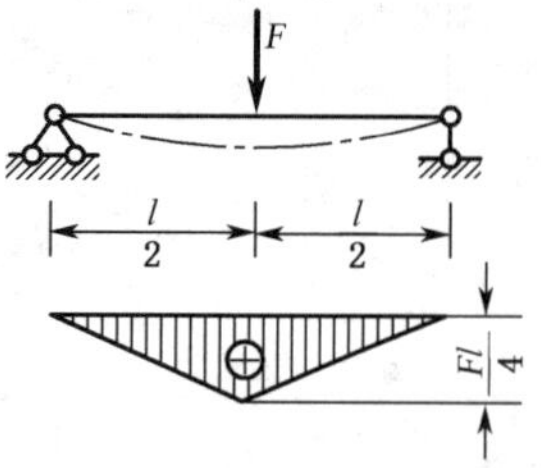	$w=\frac{Fx}{48EI}(3l^2-4x^2)$ $\left(0\leqslant x\leqslant \frac{1}{2}\right)$	$\theta_A=\frac{Fl^2}{16EI}$ $\theta_B=-\frac{Fl^2}{16EI}$ $w_C=\frac{Fl^3}{48EI}$
11	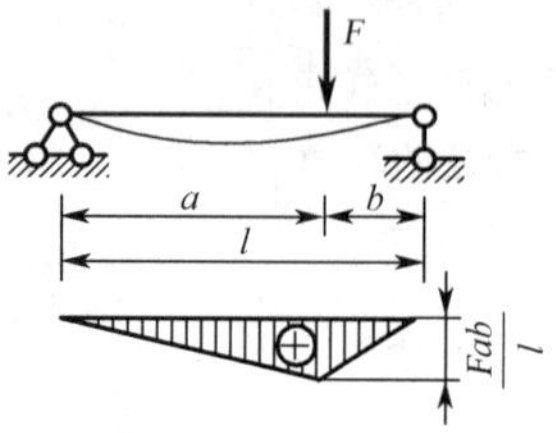	$w=\frac{Fbx}{6EIl}(l^2-x^2-b^2)$ $(0\leqslant x\leqslant a)$ $w=\frac{Fb}{6EIl}\Big[\frac{1}{b}(x-a)^2+$ $(l^2-b^2x-x^3)\Big]$ $(a\leqslant x\leqslant l)$	$\theta_A=\frac{Fab(l+b)}{6EIl}$ $\theta_B=-\frac{Fab(l+a)}{6EIl}$ $w_C=\frac{Fb(3l^2-4b^2)}{48EI}$ （当 $a\geqslant b$ 时）
12	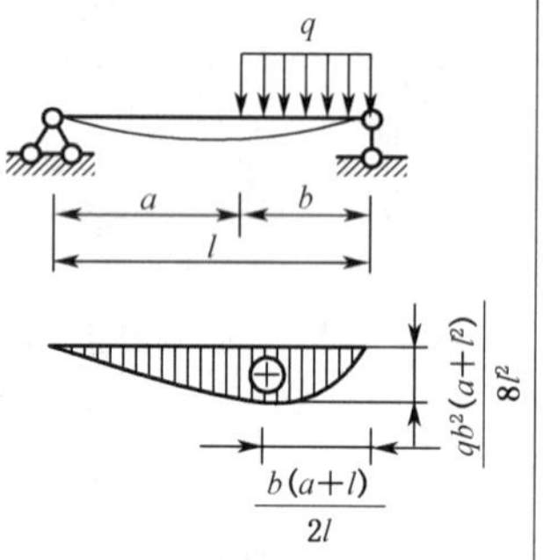	$w=\frac{M_ex}{6EIl}(6al-3a^2-2l^2-x^2)$ $(0\leqslant x\leqslant a)$ 当 $a=b=\frac{1}{2}$ 时， $w=\frac{M_ex}{24EIl}(l^2-4x^2)$ $\left(0\leqslant x\leqslant \frac{1}{2}\right)$	$\theta_A=\frac{M_e}{6EIl}$ $(6a-3a^2-2l^2)$ $\theta_B=\frac{M_e}{6EIl}(l^2-3a^2)$ 当 $a=b=\frac{1}{2}$ 时， $\theta_A=\frac{M_el}{24EI}$ $\theta_B=\frac{M_el}{24EI}$，$w_C=0$
13	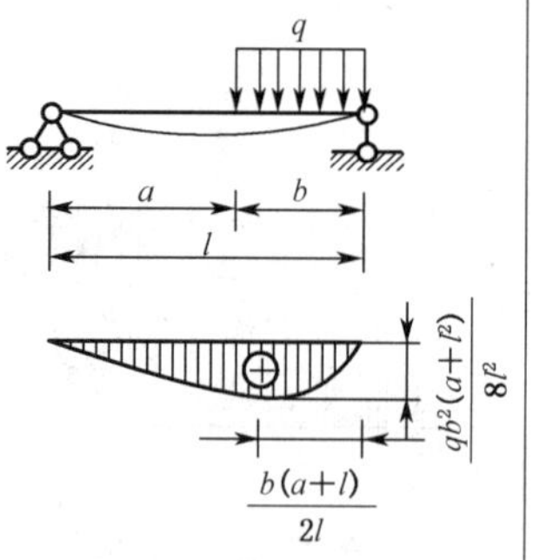	$w=\frac{-qb^3}{24EIl}\left[2\frac{x^3}{b^3}-\frac{x}{b}\left(2\frac{l^2}{b^2}-1\right)\right]$ $(0\leqslant x\leqslant a)$ $w=-\frac{q}{24EI}\Big[2\frac{b^2x^3}{l}-$ $\frac{b^2x}{l}(2l^2-b^2)-(x-a)^4\Big]$ $(a\leqslant x\leqslant l)$	$\theta_A=\frac{qb^2(2l^2-b^2)}{24EIl}$ $\theta_B=-\frac{qb^2(2l-b)^2}{24EIl}$ $w_C=\frac{qb^5}{24EIl}\left(\frac{3}{4}\frac{l^3}{b^3}-\frac{1}{2}\frac{1}{b}\right)$ （当 $a>b$ 时） $w_C=\Big[\frac{qb^5}{24EIl}\frac{3}{4}\frac{l^3}{b^3}-$ $\frac{1}{2}\frac{1}{b}+\frac{1}{16}\frac{l^5}{b^5}\cdot\left(1-\frac{2a}{l}\right)^4\Big]$ （当 $a<b$ 时）

10.9.2 积分常数的确定——边界条件和光滑连续性

1）边界条件

（1）固定端约束：限制线位移和角位移

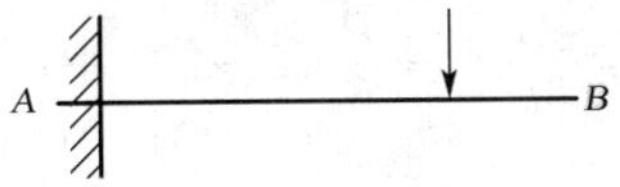

$$\nu_A = 0, \ \theta_A = 0$$

图 10-38

(2) 铰支座:只限制线位移

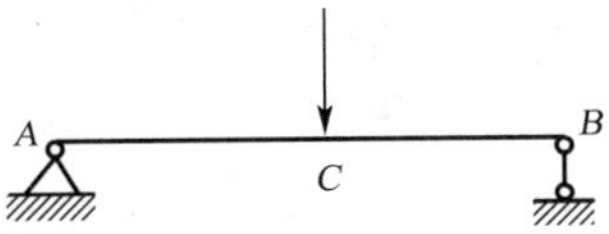

$$\nu_A = 0, \ \nu_B = 0, \ \theta_C = 0$$

图 10-39

在挠曲线的任意点上,有唯一确定的挠度和转角。

2) 连续条件

$$\nu_C^{左} = \nu_C^{右}, \ \theta_C^{左} = \theta_C^{右}$$

【例 10-14】 图示简支梁 AB 受到集中力 P 作用,讨论其弯曲变形。

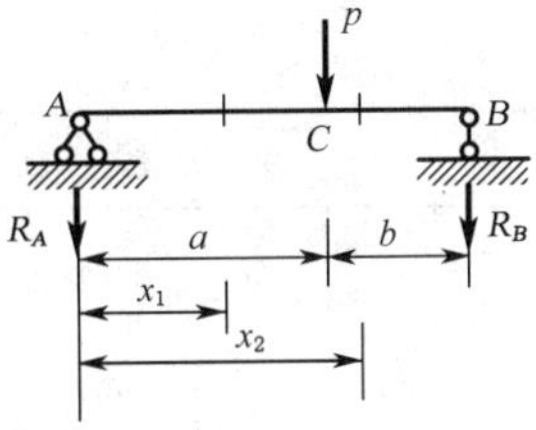

图 10-40

【解】 (1) 求反力并列梁的弯矩方程

$$R_A = \frac{b}{l}P, \ R_A = \frac{a}{l}P$$

(2) 建立坐标系 xAy,分两段列出 AB 梁的弯矩方程为

$$AC\text{ 段} \quad M_1(x_1) = \frac{b}{l}Px_1 \qquad (0 \leqslant x_1 \leqslant a)$$

$$CB\text{ 段} \quad M_2(x_2) = \frac{b}{l}Px_2 - P(x_2 - a) \qquad (a \leqslant x_2 \leqslant l)$$

(3) 对挠曲线近似微分方程积分,将 AC 和 CB 两段的挠曲线近似微分方程及积分结果列表如下:

表 10-2

AC 段($0 \leqslant x_1 \leqslant a$)	CB 段($a \leqslant x_2 \leqslant l$)
$EIv_1'' = \frac{Pb}{l}x_1$	$EIv_2'' = \frac{Pb}{l}x_2 - P(x_2 - a)$
$EIv_1' = \frac{Pb}{2l}x_1^2 + C_1$	$EIv_2' = \frac{Pb}{2l}x_2^2 - \frac{P}{2}(x_2 - a)^2 + C_2$
$EIv_1 = \frac{Pb}{6l}x_1^3 + C_1x_1 + D_1$	$EIv_2 = \frac{Pb}{6l}x_2^3 - \frac{P}{6}(x_2 - a)^3 + C_2x_2 + D_2$

(4) 确定积分常数

积分常数 C_1、D_1 和 C_2、D_2,需要连续条件和边界条件来确定。即挠曲线在 C 截面的连续条件:当 $x_1 = x_2 = a$ 时,$\theta_1 = \theta_2$,$v_1 = v_2$,即

$$\frac{Pb}{6l}a^2 + C_1 = \frac{Pb}{6l}a^2 - \frac{P}{2}(l-a)^2 + C_2$$

$$\frac{Pb}{6l}a^3+C_1a+D_1=\frac{Pb}{6l}a^3-\frac{P}{6}(l-a)^3+C_2a+D_2$$

由上两式解得

$$C_1=C_2,\ D_1=D_2$$

此外，梁在 A、B 两端的边界条件为 $x_1=0$ 时，$y_1=0$；$x_2=l$ 时，$y_2=0$。即

$$D_1=0$$

$$\frac{Pb}{6l}l^2-\frac{P}{6}(l-a)^3+C_2l=0$$

解得

$$D_1=D_2=0\quad C_1=C_2=-\frac{Pb}{6l}(l^2-b^2)$$

梁 AC 和 CB 段的转角方程和挠曲线方程见表 10-3。

表 10-3

AC 段 $0\leqslant x_1\leqslant a$	CB 段 $a\leqslant x_2\leqslant l$
$\theta_1(x_1)=-\frac{Pb}{6EIl}(l^2-b^2-3x_1^2)$	$\theta_2(x_2)=-\frac{Pb}{6EIl}\left[(l^2-b^2-3x_1^2)+\frac{3l}{b}(x_2-a)^2\right]$
$v_1(x_1)=-\frac{Pbx_1}{6EIl}(l^2-b^2-x_1^2)$	$v_2(x_2)=-\frac{Pb}{6EIl}\left[(l^2-b^2-x_2^2)+\frac{l}{b}(x_2-a)^3\right]$

(5) 求梁的最大挠度和转角

在梁的左端截面的转角为

$$\theta_A=\theta_1(x_1)\big|_{x_1=a}=-\frac{Pab(l+b)}{6EIl}$$

在梁右端截面的转角为

$$\theta_B=\theta_2(x_2)\big|_{x_2=a}=\frac{Pab(l+a)}{6EIl}$$

当 $a>b$ 时，可以断定 θ_B 为最大转角。

为了确定挠度为极值的截面，先确定 C 截面的转角

$$\theta_C=\theta_1(x_1)\big|_{x_1=a}=\frac{Pab}{3EIl}(a-b)$$

若 $a>b$，则转角 $\theta_C>0$。AC 段挠曲线为光滑连续曲线，而 $\theta_A<0$，当转角从截面 A 到截面 C 连续地由负值变为正值时，AC 段内必有一截面转角为零。为此，令 $\theta_1(x_1)=0$，即

$$-\frac{Pb}{6EIl}(l^2-b^2-3x_0^2)=0$$

解得

$$x_0 = \sqrt{\frac{l^2 - b^2}{3}}$$

x_0 的转角为零，亦即挠度最大的截面位置。由 AC 段的挠曲线方程可求得 AB 梁的最大挠度为

$$\nu_{\max} = |\,[v_1(x_1)]_{x_1 = x_0}\,| = \frac{Pb}{9\sqrt{3}EIl}\sqrt{(l^2 - b^2)}$$

10.9.3 叠加法求梁的变形

工程中，通常不需要建立梁的挠曲线方程，只需求出梁的最大挠度。实际中的梁受力较复杂，当梁上有几个荷载共同作用时，可以分别计算梁在每个荷载单独作用时的变形，然后进行叠加，即可求得梁在几个荷载共同作用时的总变形。

应用叠加法求梁的变形时，若已知梁在若干简单荷载作用时的变形，是很方便的。

【例 10-15】 起重机大梁的自重是集度为 q 的均布荷载，吊重 P 为作用于中间的集中力。试求大梁跨度中间的挠度。

【解】 (1) 分解荷载

均布荷载 q，集中力 P。

(2) 查表叠加

均布荷载单独作用下

$$(f_c)_q = -\frac{5ql^4}{384EI}$$

集中力单独作用下

$$(f_c)_P = -\frac{Pl^3}{48EI}$$

在均布荷载和集中力共同作用下

$$f_c = -\frac{5ql^4}{384EI} - \frac{Pl^3}{48EI}$$

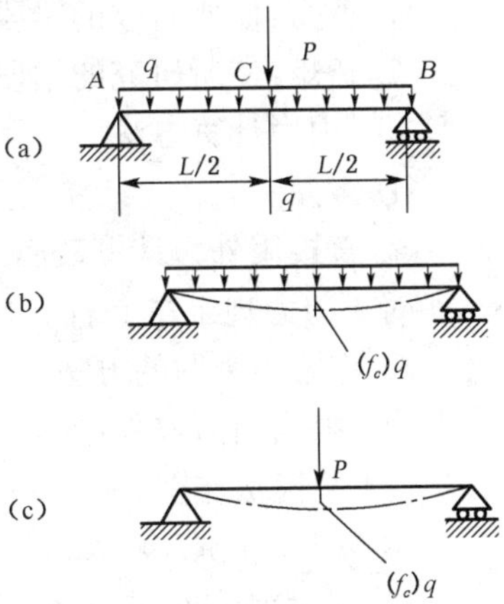

图 10-41

10.10 梁的刚度条件及提高梁抗弯刚度的措施

1) 梁的刚度条件

刚度校核是检查梁在荷载作用下产生的变形是否超过容许值，在建筑工程中，通常只校核梁的挠度，不校核梁的转角，一般用 f 表示梁的最大挠度，$[f]$ 表示梁的允许挠度。通常用相对挠度$\left[\frac{f}{l}\right]$来表示梁的刚度条件，即$\frac{y_{\max}}{l} \leqslant \left[\frac{f}{l}\right]$。

2) 提高梁抗弯刚度的措施

从挠曲线的近似微分方程及其积分可以看出，弯曲变形与弯矩大小、跨度长短、支座条件、梁截面的惯性矩 I、材料的弹性模量 E 有关，故提高梁刚度的措施为：

(1) 改善结构形式,减小弯矩 M。

(2) 增加支承,减小跨度 l。

(3) 选用合适的材料,增加弹性模量 E。但因各种钢材的弹性模量基本相同,所以为提高梁的刚度而采用高强度钢,效果并不显著。

(4) 选择合理的截面形状,提高惯性矩 I,如工字形截面、空心截面等。

本章小结

1. 平面弯曲概念

当作用于梁上的主动力和约束力全都在梁的同一纵向对称平面内时,梁变形后的轴线也在该纵向对称平面内,把这种力的作用面与梁的变形平面相重合的弯曲称为平面弯曲。

2. 梁横截面上的内力

(1) 剪力和弯矩特点

剪力与梁的横截面相切;弯矩与横截面垂直。

(2) 内力的正负号规定

① 剪力:使所研究的梁段有顺时针方向转动趋势为正。

② 弯矩:使所研究的梁段产生向下凸的变形时为正。

(3) 内力计算方法

① 截面法。

② 直接用外力计算截面上的剪力和弯矩。

对于剪力规定左上右下为正,反之为负;对弯矩规定左顺右逆为正,反之为负。

3. 作梁内力图的方法

(1) 根据内力方程作图。

(2) 简捷法作图。

用 $M(x)$、$F_Q(X)$、$q(x)$之间的微分关系及图形特征,其规律可概括为:

(1) 在梁端的铰支座处,剪力的大小等于该支座外的支座反力;当在梁端靠近铰支座处设有集中力偶时,梁端弯矩等于零。

(2) 在固定支座处,剪力的大小等于该支座处的反力,弯矩的大小等于该支座处的反力偶。

思考题

1. 推导梁平面弯曲正应力公式时做了哪些假设?在什么条件下才是正确的?为什么要做这些假设?

2. 在什么条件下梁只发生平面弯曲?

3. 什么是中性层和中性轴?直梁平面弯曲时为什么中性轴通过截面形心?

4. 梁弯曲时的强度条件是什么?

5. 提高梁的弯曲强度有哪些措施?

6. 在横向承载力作用下,两个相同截面的梁放置在一起,如图 10-42 所示,不同的放置方法有何不同?

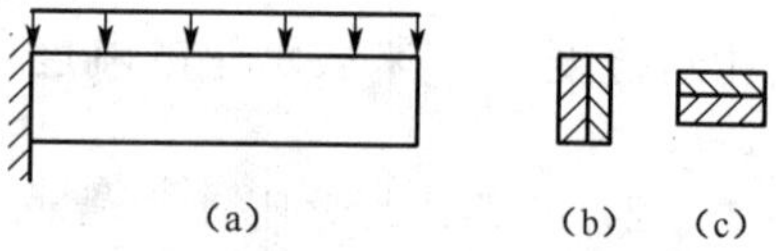

图 10-42

7. 什么是挠度、转角?

8. 用叠加法计算梁的变形，其解题步骤如何？

9. 如何提高梁的刚度？

习　题

1. 图 10-43 为一矩形截面梁，梁上作用均布荷载，已知 $l=4\,\text{m}$，$b=14\,\text{cm}$，$h=21\,\text{cm}$，$q=2\,\text{kN/m}$，弯曲时木材的容许应力$[\sigma]=1.1\times10^4\,\text{kPa}$，试校核梁的强度。

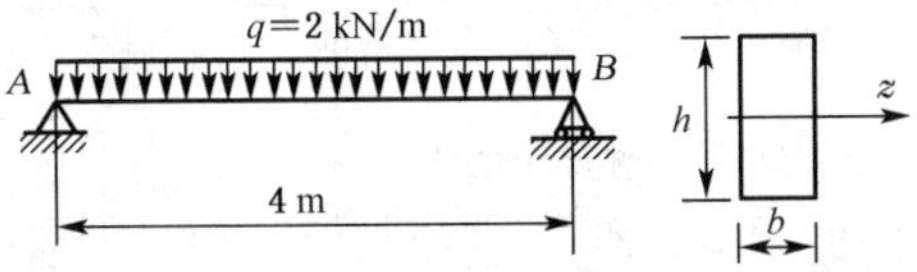

图 10-43

2. 简支梁承受均布荷载如图 10-44 所示。若分别采用截面面积相等的实心和空心圆截面，且 $D_1=40\,\text{mm}$，$\dfrac{d_2}{D_2}=\dfrac{3}{5}$，试分别计算它们的最大正应力。并问空心截面比实心截面的最大正应力减小了百分之几？

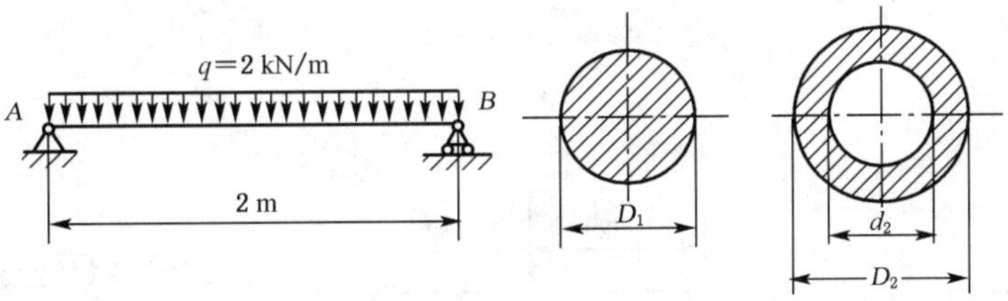

图 10-44

3. 图 10-45 所示悬臂梁，横截面为矩形，承受荷载 F_1 与 F_2 作用，且 $F_1=2F_2=5\,\text{kN}$。试计算梁内的最大弯曲正应力以及该应力所在截面上 K 点处的弯曲正应力。

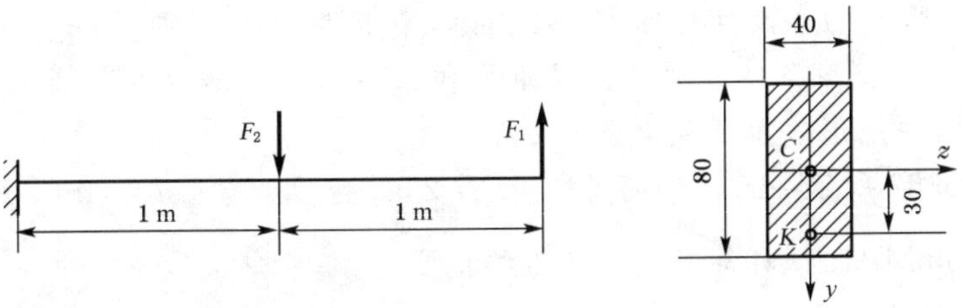

图 10-45

4. 一对称 T 形截面的外伸梁，梁上作用均布荷载，梁的截面如图 10-46 所示。已知 $l=1.5\,\text{m}$，$q=8\,\text{kN/m}$，求梁截面中的最大拉应力和最大压应力。

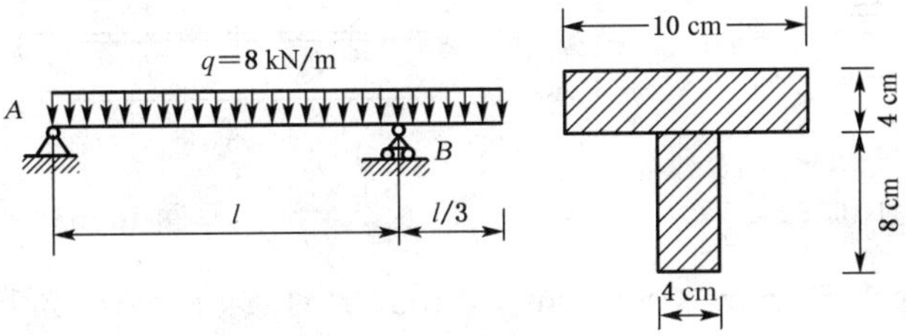

图 10-46

5. 图 10-47 所示截面梁，横截面上剪力 $F_Q = 300$ kN，试计算：(1)图中截面上的最大剪应力和 A 点的剪应力；(2)图中腹板上的最大剪应力，以及腹板与翼缘交界处的剪应力。

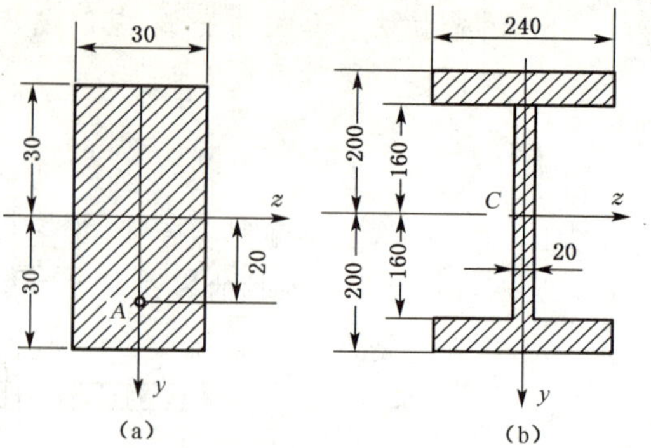

图 10-47

6. 图 10-48 所示外伸梁，承受荷载 F 作用。已知荷载 $F = 20$ kN，许用应力$[\sigma] = 160$ MPa，许用剪应力$[\tau] = 90$ MPa。请选择工字钢型号。

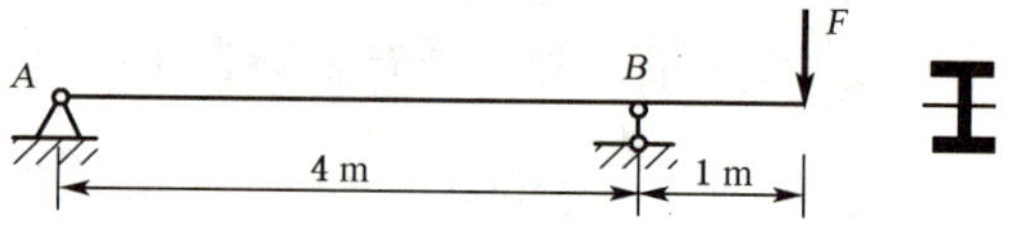

图 10-48

7. 一铸铁梁，其截面如图 10-49 所示，已知许用压应力为许用拉应力的 4 倍，即$[\sigma_c] = 4[\sigma_t]$。试从强度方面考虑，宽度 b 为何值最佳。

8. 如图 10-50，当荷载 F 直接作用在简支梁 AB 跨度的中点时，梁内最大弯曲正应力超过许用应力的 30%。为了消除此种过载，配置一辅助梁 CD，试求辅助梁的最小长度 a。

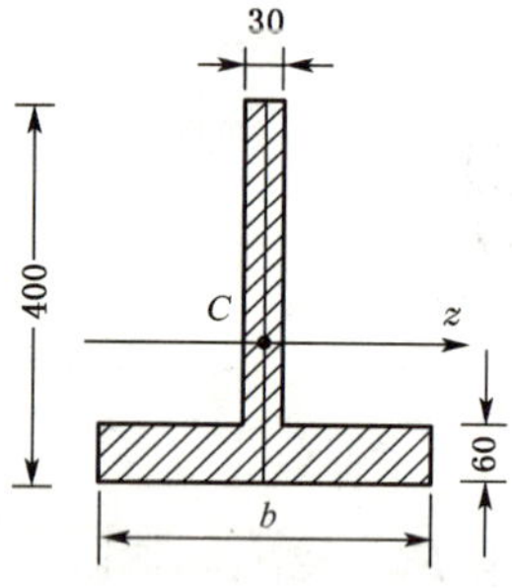

图 10-49

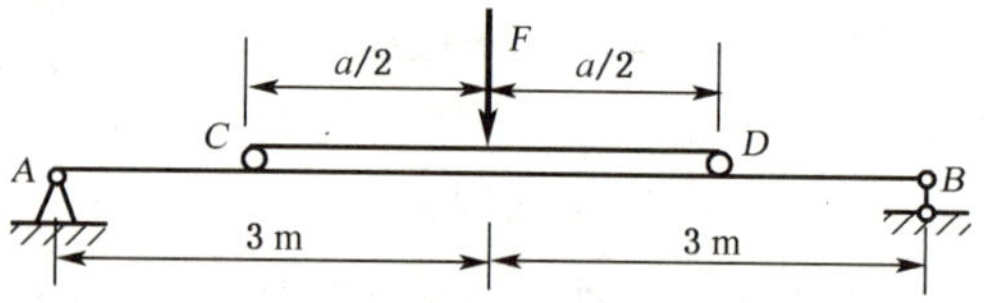

图 10-50

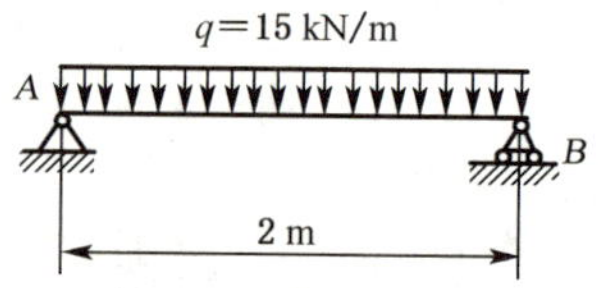

图 10-51

9. 简支梁 AB，受力和尺寸如图 10-51 所示，材料为钢，许用应力$[\sigma] = 160$ MPa，$[\tau] = 80$ MPa。试按正应力强度条件分别设计成矩形和工字形两种形状的截面尺寸，并按剪应力公式进行校核。其中矩形截面高宽比设为 2。

10. 如图 10-52 所示一工字形简支梁，型号 25a，处于斜弯曲 $l = 4$ m，$F = 20$ kN。已知 $\varphi = \dfrac{\pi}{12}$，$f = 160$ MPa。试计算其最大应力和挠度。

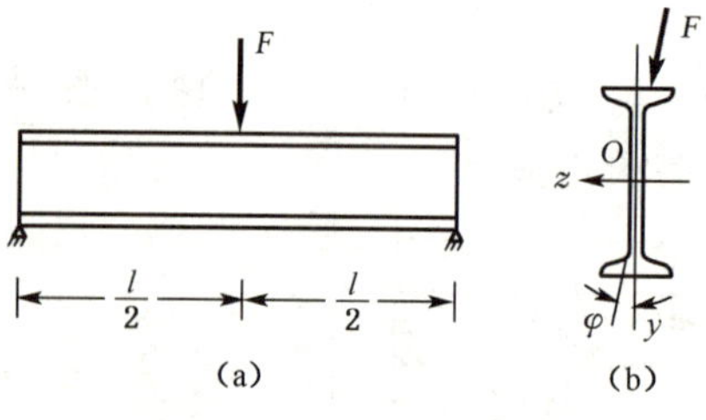

图 10-52

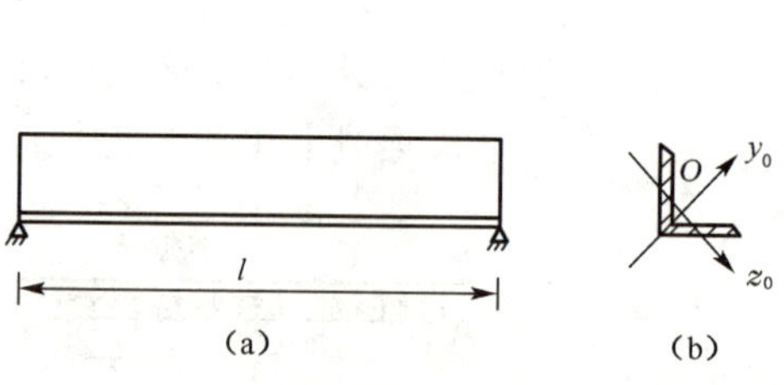

图 10-53

11. 图 10-53 所示 80 mm × 80 mm × 8 mm 的角钢，两端自由放置，$l = 4$ m，$E = 210$ GPa。试求在自重作用下的最大正应力及最大挠度沿水平和铅垂方向的分量。

11 组 合 变 形

学习目标:了解建筑力学的概念及研究对象和任务;了解刚体、变形固体及三大基本假设;掌握约束的概念及约束的分类,掌握荷载的类别;了解如何学好建筑力学。

11.1 组合变形的概念与工程实例

前面已经讨论了杆件在拉(压)、剪切、扭转和弯曲等单一基本变形情况下的强度及刚度计算,但在实际工程中,许多杆件往往同时存在着几种基本变形,力学中将两种或两种以上基本变形组合的情况,统称为组合变形。

构件的复杂变形中,如果其中一种变形形式是主要的,由它引起的应力(或变形)比其他的变形形式所引起的应力(或变形)大很多,则构件可按主要的变形形式进行基本变形计算;如果几种变形形式所对应的应力(或变形)属于同一数量级,就必须按照组合变形的理论进行计算。

组合变形在实际工程中常常遇到。图 11-1 中图(a)所示烟囱,自重引起轴向压缩变形,风荷载引起弯曲变形;图(b)所示柱,偏心力引起轴向压缩和弯曲组合变形;图(c)所示传动轴和图(d)所示梁分别发生弯曲与扭转、斜弯曲组合变形。

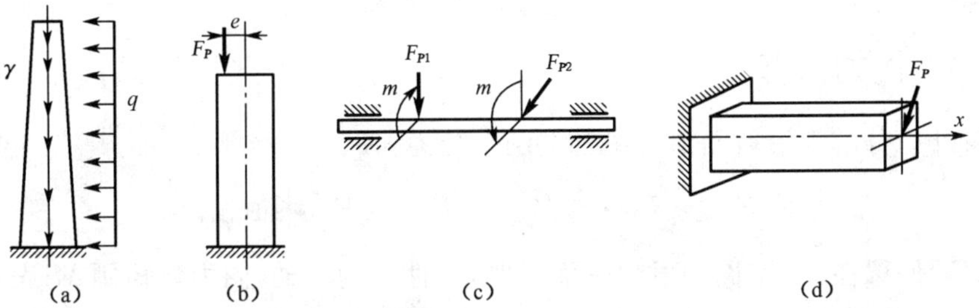

图 11-1

对于组合变形下的构件,在小变形和胡克定律适用的前提下,可以应用叠加原理来处理杆件的组合变形问题。

组合变形杆件的强度计算,通常按照下述步骤进行:

(1) 将作用于组合变形杆件上的外力分解或简化为基本变形的受力方式。

(2) 应用以前各章的知识对这些基本变形进行应力计算。

(3) 将各基本变形同一点处的应力叠加,以确定组合变形时各点的应力。

(4) 分析确定危险点的应力,建立强度条件。

11.2 斜弯曲变形

前面已讨论过平面弯曲变形的相应问题。这里所称的平面弯曲，是指外力作用线与梁的形心轴相重合，梁变形后的轴线也位于外力所在平面。而发生斜弯曲的条件是：外力与杆件的轴垂直且通过弯曲中心，但不与截面的形心主轴重合或平行，此时，变形后的梁轴线不在外力作用面内弯曲。

图 11-2 中给出几种常见截面，其中图(a)是平面弯曲，图(b)、(c)、(d)、(f)是斜弯曲，图(e)是斜弯曲与扭转的组合变形。

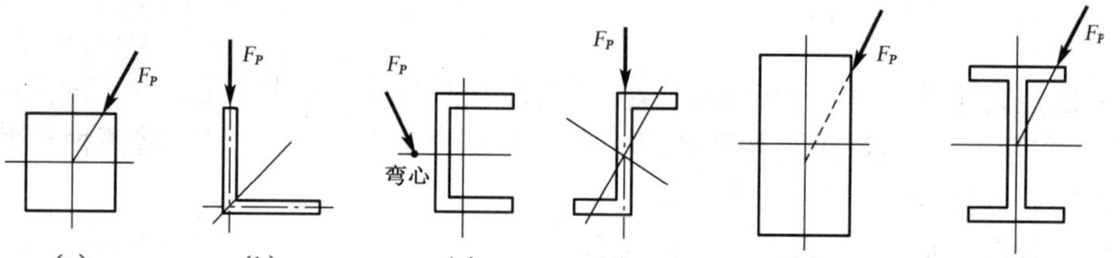

图 11-2

现以图 11-3 所示矩形截面悬臂梁为例来说明斜弯曲时应力和变形的计算。

设自由端作用一个垂直于轴线的集中力 F_P，其作用线通过截面形心(也是弯心)，并与形心主惯性轴 y 轴夹角为 φ。

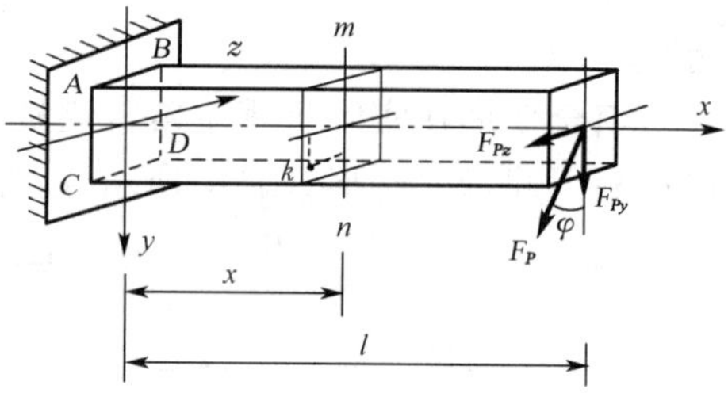

图 11-3

11.2.1 内力计算

首先将外力分解为沿截面形心主轴的两个分力：

$$F_{Py} = F_P \cdot \cos\varphi \qquad F_{Pz} = F_P \cdot \sin\varphi$$

其中，F_{Py} 使梁在 xy 平面内发生平面弯曲，中性轴为 z 轴，内力弯矩用 M_z 表示；F_{Pz} 使梁在 xz 平面内发生平面弯曲，中性轴为 y 轴，内力弯矩用 M_y 表示。在应力计算时，因为梁的强度主要由正应力控制，所以通常只考虑弯矩引起的正力，而不计切应力。

任意横截面 mn 上的内力为

$$M_z = F_{Py}(l-x) = F_P(l-x)\cos\varphi = M\cos\varphi$$

$$M_y = F_{Pz}(l-x) = F_P(l-x)\sin\varphi = M\sin\varphi$$

式中，$M = F_P(l-x)$，是横截面上的总弯矩。

$$M = \sqrt{M_z^2 + M_y^2}$$

11.2.2 应力分析

横截面 mn 上第一象限内任一点 $k(y, z)$ 处，对应于 M_z、M_y 引起的正应力分别为

$$\sigma' = -\frac{M_z}{I_z}y = -\frac{M\cos\varphi}{I_z}y$$

$$\sigma'' = -\frac{M_y}{I_y}z = -\frac{M\sin\varphi}{I_y}z$$

式中：I_y、I_z——分别为横截面对 y、z 轴的惯性矩。

因为 σ' 和 σ'' 都垂直于横截面，所以 k 点的正应力为

$$\sigma = \sigma' + \sigma'' = -M\left(\frac{y\cos\varphi}{I_z} + \frac{z\sin\varphi}{I_y}\right) \tag{11-1}$$

注意：求横截面上任一点的正力时，只需将此点的坐标（含符号）代入上式即可。

11.2.3 中性轴的确定

设中性轴上各点的坐标为 (y_0, z_0)，因为中性轴上各点的正应力等于零，于是有

$$\sigma = -M\left(\frac{y_0}{I_z}\cos\varphi + \frac{z_0}{I_y}\sin\varphi\right) = 0$$

即

$$\frac{y_0}{I_z}\cos\varphi + \frac{z_0}{I_y}\sin\varphi = 0 \tag{11-2}$$

此即为中性轴方程，可见中性轴是一条通过截面形心的直线。设中性轴与 z 轴夹角为 α，如图 11-4 所示，则

$$\tan\alpha = \left|\frac{y_0}{z_0}\right| = \frac{I_z}{I_y}\tan\varphi$$

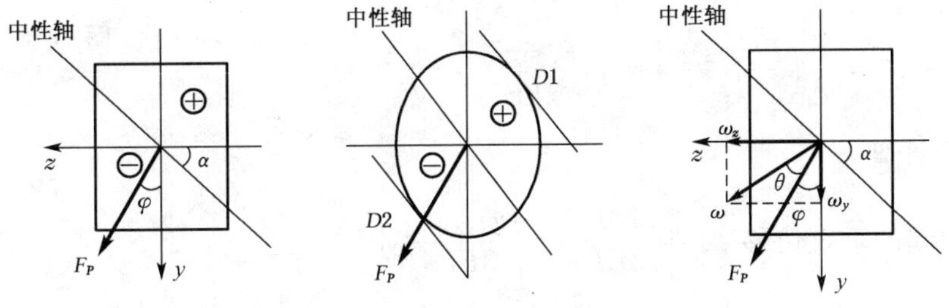

图 11-4

上式表明：①中性轴的位置只与 φ 和截面的形状、大小有关，而与外力的大小无关；②一般情况下，$I_y \neq I_z$，则 $\alpha \neq \varphi$，即中性轴不与外力作用平面垂直；③对于圆形、正方形和正多边形，通过形心的轴都是形心主轴，$I_y = I_z$，则 $\alpha = \varphi$，此时梁不会发生斜弯曲。

11.2.4 强度计算

危险点发生在弯矩最大截面上距中性轴最远的地方，对于图11-3所示的梁，两个方向的弯矩 M_z、M_y 在固定端截面上最大，所以危险截面为固定端截面。M_z 产生的最大拉应力发生在 AB 边上，M_y 产生的最大拉应力发生在 BD 边上，所以梁的最大拉应力发生在 B 点。同理，最大压应力发生在 C 点，因为此两点处于单向拉伸或单向压缩应力状态，可得强度条件为

$$\sigma_{\max}=\frac{M_{z\max}}{W_z}+\frac{M_{y\max}}{W_y}\leqslant[\sigma] \tag{11-3}$$

若截面形状无明显的棱角时，如图11-4(b)所示，则作中性轴的平行线并与截面相切于 D_1、D_2 两点，此两点的正应力即为最大正应力。

【例11-1】 矩形截面悬臂梁如图11-5，求根部的最大应力和梁端部的位移。

【解】 (1) 将外荷载沿横截面的形心主轴分解

$$P_y=P\cos\varphi,\ P_z=P\sin\varphi$$

(2) 外荷载在固定端两平面内的弯矩

$$M_z=-P_yl=-Pl\cos\varphi M_y=-P_zl=-Pl\sin\varphi$$

(3) 应力

由弯矩 M_z 引起任意点 C 处应力

$$\sigma'=\frac{M_zy}{I_z}=-\frac{Pl\cos\varphi}{I_z}\cdot y$$

由弯矩 M_y 引起任意点 C 处应力

$$\sigma''=\frac{M_yy}{I_y}=-\frac{Pl\sin\varphi}{I_y}\cdot z$$

(4) 最大正应力在 C 处的应力叠加为

$$\sigma=\sigma'+\sigma''=-\left(\frac{Pl\cos\varphi}{I_z}\cdot y+\frac{Pl\sin\varphi}{I_y}\cdot z\right)$$

(5) 变形计算

由 P_y 引起的垂直位移 $f_y=\frac{P_yl^3}{3EI_z}=\frac{Pl^3\cos\varphi}{3EI_z}$

由 P_z 引起的垂直位移 $f_z=\frac{P_zl^3}{3EI_y}=\frac{Pl^3\sin\varphi}{3EI_y}$

将 f_z、f_y 几何叠加得

$$f=\sqrt{f_1^2+f_2^2}=\frac{Pl^3}{3E}\sqrt{\left(\frac{\cos\varphi}{I_z}\right)^2+\left(\frac{\sin\varphi}{I_y}\right)^2}$$

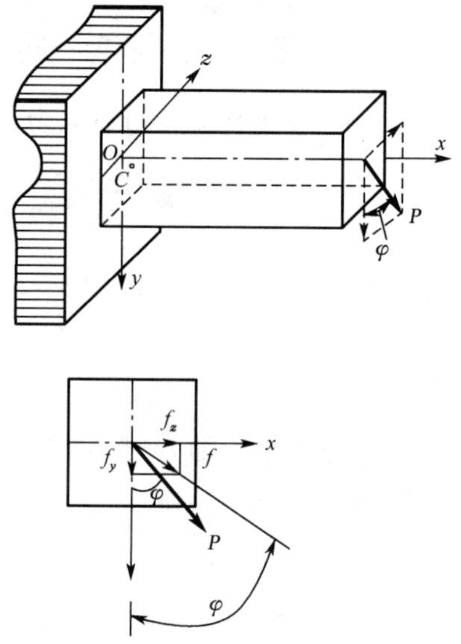

图11-5

$$\tan\psi = \frac{f_z}{f_y} = \frac{I_z}{I_y}\tan\varphi$$

上式说明挠度所在的平面与外力所在的平面并不重合。

11.3 拉伸(压缩)与弯曲的组合变形

拉弯、压弯组合变形,是工程中经常遇到的情况,现以图 11-6(a)矩形截面杆为例分析拉弯、压弯组合变形的强度计算。

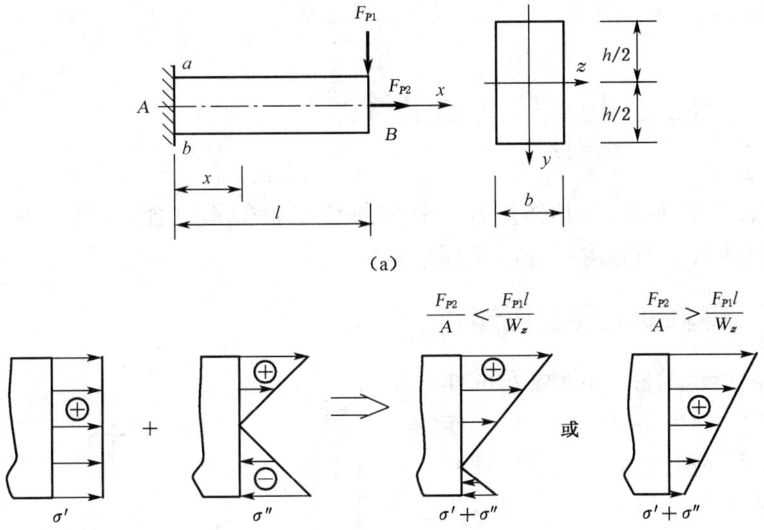

(b)

图 11-6

力 F_{P1}作用在纵向对称性平面 xy 内,引起杆件发生平面弯曲变形,中性轴是 z 轴;F_{P2}引起杆件发生轴向拉伸变形。

内力:$F_N = F_{P2} =$常数;$M_z = -F_{P1}(l-x)$,$M_{z\max} = M_Z^A = F_{P1}l$。所以此杆的危险截面为固定端截面。

应力:轴向拉伸正应力为

$$\sigma' = \frac{F_N}{A} = \frac{F_{P2}}{A}$$

横截面上均匀分布

弯曲正应力为

$$\sigma'' = \frac{M_z}{I_z}y = -\frac{F_{P2}(l-x)}{I_z}y$$

横截面上呈线性分布

叠加可得任一横截面上任一点的正应力为

$$\sigma = \sigma' + \sigma'' = \frac{F_{P2}}{A} - \frac{F_{P1}(l-x)}{I_z}y \tag{11-4}$$

所以，杆件的最大、最小正应力发生在固定端截面(危险截面)的上、下边缘 a、b 处，其值为

$$\sigma_{\max} = \frac{F_{P2}}{A} + \frac{F_{P1}l}{W_z} \quad (>0,\text{为拉应力})$$

$$\sigma_{\min} = \frac{F_{P2}}{A} - \frac{F_{P1}l}{W_z} \quad (\text{可能为拉应力，也可能为压应力})$$

所以固定端截面上的正应力分布如图 11-6(b)所示。因为危险点处于单向应力状态，所以其强度条件为

$$\sigma_{\max} \leqslant [\sigma]$$

11.4 偏心压缩(拉伸)的强度计算

作用在杆件上的外力，当其作用线与杆的轴线平行但不重合时，杆件就受到偏心受压(拉伸)。对这类问题，仍然运用叠加原理来解决。

11.4.1 单向偏心压缩(拉伸)

图 11-7(a)所示的柱子，荷载 F 的作用与柱的轴线不重合，称为偏心力，其作用线与柱轴线间的距离 e 称为偏心距。偏心力 F 通过截面一根形心主轴时，称为单向偏心受压。

1) 荷载简化和内力计算

将偏心力 F 向截面形心平移，得到一个通过柱轴线的轴向压力 F 和一个力偶矩 $M = F \cdot e$ 的力偶，如图 11-7(b)所示。可见，偏心压缩实际上是轴向压缩和平面弯曲的组合变形。

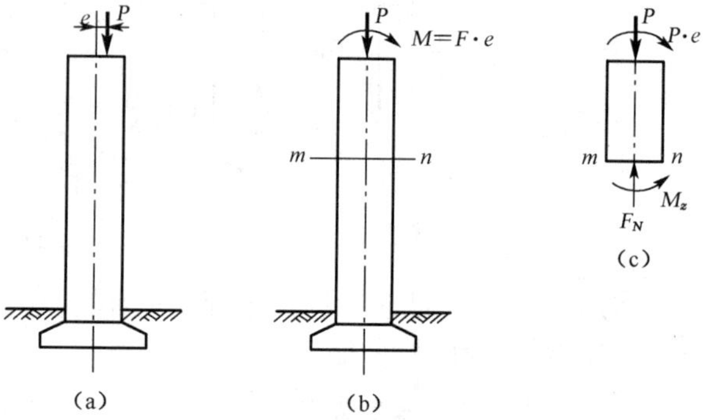

图 11-7

运用截面法可求得任意横截面 m-n 上的内力。由图 11-7(c)可知，横截面 m-n 上的内力为轴力 F_N 和弯矩 M，其值分别为

$$F_N = P$$

$$M_z = P \cdot e$$

显然，偏心受压的杆件，所有横截面的内力是相同的。

2) 应力计算

对于该横截面上任一点 K(图 11-8)，由轴力 F_N 所引起的正应力为

$$\sigma' = -\frac{F_N}{A}$$

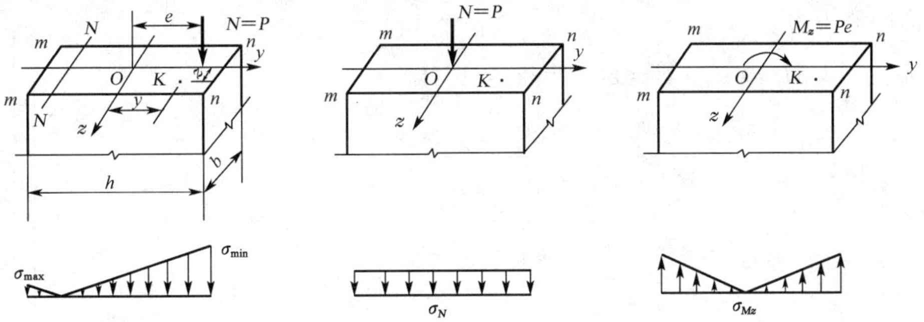

(a) (b) (c)

图 11-8

由弯矩 M_z 所引起的正应力为

$$\sigma'' = -\frac{M_z y}{I_z}$$

根据叠加原理，K 点的总应力为

$$\sigma = \sigma' + \sigma'' = -\frac{F_N}{A} - \frac{M_z y}{I_z} \tag{11-5}$$

式中弯曲正应力 σ''的正负号由变形情况判定。当 K 点处于弯曲变形的受压区时取负值，处于受拉区时取正值。

3）强度条件

从图 11-8(a)中可知：最大压应力发生在截面与偏心力 F 较近的边线 n-n 线上；最大拉应力发生在截面与偏心 F 较远的边线 m-m 线上。其值分别为

$$\left.\begin{aligned} \sigma_{压\max} &= \sigma_{c\max} = \frac{F}{A} + \frac{M_z}{W_z} \\ \sigma_{拉\max} &= \sigma_{l\max} = -\frac{F}{A} + \frac{M_z}{W_z} \end{aligned}\right\} \tag{11-6}$$

截面上各点均处于单向应力状态，所以单向偏心压缩的强度条件为

$$\left.\begin{aligned} \sigma_{\max} &= \sigma_{c\max} = \left|\frac{F}{A} + \frac{M_z}{W_z}\right| \leqslant [\sigma_c] \\ \sigma_{\max} &= \sigma_{l\max} = -\frac{F}{A} + \frac{M_z}{W_z} \leqslant [\sigma_t] \end{aligned}\right\} \tag{11-7}$$

对于单向偏心压缩，从图 11-8(a)可以看出，中性轴是一条与 z 轴平行的直线 N-N。

【例 11-2】 如图 11-9 所示矩形截面柱，屋架传来的压力 $F_1 = 100$ kN，吊车梁传来的压力 $F_2 = 50$ kN，F_2 的偏心距 $e = 0.2$ m。已知截面宽 $b = 200$ mm，试求：

(1) 若 $h = 300$ mm，则柱截面中的最大拉应力和最大压应力各为多少？

(2) 欲使柱截面不产生拉应力，截面高度 h 应为多少？在确定的 h 尺寸的情况下，柱截面中的最大压应力为多少？

【解】 (1) 内力计算

将荷载向截面形心简化，柱的轴向压力为

$$F_N = F_1 + F_2 = 100 + 50 = 150\ (\text{kN})$$

截面的弯矩为

$$M_z = F_2 \cdot e = 50 \times 0.2 = 10(\text{kN} \cdot \text{m})$$

(2) 计算 $\sigma_{l\max}$ 和 $\sigma_{c\max}$

由式(11-7)得

$$\sigma_{l\max} = -\frac{F_N}{A} + \frac{M_z}{W_z} = \left(-\frac{150 \times 10^3}{200 \times 300} + \frac{10 \times 10^6}{\frac{200 \times 300^2}{6}}\right)$$

$$= -2.5 + 3.33 = 0.83(\text{MPa})$$

$$\sigma_{c\max} = \frac{-F_N}{A} - \frac{M_z}{W_z} = -2.5 - 3.33 = -5.83(\text{MPa})$$

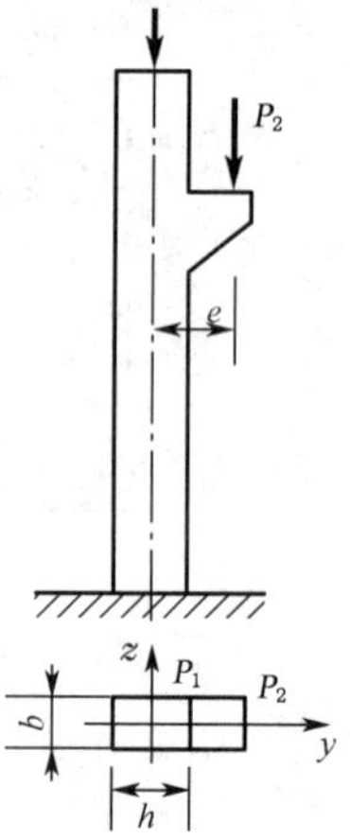

图 11-9

(3) 确定 h 和计算 $\sigma_{c\max}$

欲使截面不产生拉应力，应满足 $\sigma_{l\max} \leqslant 0$，即

$$-\frac{F_N}{A} + \frac{M_z}{W_z} \leqslant 0$$

$$-\frac{150 \times 10^3}{200h} + \frac{10 \times 10^6}{\frac{200h^2}{6}} \leqslant 0$$

则取 $h \geqslant 400$ mm　　$h = 400$ mm

当 $h = 400$ mm 时，截面的最大压应力为

$$\sigma_{c\max} = -\frac{F_N}{A} - \frac{M_z}{W_z} = \left(-\frac{150 \times 10^3}{200 \times 400} - \frac{10 \times 10^6}{\frac{200 \times 400^2}{6}}\right)$$

$$= -1.875 - 1.875 = -3.75(\text{MPa})$$

对于工程中常见的另一类构件，除受轴向荷载外，还有横向荷载的作用，构件产生弯曲与压缩的组合变形。这一类问题与偏心压缩(拉伸)类似。

11.4.2　双向偏心压缩(拉伸)

当偏心压力 F 的作用线与柱轴线平行，但不通过横截面任一形心主轴时，称为双向偏心压缩。如图 11-10(a) 所示，偏心压力 F 至 z 轴的偏心距为 e_y，至 y 轴的偏心距为 e_z。

1) 荷载简化和内力计算

将压力 F 向截面的形心 O 简化，得到一个轴向压力 F 和两个附加力偶矩 m_z、m_y 如图 11-10(b)所示，其中

$$M_z = F \cdot e_y,\ M_y = F \cdot e_z$$

可见，双向偏心压缩就是轴向压力和两个相互垂直的平面弯曲的组合。

由截面法可求得任一截面 $ABCD$ 上的内力为

$$F_N = F,\ M_z = F \cdot e_y,\ M_y = F \cdot e_z$$

2) 应力计算

对于该截面上任一点 K 如图 11-10(c)所示的应力。由轴力 F_N 所引起的正应力为

$$\sigma' = -\frac{F_N}{A}$$

由弯矩 M_z 所引起的正应力为

$$\sigma'' = -\frac{M_z y}{I_z}$$

由弯矩 M_y 所引起的正应力为

$$\sigma''' = -\frac{M_y z}{I_y}$$

根据叠加原理,K 点的总应力为

$$\sigma = \sigma' + \sigma'' + \sigma''' = -\frac{F_N}{A} - \frac{M_z y}{I_z} - \frac{M_y z}{I_y} \tag{11-8}$$

式中弯曲应力 σ'' 和 σ''' 的正负号可根据变形情况直接判定,如图 11-10(c)所示。

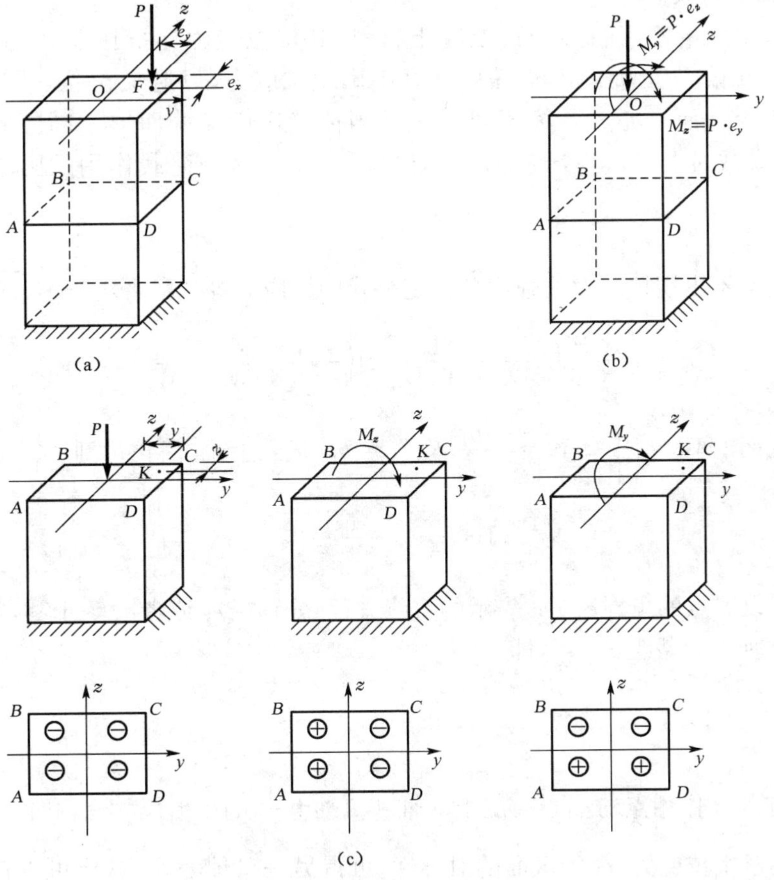

图 11-10

3）强度条件

由图 11-10(c)可见，最大压应力 $\sigma_{\max}$ 发生在 C 点，最大拉应力 $\sigma_{\max}$ 发生在 A 点，其值为

$$\left.\begin{aligned}\sigma_{压\max}&=\sigma_{c\max}=-\frac{F_N}{A}-\frac{M_z}{W_z}-\frac{M_y}{W_y}\\ \sigma_{拉\max}&=\sigma_{l\max}=-\frac{F_N}{A}+\frac{M_z}{W_z}+\frac{M_y}{W_y}\end{aligned}\right\}\tag{11-9}$$

危险点 A、C 均处于单向应力状态，所以强度条件为

$$\left.\begin{aligned}\sigma_{压\max}&=\sigma_{c\max}=\left|-\frac{F_N}{A}-\frac{M_z}{W_z}-\frac{M_y}{W_y}\right|\leqslant[\sigma_c]\\ \sigma_{拉\max}&=\sigma_{l\max}=-\frac{F_N}{A}+\frac{M_z}{W_z}+\frac{M_y}{W_y}\leqslant[\sigma_l]\end{aligned}\right\}\tag{11-10}$$

单向偏心受压是双向偏心受压的特殊情况，当偏心压力通过截面形心主轴时，即 e_y 和 e_z 等于 0。

11.4.3 截面核心

1）截面核心的概念

土木工程中大量使用的砖、石、混凝土材料，其抗拉能力比抗压能力小得多，这类材料制成的杆件在偏心压力作用下，截面最好不出现拉应力，以避免拉裂。因此，要求偏心压力的作用点至截面形心的距离不可太大。当荷载作用在截面形心周围的一个区域内时，杆件整个横截面上只产生压应力而不出现拉应力，这个荷载作用的区域就称为截面核心。

2）矩形截面的截面核心

矩形截面上不出现拉应力的强度条件是公式中拉应力等于或者小于零，即

$$\sigma_{\max}=-\frac{P}{A}+\frac{M_z}{W_z}+\frac{M_y}{W_y}=P\left(-\frac{1}{A}+\frac{e_y}{W_z}+\frac{e_z}{W_y}\right)\leqslant 0$$

将矩形截面的 $W_y=\dfrac{hb^2}{6}$、$W_z=\dfrac{hb^2}{6}$ 及 $A=bh$ 代入上式，简化得到

$$-1+\frac{6}{b}e_z+\frac{6}{h}e_y\leqslant 0$$

上式即是以 E 点的坐标 e_y、e_z 表示的直线方程。分别令 e_y 或者 e_z 等于零，可得出此直线在 z 轴上和 y 轴上的截距 e_z、e_y，即

$$e_y\leqslant\frac{h}{6}\qquad e_z\leqslant\frac{b}{6}$$

这表明当力 P 作用点的偏心距位于 y 轴和 z 轴上 $\dfrac{1}{6}$ 的矩形尺寸之内时，可使杆件截面所有点上均不产生拉应力；由于截面的对称性，可得另一对偏心距，这样可以在坐标轴上确定四个点（1、2、3、4），这四个点称为核心点。因为直线方程 $-1+\dfrac{6}{b}e_z+\dfrac{6}{h}e_y\leqslant 0$ 中 e_y、e_z

是线性关系，可以用直线连接这四点，得到一个区域，这个区域即为矩形截面上的截面核心。若压力 P 作用在这个区域之内，则截面上的任何部分都不会出现拉应力。

3）其他典型截面的截面核心

图 11-11 画出了圆形、矩形、工字形和槽形四种截面的截面核心，其中 $i_y^2=\dfrac{I_y}{A}$，$i_z^2=\dfrac{I_z}{A}$。

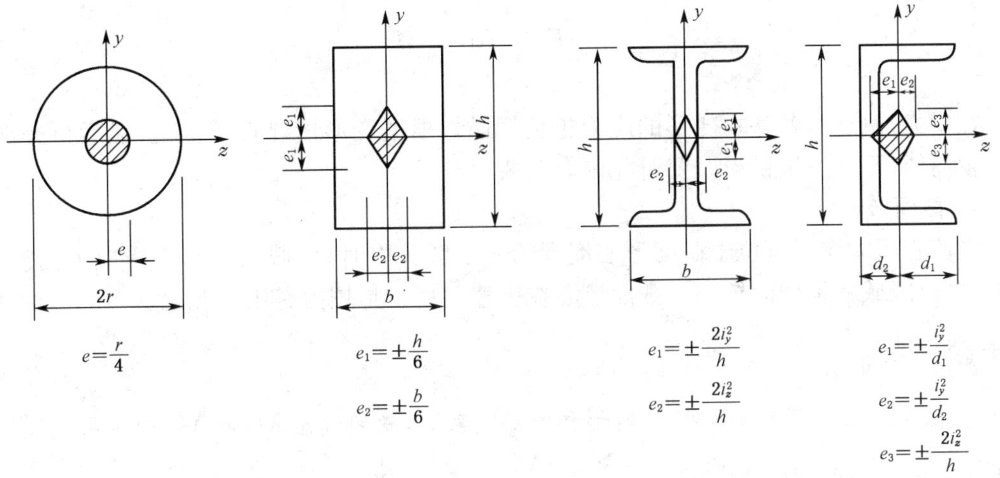

图 11-11

本章小结

1. 组合变形是由两种以上的基本变形组合而成的。解决组合变形问题的基本原理是叠加原理。即在材料服从虎克定律的小变形的前提下，将组合变形分解为几个基本变形的组合。

2. 组合变形的计算步骤

(1) 简化或分解外力。目的是使每一个外力分量只产生一种基本变形。通常是将横向力沿截面形心主轴分解；纵向力向截面形心平移。

(2) 分析内力。按分解后的基本变形计算内力，明确危险截面位置及危险面上的内力方向。

(3) 分析应力。按各基本变形计算应力，明确危险点的位置，用叠加法求出危险点应力的大小，从而建立强度条件。

3. 主要公式

(1) 斜弯曲是两个相互垂直平面内的平面弯曲组合。强度条件为

$$\sigma_{\max}=\frac{M_{z\max}}{W_z}+\frac{M_{y\max}}{W_y}\leqslant[\sigma]$$

(2) 压缩(拉伸)是轴向压缩(拉抻)和平面弯曲的组合。单向偏心压缩(拉伸)的强度条件为

$$\sigma_{拉\max} = -\frac{F_N}{A} + \frac{M_z}{W_z} \leqslant [\sigma_l]$$

$$\sigma_{压\max} = \left| -\frac{F_N}{A} - \frac{M_z}{W_z} \right| \leqslant [\sigma_c]$$

(3) 双向偏心压缩(拉伸)的强度条件为

$$\sigma_{拉\max} = -\frac{F_N}{A} + \frac{M_z}{W_z} + \frac{M_y}{W_y} \leqslant [\sigma_l]$$

$$\sigma_{压\max} = \left| -\frac{F_N}{A} - \frac{M_z}{W_z} - \frac{M_y}{W_y} \right| \leqslant [\sigma_c]$$

在应力计算中,各基本变形的应力正负号最好根据变形情况直接确定,然后再叠加,这样比较简便,不易发生错误。要避免硬套公式。

4. 截面核心

当偏心压力作用点位于截面形心周围的一个区域内时,横截面上只有压应力而没有拉应力,这个区域就是截面核心。截面核心在土建工程中是较为有用的概念。

思考题

1. 图 11-12 为等截面直杆的矩形和圆形横截面,受到弯矩 M_y 和 M_z 的作用,它们的最大正应力是否都可以用公式 $\sigma_{\max} = \frac{M_y}{W_y} + \frac{M_z}{W_z}$ 计算?为什么?

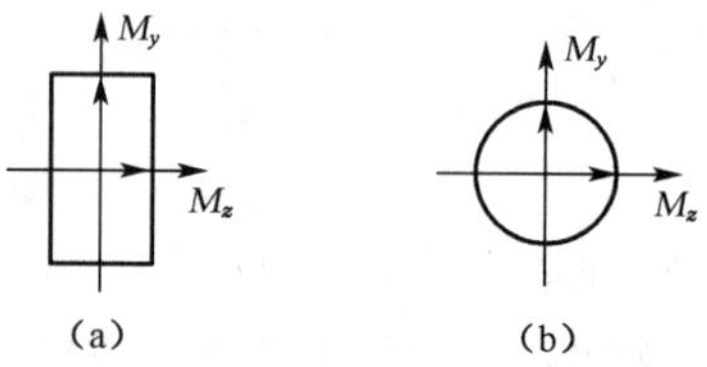

图 11-12

2. 拉压和弯曲的组合变形,与偏心拉压有何区别和联系?

习　题

1. 如图 11-3(a)所示跨度为 4 m 的简支梁,由 16 号工字钢制成。跨中作用集中力 $F=7\ \text{kN}$,其与横截面铅直对称轴的夹角为 $\varphi=20°$(图 11-13(b))。已知 $[\sigma]=160\ \text{MPa}$,试校核梁的强度。($\sigma_{\max}=159.6\ \text{MPa} < [\sigma]=160\ \text{MPa}$,满足)

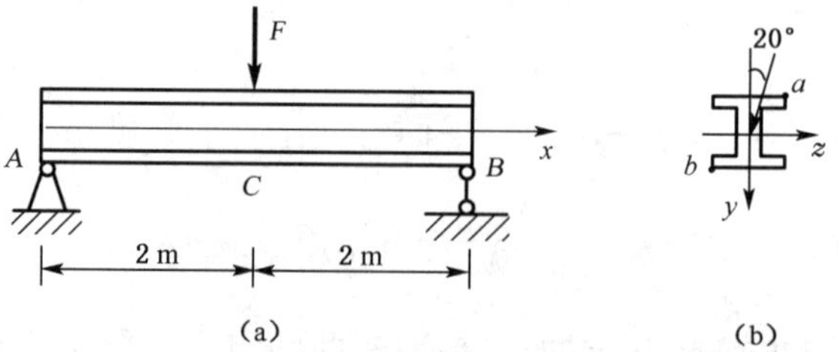

图 11-13

2. 如图 11-14 所示的组合结构，杆 AB 为 18 号工字钢，已知 $[\sigma]=170$ MPa。试校核 AB 杆的强度。（$\sigma_{max}=122$ MPa）

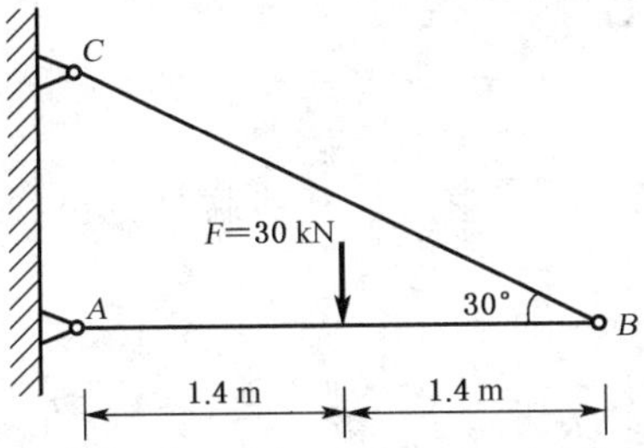

图 11-14

3. 图 11-15 所示为一矩形截面厂房边柱，所受压力 $F_1=100$ kN，$F_2=45$ kN，F_2 与柱轴线偏心矩 $e=200$ mm，截面宽 $b=200$ mm，如果柱截面上不出现拉应力，求截面高 h 应为多少？此时最大压力为多大？（$h=372$ mm，$\sigma_{max}=3.9$ MPa）

4. 一框架结构钢筋混凝土矩形截面方柱，已知截面尺寸为 $b=h=0.6$ m，所受外部偏心压力 $P=500$ kN（作用在对称轴上），偏心距 $e=10$ cm，许可压应力 $[\sigma]=10$ MPa，试校核该柱的强度。（$\sigma_c=2.78$ MPa $<[\sigma]=10$ MPa）

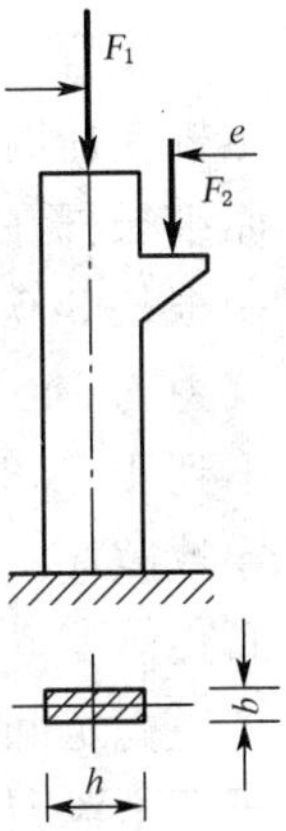

图 11-15

5. 如图 10-16(a)所示，受集度为 q 的均布荷载作用的矩形截面简支梁，其荷载作用面与梁的纵向对称面间的夹角为 30°（图 11-16(b)）。已知该梁材料的弹性模量 $E=10$ GPa，梁的尺寸为 $l=4$ m，$h=160$ mm，$b=120$ mm，许可应力 $[\sigma]=12$ MPa，试校核该梁的强度。（$\sigma_{max}=12$ MPa）

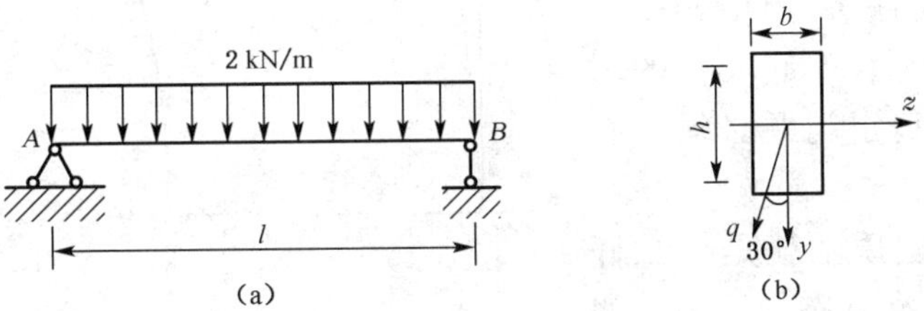

图 11-16

12 压杆稳定

学习目标：了解压杆稳定的概念；理解压杆的临界力公式，杆端约束对于临界力的影响以及压杆的分类；掌握压杆稳定性计算。

12.1 压杆稳定的概念

工程中把承受轴向压力的直杆称为压杆。在前面讨论压杆的强度问题时，认为只要满足杆受压时的强度条件，就能保证压杆的正常工作。实验表明，这个结论只是用于粗短杆，而细长杆在受轴向压力作用下，其破坏的形式却呈现出与强度问题截然不同的现象。例如，一根长 300 mm 的钢制直杆，其截面的宽度和厚度分别为 20 mm 和 1 mm，材料的抗压许用应力为 140 MPa，如果按照其抗压强度计算，其抗压承载力为 2 800 N。但是实际上，在压力不到 40 N 时，杆件就发生了明显的弯曲变形，丧失了其在直线形状下保持平衡的能力从而导致破坏。从承载能力看，两者相差甚远。工程中把这种不能保持其原有直线状态的平衡而突然变弯的现象，称为丧失稳定，简称失稳。

稳定问题在工程中非常重要，当压杆不满足稳定要求时，将会导致结构或整个建筑物的倒塌，造成十分严重的后果。如 1907 年加拿大魁北克圣劳伦斯河上的大铁桥，因桁架中一根受压弦杆突然弯曲，引起大桥的坍塌。可见，压杆的稳定问题必须引起足够的重视。

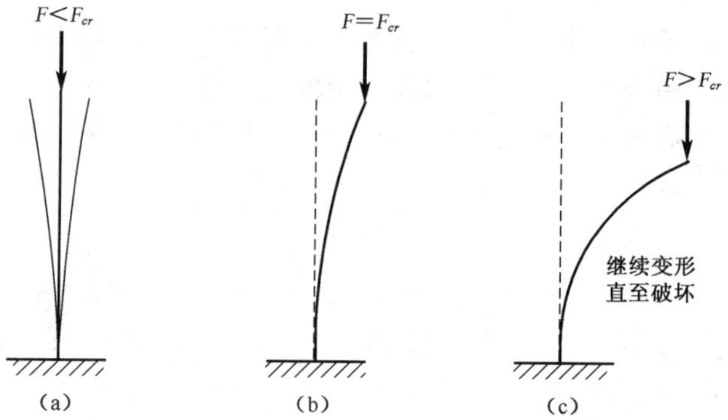

图 12-1

压杆的稳定，实质上就是指压杆保持其原有直线平衡状态的能力。如图 12-1 所示，一轴心受压直杆，在大小不等的压力 F 作用下，为便于观察压杆直线平衡状态所表现的不同特性，在压杆上施加一横向干扰力，使其产生弹性弯曲变形，会观察到以下情况：

(1) 当压力 F 小于某一特定值 F_{cr}，即 $F<F_{cr}$ 时，撤去干扰力后，杆件仍能恢复到原来的直线平衡状态，如图 12-1(a) 所示。这时的直线平衡状态是一种稳定的平衡状态。

(2) 当压力 F 等于特定值 F_{cr}，即 $F=F_{cr}$ 时，撤去干扰力后，杆件已不能恢复到原来的直线状态，而会在微弯下保持新的平衡，如图 12-1(b) 所示。这时的直线平衡状态是一种临界平衡状态。

(3) 当压力 F 大于特定值 F_{cr}，即 $F>F_{cr}$ 时，撤去干扰力后，杆件的微弯曲将会继续增大，甚至到折断破坏，如图 12-1(c) 所示。这时的直线平衡状态便是一种不稳定的平衡状态。

由以上分析可见，压杆直线平衡状态的稳定性与杆上所受的压力的大小有关。当 $F < F_{cr}$ 时是稳定的，当 $F \geqslant F_{cr}$ 时是不稳定的。特定值 F_{cr} 称为压杆的临界力。

压杆的稳定性计算，关键在于确定各种杆件的临界力，以使杆上的压力不超过它，确保杆件不发生丧失稳定的破坏。

12.2 细长压杆的临界力

12.2.1 两端铰支细长压杆的临界力

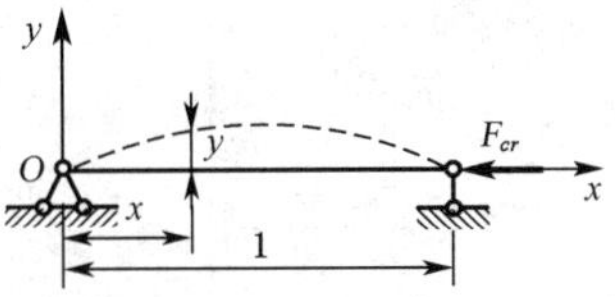

图 12-2

设两端铰支长度为 l 的细长杆，在轴向压力 F_{cr} 的作用下保持微弯平衡状态，如图 12-2 所示。杆在小变形时其挠曲线近似微分方程为

$$EI\frac{\mathrm{d}^2y}{\mathrm{d}x^2} = -M(x) \tag{a}$$

在图 12-2 所示的坐标系中，坐标 x 处横截面上的弯矩为

$$M(x) = -F_{cr}y \tag{b}$$

将式(b)代入式(a)，得

$$EI\frac{\mathrm{d}^2y}{\mathrm{d}x^2} = F_{cr}y \tag{c}$$

进一步推导(过程从略)，可得临界力为

$$F_{cr} = \frac{\pi^2EI}{l^2} \tag{12-1}$$

式(2-1)即为两端铰支细长压杆的临界力计算公式，称为欧拉公式。

式中：π——圆周率；

E——材料的弹性模量；

l——杆件长度；

I——杆件截面对形心轴的惯性矩，当杆件在各方向的支承情况相同时，压杆总是在抗弯刚度最小的纵向平面内失稳，所以公式中惯性矩 I 应取横截面的最小形心主惯性矩 $I_{\min}$。

12.2.2 其他约束条件下细长压杆的临界力

杆端为其他约束的细长杆，临界力的大小会受到影响，其临界力计算公式可参考前面的方法导出，也可以采用类比的方法得到。具有相同挠曲线形状的压杆，其临界力计算公式也相同。于是，可将两端铰支约束压杆的挠曲线取为基本情况，而将其他杆端约束条件下压杆的挠曲线形状与之进行对比，从而得到相应杆端约束条件下压杆临界力的计算公式。为此，可将欧拉公式写成统一的形式：

$$F_{cr} = \frac{\pi^2 EI}{(\mu l)^2} \tag{12-2}$$

式中，μl 称为折算长度，μ 称为长度系数，它反映了杆端支承对临界力的影响。各种不同杆端支承的长度系数 μ 值列于表 12-1。

表 12-1　压杆长度系数 μ 值

支承情况	一端固定另一端自由	两端铰支	一端固定另一端铰支	两端固定
简图			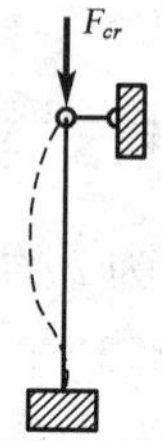	
临界力 F_{cr}	$\pi^2 EI/(2l)^2$	$\pi^2 EI/l^2$	$\pi^2 EI/(0.7l)^2$	$\pi^2 EI/(0.5l)^2$
计算长度	$2l$	l	$0.7l$	$0.5l$
长度因数 μ	2	1	0.7	0.5

【例 12-1】　一中心受压的木柱，柱长及截面尺寸如图 12-3 所示，当柱在最大刚度平面内弯曲时，两端铰支，中性轴为 y 轴，如图 12-3(a)所示；当柱在最小刚度平面内弯曲时，两端固定，中性轴为 z 轴，如图 12-3(b)所示。木材的弹性模量 $E=10$ GPa，$\lambda_p=110$。试求木柱的临界力和临界应力。

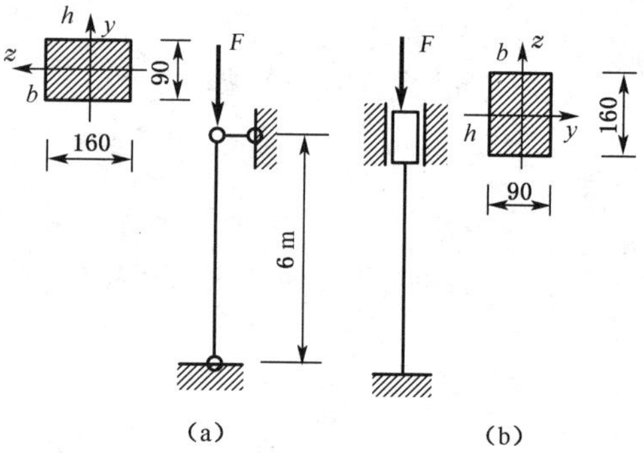

图 12-3

【解】　由于木柱在最小与最大刚度平面内弯曲时的支承情况不同，所以需要分别计算木柱在两个平面内的临界应力，比较大小，从而确定在哪个平面内首先失稳。

(1) 计算最大刚度平面内的临界力和临界应力

在此平面内，木柱的支承为两端铰支，故因长度系数 $\mu=1$，长细比为

$$\lambda_y = \frac{\mu l}{i_y} = \frac{\mu l}{\frac{h}{\sqrt{12}}} = \frac{1 \times 6 \times 10^3 \text{ mm}}{\frac{160 \text{ mm}}{\sqrt{12}}} = 129.90$$

$$\lambda_y > \lambda_p = 110$$

为细长压杆，可以用欧拉公式计算临界力和临界应力。

$$\sigma_{cr} = \frac{\pi^2 E}{\lambda_y^2} = \frac{\pi^2 \times 10 \times 10^3}{129.90^2} = 5.84(\text{MPa})$$

$$F_{cr} = A \cdot \sigma_{cr} = 160 \times 90 \times 5.84$$

$$= 84.10 \times 10^3 = 84.10(\text{N})$$

(2) 计算最小刚度平面的临界力和临界应力

在此平面内，木柱的支承为两端固定，故长度系数 $\mu=0.5$，长细比为

$$\lambda_z=\frac{\mu l}{i_z}=\frac{\mu l}{\frac{b}{\sqrt{12}}}=\frac{0.5\times6\times10^3}{\frac{90}{\sqrt{12}}}=115.47$$

$$\lambda_y>\lambda_p=110$$

为细长压杆，可以用欧拉公式计算临界力和临界应力：

$$\sigma_{cr}=\frac{\pi^2E}{\lambda_z^2}=\frac{\pi^2\times10\times10^3}{115.47^2}=7.39(\mathrm{MPa})$$

$$F_{cr}=A\cdot\sigma_{cr}=160\times90\times7.39$$

$$=106.42\times10^3=106.42(\mathrm{N})$$

(3) 讨论

比较计算结果可知，第一种情况的临界力小，所以木柱将在最大刚度平面内先失稳，木柱最终的临界力和临界应力应分别为

$$\sigma_{cr}=5.84\ \mathrm{MPa}$$

$$F_{cr}=84.10\ \mathrm{kN}$$

此例说明，当最小刚度平面和最大刚度平面内支承情况不同时，压杆不一定是在最小刚度平面内先失稳。不能只从刚度来判断，可以从柔度的大小确定在哪个方向失稳。

12.3 欧拉公式的适用范围及经验公式

12.3.1 临界应力

在临界力作用下，压杆横截面上的平均正应力称为压杆的临界应力，用 σ_{cr} 表示。如用 A 表示压杆的横截面面积，则由欧拉公式所得的临界应力为

$$\sigma_{cr}=\frac{F_{cr}}{A}=\frac{\pi^2EI}{(\mu l)^2A}=\frac{\pi^2E}{\left(\frac{\mu l}{i}\right)^2}\tag{12-3}$$

式中：i—— 压杆横截面对中性轴的惯性半径，$i=\sqrt{\frac{I}{A}}$。

令 $\lambda=\frac{\mu l}{i}$，则压杆临界力的欧拉公式为

$$\sigma_{cr}=\frac{\pi^2E}{\lambda^2}\tag{12-4}$$

λ 称为压杆的柔度或长细比，是一个无量纲的量，其大小与压杆的长度系数 μ、杆长 l 及惯性半径 i 有关。由于压杆的长度系数 μ 决定于压杆的支承情况，惯性半径 i 决定于截面的形

状与尺寸，所以，从物理意义上看，柔度 λ 综合反映了压杆的长度、截面的形状与尺寸以及支承情况对临界应力的影响。从式(12-4) 还可以看出，如果压杆的柔度越大，则其临界应力越小，压杆越容易失稳。

12.3.2 欧拉公式的适用范围

欧拉公式是根据挠曲线近似微分方程导出的，此时材料必须遵循虎克定律。因此，欧拉公式的适用范围应当是压杆的临界应力 σ_{cr} 不超过材料的比例极限 σ_p，即

$$\sigma_{cr} = \frac{\pi^2 E}{\lambda^2} \leqslant \sigma_p$$

则有

$$\lambda \geqslant \pi\sqrt{\frac{E}{\sigma_p}}$$

若设 λ_p 为压杆的临界应力达到材料的比例极限 σ_p 时的柔度值，则

$$\lambda_p = \pi\sqrt{\frac{E}{\sigma_p}} \tag{12-5}$$

故欧拉公式的适用范围为

$$\lambda \geqslant \lambda_p \tag{12-6}$$

工程中把 $\lambda \geqslant \lambda_p$ 的杆称为大柔度杆或细长杆，上式表明，只有细长杆才可以应用欧拉公式计算临界力或临界应力。从式(12-5) 可知，λ_p 的值取决于材料的性质，不同材料制成的压杆，其 λ_p 也不同。例如 Q235 钢，$\sigma_p = 200$ MPa，$E = 200$ GPa，由式(12-5) 即可求得，$\lambda_p = 100$。

12.3.3 中长杆的临界力计算

压杆的柔度 $\lambda < \lambda_p$ 时，欧拉公式不再适用。对于这类压杆各国大都采用经验公式计算临界力或者临界应力。经验公式是在试验和实践资料的基础上经过分析、归纳而得到的。在我国简单而又常用的是直线公式，其表达式(经验公式)为

$$\sigma_{cr} = a - b\lambda \tag{12-7}$$

式中：a、b——与材料有关的常数，其单位为 MPa。一些常用的材料的 a、b 值见表 12-2。

表 12-2 直线经验公式中的常数值

材 料	a(MPa)	b(MPa)	λ_p	λ_s
硅 钢	577	3.74	100	60
铬钼钢	980	5.29	55	0
硬 铝	372	2.14	50	0
铸 铁	331.9	1.453	—	—
松 木	39.2	0.199	59	—

直线公式(12-7)也有其适用范围，它要求临界应力不超过材料的受压极限应力。这是因为当临界应力达到材料的受压极限应力时，压杆已因强度不足而破坏。因此，对于由塑性材料制成的压杆，其临界力不允许超过材料的屈服应力 σ_s，即

$$\sigma_{cr} = a - b\lambda \leqslant \sigma_s$$

则有

$$\lambda \geqslant \frac{a - \sigma_s}{b}$$

令

$$\lambda_s = \frac{a - \sigma_s}{b}$$

得

$$\lambda \geqslant \lambda_s \tag{12-8}$$

式中，λ_s 为临界应力等于材料的屈服点应力时压杆的柔度值。与 λ_p 一样，它也是一个与材料的性质有关的常数。因此，直线经验公式的适用范围为

$$\lambda_s \leqslant \lambda < \lambda_p \tag{12-9}$$

计算时，一般把柔度 $\lambda_s \leqslant \lambda < \lambda_p$ 的压杆称为中长杆或中柔度杆，而把柔度 $\lambda < \lambda_s$ 的压杆称为短粗杆或小柔度杆。对于短粗杆或小柔度杆，其破坏则是因为材料的抗压强度不足而造成的，如果将这类压杆也按照稳定问题进行处理，则对塑性材料制成的压杆来说，可取临界应力 $\sigma_{cr} = \sigma_s$。

12.3.4 临界应力总图

综上所述，压杆按其柔度的不同，可以分为三类，并分别由不同的计算公式计算其临界应力。当 $\lambda \geqslant \lambda_p$ 时，压杆为细长杆(大柔度杆)，其临界应力用欧拉公式计算；当 $\lambda_s \leqslant \lambda < \lambda_p$ 时，压杆为中长杆(中柔度杆)，其临界应力用经验公式计算；当 $\lambda < \lambda_s$ 时，压杆为粗短杆(小柔度杆)，其临界应力等于杆受压时的极限应力。把压杆的临界应力根据柔度不同而分别计算的情况，用一个简图来表示，该图形就称为压杆的临界应力总图(见图 12-4)。

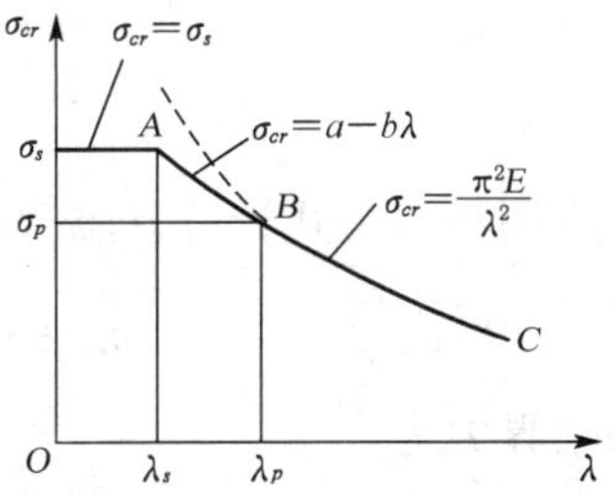

图 12-4

【例 12-2】 有一受压的木柱，柱长及截面尺寸如图 12-5 所示，当柱在最大刚度平面内弯曲时，两端铰支，如图 12-5(a) 所示；当柱在最小刚度平面内弯曲时，两端固定，如图 12-5(b) 所示。木材的弹性模量 $E = 10$ GPa，$\lambda_p = 110$。试求木柱的临界力和临界应力。

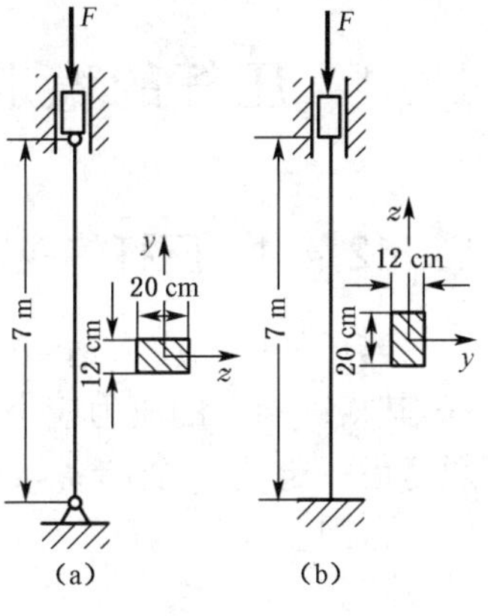

图 12-5

【解】 (1) 计算最大刚度平面的临界力和临界应力

如图 12-5(a)所示，截面的惯性矩应为

$$I_y = \frac{120 \times 200^3}{12} = 8 \times 10^7 (\text{mm}^4)$$

惯性半径为

$$i_y = \sqrt{\frac{I_y}{A}} = \sqrt{\frac{8 \times 10^7}{120 \times 200}} = 57.7(\mathrm{mm})$$

两端铰接时，长度系数 $\mu = 1$，其柔度为

$$\lambda = \frac{\mu l}{i_y} = \frac{1 \times 7\,000}{57.7} = 121 > \lambda_p = 110$$

因 $\lambda > \lambda_p$，故可用欧拉公式计算。

$$F_{cr} = \frac{\pi^2 EI_y}{(\mu l)^2} = \frac{3.14 \times 10 \times 10^3 \times 8 \times 10^7}{(1 \times 7\,000)^2} = 161 \times 10^3 = 161(\mathrm{kN})$$

$$\sigma_{cr} = \frac{\pi^2 E}{\lambda^2} = \frac{3.14^2 \times 10 \times 10^3}{121^2} = 6.73(\mathrm{MPa})$$

(2) 计算最小刚度平面内的临界力及临界应力

如图 12-5(b)所示，截面的惯性矩为

$$I_z = \frac{200 \times 120^3}{12} = 288 \times 10^5(\mathrm{mm}^4)$$

惯性半径为

$$i_z = \sqrt{\frac{I_z}{A}} = \sqrt{\frac{288 \times 10^5}{120 \times 200}} = 34.6(\mathrm{mm})$$

两端固定时长度系数 $\mu = 0.5$

$$\lambda = \frac{\mu l}{i_z} = \frac{0.5 \times 7\,000}{34.6} = 101 < \lambda_p = 110$$

应用经验公式计算其临界应力，查表得 $a = 29.3$ MPa，$b = 0.194$ MPa，则

$$\sigma_{cr} = a - b\lambda = 29.3 - 0.194 \times 101 = 9.7(\mathrm{MPa})$$

临界力为

$$F_{cr} = \sigma_{cr} A = 9.7 \times (120 \times 20) = 232.8 \times 10^3 = 232.8(\mathrm{kN})$$

12.4 压杆的稳定计算

12.4.1 压杆的稳定条件

当压杆中的应力达到(或超过)其临界应力时，压杆会丧失稳定。所以，正常工作的压杆，其横截面上的应力应小于临界应力。在工程中，为了保证压杆具有足够的稳定性，还必须考虑一定的安全储备，这就要求横截面上的应力不能超过压杆的临界应力的许用值 $[\sigma_{cr}]$，即

$$\sigma = \frac{F}{A} \leqslant [\sigma_{cr}] \tag{12-10}$$

其中 $[\sigma_{cr}]=\frac{\sigma_{cr}}{n_{st}}$,式中 n_{st} 为稳定安全系数。

为了计算上的方便,将临界应力的许用值写成如下形式:

$$[\sigma_{cr}]=\frac{\sigma_{cr}}{n_{st}}=\varphi[\sigma] \tag{12-11}$$

从上式可知,φ 值为

$$\varphi=\frac{\sigma_{cr}}{n_{st}[\sigma]} \tag{12-12}$$

式中:$[\sigma]$—— 按强度计算时的许用应力;

φ—— 折减系数,其值小于 1。

由式(12-12)可知,当 $[\sigma]$ 一定时,φ 取决于 σ_{cr} 与 n_{st}。由于临界应力 σ_{cr} 值随压杆的长细比 λ 而改变,而不同长细比的压杆一般又规定不同的稳定安全系数,所以折减系数 φ 是长细比 λ 的函数。当材料一定时,φ 值取决于长细比 λ 的值,表 12-3 列出了折减系数 φ。

表 12-3 压杆的稳定系数

$\lambda=\frac{\mu l}{i}$	φ			
	3 号钢	16Mn 钢	铸　铁	木　材
0	1.000	1.000	1.00	1.00
10	0.995	0.993	0.97	0.99
20	0.981	0.973	0.91	0.97
30	0.958	0.940	0.81	0.93
40	0.927	0.895	0.69	0.87
50	0.888	0.840	0.57	0.80
60	0.842	0.776	0.44	0.71
70	0.789	0.705	0.34	0.60
80	0.731	0.627	0.26	0.48
90	0.669	0.546	0.20	0.38
100	0.604	0.462	0.16	0.31
110	0.536	0.384		0.26
120	0.466	0.325		0.22
130	0.401	0.279		0.18
140	0.349	0.242		0.16
150	0.306	0.213		0.14
160	0.272	0.188		0.12
170	0.243	0.168		0.11
180	0.218	0.151		0.10
190	0.197	0.136		0.09
200	0.180	0.124		0.08

$[\sigma_{cr}]$与$[\sigma]$虽然都是"许用应力",但两者却有很大的不同。$[\sigma]$只与材料有关,当材料一定时其值为定值;而$[\sigma_{cr}]$除了与材料有关以外,还与压杆的长细比有关,所以相同材料制成的不同长细比的压杆,其$[\sigma_{cr}]$值是不同的。

将式(12-11)代入式(12-10),可得

$$\sigma=\frac{F}{A}\leqslant\varphi[\sigma]\quad 或 \quad \frac{F}{A\varphi}\leqslant[\sigma] \tag{12-13}$$

上式即为压杆需要满足的稳定条件。由于折减系数 φ 可按长细比 λ 的值直接从表 12-3 中查到,因此,按式(12-13)的稳定条件进行压杆的稳定计算十分方便,该方法也称为实用计算方法。

应当指出,在稳定计算时,压杆的横截面面积 A 均采用毛截面面积计算,即在压杆截面有局部削弱时可不考虑。因为压杆的稳定性取决于整个杆件的弯曲刚度,而局部的截面削弱对整个杆件的整体刚度来说影响甚微。但是,对削弱的截面处,则应(用净面积)进行强度校核。

12.4.2 压杆稳定的三类问题

应用压杆的稳定条件,可以对以下三个方面的问题进行计算:

1) 稳定校核

已知压杆的截面、长度、材料、支承条件及荷载,验算是否满足稳定条件。校核时,一般应首先计算出压杆的长细比 λ,再根据压杆的材料与 λ 值查表查出相应的折减系数 φ 值,最后验算是否满足式(12-13)的稳定条件。

2) 计算容许荷载

已知压杆的截面、长度、材料及支承条件,按稳定条件计算其能承受的许用荷载。这类问题一般也要先计算出压杆的长细比 λ,再根据压杆的材料与 λ 值查出 φ 值,最后按稳定条件 $[F]=\varphi[\sigma]A$ 确定 $[F]$。

3) 进行截面设计

已知压杆的长度、材料、支承条件及荷载,按照稳定条件计算压杆所需的截面尺寸。这类问题一般采用“试算法”。首先假设一个折减系数 φ_1 值(一般 $\varphi_1=0.5\sim0.6$),由稳定条件计算所需要的截面面积 A_1,然后计算出压杆的长细比 λ_1,再根据 λ_1 查表得到折减系数 φ,若 φ_1 与 φ 相差较大,再假设 $\varphi_2=\frac{\varphi+\varphi_1}{2}$。重复上面的计算,直到查得的 φ 值与假定者非常接近为止。

【例 12-3】 如图 12-6 所示两端铰支的矩形截面木杆,杆端作用轴向压力 F_p。已知 $l=3.6\,\text{m}$, $F_p=36\,\text{kN}$,木材的许用应力 $[\sigma]=10\,\text{MPa}$。试校核该压杆的稳定性。

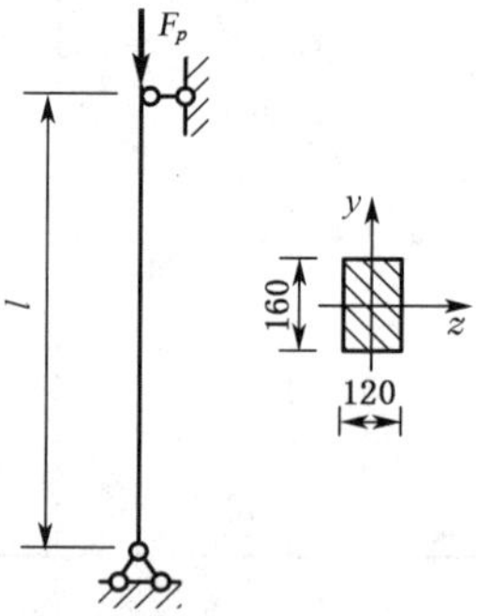

图 12-6

【解】 (1) 计算杆件长细比

$$i=\sqrt{\frac{I_y}{A}}=\sqrt{\frac{\frac{hb^3}{12}}{bh}}=\frac{b}{\sqrt{12}}=\frac{120}{\sqrt{12}}=34.64(\text{mm})$$

$$\lambda=\frac{\mu l}{i}=\frac{1\times3.6}{34.64\times10^{-3}}=104$$

(2) 由表 12-3 查得折减系数

$$\varphi = 0.29$$

(3) 按照稳定条件进行验算

$$\frac{F_p}{\varphi A} = \frac{36 \times 10^3}{0.29 \times 120 \times 160} = 7.18\ \text{MPa} < [\sigma]$$

所以杆件满足稳定条件,杆件稳定。

【例 12-4】 如图 12-7,BD 杆为正方形截面的木杆。已知 $l = 2.0\ \text{m}$,$a = 0.1\ \text{m}$,木材的许用应力$[\sigma] = 10\ \text{MPa}$。试从满足 BD 杆的稳定条件考虑,计算该结构所能承受的最大荷载 $F_{p\max}$。

【解】 (1) 确定外荷载 F_p 与 BD 杆所受压力间的关系

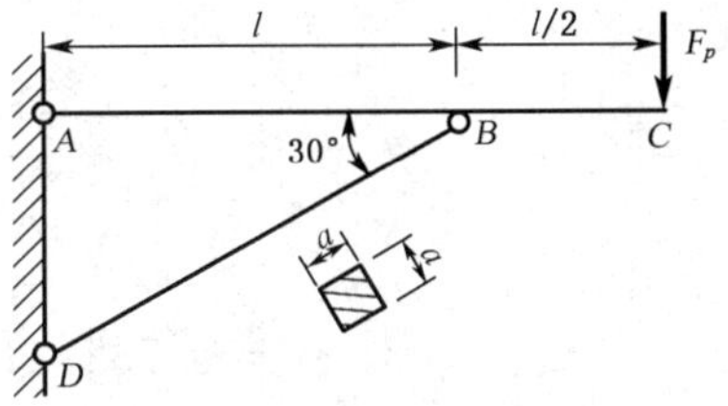

图 12-7

由 AC 杆的平衡条件可以求得

$$F_p = \frac{1}{3} F_{NBD}$$

根据稳定条件,压杆 BD 能承受的最大压力为

$$F_{NBD} = \varphi A[\sigma]$$

结构能承受的最大荷载为

$$F_{p\max} = \frac{1}{3} F_{NBD} = \frac{1}{3} \varphi A[\sigma]$$

(2) 计算杆件的长细比

$$l_{BD} = \frac{l_{AB}}{\cos 30^\circ} = \frac{2}{1.732} = 2.31(\text{m})$$

$$\lambda = \frac{\mu l_{BD}}{i} = \frac{\mu l_{BD}}{\frac{a}{\sqrt{12}}} = \frac{1 \times 2.31}{\frac{0.1}{\sqrt{12}}} = 80$$

(3) 结构能承受的最大荷载为

查表 12-3,φ=0.48。

$$F_{p\max} = \frac{1}{3} \times 0.48 \times (0.1)^2 \times 10 \times 10^6 = 16 \times 10^3 = 16(\text{kN})$$

【例 12-5】 如图 12-8 所示托架,AB 杆为圆形截面的木杆,$q = 50\ \text{kN/m}$,木材的许用应力$[\sigma] = 10\ \text{MPa}$。试从满足 AB 杆稳定条件考虑,计算 AB 杆的直径 d。

【解】 (1) 求 l_{AB}

$$l_{AB} = \frac{l_{BC}}{\cos 30^\circ} = \frac{2.4}{0.866} = 2.77(\text{m})$$

(2) 求 F_{NAB}

$$\sum M_C = 0$$

$$F_{NAB} \cdot \sin 30^\circ \times 2.4 - q \times 3.2 \times 1.6 = 0$$

$$F_{NAB}=\frac{50\times3.2\times1.6}{0.5\times2.4}=213(\text{kN})$$

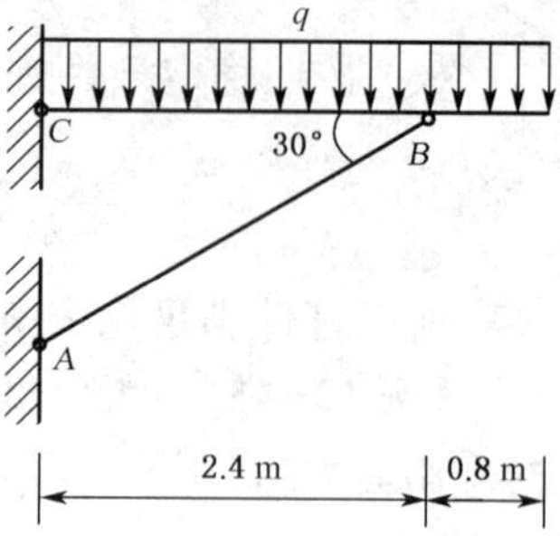

图 12-8

(3) 求 d

① 设 $\varphi_1=0.6$,则

$$A=\frac{F_{NAB}}{\varphi_1[\sigma]}=\frac{213\times10^3}{0.6\times10\times10^6}=355\times10^{-4}(\text{m}^2)$$

$$d=\sqrt{\frac{4A}{\pi}}=\sqrt{\frac{4\times355\times10^{-4}}{3.14}}=0.213(\text{m})$$

$$i=\frac{d}{4}=5.32\times10^{-2}(\text{m})$$

$$\lambda=\frac{\mu l}{i}=\frac{1\times2.77}{5.32\times10^{-2}}=52$$

查表 12-3, $\varphi_1'=0.782$,与假设相距甚远。

② 设 $\varphi_2=\frac{\varphi_1+\varphi_1'}{2}=\frac{0.6+0.782}{2}=0.691$

$$A=\frac{F_{NAB}}{\varphi_2[\sigma]}=\frac{213\times10^3}{0.691\times10\times10^6}=308\times10^{-4}(\text{m}^2)$$

$$d=\sqrt{\frac{4A}{\pi}}=\sqrt{\frac{4\times308\times10^{-4}}{3.14}}=0.198(\text{m})$$

$$i=\frac{d}{4}=\frac{19.8\times10^{-2}}{4}=4.95\times10^{-2}(\text{m})$$

$$\lambda=\frac{\mu l}{i}=\frac{1\times2.77}{4.95\times10^{-2}}=56$$

查表 12-3, $\varphi_2'=0.746$。

③ 设 $\varphi_3=\frac{\varphi_2+\varphi_2'}{2}=\frac{0.782+0.746}{2}=0.764$

$$A=\frac{F_{NAB}}{\varphi_3[\sigma]}=\frac{213\times10^3}{0.764\times10\times10^6}=279\times10^{-4}(\text{m}^2)$$

$$d=\sqrt{\frac{4A}{\pi}}=\sqrt{\frac{4\times279\times10^{-4}}{3.14}}=0.189(\text{m})$$

$$i=\frac{d}{4}=\frac{19.2\times10^{-2}}{4}=4.7\times10^{-2}(\text{m})$$

$$\lambda=\frac{\mu l}{i}=\frac{1\times2.77}{4.7\times10^{-2}}=59$$

查表 12-3,$\varphi_3'=0.70$。

④ 设 $\varphi_4=\frac{0.764+0.70}{2}=0.732$

$$A=\frac{F_{NAB}}{\varphi_4[\sigma]}=\frac{213\times10^3}{0.732\times10\times10^6}=290\times10^{-4}(\mathrm{m}^2)$$

$$d=\sqrt{\frac{4A}{\pi}}=\sqrt{\frac{4\times290\times10^{-4}}{3.14}}=0.192(\mathrm{m})$$

$$i=\frac{d}{4}=\frac{19.2\times10^{-2}}{4}=4.81\times10^{-2}(\mathrm{m})$$

$$\lambda=\frac{\mu l}{i}=\frac{1\times2.77}{4.81\times10^{-2}}=58$$

查表 12-3，$\varphi_4'=0.70$。

因为 $\varphi_4=\varphi_4'$，则 $d=19.2\times10^{-2}=192(\mathrm{mm})$

12.5 提高压杆稳定性的措施

要提高压杆的稳定性，关键在于提高压杆的临界力或是临界应力。由欧拉公式可以看出，压杆的临界力和临界应力与压杆的截面形状与大小、长度、杆端支承条件和压杆的材料有关。因此，要提高临界力可从下列两方面考虑。

12.5.1 材料方面

大柔度杆的临界力与材料的弹性模量成正比，所以选择弹性模量高的材料可提高大柔度杆的临界应力，即可提高其稳定性。但是，对于钢材而言，各种钢的弹性模量大致相同，所以，选用高强度钢对提高临界应力是没有意义的。对于中长杆，其临界应力与材料的强度有关，强度越高，其临界应力也越高。所以，对中长杆而言，选用优质钢材将有助于提高压杆的稳定性。

12.5.2 柔度方面

对于一定材料制成的压杆，其临界力与柔度 λ 的平方成反比，柔度越小，稳定性越好。为减小柔度，可采取如下措施：

1）选择合理的截面形式

增大截面的惯性矩，可以增大截面的惯性半径，降低压杆的柔度，从而可以提高压杆的稳定性。在压杆的横截面面积相同的条件下，应尽可能使材料远离截面形心轴，以取得较大的惯性矩。从这个角度出发，空心截面要比实心截面合理。

2）改善支承条件

压杆端部固结越牢固，长度系数 μ 值越小，则压杆的柔度 λ 越小，压杆的稳定性越好。因此，在条件允许的情况下，应尽可能加强杆端约束。

3）减小杆的长度

压杆临界力的大小与杆件长的平方成反比，缩小杆件长度可以大大提高临界力。因此，压杆应尽量避免细而长。工程中，为了减小柱子的长度，通常在柱子的中间设置一定形式的撑杆，它们与其他构件连接在一起后，对柱子形成支点，限制了柱子的弯曲变形，起到减小柱长的作用。对于细长杆，若在柱子中设置一个支点，则长度减小一半，而承载能力可增加到原来的4倍。

本章小结

1. 压杆稳定

压杆直线形状的平衡状态，根据它对干扰力的抵抗能力不同，可分为稳定的平衡与不稳定的平衡状态。所谓压杆失稳就是指压杆在压力作用下，直线形状的平衡状态由稳定变成了不稳定。

2. 临界力

临界力是压杆从稳定平衡状态过渡到不稳定平衡状态的压力值。确定临界力（或临界应力）的大小，是解决压杆稳定问题的关键。

计算临界力的公式为：

(1) 大柔度杆($\lambda \geqslant \lambda_p$)，使用欧拉公式

$$F_{cr} = \frac{\pi^2 EI}{(\mu l)^2} \quad 或 \quad \sigma_{cr} = \frac{\pi^2 E}{\lambda^2}$$

(2) 中长杆($\lambda_s \leqslant \lambda < \lambda_P$)，使用直线公式

$$\sigma_{cr} = a - b\lambda$$

(3) 小柔度杆($\lambda < \lambda_s$)，对塑性材料制成的压杆来说

$$\sigma_{cr} = \sigma_s$$

3. 柔度λ

柔度λ是压杆的长度、支承条件、截面形状及尺寸等因素的一个综合值。

$$\lambda = \frac{\mu l}{i}$$

4. 稳定性计算

土建工程中通常采用折减系数法（也称为实用计算方法）。稳定条件为

$$\sigma = \frac{F}{A} \leqslant \varphi[\sigma]$$

利用稳定条件可以对压杆进行三类问题的计算：

(1) 稳定校核。

(2) 确定许用荷载。

(3) 选择截面。

在压杆截面有局部削弱时，稳定计算可不考虑削弱，但必须同时对削弱的截面（用净面积）进行强度校核。

思考题

1. 如何区别压杆的稳定平衡与不稳定平衡？

2. 什么叫临界力？计算临界力的欧拉公式的应用条件是什么？

3. 由塑性材料制成的小柔度压杆，在临界力作用下是否仍处于弹性状态？

4. 实心截面改为空心截面能增大截面的惯性矩，从而能提高压杆的稳定性，是否可以把材料无限制地加工使其远离截面形心，以提高压杆稳定性？

5. 只要保证压杆的稳定就能够保证其承载能力，这种说法是否正确？

习　题

1. 长度为 $l=3\,\text{m}$ 的压杆如图 12-9 所示，由 A3 钢制成，横截面有四种，面积均为 $A=3.2\times10^3\ \text{mm}^2$。已知：$E=200\ \text{GPa}$，$\sigma_s=235\ \text{MPa}$，$\sigma_{cr}=304-1.12\lambda$，$\lambda_p=100$，$\lambda_0=61.4$。试计算图 12-9 所示截面压杆的临界荷载。

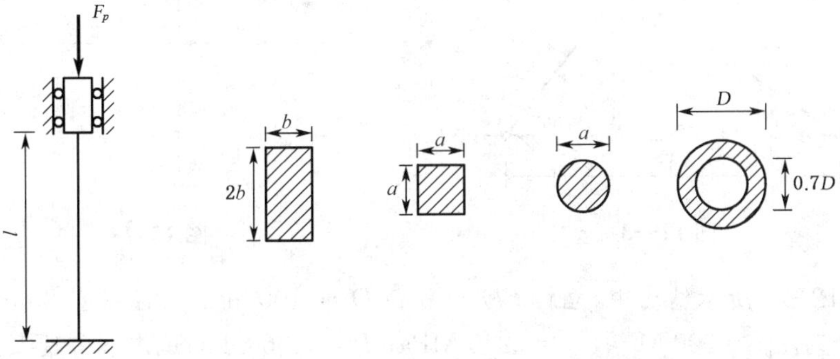

图 12-9

2. 图 12-10 为一千斤顶，已知丝杆长度 $l=0.375\,\text{m}$，直径为 $d=0.04\,\text{m}$，材料为 Q235 钢，强度许用应力 $[\sigma]=160\ \text{MPa}$，最大起重量为 $F=80\ \text{kN}$，试校核该丝杆的稳定性。

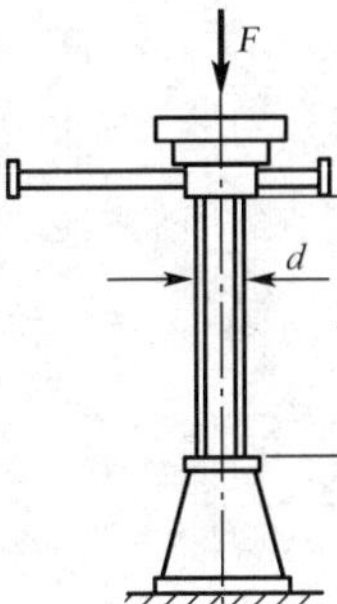

图 12-10

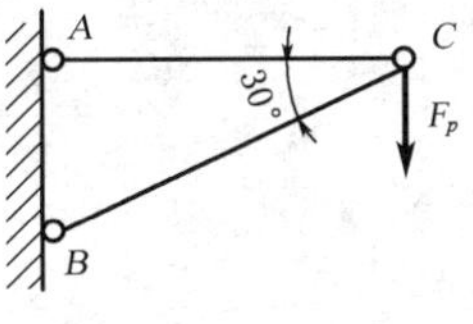

图 12-11

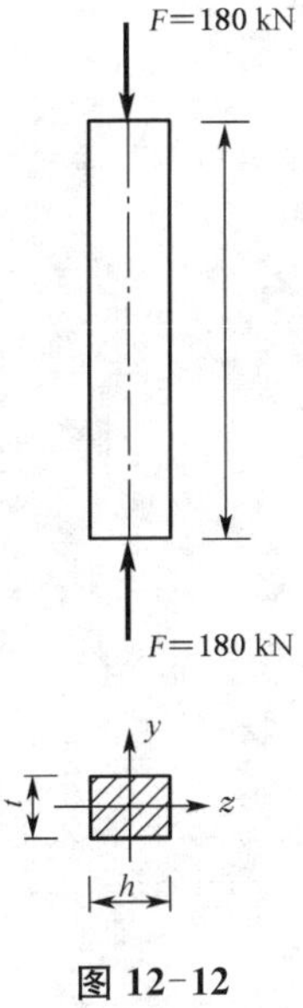

图 12-12

3. 如图 12-11 所示托架，其 BC 杆为圆截面的钢杆，已知 $l_{AC}=1.0\,\text{m}$，$F_p=20\ \text{kN}$，材

料的许用应力$[\sigma]=150\ \mathrm{MPa}$,试确定$BC$杆的直径。

4. 如图12-12所示压杆,若在绕y轴失稳时,两端可视为铰支;若在绕z轴失稳时,则两端可看作为固定支座。压杆的材料为A3钢,$E=200\ \mathrm{MPa}$,$\sigma_p=200\ \mathrm{MPa}$,$\sigma_s=240\ \mathrm{MPa}$,$l=2\ \mathrm{m}$。截面为$t\times h=40\ \mathrm{mm}\times 65\ \mathrm{mm}$。已知$a=304\ \mathrm{MPa}$,$b=1.12\ \mathrm{MPa}$。试计算该压杆的临界力和临界应力。

5. 试求图12-13所示结构的极限荷载。已知AB、AC两杆均为圆形截面,其直径$D=80\ \mathrm{mm}$。材料为A3钢,$\sigma_p=200\ \mathrm{MPa}$,$E=200\ \mathrm{GPa}$,$\sigma_s=260\ \mathrm{MPa}$,$a=304\ \mathrm{MPa}$,$b=1.12\ \mathrm{MPa}$。

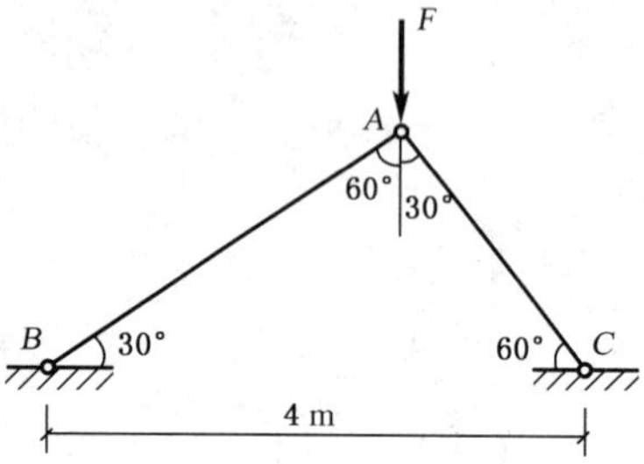

图 12-13

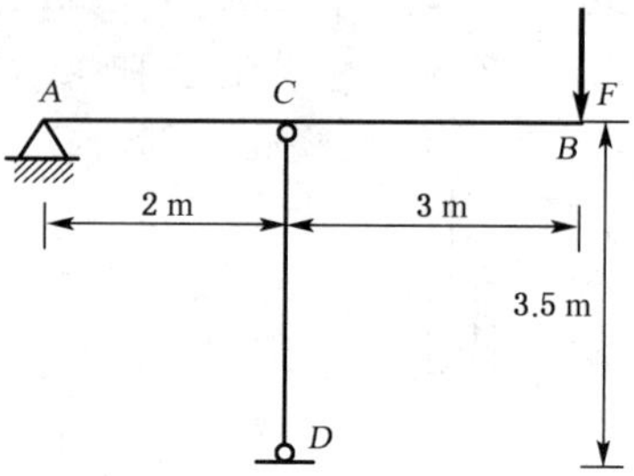

图 12-14

6. 在图12-14所示结构中,立柱CD为外径$D=100\ \mathrm{mm}$、内径$d=80\ \mathrm{mm}$的钢管,其材料为Q235钢,$\sigma_p=200\ \mathrm{MPa}$,$\sigma_s=240\ \mathrm{MPa}$,$E=206\ \mathrm{GPa}$。试求容许荷载$[F]$。

第三篇　结构力学

13　结构力学的研究对象及结构的计算简图

学习目标：了解结构力学的研究对象和任务；掌握结构计算简图的绘制原则及简化方法；掌握约束的概念及约束的分类。

13.1　结构力学的研究对象及研究任务

由建筑材料按照合理的方式组成，并能承受一定荷载作用的物体或体系，称为建筑结构（简称结构）。结构是建筑物中由承重构件（梁、柱等）组成的体系，是建筑物的骨架，用以承受作用在建筑物上的各种荷载。如公路和铁路工程中的桥梁、涵洞、隧道、挡土墙，以及房屋、堤坝、塔架等等，都是结构的例子。

为了使结构既能安全、正常地工作，又能符合经济的要求，就需对其进行强度、刚度和稳定性的计算。这一任务是由材料力学、结构力学、弹性力学等几门课程共同承担的。其中，材料力学主要研究单个杆件的计算；结构力学在此基础上着重研究由杆件所组成的结构；而弹性力学则是以实体结构和板壳结构为主要研究对象。当然，这种分工不是绝对的，各课程间常存在相互渗透的情况。

如上所述，结构力学的研究对象主要是杆件结构，其具体任务是：

(1) 研究结构的组成规则和合理形式，以及结构计算简图的合理选择。

(2) 研究结构内力和变形的计算方法，进行结构的强度和刚度的验算。在求出内力和位移之后，即可利用材料力学的方法按照强度条件和刚度条件来选择和验算各杆的截面尺寸，在结构力学中一般不再叙述。

(3) 讨论结构的稳定性以及在动力荷载作用下结构的反应。

结构力学是一门专业技术基础课，它一方面要用到数学、理论力学和材料力学等课程的知识，另一方面又为学习建筑结构、钢结构、混凝土结构、桥梁等课程提供必要的基本理论和计算方法。

13.2　结构的计算简图

实际的建筑结构总是比较复杂的，要完全按照结构的实际情况来进行力学分析将是很繁杂的,也是不必要的。因此,在对结构进行力学分析之前,往往需要对实际结构进行简化,分清结构受力、变形的主次,抓住结构的主要特点,略去次要因素,用一个简化图形来代替实际结构,这种图形就称为结构的计算简图。

选择计算简图的简化原则是:

(1) 从实际出发。计算简图要反映实际结构的主要性能。

(2) 分清主次,略去细节。计算简图要便于计算。

(3) 在不同的设计阶段、不同的计算方法、不同的计算工具下,结构的计算简图可以是不同的,需要兼顾结构的安全性和经济性。

确定结构的计算简图时,通常包括杆件的简化、体系的简化、支座的简化和结点的简化等方面的内容。

13.2.1 杆件的简化

杆件的截面尺寸(宽度、厚度)通常比杆件长度小得多,截面上的应力可根据截面的内力(弯矩、剪力、轴力)来确定。因此,在计算简图时,杆件用其轴线表示,即等截面直杆用一直线代替,曲杆用一曲线代替。杆件之间的连接用结点表示,杆长用结点间的距离表示,而荷载的作用点也转移到轴线上。当截面尺寸增大时(例如超过长度的 1/4),杆件用其轴线表示的简化将产生较大的误差。

13.2.2 结构体系的简化

一般结构实际上都是空间结构,各部分连接成为一个空间整体,以承受各个方向可能出现的荷载。但在多数情况下,常可以忽略一些次要的空间约束而将实际结构分解为平面结构,使计算得以简化。本书主要讨论平面结构的计算问题。

13.2.3 支座的简化和分类

将结构与基础或其他支撑物连接,并用以固定结构位置的装置称为支座。在建筑结构中,从支座对结构的约束作用来看,常用的计算简图可分为以下四种:

1) 活动铰支座(可动铰支座)

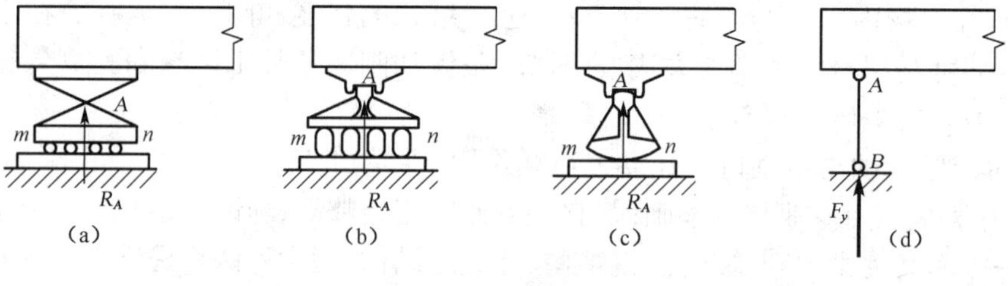

图 13-1 活动铰支座

桥梁中用的辊轴支座(图 13-1(a)、(b))及摇轴支座(图 13-1(c))即属于此种支座。它允许结构在支承处绕圆柱铰 A 转动和沿平行于支承平面 m-n 的方向转动,但 A 点不能沿垂直于支承面的方向移动。当不考虑摩擦力时,这种支座的反力 F_y 将通过铰 A 中心并与支承平面 m-n 垂直,即反力的作用点和方向都是确定的,只有它的大小是一个未知量。根据这种支座的位移和受力的特点，在计算简图中，可以用一根垂直于支承面的链杆 AB 来表示(图 13-1(d))。此时，结构可绕 A 转动，链杆又可绕 B 转动，当转动很微小时，A 点的移动方向可看成是平行于支承面的。

2) 固定铰支座

这种支座的构造如图 13-2(a)、(b)所示，它容许结构在支承处绕圆柱铰 A 转动，但 A 点不能做水平和竖向运动。支座反力将通过铰 A 中心，但大小和方向都是未知的，通常可用沿两个确定方向的分反力，如水平反力和竖向反力 F_x 和 F_y 来表示。这种支座的计算简图可用交于 A 点的两根支承链杆来表示，如图 13-2(c)或(d)所示。

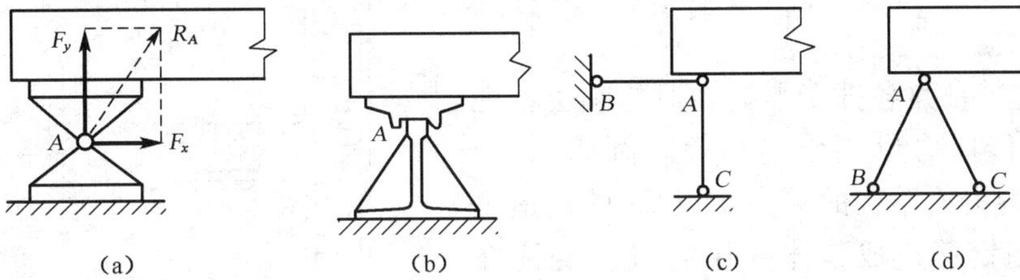

图 13-2 固定铰支座

3) 固定端支座

这种支座不允许结构在支承处发生任何移动和转动。其结构计算简图可用图 13-3 (a)、(b)或(c)来表示。它的反力大小、方向和作用点位置都是未知的，通常用水平反力 F_x、竖向反力 F_y 和反力偶 M_A 来表示。例如，对于基础嵌固于岩层的场合，地基对基础的约束即可简化为固定端支座约束；此外，无铰拱的拱座对主拱圈的约束作用以及悬索桥锚锭对主缆的约束作用等，也都属于典型的固定端支座约束类型。

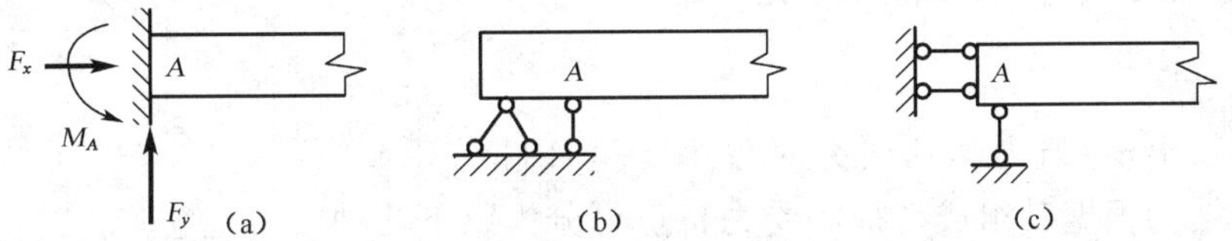

图 13-3 固定端支座

4) 滑动支座

除以上三种支座以外，在结构分析中，我们也会遇到如图13-4所示的支座，这种支座又称为定向支座。结构在支承处不能转动，不能沿垂直于支承面的方向移动，但可沿支承面方向滑动。这种支座的计算简图可用垂直于支承面的两根平行链杆表示，其反力为一个垂直于支承面的力和一个力偶。

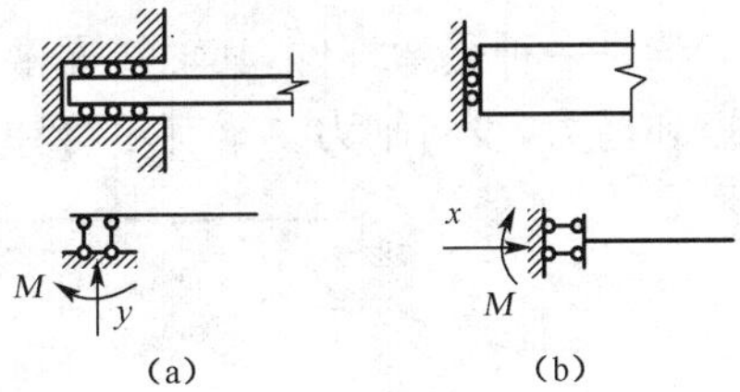

图 13-4 滑动支座

13.2.4 结点的简化

结构中杆件的相互连接处称为结点。在计算简图中，结点通常简化为铰结点、刚结点和组合结点。

1）铰结点

铰结点的特点是它所连接的各杆杆端不能相对移动但可以相对转动，可以传递力但不能传递力矩。例如图13-5(a)所示木屋架的端结点，此时，各杆端虽不能任意转动，但由于连接不可能很严密牢固，因而杆件之间有微小相对转动的可能。实际上，结构在荷载作用下杆件间所产生的转动也相当小，所以该结点应视为铰结点。故其计算简图如图13-5(b)所示。

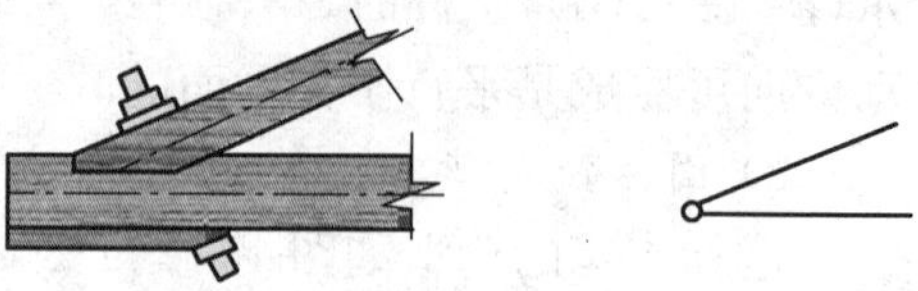
(a)　(b)

图13-5　铰结点

2）刚结点

刚结点的特征是各杆端不能相对移动也不能相对转动，可以传递力也能传递力矩。例如图13-6(a)所示钢筋混凝土结构的某一结点，它的构造是三根杆件之间用钢筋连成整体并用混凝土浇注在一起，这种结点的变形情况基本上符合上述特点，故可视为刚结点，其计算简图如图13-6(b)所示。

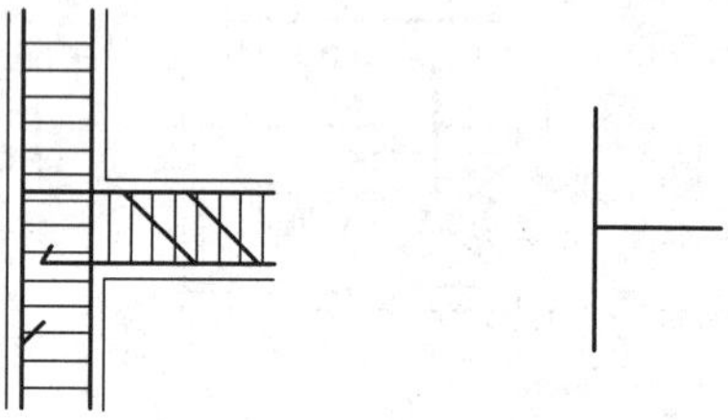
(a)　(b)

图13-6　刚结点

3）组合结点

组合结点是部分刚结、部分铰接的结点。如图13-7所示的结点，左边杆件与中间杆件为刚结，右边杆件在此处则为铰接。

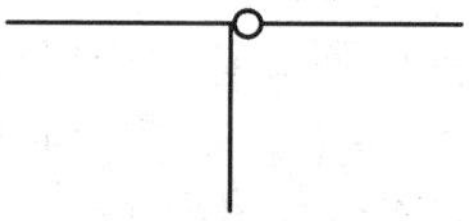

图13-7　组合结点

13.3　平面杆件结构的分类

前面已指出，建筑力学的研究对象主要是杆件结构。杆件结构根据其组成特征和受力特点可分为以下几种。

13.3.1　梁

梁是一种受弯杆件，其轴线通常为直线，当荷载垂直于梁轴线时，横截面上的内力只有弯矩和剪力，没有轴力。梁有单跨和多跨之分(图13-8)。

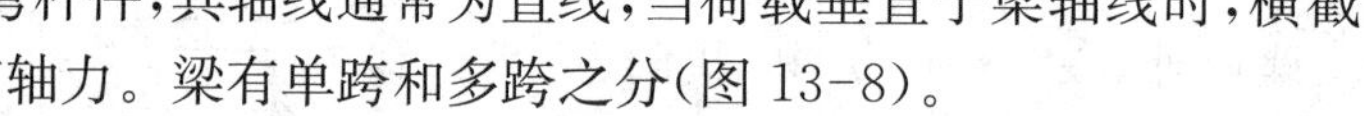
(a)　(b)

图13-8　梁的计算简图

13.3.2　拱

拱的轴线为曲线且在竖向荷载作用下会产生水平反力(推力)，这使得拱比同跨度、同荷载的梁的弯矩及剪力都要小，而有较大的轴向压力(图13-9)。

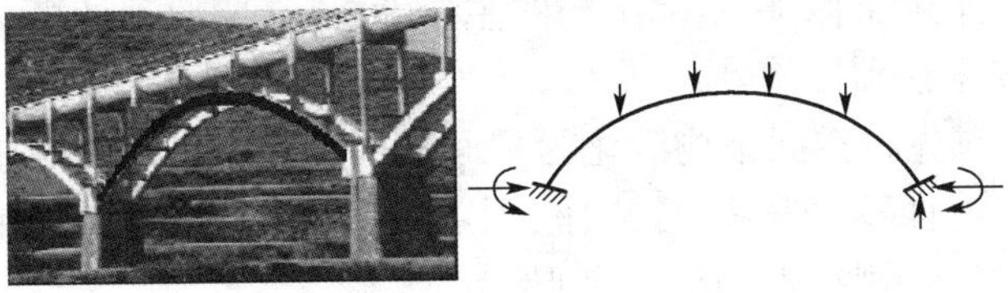

图 13-9　拱结构计算简图

13.3.3　刚架

刚架是由直杆组成并具有刚结点的结构(图 13-10),各杆均为受弯杆,内力通常是弯矩、剪力和轴力都有。

13.3.4　桁架

桁架是由若干杆件在杆端用铰连接而成的结构(图 13-11)。桁架各杆的轴线都是直线,当只受到作用于结点的荷载时,各杆只产生轴力。

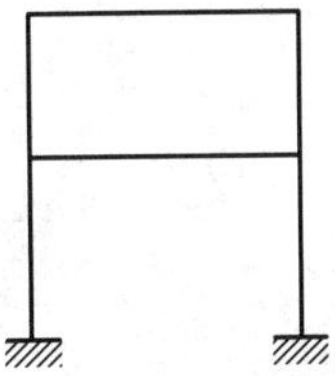

图 13-10　刚架计算简图

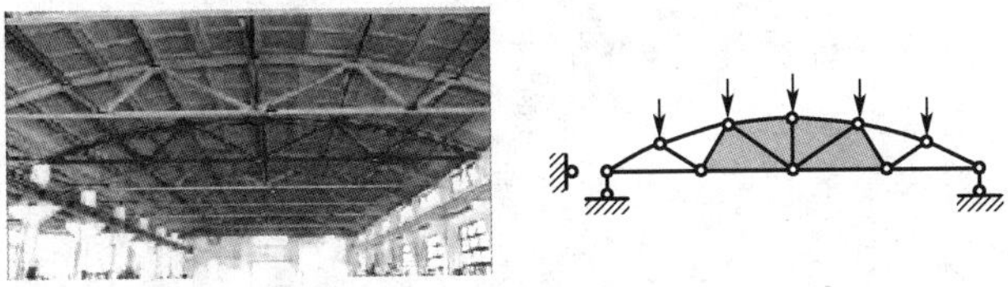

图 13-11　桁架计算简图

13.3.5　组合结构

组合结构是由桁架和梁或桁架与刚架组合在一起的结构,其中有些杆件只承受轴力,另一些杆件同时还承受弯矩和剪力(图 13-12)。

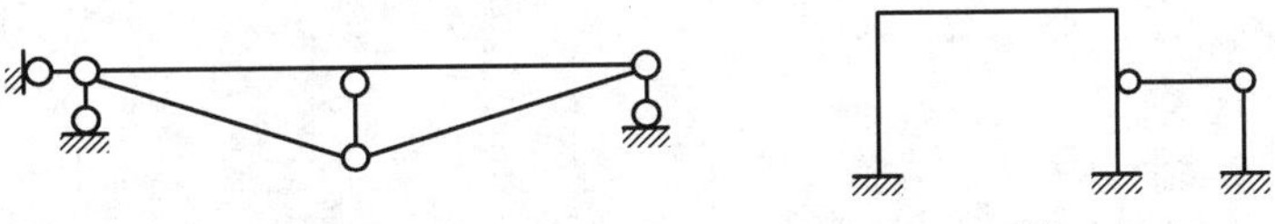

(a)　(b)

图 13-12　组合结构计算简图

除上述分类外,按计算特性,结构又可分为静定结构和超静定结构。如果结构的杆件内力(包括反力)可由平衡条件唯一确定,则此结构称为静定结构。如果杆件内力由平衡条件还不能唯一确定,而必须同时考虑变形条件才能唯一确定,则此结构称为超静定结构。

本章小结

1. 结构是建筑物中由承重构件组成的骨架。结构力学主要研究结构的内力与变形,以及安全性与经济性。

2. 结构的计算简图既能反映实际结构的主要性能，又要便于计算。选择结构计算简图时需要兼顾结构的安全性和经济性。

3. 结构简化时，首先将空间结构简化为平面结构，然后对杆件、支座、结点等进行简化，其中可供选择的支座有四种，即活动铰支座、固定铰支座、固定端支座和滑动支座；可供选择的结点有三种，即铰结点、刚结点和组合结点。

4. 常见的平面杆件结构的类型有五种，即梁、拱、刚架、桁架和组合结构。

思考题

1. 何谓结构？结构力学的任务是什么？

2. 何谓结构计算简图？选择结构计算简图的原则是什么？

3. 平面结构的简化包括哪四个部分？可供选择的结点、支座各有几种？各种支座的受力特点是什么？

4. 常见的平面杆件结构的类型有哪些？

习　题

1. 简述杆件结构、薄壁结构和实体结构的区别。

2. 刚架结构、桁架结构的最大区别是什么？

3. 简述平面组合结构的力学分析过程。

14 结构的几何组成分析

学习目标：理解几何不变体系与几何可变体系的概念及研究几何组成分析的目的；掌握刚片、自由度、约束和瞬变体系的概念；掌握平面体系自由度的计算；会利用几何不变体系的组成规则进行几何分析。

14.1 几何组成分析概述

14.1.1 几何不变体系和几何可变体系

在前章中已谈到结构力学的研究对象是若干杆件组成的结构，那么若干杆件是否随意组合都能作为工程结构使用呢？例如图 14-1(a)是一个由两根链杆与基础组成的铰接三角形，在荷载作用下，可以保持其几何形状和位置不变，可以作为工程结构使用。图 14-1(b)是一个铰接四边形，受荷载作用后容易倾斜，是不能作为工程结构使用的。但如果在铰接四边形中加一根斜撑的杆件，构成如图 14-1(c)所示的铰接三角形体系，就可以保持其几何形状和位置，从而可以作为工程结构使用。

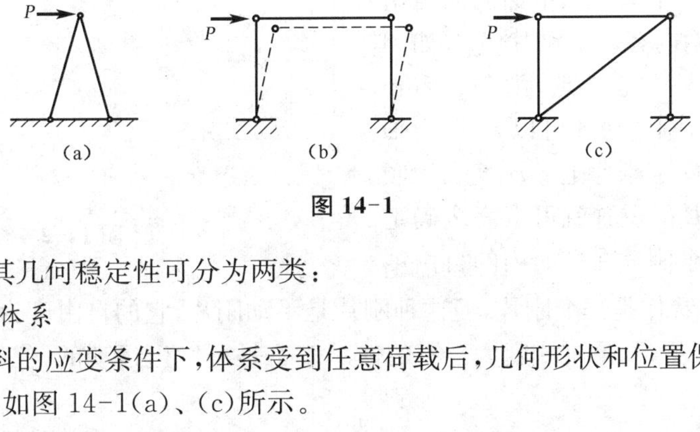

图 14-1

杆件体系按其几何稳定性可分为两类：

1) 几何不变体系

在不考虑材料的应变条件下，体系受到任意荷载后，几何形状和位置保持不变的体系称为几何不变体系，如图 14-1(a)、(c)所示。

2) 几何可变体系

在不考虑材料的应变条件下，体系受到任意荷载后，几何形状和位置保持可以改变的体系称为几何可变体系，如图 14-1(b)所示。

14.1.2 几何组成分析的目的

结构必须是几何不变体系。在设计结构和选取其计算简图时，首先必须判断它是否是几何不变的。这种判别工作称为体系的几何组成分析。对体系进行几何组成分析的目的是：

(1) 判别某体系是否为几何不变体系，以决定其能否作为工程结构来使用。

(2) 研究并掌握几何不变体系的组成规则，合理布置构件以保持结构的几何不变性，从而确保结构能承受荷载并维持平衡。

(3) 根据体系的几何组成，以确定结构是静定的还是超静定的，从而选择不同的反力与内力的计算方法。

14.2 几何组成分析的几个概念

14.2.1 刚片

在结构体系中，任何一个杆件(构件)在外力(荷载)作用下，都会发生或大或小的变形。但在对体系进行几何组成分析时，并不考虑材料的变形，因此组成结构的某一杆件或者体系中已经被判明是几何不变的部分，均可视为刚体。当该体系为平面体系时，刚体称为刚片。所以，一根梁、一根柱、一根链杆、地基基础、地球或体系中已经肯定为几何不变的某个部分都可看作一个平面刚片。

14.2.2 自由度

所谓自由度，是指体系运动时，可以独立改变的几何参数的数目，或者说要确定体系的具体位置所必需的独立坐标的个数。

例如，平面内有一动点 A，如图 14-2(a)所示，它的位置只需两个坐标 x 和 y 就能确定，由此可知一个动点在平面内的自由度是 2。再如，平面内有一个刚片 AB，如图 14-2(b)所示，若先固定 A 点，则需 x 和 y 两个坐标，但此时，刚片 AB 可以 A 点为轴心自由转动，若再固定刚片上 AB 直线的倾角，则整个刚片 AB 的位置就可以完全确定了。由此可知，一个刚片在平面内的自由度是 3。地基也可以看作是一个刚片，但这种刚片是不动刚片，它的自由度为零。

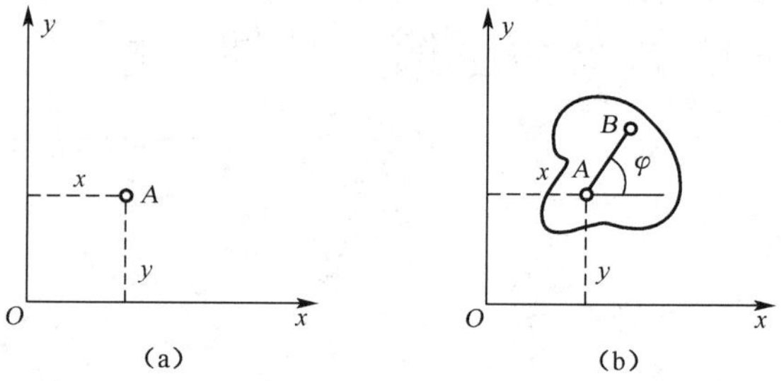

图 14-2

由以上分析可见，凡是自由度大于零的体系表示是可发生运动的，位置是可改变的，即都是几何可变体系。

14.2.3 约束

约束是体系中构件之间或体系与基础之间的连接装置，是能限制构件之间的相对运动，使体系自由度减少的装置。一个约束可以减少一个自由度，n 个约束就能减少 n 个自由度。因此，合理地设置约束，就可保证体系的几何不变性。工程中常见的约束有以下几种：

1) 链杆

如图 14-3(a)所示，在刚片 AB 上增加一根链杆 AC 的约束后，刚片只能绕 A 转动和铰 A 绕 C 点转动。原来刚片只有三个自由度，现在只有两个，减少了一个自由度。因此，一根链杆相当于一个约束。

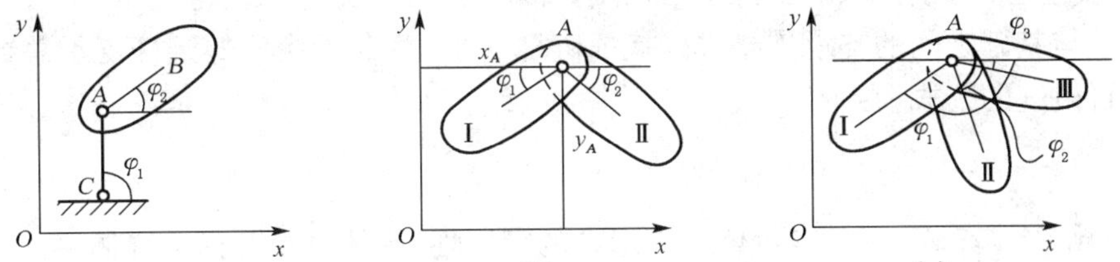

(a) (b) (c)

图 14-3

2) 铰

两个刚片用一个铰连接，可减少两个自由度，我们称连接两个刚片的铰为单铰，相当于两个约束，如图 14-3(b) 所示。连接 n 个刚片的铰称为复铰($n>2$)，可减少 $2(n-1)$ 个自由度，相当于($n-1$) 个单铰，如图 14-3(c) 所示。

3) 固定铰支座

如图 14-4 所示，刚片通过固定铰支座与地基相连，刚片只能绕 O 点转动，只有一个自由度，而刚片原来有三个自由度，因此减少了两个自由度，那么一个固定铰支座相当于两个约束。

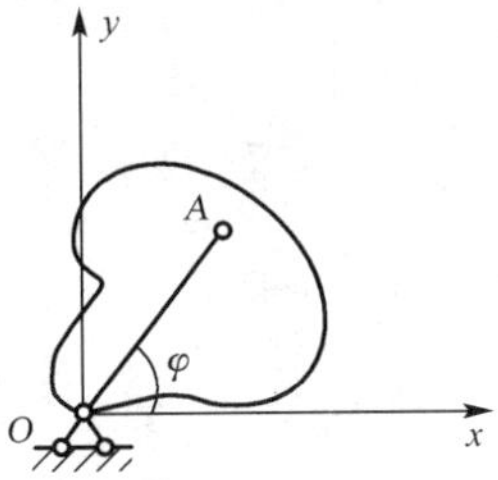

图 14-4

图 14-5

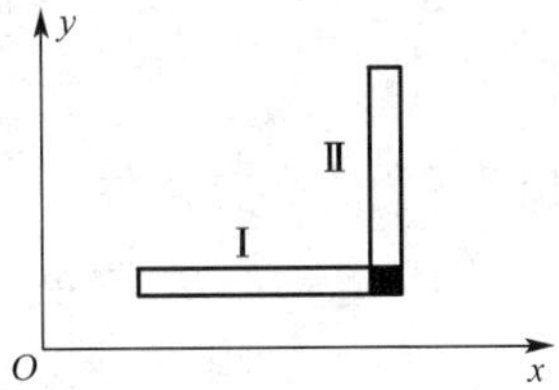

图 14-6

4) 固定端支座

如图 14-5 所示固定端支座，不仅阻止刚片 AB 上、下和左、右的移动，也阻止其转动，它使刚片减少三个自由度。因此，一个固定端支座相当于三个约束。

5) 刚性连接

所谓刚性连接如图 14-6 所示，它的作用是使两个刚片不能有相对的移动及转动。原来两个独立的刚片共有六个自由度，刚性连接后，Ⅰ、Ⅱ刚片可视为一个刚片，则只有三个自由度。可见，刚性连接能减少三个自由度。因此，一个刚性连接相当于三个约束。

14.2.4 平面体系自由度的计算

具备上述知识后，就不难导出平面体系自由度的计算公式。若体系的刚片数为 m，如刚片之间没有任何连接，则每一个刚片都有 3 个自由度，体系总的自由度数为 $3m$。当这些刚片之间用铰连接时，则每一个单铰可减少 2 个自由度。由前文可知：连接 n 个刚片的复铰相当于($n-1$)个单铰。因此，若把体系内所有的复铰都代换为单铰，并用 h 表示代换后的单铰总数，则体系将总共减少 $2h$ 个自由度。

体系与基础之间的支承连接也可减少体系的自由度。由前文可知：每根链杆可使体系减少一个自由度。每一个固定铰支座可使体系减少两个自由度，即相当于两个链杆支承。每一个固定端支座可使体系减少三个自由度，即相当于三根链杆支承。

把体系与基础之间的支承连接都代换成链杆支承，并令代换后的链杆支承总数为 r，则计算体系自由度的公式为

$$W = 3m - 2h - r \tag{14-1}$$

计算的结果，若 $W > 0$，表示体系有运动的可能性，则体系是几何可变体系。

若 $W = 0$，说明体系的约束数目恰好满足几何不变的需要，但体系不一定是几何不变的。

若 $W < 0$，说明体系有多余约束，多余约束数 $= -W$，但仍然不一定是几何不变体系。

综上所述可知，用公式(14-1)计算自由度 W 的主要目的仅仅在于当 $W > 0$ 时，可以肯定它是几何可变的。当 $W \leqslant 0$ 时，只能说它满足体系几何不变的必要条件，但无法肯定它是否几何不变。这是因为，体系的约束虽然足够甚至还有多余，但如果布置得不恰当，体系仍然会是几何可变的。因此，为了确定体系是否几何不变，除了用公式(14-1)计算自由度外，还需做进一步的几何构造分析。关于这方面的分析将在下节讲述。

【例 14-1】 计算图 14-7 所示体系的自由度。

【解】 (1) $m = 1$，$h = 0$，$r = 3$，则

$$\begin{aligned} W &= 3m - 2h - r \\ &= 3 \times 1 - 2 \times 0 - 3 = 0 \end{aligned}$$

满足几何不变的必要条件。

(2) $m = 9$，$h = 12$，$r = 3$，则

$$\begin{aligned} W &= 3m - 2h - r \\ &= 3 \times 9 - 2 \times 12 - 3 = 0 \end{aligned}$$

满足几何不变的必要条件。

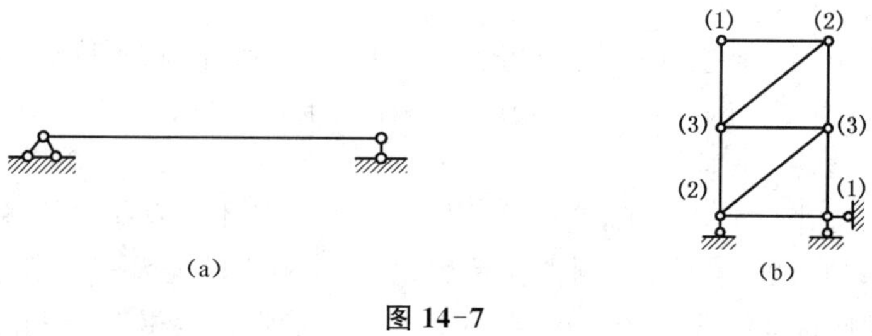

图 14-7

14.2.5 瞬变体系

在平面杆件体系的几何组成分析中，还常常遇到瞬变体系。如图 14-8(a)所示，BA 和 BC 两链杆视为刚片，用铰 B 相连，又分别通过铰 A、铰 C 与基础相连接，此时铰 A、B、C 三者共线。当在铰 B 上作用一集中力 P 时，如图 14-8(b)所示，B 点就能以 A、C 为圆心，以 BA、BC 为半径做一微小的运动，而后 B 点就不能再运动了。则此类原为几何可变体系经微小位移后，成为几何不变体系的，称为瞬变体系。

再对图 14-8(b)进行受力分析。因为 B 点位移很小，所以 α 角也很小，由 B 点受力平衡

条件可计算 BA、BC 的内力为

$$N=\frac{P}{2\sin\alpha}$$

上式中，当 $\alpha\to0$ 时，$N\to\infty$，说明瞬变体系能使杆件产生很大的内力，所以瞬变结构也不能作为工程结构来使用的。

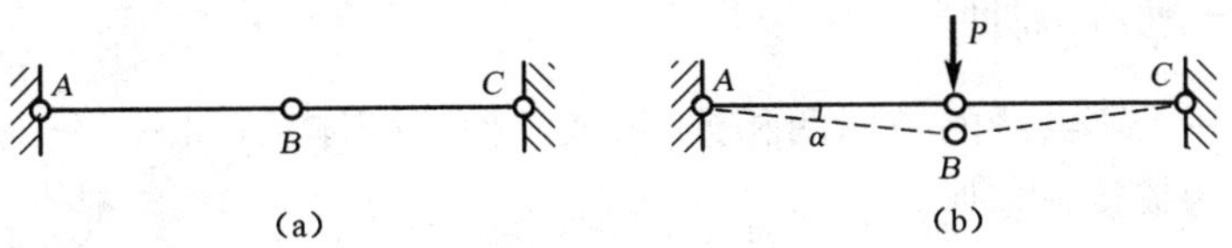

图 14-8

产生瞬变的因素有以下几种：

(1) 两刚片由三个相互平行且不等长的链杆连接，如图 14-9(a)所示。

(注：若三根链杆平行且等长，则为常变体系)

(2) 两刚片由三个杆轴延长线交于一点的链杆连接，如图 14-9(b)所示。

(3) 三刚片(基础亦可视为刚片)由三个共线的单铰连接，如图 14-8(a)所示。

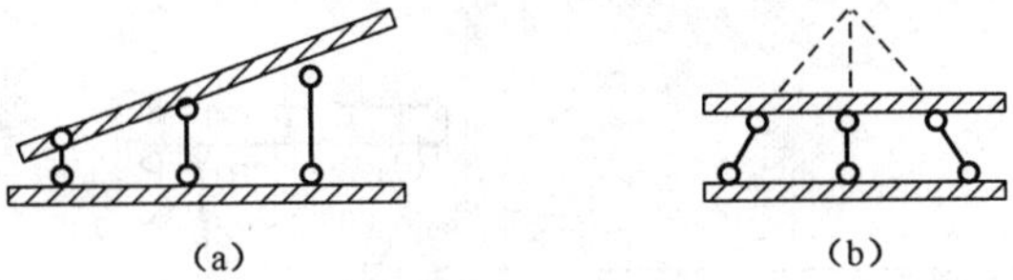

图 14-9

14.3 几何不变体系的组成规则

为了确定平面体系是否几何不变，须研究几何不变体系的组成规则。现就三种常见的基本情况来分析平面几何不变体系的简单组成规则。

14.3.1 二元体规则

在一个体系上依次增加或依次拆除二元体不改变原体系的几何不变性(或可变性)，如图 14-10(a)。这种由两根不共线的链杆连接一个新结点的装置称为二元体，如图 14-10(a)中所示的 BAC 部分。

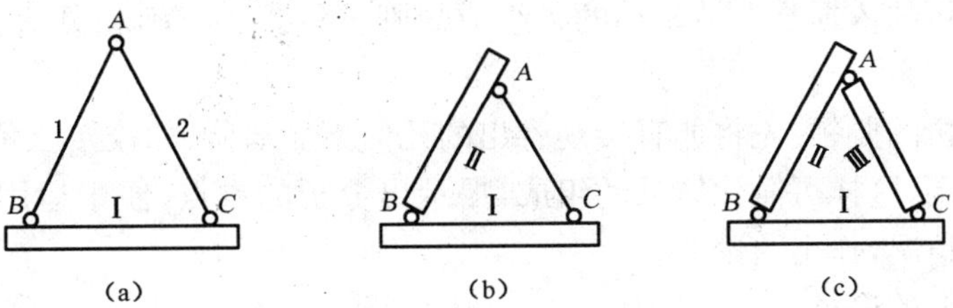

图 14-10

14.3.2 两刚片规则

两个刚片用一个铰和一根不通过该铰的链杆相连，组成几何不变体系，如图 14-10(b) 所示。或两个刚片用既不完全平行也不完全交于一点的三根链杆连接，组成几何不变体系，如图 14-11(a)、(b) 所示。

14.3.3 三刚片规则

三个刚片用三个不共线的铰两两相连，组成几何不变体系，如图 14-10(c)所示。这种几何不变体系称为铰接三角形。

在约束的种类中曾经讲过，一个铰相当于两根链杆。这就是说图 14-10(b)所示用铰 B 和链杆 AC 连接的刚片Ⅰ和Ⅱ与图 14-11(a)、(b) 所示的用三根链杆连接两刚片的效果是一样的，其中铰结点 B 称为实铰。对于图 14-12(a)所示刚片Ⅰ和Ⅱ用两根链杆 AD 和 BE 连接。以 C 表示两链杆延长线的交点，刚片Ⅰ、Ⅱ可以看成是在点 C 处用铰相连接。也就是说，两根链杆所起的约束作用，相当于在链杆延长线交点处的一个铰所起的约束作用，这个铰称为虚铰。应当注意的是，当刚体做微小运动后，相应的虚铰位置将随之改变，例如图 14-12(a)中由 C 改变到 C'。图 14-12(b)两刚片Ⅰ、Ⅱ用两根平行链杆 AC 和 BD 相连，其虚铰将在无穷远处。

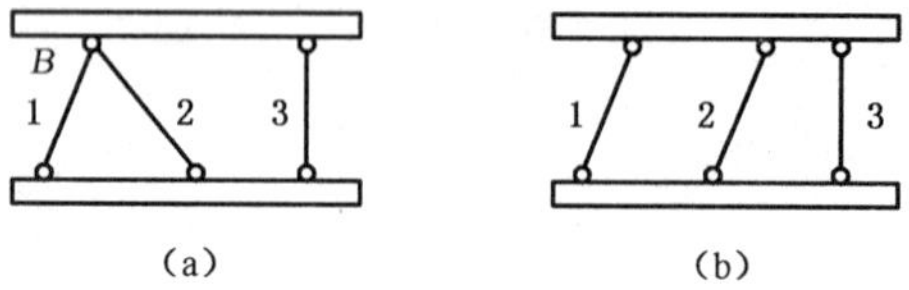

图 14-11

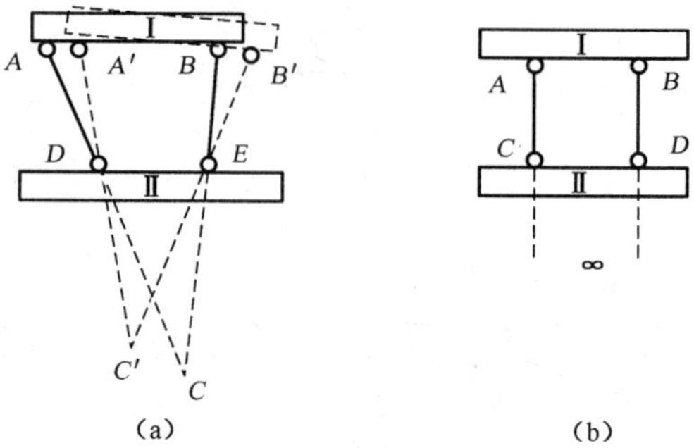

图 14-12

因此，利用虚铰的概念，两刚片规则还可以表述为：两个刚片用既不完全平行也不完全交于一点的三根链杆连接，组成几何不变体系，如图 14-11(a)、(b) 所示。

14.4 体系的几何组成分析举例

几何组成分析的依据是上节所述的各组成规则。只要能正确和灵活地运用它们，便可分析各种各样的体系。

几何组成分析的要领：先将能直接观察出的几何不变部分(如铰接三角形)当作刚片，并尽可能扩大其范围，这样可简化体系的组成，揭示出分析的重点，便于运用组成规则考查这些刚片间的连接情况，作出结论。

几何组成分析的途径：

(1) 当体系中有明显的二元体时，可先依次去掉其上的二元体，再对余下的部分进行分析，如图 14-13 所示。

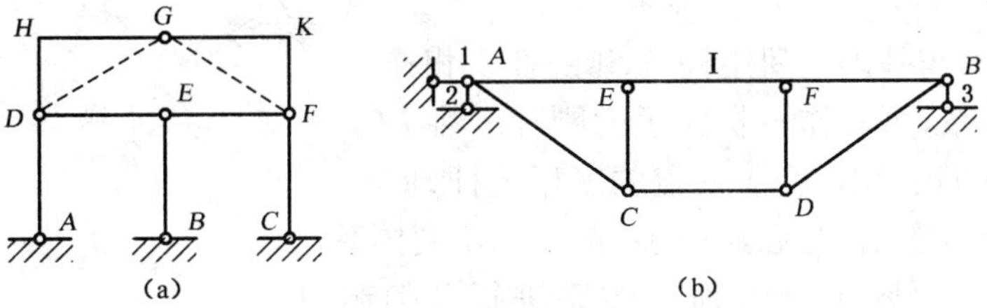

图 14-13

(2) 当体系的基础以上部分与基础间以三根支承链杆按规则二连接时，可先拆除这些支承链杆，只就上部体系本身进行分析，所得结果即代表整个体系的组成性质，如图14-14所示体系。

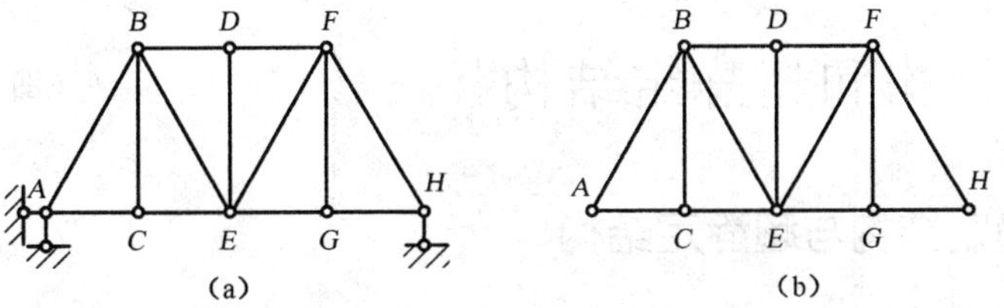

图 14-14

(3) 凡是只以两个铰与外界相连的刚片，无论其形状如何，从几何组成分析的角度看，都可看作为通过铰心的链杆，即折线形链杆或曲杆可用直杆等效代换，如图 14-15 所示体系。

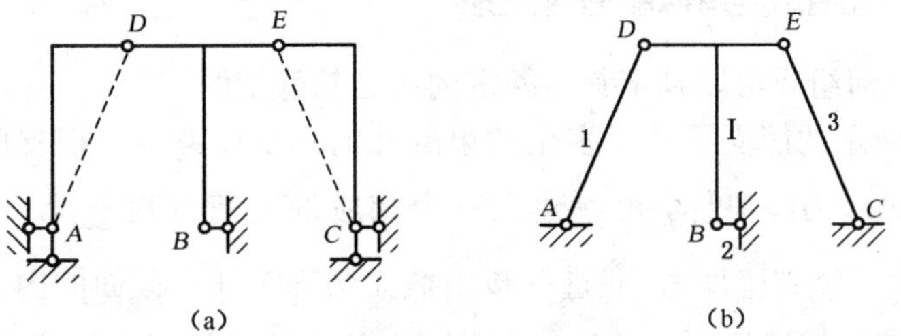

图 14-15

下面分别举例说明。

【例 14-2】 对图 14-16(a)所示体系进行几何组成分析。

【解】 图 14-16(a)所示的结构为桁架结构。其中每对链杆均不共线。所以，可以从 A 点开始，依次去掉二元体，最后剩下基础。故此体系为几何不变体系，且无多余约束。

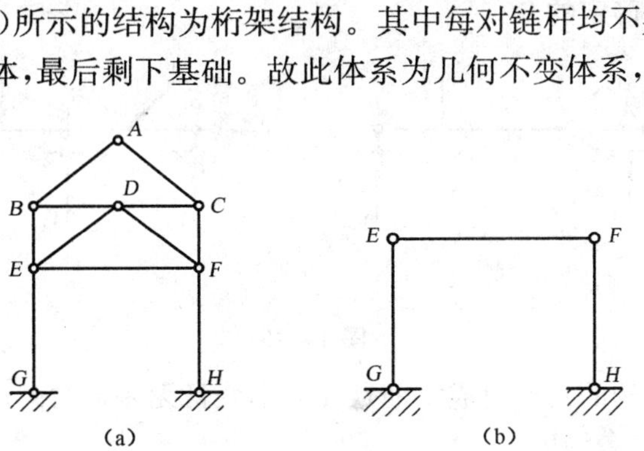

图 14-16

【例 14-3】 对图 14-17 所示体系进行几何组成分析。

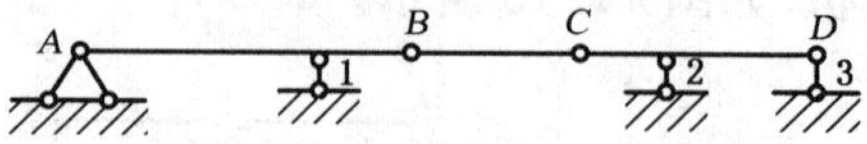

图 14-17

【解】 AB 杆与基础之间用铰 A 和链杆 1 相连，组成几何不变体系，可看作一扩大了的刚片。将 BC 杆看作链杆，则 CD 杆用不交于一点的三根链杆 BC、2、3 和扩大刚片相连，组成无多余约束的几何不变体系。

【例 14-4】 对图 14-18 所示体系进行几何组成分析。

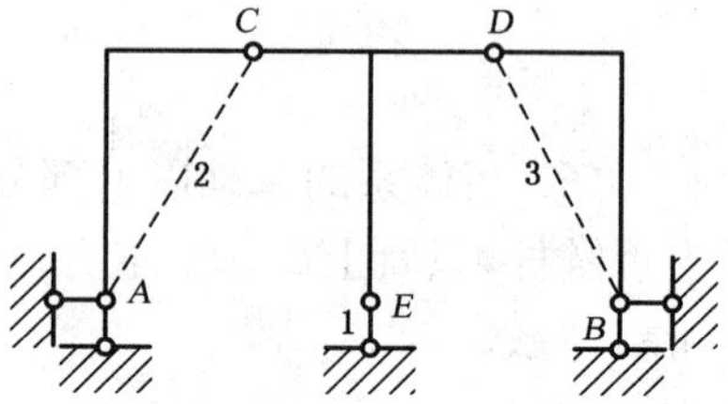

图 14-18

【解】 先把折杆 AC 和 BD 用虚线表示的链杆 2 与 3 来替换，于是 T 形刚片 CDE 由三个链杆 1、2、3 与基础相连。如三链杆共点，则体系是瞬变的。

14.5 静定结构和超静定结构

14.5.1 静定结构与超静定结构

平面杆件结构可分为静定结构和超静定结构两类。凡只需利用静力平衡条件就能确定全部支座反力和内力的结构称为静定结构。全部支座反力或内力不能只由静力平衡条件来确定的结构称为超静定结构。

14.5.2 几何组成与静定性的关系

分析体系的几何组成可以判定其是静定的还是超静定的。

图 14-19(a)所示的简支梁是无多余约束的几何不变体系。三根支座链杆对梁有三个支座反力。取梁 AB 为隔离体，可以建立三个相应的平衡方程 $\sum X=0$，$\sum Y=0$ 和 $\sum M=0$，以确定三个支座反力，并进一步由截面法确定任一截面的内力。因此，简支梁是静定的。图 14-19(b) 所示的连续梁是一个有多余约束的几何不变体系。四个支座链杆有四个支座反力。但取梁 AB 为隔离体所建立的平衡方程式仍是三个。除其中水平反力能由 $\sum X=0$ 确定外，其余三个竖向反力有两个平衡方程是无法确定的，更无法进一步计算内力了。所以连续梁是超静定的。

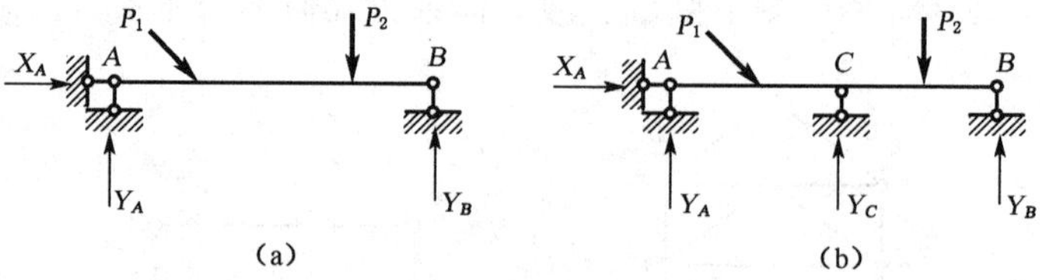

图 14-19

综上所述，静定结构的几何组成特征是几何不变且无多余约束；超静定结构的几何组成特征是几何不变但有多余约束。

本章小结

1. 平面杆件体系按几何组成的分类

- 体系
  - 几何不变
    - 无多余约束——静定结构
    - 有多余约束——超静定结构
  - 几何可变
    - 常变体系
    - 瞬变体系

只有几何不变体系可用于工程结构。

2. 平面杆件体系组成规则及判定

(1) 几何不变体系组成规则

①二元体规则。

②两刚片规则。

③三刚片规则。

(2) 几何瞬变体系的判定

① 两刚片由三根互相平行且不等长的链杆连接(若三根链杆平行且等长,则为常变体系)。

② 两刚片由三根杆轴延长线交于一点的链杆连接。

③ 三刚片由三个共线单铰两两相连。

3. 工程中常见的约束及其性质

(1) 一个链杆相当于一个约束。

(2) 一个单铰或固定铰支座相当于两个约束,连接 n 个刚片的复铰($n>2$) 相当于($n-1$) 个单铰。

(3) 一个固定端约束或一个刚性连接相当于三个约束。

4. 分析几何组成的目的

(1) 判别某体系是否为几何不变体系,以决定其能否作为工程结构来使用。

(2) 研究并掌握几何不变体系的组成规则,合理布置构件以保持结构的几何不变性,从而确保结构能承受荷载并维持平衡。

(3) 根据体系的几何组成,以确定结构是静定的还是超静定的,从而选择不同的反力与内力的计算方法。

思考题

1. 什么是几何不变体系、几何可变体系及瞬变体系?
2. 对结构作几何组成分析的目的是什么?
3. 什么叫约束? 常见约束的种类有哪些?
4. 试叙述二元体规则、两刚片规则、三刚片规则。
5. 静定结构与超静定结构的特点是什么? 有何共同点?

习 题

试对以下各图所示平面杆件体系进行几何组成分析,如果体系是几何不变的,确定有无多余约束。

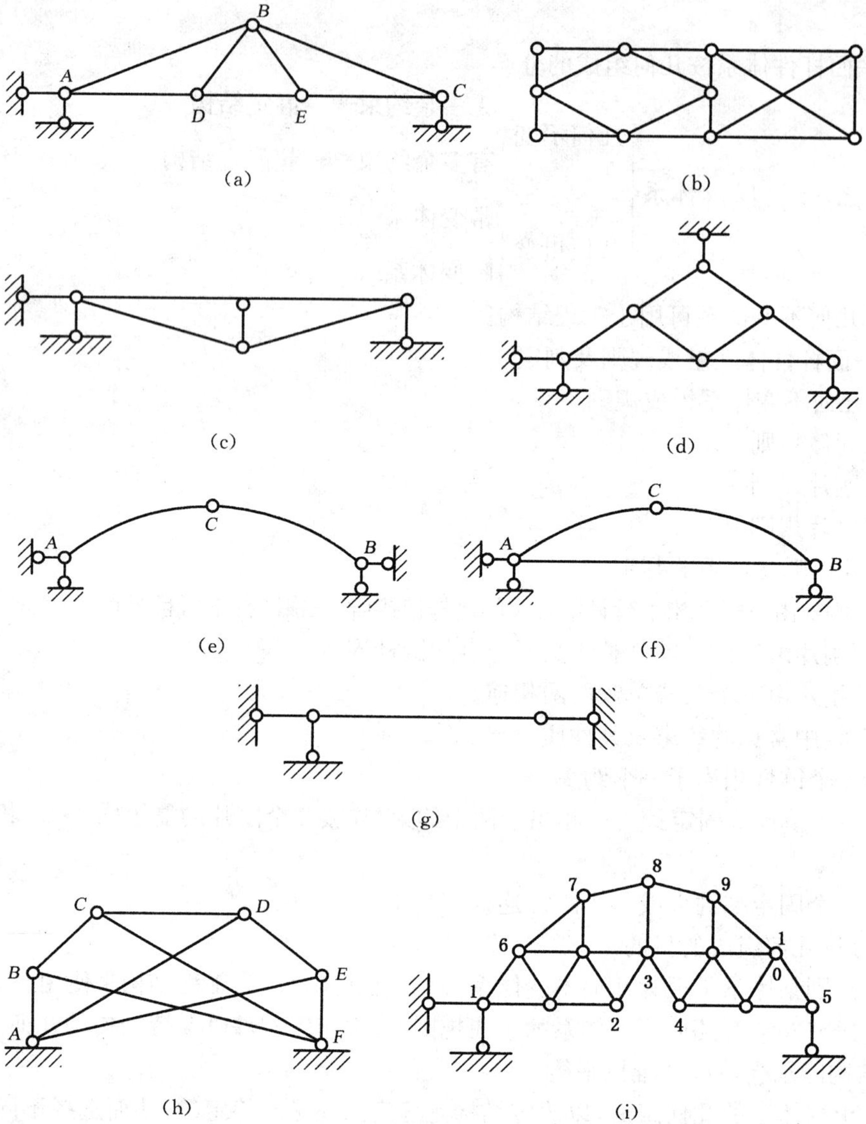

图 14-20

15 静定结构的内力计算

学习目标:会用截面法、列内力方程的基本方法绘制静定梁的内力图;掌握用叠加法绘制静定梁的弯矩图;会利用截面法计算静定平面刚架的内力,并会作内力图;会计算三铰拱指定截面的内力,并了解合理拱轴线;掌握用结点法和截面法计算静定平面桁架的内力;会计算静定平面组合结构的内力;了解静定结构的特点。

静定结构如静定梁、静定刚架、三铰拱、静定桁架和静定组合结构在建筑工程中得到了广泛的应用。本章就来讨论一下这几类静定结构的受力分析,主要讨论静定结构的支座反力计算、内力计算、内力图绘制、受力性能分析。特别是作结构的弯矩图更要熟练掌握。作静定结构内力图的基本方法是截面法,用截面法计算静定结构内力大小,并绘制静定结构内力图是本章的重点内容。掌握静定结构的内力分析是建筑力学课程的基础性要求,也是结构设计的需要,更是超静定结构内力和位移计算的基础。

简单静定梁的受力分析在材料力学部分已经介绍过了,在这里我们先从静定梁入手,依次对常见的静定结构作受力分析。

15.1 静定梁的内力计算及内力图的绘制

静定梁在建筑工程中有着广泛的应用,而对于静定梁的学习,在材料力学部分中已经详细介绍了一些简单静定梁的受力分析,如图 15-1(a)、(b)、(c)所示的单跨简支梁、悬臂梁、外伸梁,这样一些单跨静定梁的支反力和内力的计算、弯矩图的绘制应该已经了解了。本节我们将以单跨静定梁的内力计算及内力图的绘制的简单回顾为基础,学习复杂的多跨静定梁(图 15-1(d))的受力分析,了解它的分析方法及计算过程,为静定刚架的计算做好准备。

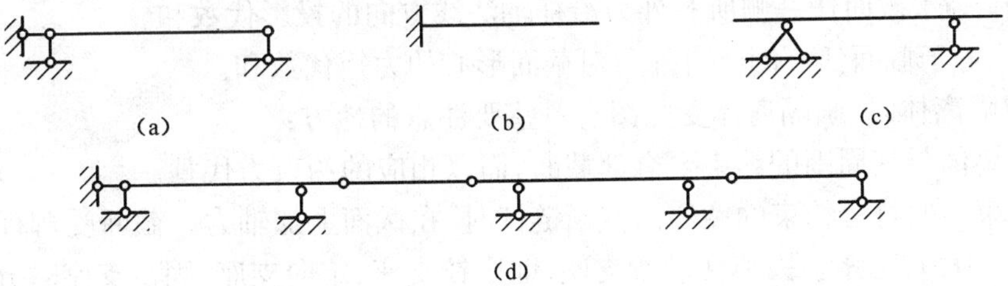

图 15-1

15.1.1 单跨静定梁内力分析回顾

1) 内力及其正负号规定

平面结构在任意荷载作用下,其杆件任一截面上通常有三个内力分量,即轴力 F_N、剪力

F_S、弯矩 M。内力正负号通常规定为：轴力 F_N 以拉力为正，压力为负；剪力 F_S 以绕截面隔离体顺时针旋转为正，以绕隔离体逆时针旋转为负；弯矩 M 以使杆件下侧受拉时为正，以使杆件上侧受拉时为负。具体如图 15-2 所示。

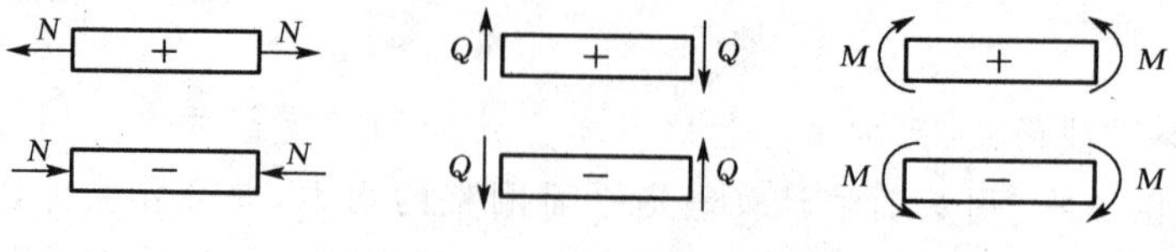

图 15-2　内力的正负号规定

计算杆件指定截面内力大小并据此绘制单跨静定梁内力图的方法常用的有三种，其中用截面法计算指定截面的内力是基本方法，也是最重要的方法；利用杆件内力与荷载的微分关系绘制内力图也具有很大的优势；用叠加法绘制杆件内力图是一种简便画法，也是今后绘制静定梁和静定刚架的常用方法。

2）*用截面法计算指定截面内力*

计算杆件指定截面内力的基本方法是截面法。截面法是将结构沿指定截面假想截开，将结构分成两部分，切开后截面的内力暴露为外力；取截面左边（或右边）任一部分为隔离体，画隔离体的受力图；利用隔离体受力图的平衡条件，确定此截面的三个内力分量，分别为轴力 F_N、剪力 F_S、弯矩 M，如图 15-3 所示。

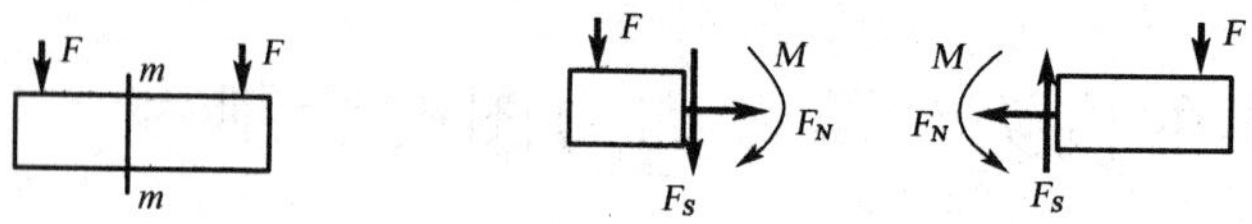

(a) 切开截面　　　(b) 将内力表示出来

图 15-3

由截面法可以得出截面内力的算式如下：

轴力 F_N 等于截面任一侧所有外力（包括荷载和支反力）沿杆轴切线方向的投影代数和。

剪力 F_S 等于截面任一侧所有外力沿杆轴法线方向的投影代数和。

弯矩 M 等于截面任一侧所有外力对截面形心的力矩代数和。

在选取隔离体时，画隔离体受力图有一些要注意的地方：

（1）隔离体与其周围的约束要全部截断，而以相应的约束力代替。

（2）约束力要符合约束的性质。截断链杆时，在截面上加轴力。截断受弯杆件时，在截面上加轴力、剪力、弯矩。去掉活动铰支座、固定铰支座、定向支座、固定支座时分别加一个、两个、两个（定向支座的两个反力中有一个是力偶）、三个支座反力（固定支座的三个反力中有一个是力偶）。

（3）隔离体是应用平衡条件进行分析的对象。在受力图中只画隔离体本身所受到的力，不画隔离体施给周围的力。

（4）不要遗漏力。受力图上的力包括两类：一类是荷载；另一类是截断约束处的约束力。

(5) 未知力一般假设为正号方向，数值是代数值(正数或负数)。已知力按实际方向画，数值是绝对值。未知力计算得到的正负号就是实际的正负号。

下面通过举例来复习一下。

【例 15-1】 简支梁如图 15-4(a)所示。已知 $F_1 = F_2 = 40\,\text{kN}$，试求截面 1-1 上的剪力和弯矩。

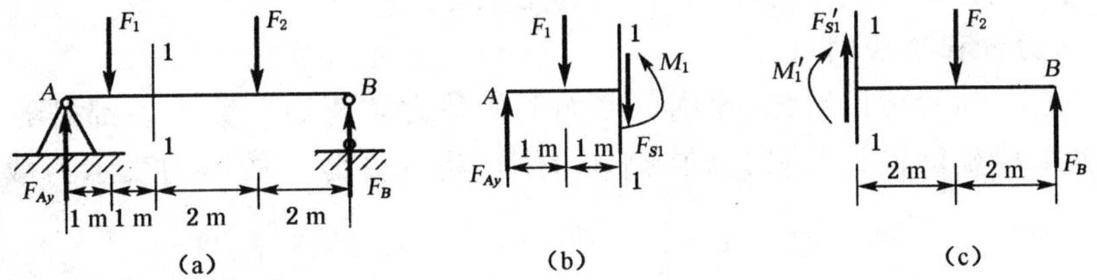

图 15-4

【解】 核心知识：平衡条件，截面法求静定梁指定截面的内力。

解题思路：先由平衡条件求支反力，再由截面法分别求剪力和弯矩。

解题过程：

(1) 求支反力。考虑梁的整体平衡，由平衡方程 $\sum M_B = 0$，有

$$F_1 \times 5 + F_2 \times 2 - F_{Ay} \times 6 = 0$$

解得 $$F_{Ay} = 46.67\,\text{kN}(\uparrow)$$

由 $\sum M_A = 0$ 有 $$-F_1 \times 1 - F_2 \times 4 + F_B \times 6 = 0$$

解得 $$F_B = 33.33\,\text{kN}(\uparrow)$$

校核：$\sum F_y = F_{Ay} + F_B - F_1 - F_2 = 46.67 + 33.33 - 40 - 40 = 0$，计算无误。

(2) 求截面 1-1 上的内力

在截面 1-1 处将梁截开，取左端梁为研究对象，画出受力图，其中露出的内力 F_{S1} 和 M_1 均先假设为正方向，如图 15-4(b)所示，列平衡方程有

$$\sum F_y = 0,\ F_{Ay} - F_1 - F_{S1} = 0$$

$$\sum M_1 = 0,\ -F_{Ay} \times 2 + F_1 \times 1 + M_1 = 0$$

解得 $$M_1 = F_{Ay} \times 2 - F_1 \times 1 = 46.67 \times 2 - 40 \times 1 = 53.34(\text{kN} \cdot \text{m})$$

$$F_{S1} = F_{Ay} - F_1 = 46.67 - 40 = 6.67(\text{kN})$$

求得 F_{S1} 和 M_1 均为正值，表示截面 1-1 上内力的实际方向与假定的方向相同，按内力的符号规定，即该题中剪力和弯矩都是正的。由此可见画受力图时一定要先假设内力为正的方向，由静力平衡方程求得结果的正负号，就能直接代表内力本身的正负。

如果以右端梁为研究对象，如图 15-4(c)所示，大家可自行验证一下，与取左端梁时所得结果相同。

仅计算静定梁的支反力及指定截面的内力是不够的，要想了解其全部的受力状态以及

内力沿梁轴线的变化规律，并且从中找到梁的最大剪力、最大弯矩、最大轴力，以及它们所在的位置，做对应内力图是最好的方法。按内力分量的不同，有轴力图、剪力图、弯矩图。梁是受弯构件，以承受弯矩为主，工程上往往较多绘制弯矩图。绘制内力图的基本方法是利用静力平衡条件求出支反力后列内力方程函数，绘出内力图。这种用列出内力方程函数的方法绘制内力图，很容易理解，但工作量有时很大。实际上很多情况下利用两种简便方法：利用内力与荷载间的微分函数关系绘制内力图；利用叠加法绘制内力图。

3）用列内力方程法绘制内力图

从前面的复习讨论可以看出，梁内各截面上的剪力和弯矩一般来说都是随截面的位置而变化的。如取横坐标轴 x 与杆件轴线平行，则可将杆件截面的内力表示为截面的坐标 x 的函数，即

$$\left.\begin{aligned} F_N &= F_N(x) \\ F_S &= F_S(x) \\ M &= M(x) \end{aligned}\right\} \tag{15-1}$$

以上三个函数式，表示梁内轴力、剪力、弯矩沿梁轴线的变化规律，分别称为轴力方程、剪力方程和弯矩方程，统称为内力方程。

为了形象地表示轴力、剪力和弯矩沿梁轴线的变化规律，便于找到梁中某一切面的最大内力值，可以根据内力方程分别绘出对应的内力图。在土木工程问题中绘制内力图往往以沿梁轴线的横坐标 x 表示梁横截面的位置，称为基线，以纵坐标表示相应横截面上的轴力、剪力和弯矩。

在土建工程中，习惯上把正轴力、正剪力画在 x 轴上方，负轴力、负剪力画在 x 轴下方，并以符号⊕或⊖来表示内力的正负号；把弯矩图规定为正弯矩图画在 x 轴下方，负弯矩图画在 x 轴上方。但是需要注意在弯矩图中不需要标出⊕或⊖来表示内力的正负号，如图15-5 所示。

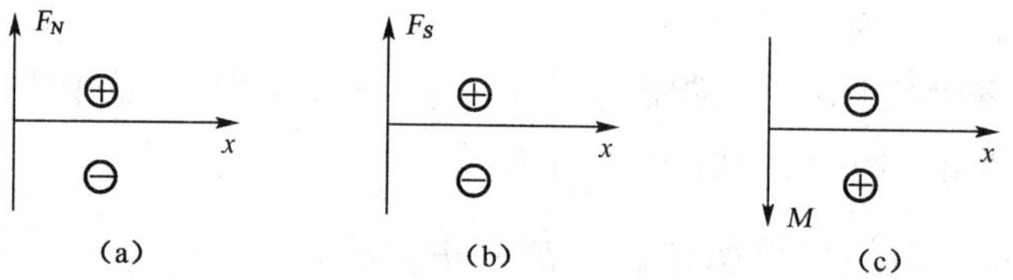

图 15-5

【例 15-2】 图 15-6(a)所示的简支梁受集中力 F 作用，试画出梁的 F_S 图和弯矩 M 图。

【解】 核心知识：建立坐标，列内力方程，画图像。

解题思路：先求支反力，再建立坐标列内力方程，根据数学函数作图像法，作剪力图和弯矩图。

解题过程：

(1) 求支座内力

由整体平衡得 $F_{Ay} = \dfrac{Fb}{l}(\uparrow)$，$F_B = \dfrac{Fa}{l}(\uparrow)$

(2) 列剪力方程和弯矩方程

以梁轴线为 x 轴，A 为坐标原点。由于 C 截面有集中力作用，使得 AC 与 CB 段的内力方程式不同，所以需分段列出。

AC 段 $$F_S = F_{Ay} = \frac{Fb}{l} \quad (0 \leqslant x \leqslant a) \tag{a}$$

$$M = F_{Ay} \times x = \frac{Fbx}{l} \quad (0 \leqslant x \leqslant a) \tag{b}$$

CB 段 $$F_S = -F_B = -\frac{Fa}{l} \quad (a \leqslant x \leqslant l) \tag{c}$$

$$M = F_B(l - x) = \frac{Fa(l-x)}{l} \quad (a \leqslant x \leqslant l) \tag{d}$$

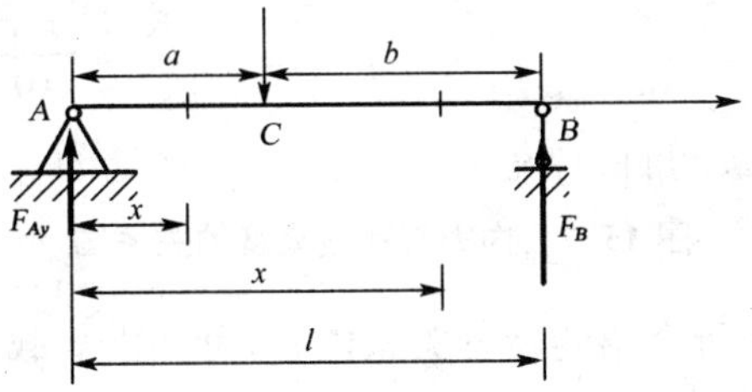

(a) 受力图

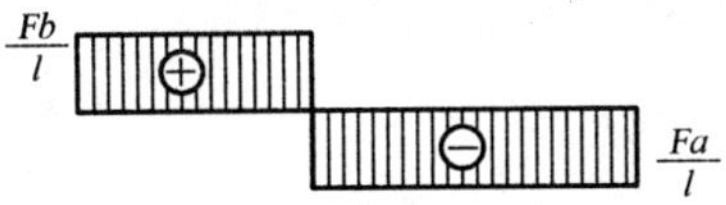

(b) 剪力图

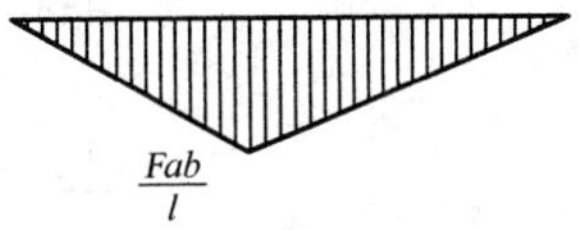

(c) 弯矩图

图 15-6 简支梁的受力图和弯矩图

(3) 画剪力图和弯矩图

先根据内力方程式大致判断内力图在各段的形状，再求出所需要的控制点之值，然后描点连线。

① F_S 图

由式(a)知，AC 段 F_S 为常量，其值为$\frac{Fb}{l}$，因此剪力图是一条在基线上方的水平线。

由式(c)知，CB 段 F_S 为$-\frac{Fa}{l}$，剪力图也是一条水平线，但由于是负值，所以位于水平基线下方。

由此可绘出剪力图如图 15-6(b)所示。

② M 图

由式(b)知，AC 段 M 是 x 的一次函数，为一条斜直线，两点定一条直线，需求出两个截面的弯矩值，如：$x = 0$ 时，$M = 0$；$x = a$ 时，$M = \frac{Fab}{l}$。

因为规定梁下部受拉为正，因此 AC 段应该在基线下方描出这两个控制点并连线，即得 AC 段弯矩图。用同样的方法可画出 CB 段的弯矩图。全梁弯矩图如图 15-6(c)所示。

根据内力方程式可求出静定梁任一截面的内力，进而根据函数关系式与图形的关系可作出静定梁的内力图，因此利用内力方程法绘制内力图是一种基本方法，但是很明显较为麻烦。

4) 用内力与荷载间的微分函数关系法绘制内力图

如图 15-7(a)所示，梁上作用着任意分布荷载 $q(x)$，设 $q(x)$ 以向上为正。取 A 为坐标原点，x 轴以向右为正，根据微积分概念，现取分布荷载作用下的一微段 $\mathrm{d}x$ 来作为研究对象，如图 15-7(b)所示。

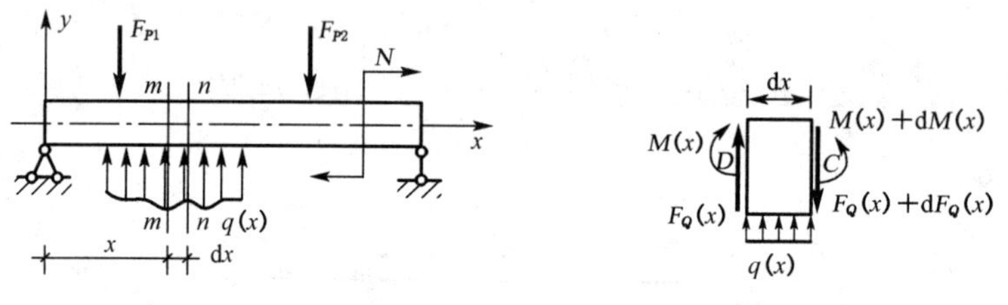

(a) 任意荷载作用下的静定梁　　　(b) 微段 $\mathrm{d}x$ 的受力分析图

图 15-7　内力与荷载集度的关系图

根据前面材料力学部分所介绍的微分关系内容，可知由荷载与内力间的微分关系为

$$\left.\begin{aligned}\frac{\mathrm{d}F_S(x)}{\mathrm{d}x}&=q(x)\\\frac{\mathrm{d}M(x)}{\mathrm{d}x}&=F_S(x)\\\frac{\mathrm{d}^2M(x)}{\mathrm{d}x}&=q(x)\end{aligned}\right\}\tag{15-2}$$

根据微分关系可得内力图的一些特点：

(1) 当 $q(x)=0$ 时，相当于无分布荷载作用，$F_S(x)$ 为常数，$M(x)$ 为一次函数，因此，在无荷载区段，F_S 图为水平线(若剪力为正，则位于水平基线上方；若剪力为负，则位于水平基线下方)，M 图为斜直线。

(2) 当 $q(x)$ 为常数时，相当于有均布荷载作用，$F_S(x)$ 为一次函数，$M(x)$ 为二次函数，因此，在均布荷载区段，F_S 图为斜直线，M 图为二次抛物线，并且其凸出方向与均布荷载指向相同。即 q 方向定凸向，q 向上，抛物线图上凸；q 向下，抛物线图下凸。

(3) 当 $q(x)$ 为一次函数时，$F_S(x)$ 为二次函数，$M(x)$ 为三次函数。

(4) 在集中荷载作用处，剪力图发生突变，弯矩图发生转折；集中力偶作用处，弯矩图发生突变，剪力图无变化；分布荷载的两端处，弯矩图的直线段与曲线段在此相接。

(5) 在铰接处一侧截面，如果有集中力偶，则该截面处的弯矩等于该集中力偶之值；如果无集中力偶作用，则该截面弯矩等于 0；对自由端，弯矩图和铰接处弯矩图相同。

(6) 在自由端处，受集中荷载作用时，其剪力值等于集中荷载之值，而弯矩为 0；如果无荷载作用，则其剪力值和弯矩值均为 0。

为了方便应用，可以将上述部分特点及规律用表 15-1 列出来。

表 15-1　梁的荷载与剪力图、弯矩图之间的关系

序号	梁上荷载情况	剪力图	弯矩图
1	无分布荷载 $(q(x)=0)$	F_S图为水平线 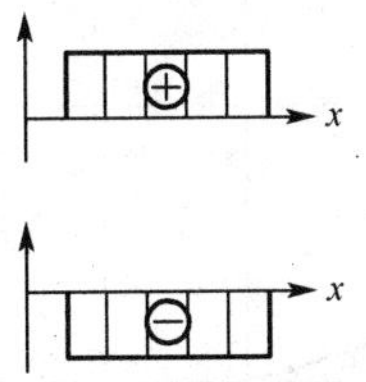	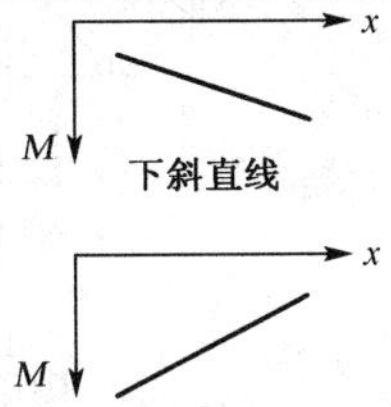 下斜直线 上斜直线
2	均布荷载向上作用 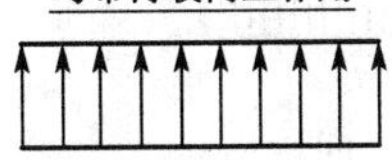 $q>0$	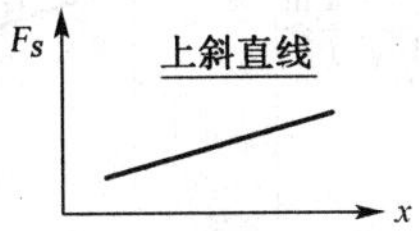 上斜直线	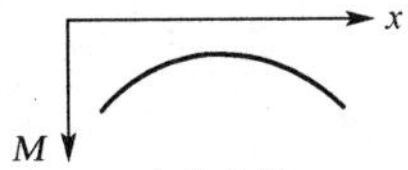 上凸曲线
3	均布荷载向下作用	下斜直线	下凸曲线
4	集中力作用 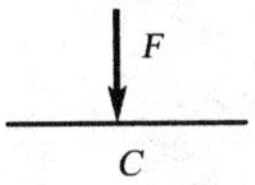	C截面有突变 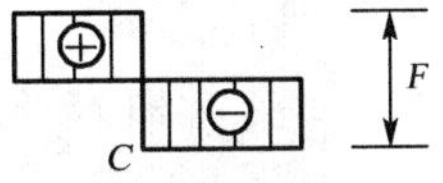	C截面有尖角 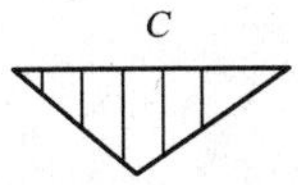
5	集中力偶作用 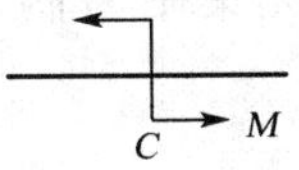	C 截面无变化	C截面有突变 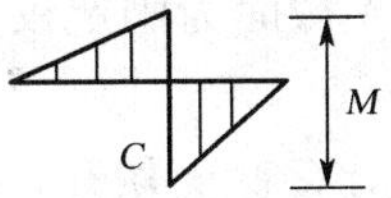
6	集中力偶作用	$F_S=0$ 的截面处	弯矩 M 有极值

把这些关系用四个字来概括的话就是“零平斜弯”。

实践表明，若正确掌握上述作内力图的规律，在理解的基础上念诵几遍，便可将一系列规律牢记于心，经过练习，便可熟练利用该规律作图了。

【例 15-3】　一外伸梁，梁上荷载如图 15-8(a)所示，试利用微分关系画出外伸梁的剪力图和弯矩图。

【解】　核心知识：求梁指定截面内力。

解题思路：利用平衡条件求支反力，再求控制点内力，然后作内力图。

解题过程：

(1) 求支反力

$$F_A=16\ \text{kN}(\uparrow),\ F_B=40\ \text{kN}(\uparrow)$$

(2) 根据梁上的外力情况，将梁分成 AC、CD、DE、EF、FB、BG 六段

(3) 计算控制截面剪力，画剪力图

由荷载与内力之间的微分关系，可求出各控制截面的剪力为：

$$F_{SA}^R=F_{SC}^L=16\ \text{kN},\ F_{SC}^R=F_{SD}=8\ \text{kN},$$

$$F_{SB}^L=F_{SE}=-24\ \text{kN},\ F_{SG}^L=F_{SB}^R=16\ \text{kN}$$

画出剪力图如图 15-8(b)所示。

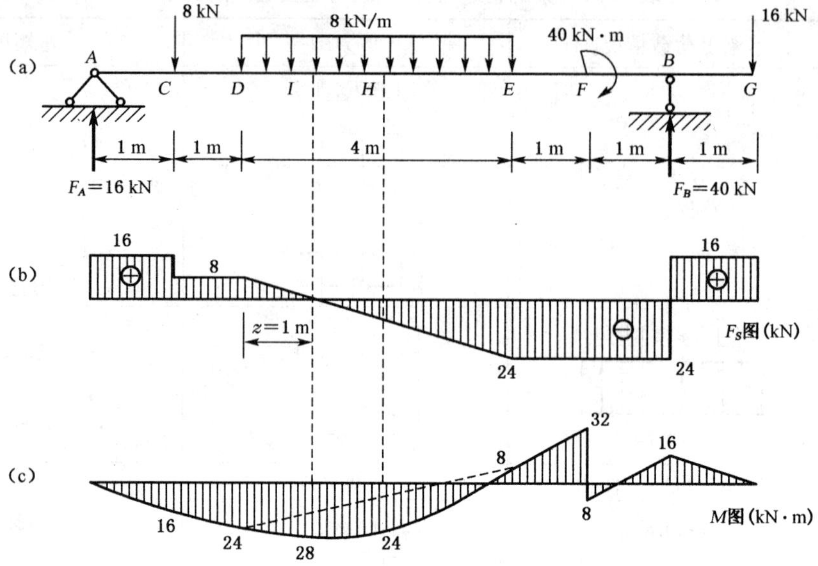

图 15-8

(4) 计算控制截面弯矩,画弯矩图

A 截面为固定铰支座,G 截面为自由端,且两截面上都无集中力偶作用,所以 $M_A = M_G = 0$。

沿 C 截面切开,利用截面法求得 $M_C = 16\ \text{kN}\cdot\text{m}$。

同理求得 $M_D = 24\ \text{kN}\cdot\text{m}$,$M_E =- 8\ \text{kN}\cdot\text{m}$,$M_F^L =- 32\ \text{kN}\cdot\text{m}$,$M_F^R = 8\ \text{kN}\cdot\text{m}$,$M_B =- 16\ \text{kN}\cdot\text{m}$。

由荷载与内力之间的微分关系,画出弯矩图如图 15-8(c)所示。

通过刚才的例题可发现利用微分关系作图是位于某个区段内的,把每个区段的端截面称为控制截面,控制截面一般可选在支承点、集中荷载作用处、集中力偶作用处、均布荷载开始和结束的地方。

只要求出了控制截面的内力,利用微分关系就能很熟练地画内力图了。

利用已知的控制截面的内力作图,除了微分关系作图法外,还有利用叠加法作内力图。

5) 用叠加法绘制内力图

(1) 叠加原理

叠加原理是指当结构上同时作用多个荷载时,不考虑材料内部的微小变形,可认为每一个荷载的作用是相互独立、互不干扰的,这几个荷载共同作用下所引起的某一量值(反力、内力、应力、变形)等于各个荷载单独作用时所引起的该量值的代数和。

(2) 叠加法

当梁上作用着几个荷载时,利用叠加原理作内力图可以使计算简化。作法是:将梁上的荷载分成几组容易画出内力图的简单荷载,分别画出各简单荷载单独作用下的内力图,然后将各控制截面对应的纵坐标分别求代数和,即得到梁在几个荷载作用下的内力图。这种绘制内力图的方法,称为叠加法。另外,由于梁的剪力图容易绘制,通常绘制剪力图时不用叠加法,只在绘制弯矩图时用叠加法。

叠加法常以简支梁为基础，现结合实例说明如下。

图 15-9(a)为一简支梁，它所承受的荷载有两部分：一是在梁两端有集中力偶（如图 15-9(b)）；二是在梁上有均布荷载 q 作用（如图 15-9(c)）。分别作出两种荷载作用下的弯矩图（如图 15-9(d)、(e)）。然后可将各控制截面对应的纵坐标相叠加求代数和，得到总的弯矩图，如图 15-9(f)所示。

注意：这里所说的叠加，是弯矩图所对应的纵坐标的叠加，而不是弯矩图形的简单叠加。

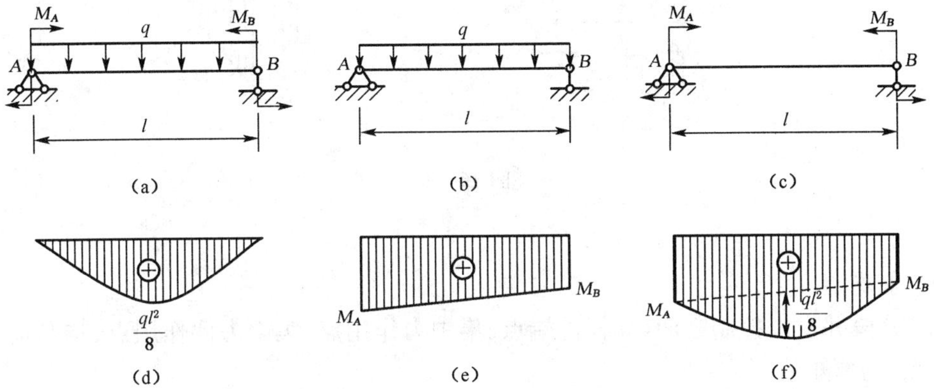

图 15-9

在实际绘制弯矩图时，并不需要单独画出图 15-9(b)、(c)、(d)、(e)，而是直接作出图 15-9(f)的弯矩图。其具体做法是：先将梁两端弯矩画出并连以虚线，然后以虚线为基线，画出简支梁在均布荷载作用下的弯矩图，则得到最后图形与原选定的水平基线所包围的图形即为实际最终的弯矩图。

上述简支梁弯矩图的叠加法，可应用于结构中任意直线段。

当杆件上作用的荷载或结构比较复杂时，在作内力图时，往往把结构划分成若干直线段，把每一段都看成简支梁，而把简支梁弯矩图的叠加法推广到结构弯矩图的作法中，这叫做弯矩图的分段叠加法。采用此方法，将使绘制弯矩图的工作得到很大的简化，问题的关键是要会做任一段直杆的弯矩图。下面举例说明。

如图 15-10(a)中所示的杆段 AB，取杆段 AB 作为隔离体，如 15-10(b)所示。隔离体上的作用力除荷载 F 外，还有杆端弯矩 M_A、M_B 和剪力 V_A、V_B。为了说明杆段 AB 弯矩图的特性，我们将它与图 15-10(c)所示的简支梁相比较，两者都满足相同的平衡条件，故 AB 段两端的剪力 V_A、V_B 与简支梁的反力 V_A^0、V_B^0 对应相等，它们的内力也对应相等，即杆段 AB 的弯矩图与图 15-10(c)所示简支梁的弯矩图完全相同。对简支梁可按前述叠加法作弯矩图，即先用虚线画出两个杆端弯矩 M_A、M_B 作用下的弯矩图，也就是图 15-10(d)中的虚线 ab，再过杆段中点作杆轴垂线交虚线于 C 点，然后过 C 点在垂线上沿荷载 q 的指向量取长度等于$\frac{Fl_{AB}}{4}$的线段 cd，最后将 a、d、b 三点用折线连接起来，此折线与基线所围成的图形即为叠加后的弯矩图，如图 15-10(d)。

综上可知，用弯矩图的分段叠加法和内力图特性，可将梁的弯矩图的一般作法归纳

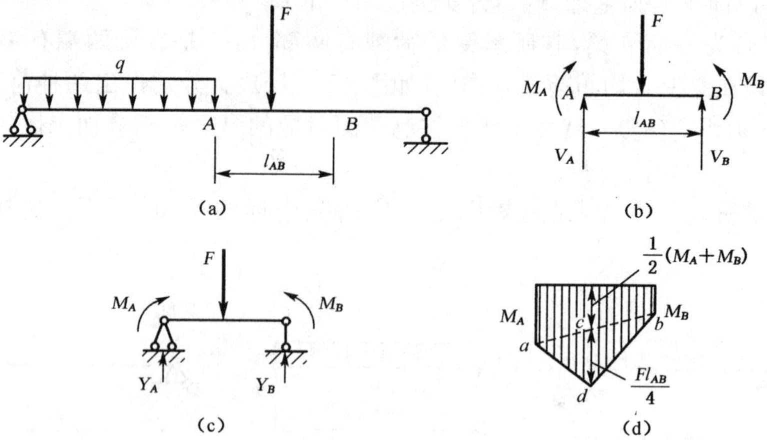

图 15-10

如下：

(1) 求支座反力。

(2) 分段并求出控制截面(如杆件端点、集中力作用点、集中力偶作用点、均布荷载的起点和终点)的弯矩值。

(3) 利用分段叠加法画弯矩图。如果相邻两控制截面的区段无荷载，即可根据控制截面的弯矩图作出直线弯矩图；如果控制截面间有荷载作用，则根据控制截面的弯矩值作出直线图形后，还要叠加上该段按简支梁求得的弯矩图。

在今后绘制梁和刚架的弯矩图时，叠加法具有很大的优势。

【例 15-4】 作图 15-11(a)所示简支梁的弯矩图。

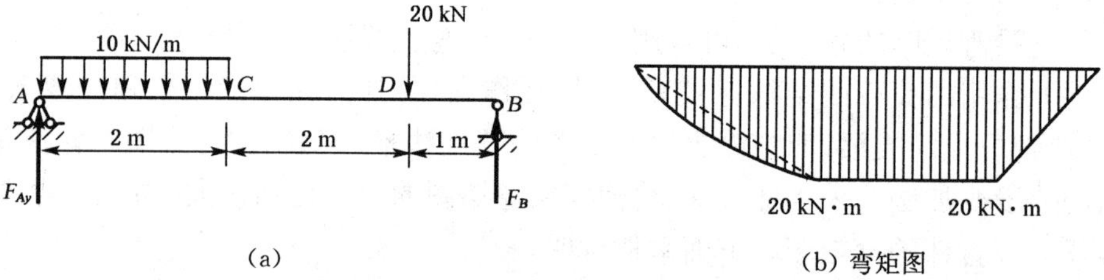

图 15-11

【解】 核心知识：利用叠加法绘制简支梁的弯矩图。

解题思路：利用平衡条件求支反力，再分段求控制截面的弯矩，然后作内力图。

解题过程：

(1) 求支反力

$$\sum M_A = 0,\ -5F_{By} + 10 \times 2 \times 1 + 4 \times 20 = 0 \Rightarrow F_{By} = 20\ \text{kN}(\uparrow)$$

$$\sum M_B = 0,\ 5F_{Ay} - 20 \times 1 - 10 \times 2 \times 4 = 0 \Rightarrow F_{Ay} = 20\ \text{kN}(\uparrow)$$

校核：$\sum F_y = 20 + 20 - 10 \times 2 - 20 = 0$，计算无误。

(2) 分段求各控制截面弯矩

根据分段原则，此梁可分为 AC、CD、DB 三段，控制截面 A、C、D、B 的内力可由内力算式求出。

设未知内力均为正方向，A、B 截面位于杆自由段且无集中力偶作用，所以可得到

$$M_A = M_B = 0$$

$$M_C = 20 \times 2 - 10 \times 2 \times 1 = 20(\text{kN} \cdot \text{m})$$

$$M_D = 20 \times 1 = 20(\text{kN} \cdot \text{m})$$

(3) 作弯矩图

画基线 AB 与杆轴线平行表示截面位置。先按比例定控制截面的弯矩纵坐标。

CD、DB 两段无荷载作用，将弯矩纵坐标顶点用直线相连，即为弯矩图。

AC 段有均布荷载，先将 A、C 两点的纵坐标顶点用虚直线相连，再以此虚直线为基线，叠加以 AC 为跨度的简支梁在均布荷载作用下的弯矩图，且叠加的抛物线的中点坐标为

$$\frac{1}{8} \times 10 \times 2^2 = 5(\text{kN} \cdot \text{m})$$

均布荷载作用下的弯矩图和原基线之间的图形就是最后的弯矩图，如图 15-11(b)所示。且 AC 段中点的弯矩为

$$\frac{0 + 20}{2} + 5 = 15(\text{kN} \cdot \text{m})$$

15.1.2 多跨静定梁

在建筑工程中，大多数的梁并不像我们前面所学的一样是单跨梁，而是多跨梁，如果所研究的结构是静定结构的话，就是多跨静定梁。

多跨静定梁是工程实际中比较常见的结构，它是由若干根单跨静定梁用铰连接而成的静定结构。这种结构常用于工程桥梁和房屋建筑的檩条中，常用它来跨越几个相连的跨度，图 15-12(a)就可看成是多跨静定梁。在图中，C、D、G、H 点为构件的连接点，通常对混凝土结构是两构件端部伸出钢筋，经吊装完毕后焊接，再浇上混凝土。由于这些结点抵抗转动的能力较差，故计算时可简化为光滑铰接点，其计算简图如图 15-12(b)所示。

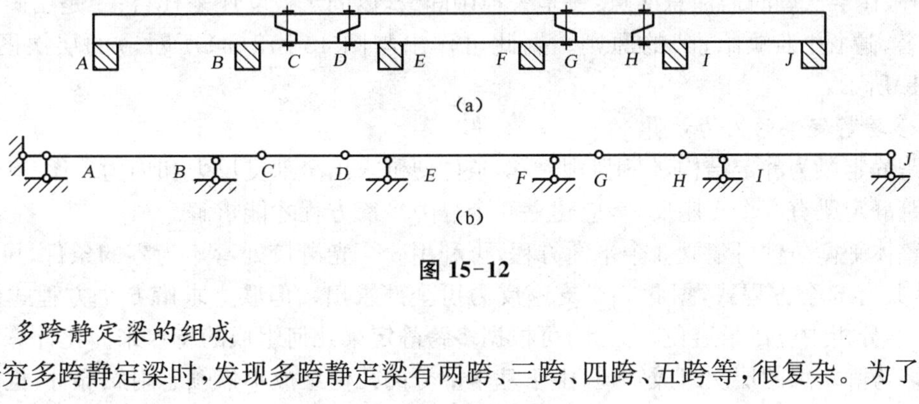

图 15-12

1) 多跨静定梁的组成

研究多跨静定梁时，发现多跨静定梁有两跨、三跨、四跨、五跨等，很复杂。为了能够深

入透彻地了解它,就一定要了解其几何组成关系。

如图 15-12(b)所示,通过几何组成分析可知,该体系为无多余约束的几何不变体系,就是说属于五跨静定梁。

根据多跨静定梁的几何组成规律,各个部分之间分开,按照重要性程度的不同,可以将它的各个部分区分为基本部分和附属部分。

图 15-13(a)可分成 *AC*、*CE*、*EG*、*GH* 四个部分,其中 *AC* 是通过既不全平行也不相交于一点的三根链杆与基础连接,按照几何不变体系的组成规律,*AC* 部分与基础之间形成一个没有多余约束的几何不变体系,即除了基础之外,*AC* 部分不需要依赖 *CE*、*EG*、*GH* 就能保持平衡。*CE* 部分使通过铰 *C* 和 *D* 支座链杆连接在 *AC* 部分梁和基础上,即 *CE* 梁的平衡需依赖 *AC* 部分梁。*EG* 梁通过铰 *E* 和 *F* 支座链杆连接在 *CE* 梁和基础上,即 *EG* 梁的平衡需依赖 *CE* 梁。*GH* 梁通过铰 *G* 和 *H* 支座链杆连接在 *EG* 梁和基础上。由此可知,*AC* 梁直接与基础组成一几何不变部分,它的几何不变性不受 *CE*、*EG*、*GH* 梁的影响,故 *AC* 梁称为该多跨静定梁的基本部分;而 *CE* 梁要依靠 *AC* 梁才能保持其几何不变性,故 *CE* 梁为 *AC* 梁的附属部分;同理,*EG* 梁是 *AC*、*CE* 梁的附属部分;*GH* 梁是 *AC*、*CE*、*EG* 梁的附属部分。反之,*AC*、*CE* 梁相对于 *EG* 梁来说是基本部分,*AC*、*CE*、*EG* 梁相对于 *GH* 梁来说是基本部分。

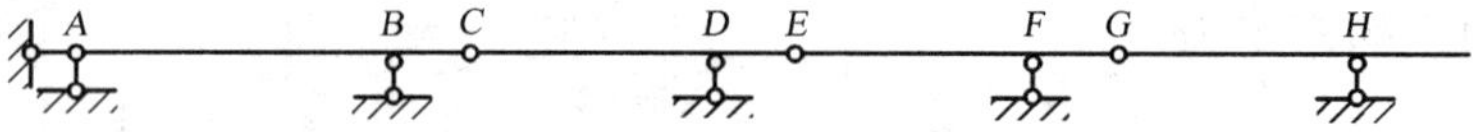

(a)

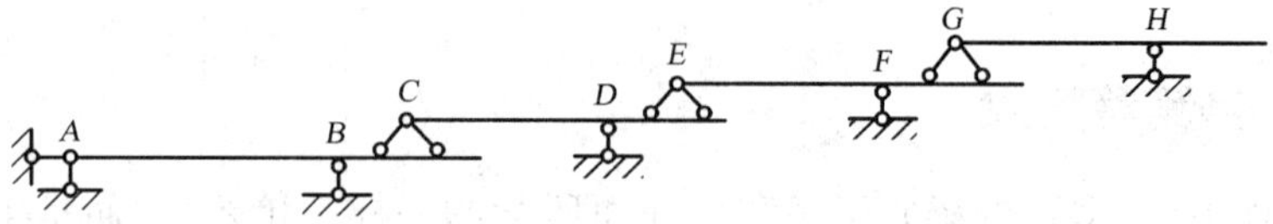

(b)

图 15-13

为了更清楚地表示各部分之间的支承关系,可把基本部分画在下层,把附属部分画在上层,这种表示力的传递路线的图形称为层次图。它是附属部分支承于基本部分之上而作出的。即基本部分可不依靠与附属部分而能保持其几何不变性,而附属部分则必须依靠于基本部分才能保持其几何不变性。

另外,作层次图时需注意两点:一是去掉中间铰,以固定铰支座来代替;二是用固定铰支座来代替,遵循“谁缺给谁”的原则。据此可作出与图 15-13(a)所对应的层次图,如图 15-13(b)所示。

2) 多跨静定梁的内力计算

多跨静定梁为静定结构,仅用静力平衡条件便可求出全部支反力和内力。图 15-13(a)所示多跨静定梁有 6 个支座反力,应建立 6 个静力平衡方程才能求解。

由整体平衡条件可建立 3 个平衡方程,再利用 3 个光滑铰处弯矩为零的条件,可补充 3 个方程,共有 6 个方程式,据此 6 个支座反力可全部求出。但联立求解 6 个方程式比较繁琐,在力学分析中应尽量避免。为此,可根据多跨静定梁几何组成的特点来简化计算。

从多跨静定梁的层次组成知道,由于基本部分的几何组成不依赖于附属部分,也就是说在组成上基本部分能独立平衡，作用在基本部分上的荷载只能影响到附属部分；而附属部分的平衡由于必须依赖于基本部分，附属部分通过铰接部分将力和荷载传递至基本部分，因此附属部分上的荷载影响到附属部分和基本部分。因此，在计算多跨静定梁时，应先计算附属部分，再计算基本部分，将附属部分与基本部分间的铰接反力反向加于基本部分上。这样，多跨静定梁就可以拆成若干个单跨梁分别计算，再将各单跨梁的内力图连在一起，即可得多跨梁的内力图。按照这样的分析，图 15-13(a)应先计算 *GH* 梁，再依次计算 *EG*、*CE* 梁，最后计算 *AC* 梁。

由此可知，分析多跨静定梁的步骤如下：

(1) 按主从关系画出传力的层次图。

(2) 根据层次图，先算附属梁，再算基本梁。依次计算各梁的反力，反向作用于基本梁上。

(3) 分别画出各单跨梁的内力图，再连在一起，即得整个多跨静定梁的内力图。

【例 15-5】 如图 15-14(a)所示两跨静定梁，试作其弯矩图和剪力图。

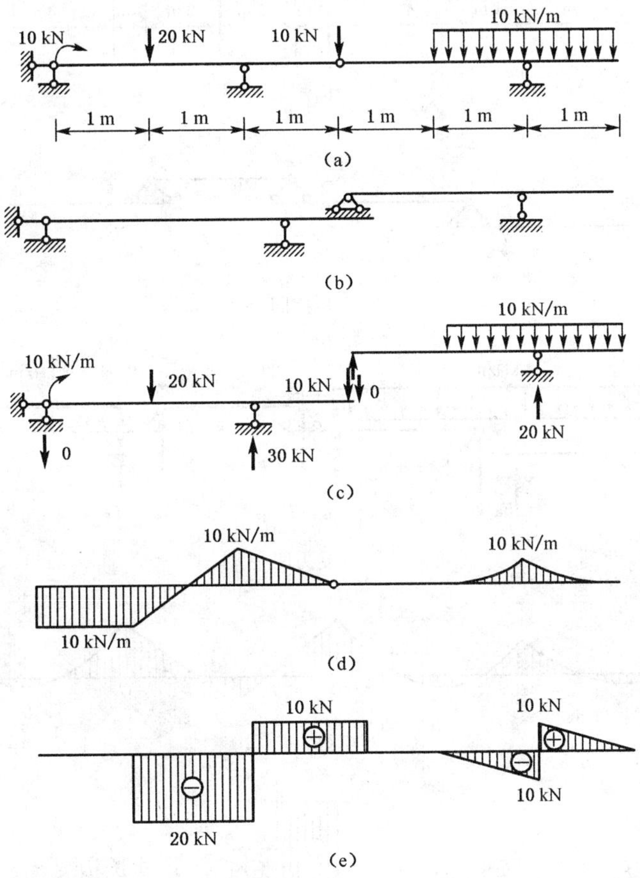

图 15-14

【解】 核心知识：求该两跨静定梁的指定截面内力。

解题思路：利用多跨静定梁几何组成的特征及平衡条件求支反力，再求控制截面的内力，然后作内力图。

解题过程：

(1) 分层画层次图求支反力

作该两跨静定梁的层次图如图 15-14(b)所示，其中左边跨为基本部分，右边跨为附属部分。作基本部分与附属部分的受力分析图，如图 15-14(c)所示。

附属部分与基本部分均相当于一个外伸梁，计算出各支座支反力如图 15-14(c)所示。

(2) 作内力图

利用截面法，很容易分段求出各控制截面内力，根据“零平斜弯”和叠加法可作出图 15-14(d)和 15-14(e)所示的弯矩图和剪力图。

【例 15-6】 绘制图 15-15(a)所示多跨静定梁的弯矩图和剪力图。

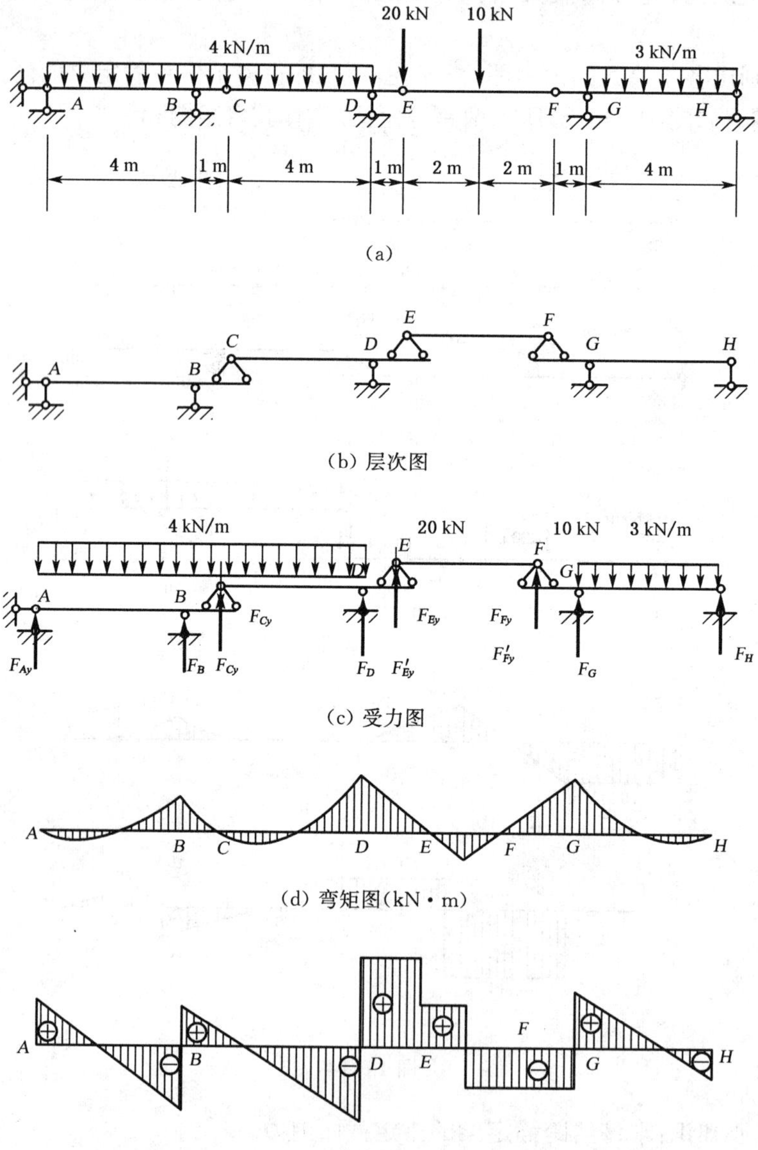

(e) 剪力图(kN)

图 15-15

【解】 核心知识:求该四跨静定梁的指定截面内力。

解题思路:利用多跨静定梁几何组成的特征及平衡条件求支反力,再求控制截面的内力,然后作内力图。

解题过程:

(1) 绘制层次图,如图 15-15(b)所示。

(2) 画各部分受力图如图 15-15(c)所示,计算支座反力,先从高层次的附属部分开始,逐层向下计算。

① EF 段:由静力平衡条件得

$$\sum M_E = 0,\ F_{Fy} \times 4 - 10 \times 2 = 0, \text{得 } F_{Fy} = 5\ \text{kN} = F'_{Fy}$$

$$\sum Y = 0,\ \text{得 } F_{Ey} = 25\ \text{kN} = F'_{Ey}$$

② CE 段:将 F'_{Ey} 作用于 E 点,并与 q 共同作用可得

$$\sum M_C = 0,\ F_D \times 4 - 25 \times 5 - 4 \times 4 \times 2 = 0,\ \text{得 } F_D = 39.25\ \text{kN}$$

$$\sum Y = 0,\ F_{Cy} + F_D - 4 \times 4 - 25 = 0,\ \text{得 } F_{Cy} = 1.75\ \text{kN} = F'_{Cy}$$

③ FH 段:将 F'_{Fy} 作用于 F 点,并与 $q = 3\ \text{kN/m}$ 共同作用可得

$$\sum M_G = 0,\ F_H \times 4 + 5 \times 1 - 3 \times 4 \times 2 = 0,\ \text{得 } F_H = 4.75\ \text{kN}$$

$$\sum Y = 0,\ 5 + 3 \times 4 - 4.75 - F_G = 0,\ \text{得 } F_G = 12.25\ \text{kN}$$

④ AC 段:将 F'_{Cy} 作用于 C 点,并与 $q = 4\ \text{kN/m}$ 共同作用可得

$$\sum M_B = 0,\ F_{Ay} \times 4 + 1.75 \times 1 + 4 \times 1 \times 0.5 - 4 \times 4 \times 2 = 0,\ \text{得 } F_{Ay} = 7\ \text{kN}$$

$$\sum Y = 0,\ 1.75 + 5 \times 4 - 7 - F_B = 0,\ \text{得 } F_B = 14.75\ \text{kN}$$

(3) 计算内力并绘制内力图

选 A、B、C、D、E、F、G、H 为控制截面,各段支座反力求出后不难由截面法求出各控制截面内力,然后绘制各段内力图,最后将它们连成一体,得到多跨静定梁的 M、Q 图,如图 15-15(d)、(e)所示。

各控制截面的内力如下:

A 截面:$M_A = 0$,$F_{SA左} = 0$,$F_{SA右} = 7\ \text{kN}$

B 截面:$M_B = -4\ \text{kN} \cdot \text{m}$,$F_{SA左} = -9\ \text{kN}$,$F_{SA右} = 5.75\ \text{kN}$

C 截面:$M_C = 0$,$F_{SC} = 1.75\ \text{kN}$

D 截面:$M_D = -25.25\ \text{kN} \cdot \text{m}$,$F_{SD左} = -14.25\ \text{kN}$,$F_{SD右} = 25\ \text{kN}$

E 截面:$M_E = 0$,$F_{SE左} = 25\ \text{kN}$,$F_{SE右} = 5\ \text{kN}$

F 截面:$M_F = 0$,$F_{SF} = -5\ \text{kN}$

G 截面:$M_G = -5\ \text{kN} \cdot \text{m}$,$F_{SG左} = -5\ \text{kN}$,$F_{SG右} = 7.25\ \text{kN}$

H 截面:$M_H = 0$,$F_{SH左} = -4.75\ \text{kN}$,$F_{SH右} = 0$

15.2 静定平面刚架的内力计算及内力图的绘制

在工业与民用建筑中，刚架是应用广泛的结构形式之一，如常见的框架结构建筑，进行力学分析时所采用的计算简图就是刚架。本节就来学习一下刚架的知识。

15.2.1 静定刚架概述

刚架是由若干直杆全部或部分通过刚结点连接而成的几何不变体系。

1）刚结点的特征

具有刚结点是刚架这一结构形式的显著特征。

从变形的角度来看，在刚结点处各杆不能发生相对转动，因而刚结点处各杆的切线夹角始终保持不变；从受力的角度来看，刚结点可以承受和传递弯矩。在刚架中，弯矩是主要的内力，同时还可承受剪力和轴力。总之，由于刚结点的存在，使得刚架在受力和变形上具有一些不同于其他类型结构的特点。

如图 15-16(a)和图 15-16(b)所示结构，尽管其跨度、高度和所承受的荷载完全相同，但两个结构上所产生的内力和变形是不同的。图 15-16(a) 中梁 BC 的跨中最大弯矩$M_{max}=\frac{ql^2}{8}$，最大剪力 $F_{Smax}=\frac{5ql^4}{384EI}$；图 15-16(b) 中因 B、C 为刚结点，可以承受弯矩，所以梁 BC 跨中最大弯矩 $M_{max}=\frac{ql^2}{8}-M$，最大剪力 $F_{Smax}=\frac{5ql^4}{384EI}-\frac{Ml^2}{8EI}$。由此可知，刚架的梁和柱被刚结点连成一刚性整体，不仅增强了结构的刚度，而且使其内力分布和变形分布较为均匀、合理，从而使用材也较为经济。

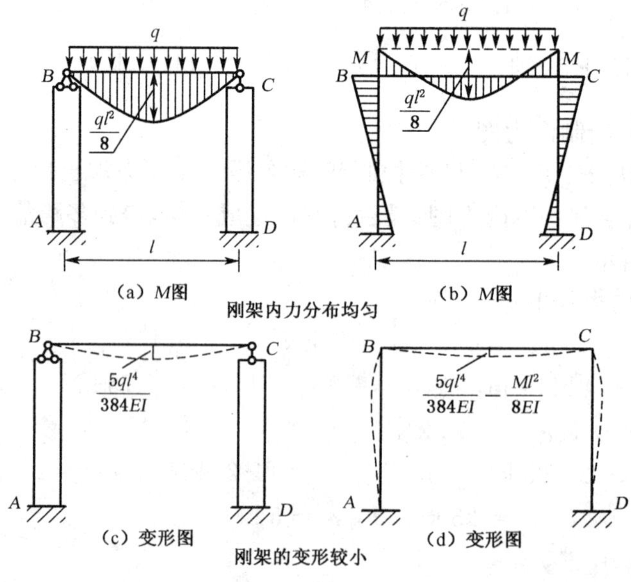

图 15-16

对图 15-17(a)所示体系，很明显为几何可变体系，可通过加一斜杆使其成为几何不变的静定桁架（如图 15-17(b)）。除了这种方法之外，也可将其中一个铰接点处理成为刚结点，

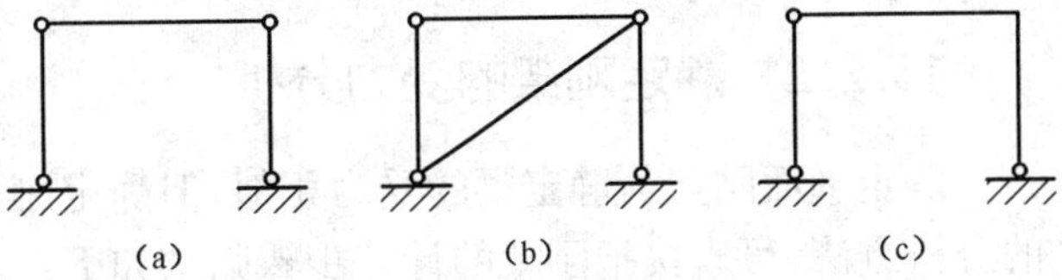

图 15-17

整个结构成为一个几何不变的静定刚架（如图 15-17(c)）。显然，尽管都是几何不变体系，但很明显图 15-17(b)的建筑空间不好使用，而图 15-17(c)的建筑空间因具有较大净空而便于使用。所以，刚结点的存在，既维持了静定刚架的几何不变性，又增大了结构的使用空间，因而在建筑工程中具有很大的优势，得到了广泛的应用。

2) 刚架的几何形式

各杆轴线都在同一平面内且外力也可简化到该平面内的刚架，称为平面刚架；而各杆轴线或外力不能简化到同一平面内的刚架则称为空间刚架。若刚架的反力、内力仅有静力平衡条件就能完全确定，即为静定刚架。本节只研究静定平面刚架。

工程中常见的静定平面刚架的形式有：

(1) 悬臂刚架。由一个折杆用固定支座与基础相连。如图 15-18(a)、(b)所示。

(2) 简支刚架。由一个构件用固定铰支座和活动铰支座与基础相连，往往形成门式刚架。如图 15-18(c)、(d)所示。

(3) 三铰刚架。由两个构件组成，中间用铰连接，底部用两铰与基础相连。如图 15-18(e)、(f)所示。

(4) 静定多层多跨刚架。以以上三种刚架的某一种作为基本部分，按几何不变体系的组成规律相连。如图 15-18(g)、(h)所示。

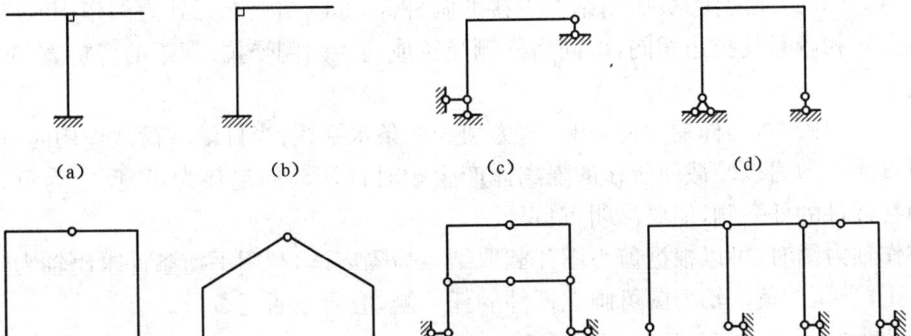

图 15-18

当然，在实际工程中，大量采用的是超静定刚架，如房屋建筑结构中的多层多跨刚架，结构中所有结点均为刚结点，这种结构在设计中习惯上又称为框架结构，如图 15-19 所示。而静定平面刚架一般仅适用于荷载较小、结构形式较简单的情况，但因为静定刚架的内力分析是超静定刚架内力分析的基础，所以掌握好静定平面刚架的内力计算仍是十分重要的。

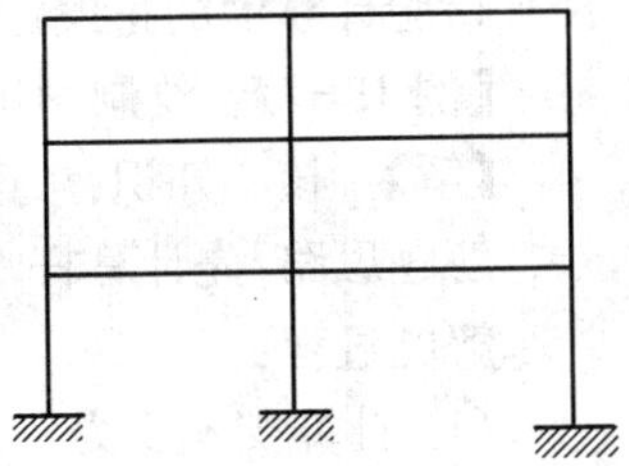
图 15-19

15.2.2 静定刚架的受力分析

静定平面刚架与静定梁的受力相似，但静定刚架的内力中一般还存在轴力。按静定梁的分析方法，可直接把刚架的计算步骤归纳如下：

1）计算支反力

对于悬臂刚架和简支刚架，因其只有三个支反力，所以由刚架的整体平衡条件建立的三个平衡方程，即可直接求出全部支反力。实际上，悬臂刚架在计算内力之前往往并不需要先求出支反力。

对于三铰刚架，可通过先整体后局部取研究对象的方法来计算出支反力。

对于静定多层多跨刚架，其支反力的计算方法与多跨静定梁相同。应根据其几何组成的次序来确定支反力的计算次序，即首先进行几何组成分析，将刚架分为基本部分和附属部分，然后求出附属部分的约束力，并将此约束力反向施加于支撑它的基本部分，再计算基本部分的支反力。如图 15-20 所示。

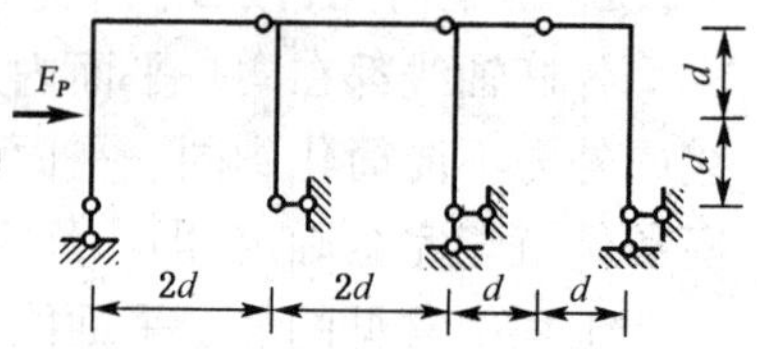

图 15-20

2）求控制截面内力

控制截面指杆端、支承点、外力突变点、杆件的汇交点等。

3）作内力图

在作弯矩图时，当控制截面间无荷载时，根据杆端的弯矩值作出直线弯矩图；当控制截面间有荷载作用时，根据杆端的弯矩值作出直线图形后还应叠加这一段按简支梁求得的弯矩图。弯矩图不标正负号，只需按规定画在杆件受拉一侧。

作弯矩图时，还应注意：用刚结点连接的两杆件，如刚结点上无外力偶作用时，则刚结点的两端弯矩相等且受拉边相同，即同为外侧受拉或同为内侧受拉；弯矩的弯折方向与外力指向相同。

在作剪力图时，当杆端无荷载时，剪力图为一条水平线；当杆端有荷载作用时，剪力图为一条斜直线。剪力以使截面所在的隔离体产生顺时针转动的趋势为正，反之为负。剪力图可以画在杆件的任一侧，但要注明正负号。

在作轴力图时，可以根据剪力图并截取结点为隔离体，利用平衡条件求出轴力。轴力以受拉为正，受压为负。轴力图可画在杆件的任一侧，但要注明正负号。

4）校核

计算结果的正确性可用以下方法检验。先由“零平斜弯、弯矩的弯折方向与外力指向相同”从整体上判定内力的变化是否与外力一致，然后截取结点或结构的一部分，利用平衡条件来检验计算值的正误。

【例 15-7】 绘制图 15-21(a)所示悬臂刚架的内力图。

【解】 核心知识：求该悬臂刚架的指定截面内力。

解题思路：先计算杆端内力，然后作内力图。

解题过程：

(1) 计算支座反力

悬臂刚架可不计算支反力，直接计算杆端内力。

(2) 求出各杆的杆端内力

如图 15-21(b)所示，在 C 结点右侧无限接近 C 结点切开，以 CD 杆为研究对象，得

$$M_{CD} = -40 \times 4 - 10 \times 4 \times 2 = -240 \text{ kN} \cdot \text{m}(\text{上侧受拉})$$

$$F_{SCD} = 80 \text{ kN},\ F_{NCD} = 0$$

以 C 结点为研究对象，如图 15-21(c)所示，得

$$M_{CA} = M_{CD} = 240 \text{ kN} \cdot \text{m}(\text{左侧受拉}),\ F_{SCA} = 0,\ F_{NCA} = -80 \text{ kN}$$

在 AC 杆上无限接近 A 截面切开，以 ACD 折杆为研究对象，受力图如图 15-21(d)所示

$$M_{AC} = 40 \times 4 + 10 \times 4 \times 2 + 40 \times 2 = 320 \text{ kN} \cdot \text{m}(\text{左侧受拉})$$

$$F_{SAC} = 40 \text{ kN},\ F_{NAC} = -80 \text{ kN}$$

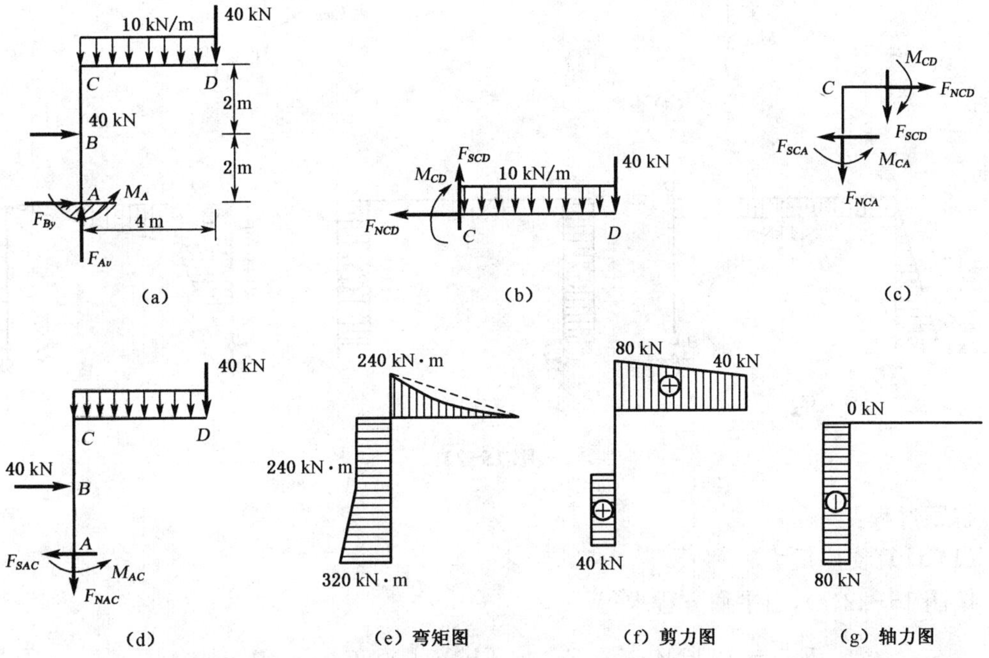

图 15-21

(3) 绘制内力图(零平斜弯)

利用荷载与内力之间的微分关系知：AC 段弯矩图为在 B 截面有尖角的折线图，且尖角指向水平向右，AC 段剪力图为在 B 截面有突变的两段水平线，轴力图为水平线；CD 段的弯矩图为向下凸的抛物线，剪力图为右斜向下的斜直线，轴力图为水平线。然后再利用分段叠加法分别绘出 AC 段和 CD 段的弯矩图、剪力图、轴力图，连起来即绘出了整个刚架的弯矩图、剪力图、轴力图，分别如图 15-21(e)、(f)、(g)所示。

【例 15-8】 试绘制图 15-22(a)所示简支刚架的内力图。

【解】 核心知识：求该简支刚架的指定截面内力。

解题思路：先计算支反力，再计算杆端内力，然后作内力图。

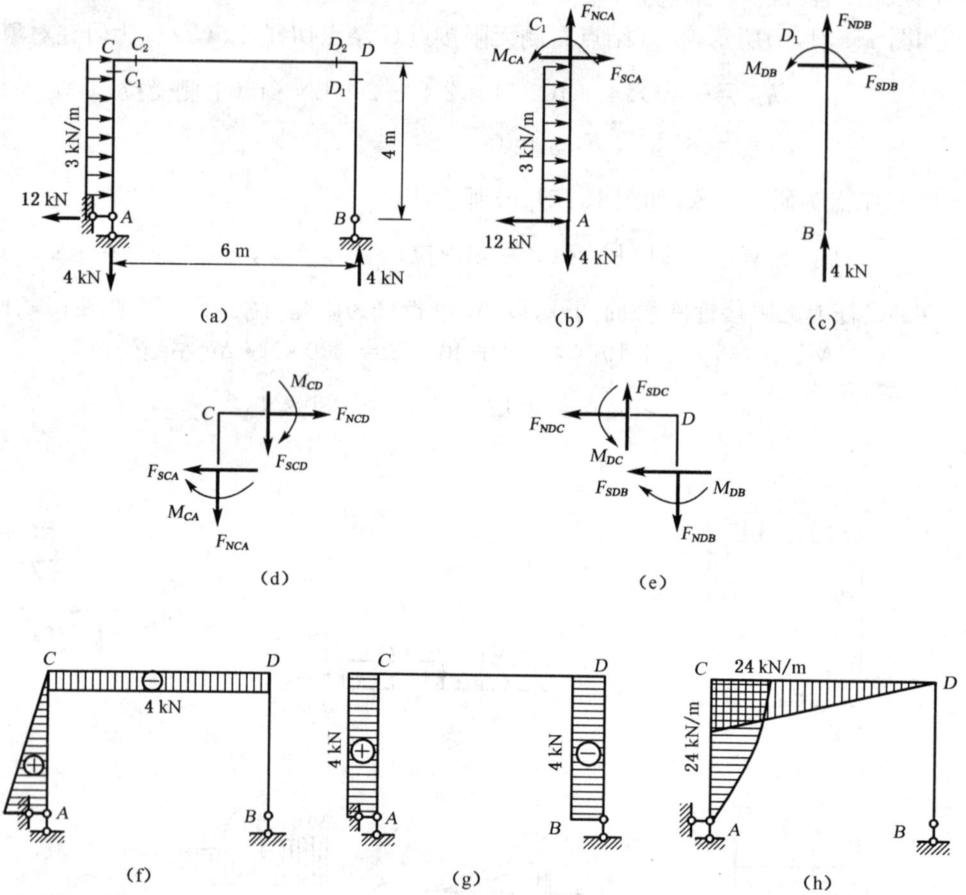

图 15-22

解题过程：

(1) 计算支座反力

按图 15-22(a)，由平衡方程求得

$$F_{Ax}=12\ \mathrm{kN}(\leftarrow),\ F_{Ay}=4\ \mathrm{kN}(\downarrow),\ F_{By}=4\ \mathrm{kN}(\uparrow)$$

(2) 求出图 15-22(a)中各杆的杆端内力

以 AC 杆为研究对象，在 AC 杆上无限接近 C 截面的 C_1 截面处切开 AC 杆，如图 15-22(b) 所示，可以得到

$$M_{CA}=12\times4-3\times4\times2=24\ \mathrm{kN\cdot m}(\text{右侧受拉})$$

$$F_{SCA}=12-3\times4=0\ \mathrm{kN},\ F_{NCA}=4\ \mathrm{kN}$$

以 DB 杆为研究对象，在 DB 杆上无限接近 D 截面的 D_1 截面处切开 DB 杆，如图 15-22(c) 所示，可以得到

$$M_{DB}=0,\ F_{SDB}=0,\ F_{NDB}=-4\ \mathrm{kN}$$

以 C 结点为研究对象，如图 15-22(d)所示，可以得到

$$M_{CD}=-M_{CA}=-24\ \text{kN}\cdot\text{m}(\text{下侧受拉})$$

$$F_{SCD}=-F_{NCA}=-4\ \text{kN},\ F_{NCD}=F_{SCA}=0\ \text{kN}$$

以 D 结点为研究对象，如图 15-22(e)所示，可以得到

$$M_{DC}=M_{DB}=0$$

$$F_{SDC}=F_{NDB}=-4\ \text{kN},\ F_{NDC}=-F_{SDB}=0\ \text{kN}$$

(3) 绘制内力图(零平斜弯)

利用荷载与内力之间的微分关系知：AC 段的剪力图是一条斜直线，轴力图为水平线，AC 段弯矩图为向右方凸出的抛物线，且根据叠加原理，AC 跨跨中截面的弯矩大小：$M=\frac{0+24}{2}+\frac{1}{8}\times 3\times 4^2=18\ \text{kN}\cdot\text{m}$。

CD 段的剪力图是一条水平线，轴力图是一条水平线，且由具体的 $F_{NCD}=F_{NDC}=0\ \text{kN}$ 知该段的轴力图不存在，弯矩图为一条斜直线，且 $M_{CD}=24\ \text{kN}\cdot\text{m}$(下侧受拉)，$M_{DC}=0$。

DB 段的剪力图不存在，轴力图为一条竖向线，弯矩图根据微分关系的特征知道应该是一个直线弯矩图，且满足 $M_{DB}=M_{BD}=0$，即 DB 段的弯矩图为一条与 DB 段平行的竖向线。

然后根据微分关系特征，将各个控制截面内力相连即得到整个刚架结构的剪力图、轴力图、弯矩图，分别如图 15-22(f)、(g)、(h)所示。

【例 15-9】 绘制图 15-23(a)所示三铰刚架的内力图。

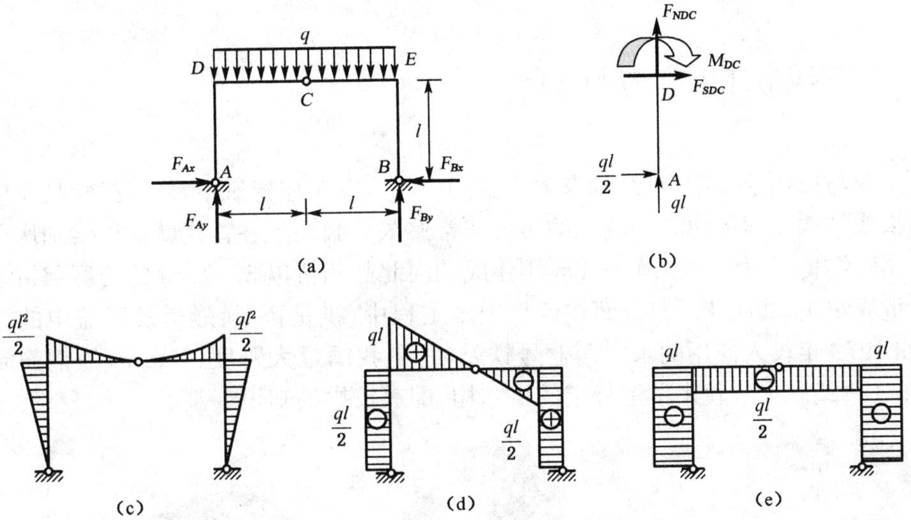

图 15-23

【解】 核心知识：求该三铰刚架的指定截面内力。

解题思路：先计算支反力，再计算杆端内力，然后作内力图。

解题过程：

(1) 计算支座反力(先整体后局部的方法)

按图 15-23(a)所示，由平衡方程求得

$$F_{Ax} = \frac{ql}{2}(\rightarrow), F_{Bx} = \frac{ql}{2}(\leftarrow), F_{Ay} = ql(\uparrow), F_{By} = ql(\uparrow)$$

观察整个结构及结构受力，发现整个结构及结构上所受的荷载沿经过铰 C 的竖向对称轴对称，因此整个结构的支反力及内力也沿该对称轴对称。所以支反力的计算及内力的计算只需计算该对称轴的一侧即可。

(2) 求出图 15-23(b)中各杆的杆端内力

以 DA 杆为研究对象，如图 15-22(b)所示，得

$$M_{DA} = \frac{ql^2}{2}(\text{左侧受拉}), F_{SDA} = -\frac{ql}{2}, F_{NDA} = -ql$$

且考虑结点 D 的平衡知道

$$M_{DC} = \frac{ql^2}{2}(\text{上侧受拉}), F_{SDC} = ql, F_{NDC} = -\frac{ql}{2}$$

(3) 绘制内力图(零平斜弯)

利用荷载与内力之间的微分关系知：AD 段的剪力图是一条与 AD 轴线平行的竖向线，轴力图也为一条与该轴线平行的竖向线，AC 段的弯矩图为一条斜直线。

DC 段的剪力图是一条斜直线，轴力图是一条水平线，弯矩图为一条向下凸的抛物线。

然后根据微分关系特征，并考虑该刚架结构的对称性，将各个控制截面内力相连即得到整个结构的弯矩图、剪力图、轴力图，分别如图 15-23(c)、(d)、(e)所示。

15.3 三铰拱的内力计算

在工业与民用建筑中，拱结构有着广泛的应用。在房屋建筑中，三铰拱常见于屋面承重结构。拱式结构在房屋建筑中应用的历史非常悠久。我国远在古代就在桥梁和房屋建筑中采用了拱式结构，例如公元 600—605 年建成的河北赵州桥以 37.02 m 的跨度保持了近十个世纪的世界纪录，如图 15-24。而在近代土木工程中，拱是桥梁、隧道及屋盖中的重要结构形式，如 1972 年投入使用的永定河七号铁路桥，是我国最大跨度(150 m)的钢筋混凝土拱桥，如图 15-25。本节就来学习静定的拱结构，即三铰拱的知识。

图 15-24

图 15-25

15.3.1 拱结构概述

1) 拱结构的特征

拱结构的杆轴线为曲线，并且在竖向荷载作用下产生水平推力的结构。如图 15-26(a)所示，故也可称为推力结构。

拱结构的一个典型特征是：在竖向荷载作用下，除产生竖向支反力外，还产生水平向内的推力，这正是拱与梁的本质区别。拱的内力以轴向压力为主。如图 15-26(a)、(b)所示，图 15-26(b)所示为一个简支曲梁，利用静力平衡条件可计算出在竖向荷载作用下，只产生竖向支反力，无水平支反力；图 15-26(b)所示为一个三铰拱，利用静力平衡条件可计算出在竖向荷载作用下，除产生竖向支反力外，还产生水平向内的支反力即推力。

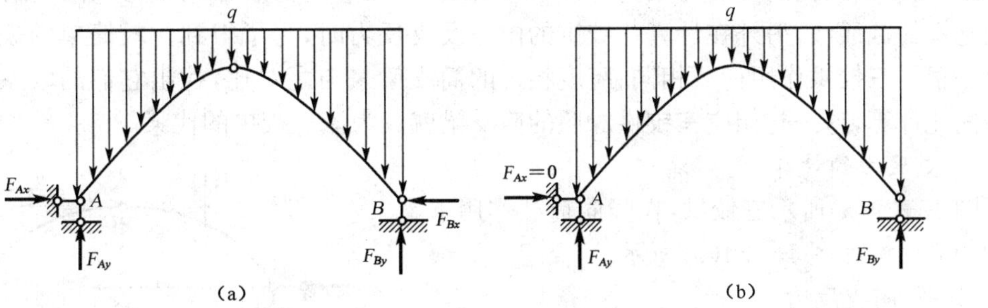

图 15-26

2) 拱结构的几何组成

如图 15-27 所示为工程中常见的三铰拱结构，该拱结构中的曲线部分是拱身各横截面形心的连线，称为拱轴线，简称拱轴。A 和 B 支座称为拱趾。拱结构的最高点 C 点称为拱顶。拱身的外部称为外缘，内部称为内缘。两个支座间的水平距离 l 称为跨度。两个支座间的连线称为起拱线。拱顶到起拱线的垂直距离称为拱高 f，也称为矢高。矢高 f 与跨度 l 的比值称为高跨比 $\frac{f}{l}$，高跨比是拱结构设计中一个重要的几何参数，其值一般控制在 $1\sim\frac{1}{10}$ 范围内。

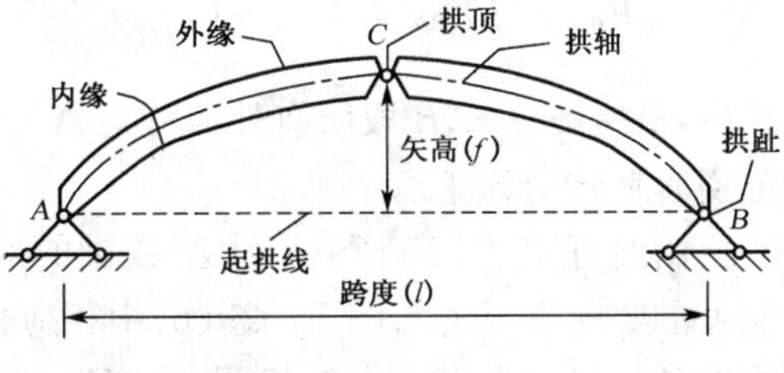

图 15-27

3) 拱结构的分类

如图 15-28 所示，拱结构根据几何组成的不同可以分为三铰拱、两铰拱、无铰拱、拉杆拱、吊杆拱。这些拱结构除了三铰拱外剩下的都属于超静定拱结构。

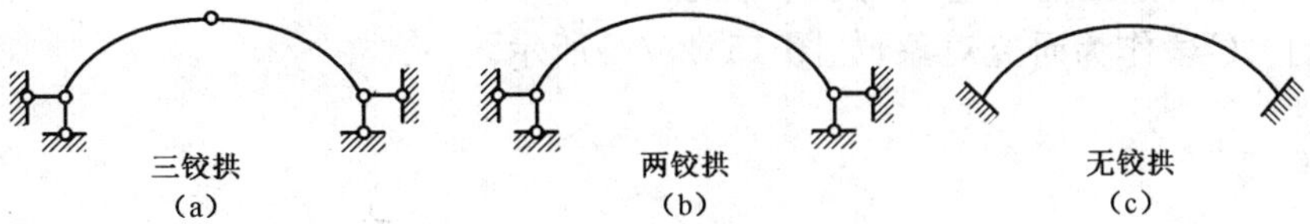

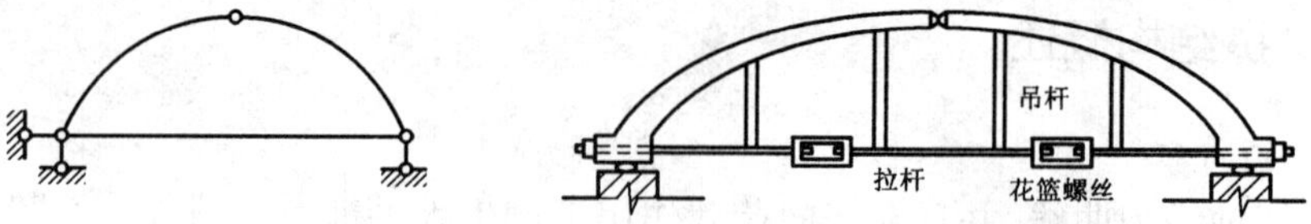

带拉杆的三铰拱 (d)　　带吊杆的三铰拱 (e)

图 15-28

15.3.2 三铰拱的支反力及内力计算

三铰拱是静定拱结构，其全部的支反力和内力都可由静力平衡方程求出。由于拱轴线为曲线，使得拱结构的支反力及内力计算较为繁琐，在竖向荷载作用下，计算三铰拱的内力采用基本的截面法，另外在计算三铰拱的内力及支反力时，为了得到比较简单的表达式，常常用一根与三铰拱作用荷载相同、跨度相等的简支梁来与之对比，找出它们的联系与区别，从而简化计算，这一与相应三铰拱对照的简支梁就成为该三铰拱的代梁。

1）支反力的计算

图 15-29(a)所示三铰拱，在竖向荷载作用下，它的相应代梁如图 15-29(b)所示。

(1) 竖向支反力

图 15-29(a)中，取整体作为研究对象，由 $\sum M_A = 0$，得

$$F_{By}l - M_{ABP} = 0,\ \Rightarrow F_{By} = \frac{M_{ABP}}{l}$$

式中：M_{ABP}——AB 段所有外荷载对 A 点之矩(规定逆时针转向为正)。

由此可知，图 15-29(a)中三铰拱的对应 B 支座处的竖向支反力与图 15-29(b)中相应代梁的 B 支座处的竖向支反力完全相同。即 $F_{By} = F^0_{By}$，同理 $F_{Ay} = F^0_{Ay}$。

这就是说，三铰拱的竖向支反力与相应代梁的竖向支反力完全相同。

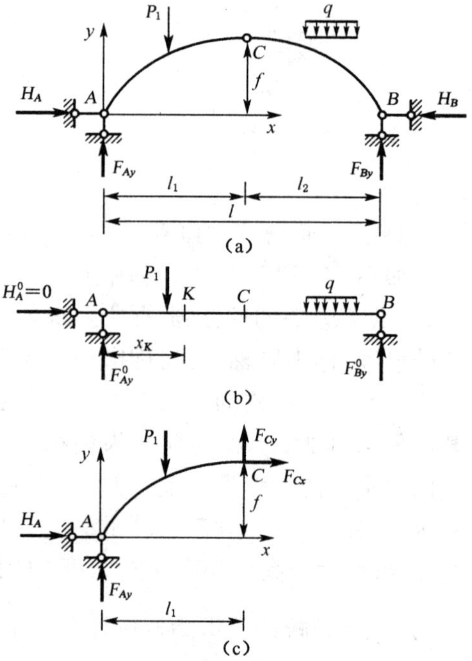

图 15-29

(2) 水平支反力

由三铰拱整体平衡条件 $\sum F_x = 0$，得到 $F_{Ax} = F_{Bx} = H$。

式中：H——三铰拱结构对基础的水平推力。

取拱的 AC 段作为研究对象，如图 15-29(c)所示。

$\sum M_C = 0$，得

$$Hf - F_{Ay} \times l_1 + M_{CAP} = 0 \Rightarrow H = \frac{1}{f}(F_{Ay}l_1 - M_{CAP}) = \frac{M^0_C}{f}$$

式中：M_{CAP}——CA 段上荷载对 C 点的力矩；

M_C^0——在外荷载作用下相应简支梁上对应的 C 截面上的弯矩。

由上式可知，三铰拱的水平支反力 H 等于相应简支代梁 C 截面的弯矩 M_C^0 除以拱高 f。由此式可见，拱结构中出现的水平推力与简支梁截面上的弯矩 M_C^0 成正比，与三铰拱的矢高 f 成反比。矢高 f 越小，水平推力越大。当矢高 $f\to 0$ 时，$H\to\infty$。从几何组成来考虑的话，组成三铰拱的三个铰在同一条直线上，变成了几何瞬变体系，已经无法称为结构了。

2）三铰拱的内力计算

三铰拱任意截面上的内力设为 M_K、F_{NK}、F_{SK}，与三铰拱相对应的简支代梁的对应截面上的内力为 M_K^0、F_{NK}^0、F_{SK}^0，且 $F_{NK}^0=0$。

图 15-30(a)所示三铰拱，可用截面法计算拱内任一截面 k 上的内力。

截面 k 坐标为(x_K，y_K)，截面 k 的切线与 x 轴夹角为 φ_K。且 φ 在左半拱取正号，在右半拱取负号。图 15-30(b)为该三铰拱的相应代梁。

取出隔离体 AK 段，如图 15-30(c)所示，K 截面上的内力有弯矩 M_K、轴力 F_{NK}、剪力 F_{SK}。内力正负号规定如下：弯矩以使拱内侧纤维受拉为正，反之为负；剪力以使隔离体顺时针转向为正，反之为负；轴力以使拱结构受压为正，受拉为负。图 15-30(d)为相应简支代梁相应 k 截面上的内力 M_K^0 和 F_{SK}^0。M_K^0 的正负号规定为使水平简支代梁下部受拉为正；F_{SK}^0 的正负号规定为使隔离体顺时针转向为正，反之为负。

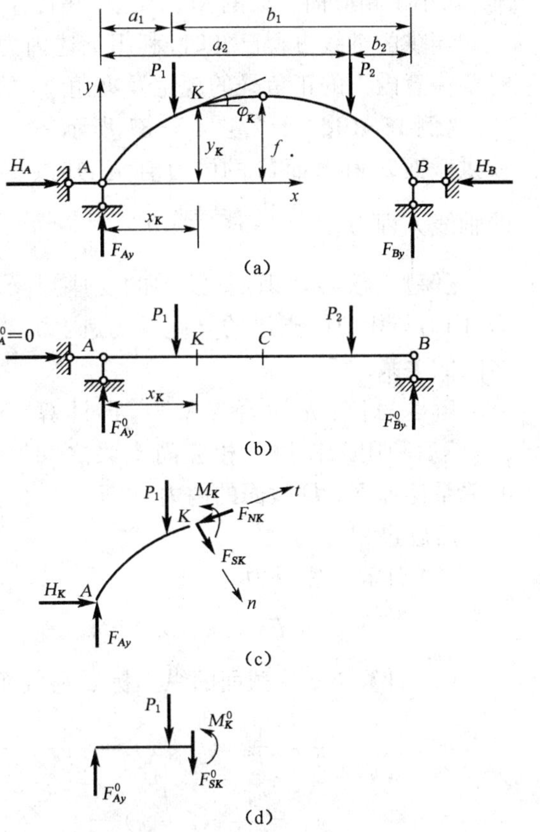

图 15-30

由 $\sum M_K=0$，$M_K=[F_{Ay}\times x_K-P_1(x_K-a_1)]-Hy_K$ 且 $M_K^0=F_{Ay}x_K-P_1(x_k-a_1)$，可以得到

$$M_K=M_K^0-Hy_K$$

由 $\sum F_n=0$，得

$$F_{SK}=F_{Ay}\cos\varphi_K-P_1\cos\varphi_K-H\sin\varphi_K=(F_{Ay}-P_1)\cos\varphi_K-H\sin\varphi_K$$

由 $F_{SK}^0=F_{Ay}-P_1$，可以得到

$$F_{SK}=F_{SK}^0\cos\varphi_K-H\sin\varphi_K$$

由 $\sum F_t=0$，可以得到

$$F_{NK}=(F_{Ay}-P_1)\sin\varphi_K+H\cos\varphi_K=F_{SK}^0\sin\varphi_K+H\cos\varphi_K$$

所以，由上知 $\begin{cases}M_K=M_K^0-Hy_K\\F_{SK}=F_{SK}^0\cos\varphi_K-H\sin\varphi_K\\F_{NK}=F_{SK}^0\sin\varphi_K+H\cos\varphi_K\end{cases}$

由以上内力计算公式可知，拱的内力不仅与竖向荷载分布、三个铰的位置有关，而且还与拱轴形式有关。由于水平推力 H 的存在，从而使得三铰拱任意 k 截面的弯矩 M_K 和剪力 F_{SK} 均小于相应简支梁的 M_K^0、F_{SK}^0，并且存在使截面受压的轴力，轴力较大且为主要内力。

当拱的轴线方程已知时，利用上述内力公式就可计算三铰拱任一截面上的内力，但计算时要注意内力的正负号的规定及夹角 φ_K 的取值。

【例 15-10】 计算图 15-31 所示三铰拱截面 K 和截面 D 的内力值，已知拱的轴线方程为 $y=\frac{4f}{l^2}x(l-x)$。

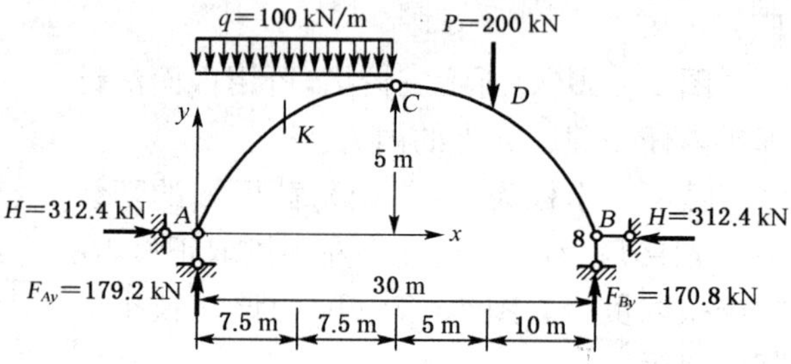

图 15-31

【解】 核心知识：三铰拱的支座反力、内力与相应简支梁的支座反力、内力之间的关系。

解题思路：先计算支反力，再计算 φ_K，然后利用三铰拱与相应简支梁之间的关系计算 K、D 截面的内力。

解题过程：

(1) 计算支座反力

$$F_{Ay}=F_{Ay}^0=179.2\ \text{kN},\ F_{By}=F_{By}^0=170.8\ \text{kN},\ H=312.4\ \text{kN}$$

(2) 计算 K、D 截面的纵坐标以及截面的法线与 x 轴的夹角

$$y_K=\frac{4f}{l^2}x(l-x)=\frac{4\times5}{30\times30}\times7.5\times(30-7.5)=3.75(\text{m})$$

$$y_D=\frac{4f}{l^2}x(l-x)=\frac{4\times5}{30\times30}\times20\times(30-20)=4.44(\text{m})$$

由 $\tan\varphi_K=\left.\frac{\mathrm{d}y}{\mathrm{d}x}\right|_{x=7.5}=\frac{4\times5}{30^2}\times(30-2\times7.5)=0.333$，得

$$\varphi_K=18°26',\sin\varphi_K=0.316$$

由 $\tan\varphi_D=\left.\frac{\mathrm{d}y}{\mathrm{d}x}\right|_{x=20}=\frac{4\times5}{30^2}\times(30-2\times20)=-0.222$，得

$$\varphi_D=-12°31',\sin\varphi_D=-0.217,\ \cos\varphi_D=0.976$$

(3) 计算 K、D 截面的内力

由三铰拱内力计算公式知：

$$M_K=M_K^0-Hy_K=(179.2\times7.5-0.5\times10\times7.5^2)-312.4\times3.75=-110(\text{kN}\cdot\text{m})$$

$$F_{SK}=F_{SK}^0\cos\varphi_K-H\sin\varphi_K=(179.2-10\times7.5)\times0.949-312.4\times0.316=0.07(\text{kN})$$

$$F_{NK}=F_{SK}^0\sin\varphi_K+H\cos\varphi_K=(179.2-10\times7.5)\times0.316+312.4\times0.949=329.5(\text{kN})$$

同样可计算 D 截面的内力。需要注意的是，由于 D 截面刚好在集中力作用点处，因此在计算 D 截面的剪力和弯矩时，应分别计算截面偏左和偏右两个截面的剪力值和弯矩值。

$M_D = M_D^0 - Hy_D = 170.8 \times 10 - 312.4 \times 4.44 = 319(\text{kN} \cdot \text{m})$

$F_{SD左} = F_{SD}^0 \cos\varphi_D - H\sin\varphi_D = (200 - 170.8) \times 0.976 - 312.4 \times (-0.217) = 96.3(\text{kN})$

$F_{SD右} = F_{SD}^0 \cos\varphi_D - H\sin\varphi_D = -170.8 \times 0.976 - 312.4 \times (-0.217) = -99(\text{kN})$

$F_{ND左} = F_{SD}^0 \sin\varphi_D + H\cos\varphi_D = (200 - 170.8) \times (-0217) + 312.4 \times 0.976 = 302.2(\text{kN})$

$F_{ND右} = F_{SD}^0 \sin\varphi_D + H\cos\varphi_D = -170.8 \times (-0.217) + 312.4 \times 0.976 = 345.5(\text{kN})$

3) 三铰拱的受力特点

(1) 与相应的简支梁相比，三铰拱的竖向支反力与相应的简支代梁相等，且与拱轴形状及拱高无关，只决定于荷载的大小和位置。

$$F_{By} = F_{By}^0,\ F_{Ay} = F_{Ay}^0$$

(2) 在竖向荷载作用下，梁内无水平支反力，拱有水平推力 H，且 $H = \dfrac{M_C^0}{f}$。

推力 H 与三铰拱位置有关，与拱轴形状无关，矢高 f 越小，水平推力越大。

(3) 由于水平推力 H 的存在，$M_K < M_K^0$，拱的截面弯矩小于简支梁的截面弯矩，故拱的截面尺寸比相应的简支梁小，所以说三铰拱比简支梁更经济，能跨越更大的跨度。

(4) 在竖向荷载作用下，拱截面上轴力大，且为压力。

$$F_{NK} = F_{SK}^0 \sin\varphi_K + H\cos\varphi_K$$

故可用抗压性能好而抗拉性能差的材料，如砖、石、混凝土等，同时可减轻自重和减少用量，适用于较大的跨度。

但拱的构造复杂，施工费用较高，而且由于水平推力大，在拱趾处需要有坚固的基础以承受其水平推力。当基础不够坚固时，可采用带拉杆的三铰拱，以减少对基础的推力。

4) 三铰拱的合理拱轴线

从上述对三铰拱内力的分析过程中可知，当荷载一定时，确定三铰拱内力的重要因素就是拱轴线的形状。在工程中，为了充分利用砖、石、混凝土等材料抗压强度高而抗拉强度低的特点，在给定荷载条件下，通过调整拱轴线的形状，使拱的所有截面上的弯矩为零，同时剪力也为零，这样使得拱结构的所有截面上都仅受轴向压力的作用，各截面都处于均匀受压状态，在破坏时截面上各点同时破坏，能够使材料得到充分利用。这种在给定荷载下使拱处于无弯矩状态的相应拱轴线，称为在该荷载作用下的合理拱轴线。

得到三铰拱在某一荷载作用下的合理拱轴线的方法有两种：数解法和图解法。图解法是指绘出该拱的压力多边形或称压力线，这里不再多讲。数解法是指利用数学公式来求出合理拱轴线的数学表达式，即合理拱轴线方程。

由 $M_K = M_K^0 - Hy_K$ 知道，满足要求的合理拱轴线的条件是：任一截面的弯矩 $M_K = 0$，所以 $M_K = M_K^0 - Hy_K = 0$，得到 $y_K = \dfrac{M_K^0}{H}$，此方程就是该三铰拱在竖向荷载作用下的合理拱轴线方程。

由上式可知，在竖向荷载作用下，三铰拱合理拱轴线的纵坐标与相应简支梁的弯矩成正比，与三铰拱的水平支反力成反比。

利用合理拱轴线的概念，有助于在设计中选择合理的结构形式，降低工程造价和提高结构的安全性。

【例 15-11】 试计算图 15-32(a)所示对称三铰拱在满跨竖向均布荷载 q 作用下的合理拱轴线方程，已知拱的轴线方程为 $y=\frac{4f}{l^2}x(l-x)$。

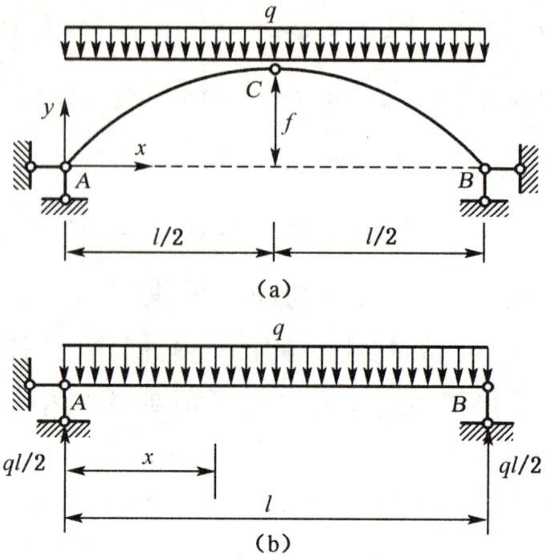

图 15-32

【解】 核心知识：三铰拱的水平支反力、内力与相应简支梁的支座反力、合理拱轴线之间的关系。

解题思路：先计算 M_K^0，再计算出水平支反力，然后利用三铰拱合理拱轴线与内力及支反力间的关系计算出合理拱轴线方程。

解题过程：

此三铰拱相应简支梁 15-32(b)的弯矩方程为

$$M_K^0=\frac{1}{2}qlx-\frac{1}{2}qx^2=\frac{1}{2}qx(l-x),\ M_C^0=\frac{1}{8}ql^2$$

推力

$$H=\frac{M_C^0}{f}=\frac{ql^2}{8f}$$

则

$$y=\frac{M_K^0}{H}=\frac{4fx}{l^2}(l-x)$$

该方程即为对称三铰拱在竖向均布荷载作用下的合理拱轴线方程。从该方程可看出，该方程是一个二次抛物线方程，也就是说，对称三铰拱在竖向均布荷载作用下的合理拱轴线为抛物线。

15.4 静定桁架的内力计算

由前面知识可知，在荷载作用下，静定梁和静定刚架各杆截面产生的内力为 M、F_S、F_N，且以 M 为主，而弯矩在杆件的横截面上的分布是不均匀的，往往只在杆件横截面的上下边缘处达到最大应力，而当上下边缘处的最大应力达到了极限应力时，上下边缘处已经发生了破坏。为了保证结构安全，我们在进行强度计算时认为结构已经发生了破坏，但是此时除上下边缘外其他部位还远没有发生破坏。也就是说，除了上下边缘处外，其他地方都不能充分发挥材料的性能，这样很不经济，从另一方面来说也增加了杆件的自重。

三铰拱的杆件主要内力是压轴力，而杆件在轴向拉力或压力作用下应力是均匀分布的，截面上各点的应力将同时达到它的极限应力值。显然三铰拱结构能充分发挥材料的力学性能，比较经济，相应地减轻了构件自重，因此能跨越更大的跨度，承受更大的荷载。然而，由于拱结构的轴线是曲线，增加了施工难度，所以就出现了另一种结构形式——桁架结构。

桁架是工程中应用较广泛的一种大跨度结构，除用于桥梁结构中外，还可用于大跨度的体育馆和工业厂房的屋盖结构中，如南京长江大桥就是典型的钢桁架例子，如图 15-33 所示。

图 15-33

15.4.1 静定桁架概述

1) 定义及假定

桁架是由若干根直杆两端用光滑铰连接而成的几何不变体系,如图 15-34 所示。

工程实际中的桁架结构受力情况比较复杂,为了便于计算,突出主要受力特点,一般对平面桁架结构作如下假定:

(1) 桁架的所有结点均为光滑铰接点。

(2) 桁架中的各杆都是等截面直杆,并且通过铰中心,不记各杆的自重。

(3) 所有荷载和支座反力都作用在结点上,并位于桁架的平面内。

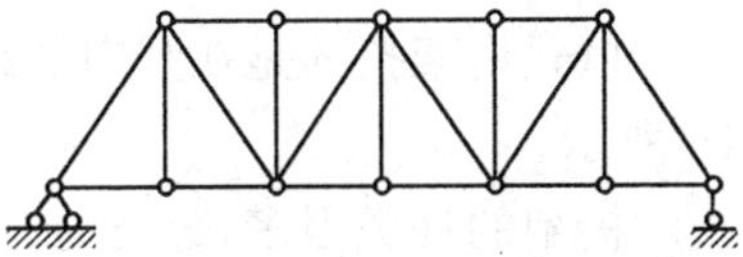

图 15-34

符合上述假设的桁架称为理想桁架,理想桁架中的所有杆件都属于二力杆,因此各杆的内力都只有轴力。

工程实际中应用的桁架与理想桁架有着较大的差别。如常见的钢屋架和钢筋混凝土屋架中,各杆的连接都是焊接、铆接或者是直接浇注在一起的,结点具有很大的刚性,不能像理想桁架一样直接把结点假设为铰接点等等。理想桁架只是为了方便计算所采取的一种假设,对于工程实际来说具有一定的精确度,可以满足工程实际的需要。

2) 桁架的几何组成

桁架的杆件包括弦杆和腹杆两类。弦杆又分为上弦杆和下弦杆。上弦杆和下弦杆之间的杆件称为腹杆,腹杆又分为竖杆和斜杆。各杆件的汇交点称为结点。弦杆上相邻两结点的距离 d 称为结间距离。两支座间的水平距离 l 称为跨度。支座连线至桁架最高点的距离 H 称为桁架的高度,简称桁架高。桁架高与跨度之比称为高跨比 $\frac{H}{l}$,屋架常用高跨比 $\frac{H}{l}$ 在 $\frac{1}{2}\sim\frac{1}{6}$ 之间,桥梁的高跨比 $\frac{H}{l}$ 常在 $\frac{1}{6}\sim\frac{1}{10}$ 之间。如图 15-35 所示。

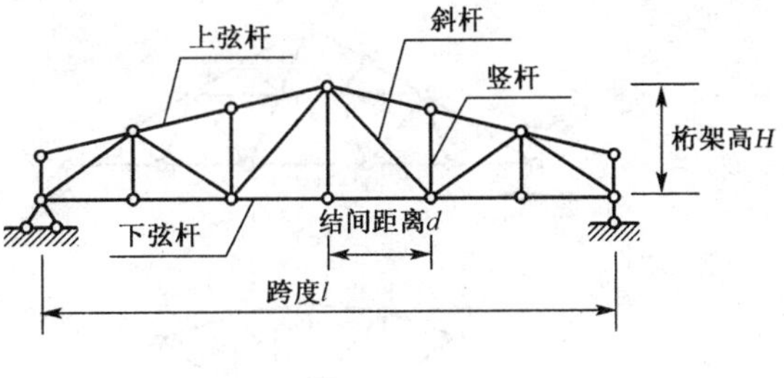

图 15-35

3) 桁架的分类

在实际工程中,桁架的种类很多,按照不同特征可以有不同的分类。

(1) 按照空间观点，桁架可分为平面桁架(图 15-36(a))和空间桁架(图15-36(b))。本书所分析的静定桁架都属于静定平面桁架。

(2) 按几何组成方式可分为简单桁架、联合桁架、复杂桁架。

简单桁架指的是在一个基本铰接三角形的基础上，依次增加一个二元体形成的桁架。如图 15-36(c)、(d)所示。

联合桁架指的是由几个简单桁架按几何不变体系的组成规则而构成的桁架。如图 15-36(e)所示。

复杂桁架指的是不按上述两种方式组成的其他形式的桁架。如图 15-36(f)所示。

(3) 按其外形的特点，桁架可分为平行弦桁架(图 15-36(d))、三角形桁架(图 15-36(c))、抛物线形桁架(图 15-36(g))、梯形桁架(图 15-36(h))。

(4) 按支反力性质，桁架可分为梁式桁架(无推力桁架)、拱式桁架(有推力桁架)。

梁式桁架指的是在竖向荷载作用下没有产生水平支反力的桁架。如图 15-36(c)、(d)、(e)所示。

拱式桁架指的是在竖向荷载作用下会产生水平向内的支反力的桁架结构。如图 15-36(i)所示。

桁架的种类很多，分类的方法还有很多，这里不一一列举。

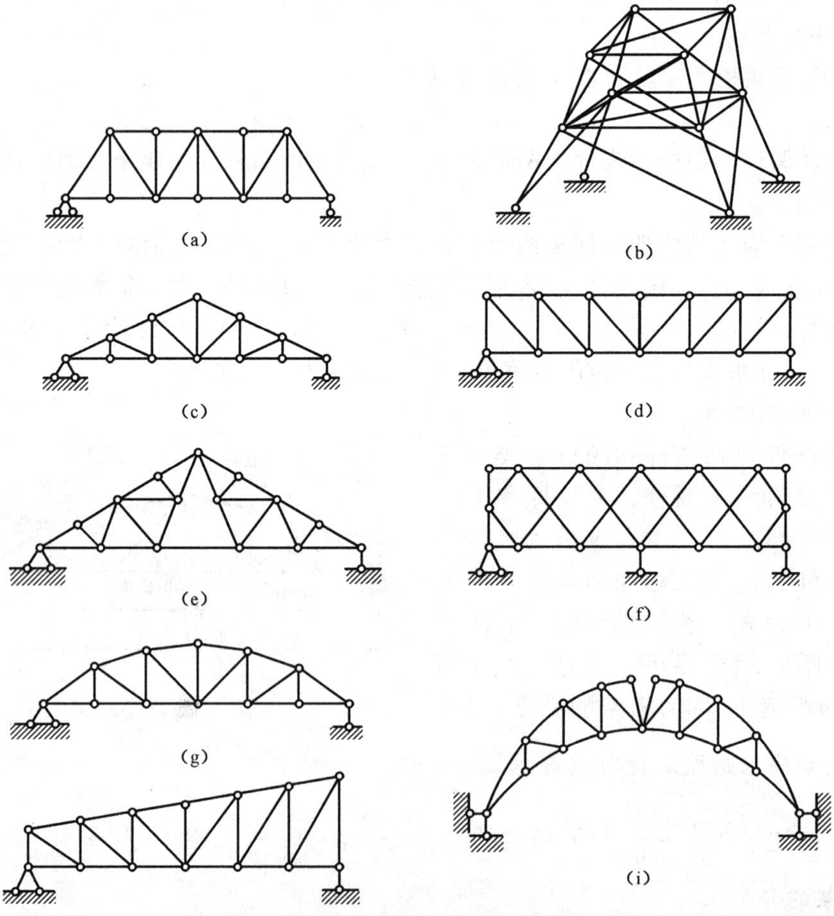

图 15-36

15.4.2 静定桁架内力计算

欲求桁架各杆的内力，通常先求出桁架的支反力，然后利用截面法，用假想的截面将桁架截开，并取出一部分作为隔离体，最后根据隔离体的静力平衡条件求解杆件轴力。根据所取隔离体的不同，桁架的计算方法分为结点法和截面法，下面分别介绍。

1）结点法

（1）定义

所谓结点法就是截取桁架的某一结点为隔离体，然后由该结点的平衡条件建立平衡方程，从而求出未知的轴力。

（2）本质

由于理想桁架各杆件只承受轴力，且桁架的所有外力、反力和杆件轴力均作用于结点上且过铰心，实质上形成了一个平面汇交力系。

（3）注意点

由于桁架结点上的各力形成了一个平面汇交力系，而该力系只能列出两个独立的平衡方程，因此用结点法计算桁架杆件轴力时，为避免解联立方程，每次截取的结点上未知的轴力应不多于两个，即一般结点上未知力数目不多于两个。

杆件的轴力以 N_{ij} 表示，i、j 为该杆两端结点号。在进行桁架内力分析时，一般先假定杆件的未知轴力为拉力，计算结果为正值，说明该杆为拉力；若为负值，则为压力。

此外，在建立结点平衡方程式时，为了避免三角函数的计算，可利用轴力与杆长之间的比例关系。常需将斜杆轴力 N 分解为水平分力 N_x 和竖直分力 N_y，若该斜杆杆长 l 的水平投影为 l_x，竖向投影为 l_y，如图 15-37 所示，根据相似三角形的比例关系：

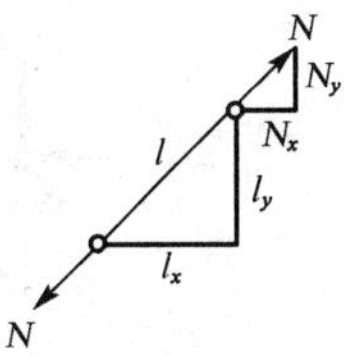

图 15-37

$$\frac{N}{l}=\frac{N_x}{l_x}=\frac{N_y}{l_y}$$

（4）特殊情况

在桁架中，有些杆受力特殊，若在计算前能判明这些杆的内力，将给内力的快速计算带来方便。现列举如下：

① “L 形结点”，这是两杆结点，如图 15-38(a)所示，在不共线的两杆结点上无荷载作用，则两杆的轴力为零，我们把轴力为零的杆件称为零杆。零杆尽管轴力为零，但几何不变形及稳定性受影响。

② “T 形结点”，这是三杆结点，如图 15-38(b)所示，其中两杆在一条直线上。三杆结点无荷载作用时，若两杆在一条直线上，则另一杆为零杆，而在同一条直线上的两杆内力则相等且性质相同。还有一种情况：不共线的两杆交于一个结点，且外荷载沿其中一杆轴线作用，则另一杆的轴力为零，如图 15-38(c)所示。

③ “X 形结点”，这是四杆结点且两两连线，如图 15-38(d)所示，若结点上无荷载作用时，则同一直线上的两杆内力相等且性质相同，也称为等力杆。

④ “K 形结点”，这是四杆结点，如图 15-38(e)所示，其中两杆共线，另两杆在此直线同

侧，且夹角相等，若结点上无荷载作用时，则非共线的两杆轴力异号等值。

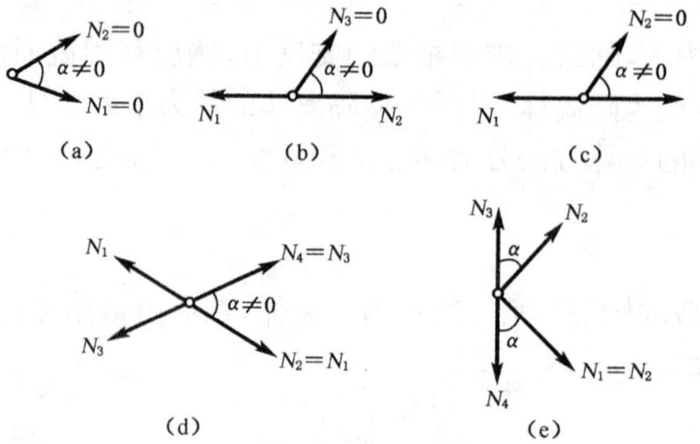

图 15-38

下面通过举例来说明用结点法求解桁架内力的步骤。

【例 15-12】 试用结点法计算图 15-39(a)所示桁架结构各杆的内力。

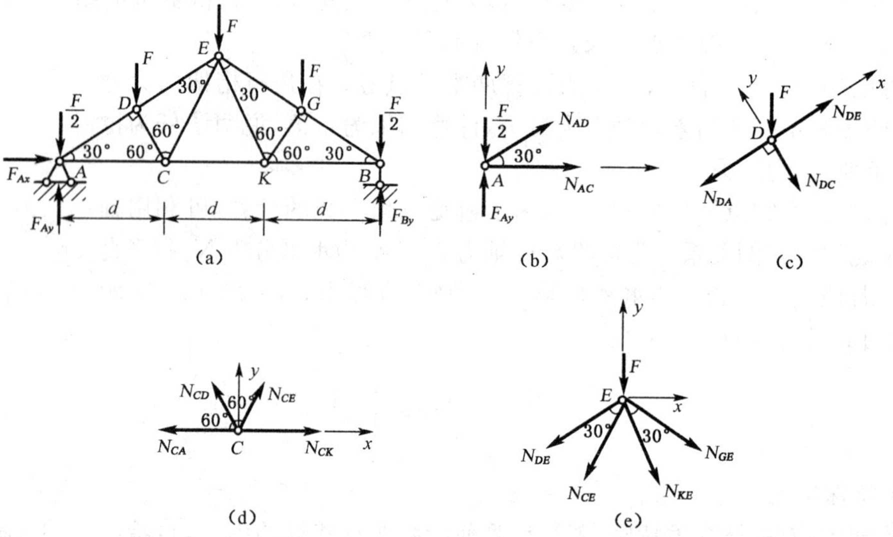

图 15-39

【解】 核心知识：用结点法计算静定平面桁架的各杆内力。

解题思路：按静定平面桁架的内力计算步骤进行，为了避免解联立方程，应先从未知力不超过两个的结点开始，依次计算，求出桁架各杆的轴力。

解题过程：

(1) 计算支反力

以整体为研究对象，如图 15-39(a)所示，由平衡方程可求出支座反力：

$$F_{Ax}=0,\ F_{Ay}=F_{By}=2F$$

(2) 计算桁架各杆内力

由于整个结构对称，所受荷载也完全对称，所以桁架左右两边相对称的杆件的内力也应该对称相等，所以只要计算左边一半杆件的内力就可以了。

① 先从结点 A 开始，如图 15-39(b)所示，由结点 A 的平衡条件，得

$$\sum F_y = 0,\ 2F - \frac{F}{2} + N_{AD}\sin 30^\circ = 0 \Rightarrow N_{AD} = -3F(\text{压力})$$

$$\sum F_x = 0,\ N_{AC} + N_{AD}\cos 30^\circ = 0 \Rightarrow N_{AC} = \frac{3\sqrt{3}}{2}F = 2.598F(\text{拉力})$$

② 取结点 D 为隔离体，如图 15-39(c)所示，为了使所列出的平衡方程中只包含一个未知力，避免解联立方程，取 x 轴与未知力 N_{DE} 方向一致，y 轴正好与 N_{DC} 重合，得

$$\sum F_y = 0,\ -F\cos 30^\circ - N_{DC} = 0 \Rightarrow N_{DC} = -\frac{\sqrt{3}}{2}F = -0.866F(\text{压力})$$

$$\sum F_x = 0,\ N_{DE} - N_{DA} - F\sin 30^\circ = 0 \Rightarrow N_{DE} = N_{DA} + F\sin 30^\circ = -2.5F(\text{压力})$$

③ 取结点 C 为隔离体，如图 15-39(d)所示。

$$\sum F_y = 0,\ N_{CE}\sin 60^\circ + N_{DC}\sin 60^\circ = 0 \Rightarrow N_{CE} = \frac{\sqrt{3}}{2}F = 0.866F(\text{拉力})$$

$$\sum F_x = 0,\ N_{CK} + N_{CE}\cos 60^\circ - N_{DC}\cos 60^\circ - N_{AC} = 0 \Rightarrow N_{CK} = \sqrt{3}F$$
$$= 1.732F(\text{拉力})$$

同理，桁架右边一半杆件的内力分别为

$$N_{BG} = N_{AD} = -3F(\text{压力}),\ N_{DE} = N_{GE} = -2.5F(\text{压力})$$

$$N_{CE} = N_{KE} = \frac{\sqrt{3}}{2}F = 0.866F(\text{拉力})$$

$$N_{BK} = N_{AC} = \frac{3\sqrt{3}}{2}F = 2.598F(\text{拉力})$$

$$N_{DC} = N_{GK} = -\frac{\sqrt{3}}{2}F = -0.866F(\text{压力})$$

(3) 校核

可取结点 E 为隔离体，如图 15-39(e)所示，由 $\sum F_y = 0$，得

$$-(F + N_{DE}\sin 30^\circ + N_{GE}\sin 30^\circ + N_{CE}\sin 60^\circ + N_{KE}\sin 60^\circ) = 0$$

计算无误。

【例 15-13】 试用结点法计算图 15-40(a)所示桁架结构各杆的内力。

【解】 核心知识：用结点法计算静定平面桁架的各杆内力。

解题思路：按静定平面桁架的内力计算步骤进行，为了避免解联立方程，可观察结点杆件的特殊情况，找出零杆，依次计算，求出桁架非零杆的轴力。

解题过程：

(1) 计算支反力

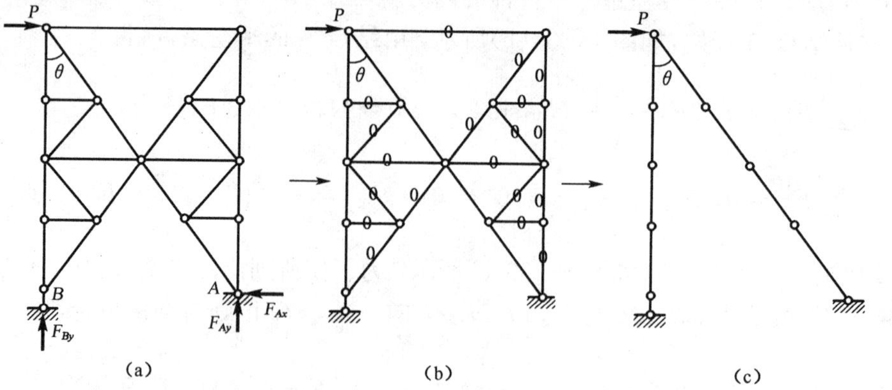

图 15-40

以整体为研究对象，如图 15-40(a)所示，由平衡方程可求出支座反力

$$F_{Ax}=P(\leftarrow),\ F_{Ay}=\frac{4}{3}P(\downarrow),\ F_{By}=\frac{4}{3}P(\uparrow)$$

(2) 找出零杆

利用结点的特殊情况，判断出零杆，在图 15-40(b)中标示出来。去掉该桁架中的零杆后如图 15-40(c)所示，但并不表示原桁架结构就与图 15-40(c)等价，因为很明显图15-40(c)所示体系为几何可变体系，也就是说零杆从受力上尽管内力为零，不承受力，但是从几何组成上来说并不是可有可无的。

(3) 计算非零杆的内力

找出零杆后，剩余的非零杆内力可以很简单的计算出来，留给大家自己计算。

总体来说，用结点法计算杆件的内力，计算步骤较为繁琐，工作量很大，当需要计算某些指定杆件的内力时，可采用一种相对简单的方法，即截面法。

2) 截面法

(1) 定义

所谓截面法就是用一适当截面将拟求内力的杆件切断，取出桁架的一部分(至少含两个结点)为隔离体，然后由该隔离体的平衡条件建立平衡方程，从而求出未知杆件的轴力。

(2) 本质

由于理想桁架各杆件只承受轴力，且桁架的所有外力、反力和杆件轴力均作用于结点上且过铰心，所取的隔离体包含两个或两个以上结点，实质上形成了一个平面一般力系。

(3) 注意点

由于截面法所获得的隔离体上的各力形成了一个平面一般力系，而平面一般力系只能列出三个独立的平衡方程，解出三个未知轴力，因此用截面法计算桁架杆件轴力时，只有当隔离体上轴力未知的杆件数目不多于三根，且它们既不全交于一点也不全平行时，杆件的轴力才能直接求解出来。

截面法既适用于联合桁架的计算，也适用于计算简单桁架中某些指定杆的内力。

应用截面法求解杆件内力时，为避免求解联立方程，应合理地选择矩心或投影轴，尽可能使每个方程中只包含一个未知力，具体做法是：

① 尽量使用力矩方程，矩心选在两个未知力的交点上，由此力矩方程即可求出第三个未知力。

② 若三个未知力中有两个互相平行，则可选取垂直于该两个未知力的坐标轴作为投影轴，列出投影方程，即可求出第三个未知力。

(4) 特殊情况

① 若截面法所截开的杆件数目超过三个，即有多个未知力，但这些未知力中除一个未知力外，其余的未知力全交于一点，应对该点列力矩方程，从而可求出未交于该点的未知力。如图 15-41(a)中为求杆 1 的内力，可取截面 $m-m$ 切开桁架，对 B 点列合力矩方程，即可计算出杆 1 的内力。

② 若截面法所截开的杆件数目超过三个，即有多个未知力，但这些未知力中除一个未知力外，其余的未知力均平行，应沿垂直于各平行未知力的方向列投影方程，从而可求出不与其他力平行的该未知力。如图 15-41(b)中为求杆 1 的内力，可取截面 $m-m$ 切开桁架，沿垂直于其他三根被切断的平行杆方向列合力投影方程，即可计算出杆 1 的内力。

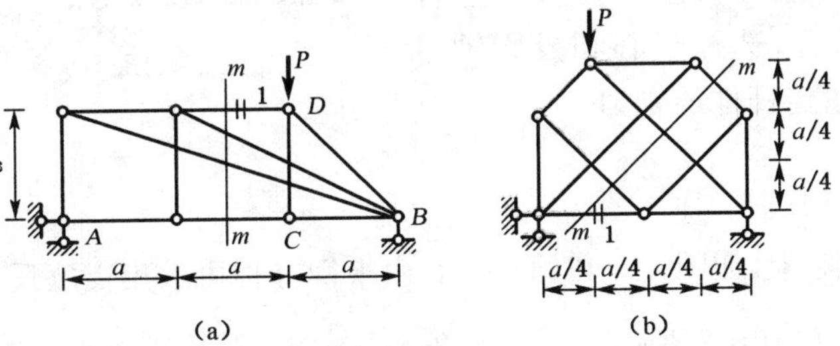

图 15-41

【例 15-14】 试用截面法计算图 15-42(a)所示桁架结构的指定杆件 a、b、c 的内力。

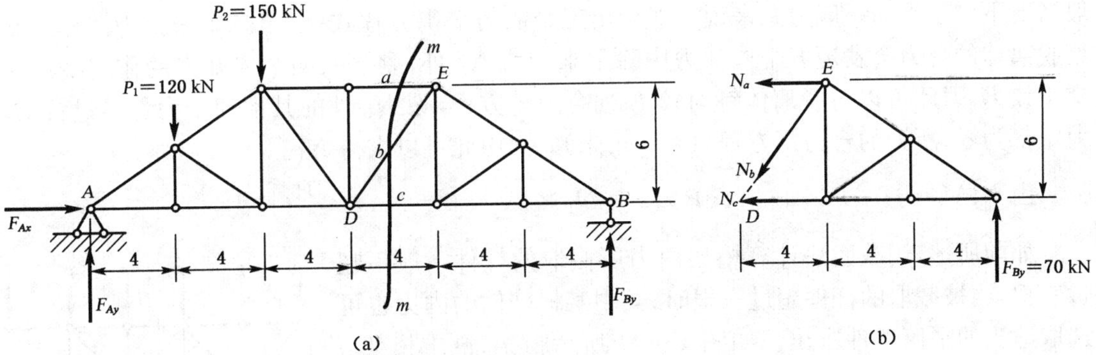

图 15-42

【解】 核心知识：用截面法计算静定平面桁架的指定杆件的内力。

解题思路：按静定平面桁架的内力计算步骤进行，为了避免解联立方程，可选取合适的截面将整个桁架切开，选择矩心和投影轴，依次计算，求出桁架指定杆件的轴力。

解题过程：

(1) 计算支反力

以整体为研究对象，如图 15-42(a)所示，由平衡方程可求出支座反力：

$$F_{Ax}=0,\ F_{Ay}=200\text{ kN}(\uparrow),\ F_{By}=70\text{ kN}(\uparrow)$$

(2) 计算指定杆件内力

作 m-m 截面，并取截面以右为隔离体，如图 15-42(b)所示。

由 $\sum F_y=0,\ -N_b\times\dfrac{6}{\sqrt{6^2+4^2}}+70=0\Rightarrow N_b=84.129\ 5\text{ kN}$(拉力)

由 $\sum M_D=0,\ -N_a\times 6-70\times 12=0\Rightarrow N_a=-140\text{ kN}$(压力)

由 $\sum M_E=0,\ -N_c\times 6+70\times 8=0\Rightarrow N_c=93.33\text{ kN}$(拉力)

【例 15-15】 试用截面法计算图 15-43(a)所示桁架结构的指定杆件 a、b、c 三杆的内力。

【解】 核心知识：用截面法计算静定平面桁架的指定杆件的内力。

解题思路：按静定平面桁架的内力计算步骤进行，为了避免解联立方程，可选取合适的截面将整个桁架切开，选择矩心和投影轴，依次计算，求出桁架指定杆件的轴力。

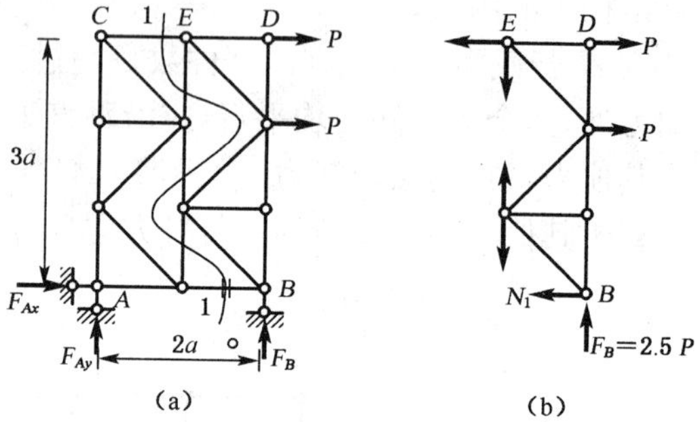

图 15-43

解题过程：

(1) 计算支反力

以整体为研究对象，如图 15-43(a)所示，由平衡方程可求出支座反力：

$$F_{Ax}=2P(\leftarrow),\ F_{Ay}=2.5P(\downarrow),\ F_B=2.5P(\uparrow)$$

(2) 计算指定杆件内力

作 Ⅰ-Ⅰ 截面，并取截面以右为隔离体，如图 15-43(b)所示。隔离体有五个未知力，而一般情况下对于平面一般力系来说只能列出三个静力平衡方程式，求出三个未知力。然而观察脱离体的受力会发现五个未知力中除了未知力 N_1 外，剩下的四个未知力的作用线都相交于铰 E，因此可以对脱离体针对铰 E 列合力矩方程，除 N_1 外的其他四个力都经过铰 E，力矩都为零，所列的合力矩方程只有一个未知力，由此可以求得 N_1。

由 $\sum M_E=0,\ P\times a+2.5P\times a-N_1\times 3a=0\Rightarrow N_1=\dfrac{7P}{6}$(拉力)

如前所述，用截面法计算桁架内力所截取的杆件一般不超过三根，当被截取的杆件超过三根时，其中某根杆件的内力也可选取适当的平衡条件求出。如图 15-44 所示桁架，欲求桁架 a 的内力，可用图示 Ⅰ-Ⅰ 截面截开，此时共截断了五根杆件，共有五个未知力，但除杆 a 以外其余各杆都汇交于 K 点，取 K 点为矩心的力矩方程 $\sum M_K=0$，即可求得 N_a。

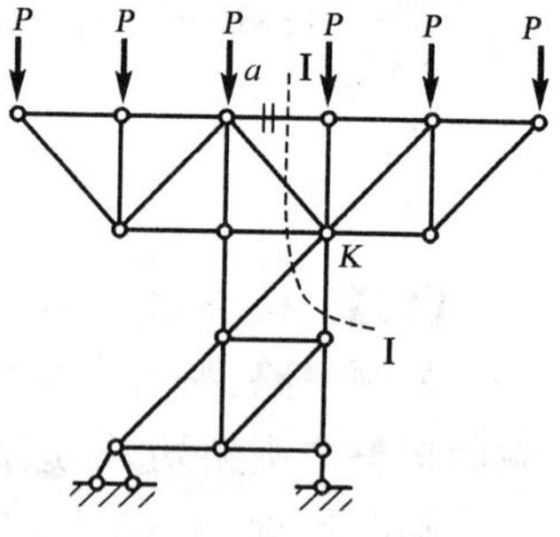

图 15-44

但是在图 15-44 中，用图示 Ⅰ-Ⅰ 截面截开，共截断了五根杆件，除了 a 杆内力外，别的杆件内力都无法计算出来，那该如何求出剩余杆件的内力呢？可利用结点法与截面法联合运用的方法。

3）结点法与截面法的联合运用

当需求内力的杆的位置比较特殊，或桁架的构造比较复杂时，只用一个截面取隔离体就想求出杆件的轴力是很困难的，这时就需要用结点法与截面法联合运用的方法，也称为联合法或混合法。

在运用联合法计算桁架杆件内力时，应首先用截面法求出联系杆的轴力，然后再用结点法计算其他杆件的轴力。在计算较复杂的桁架时，应灵活运用结点法和截面法，这样才能避免解联立方程，使计算简化。联合法尤其适用于联合桁架。

下面通过举例作一简单介绍。

【例 15-16】 试用截面法计算图 15-45(a)所示桁架结构指定杆件 a、b、c、d 四杆的内力。

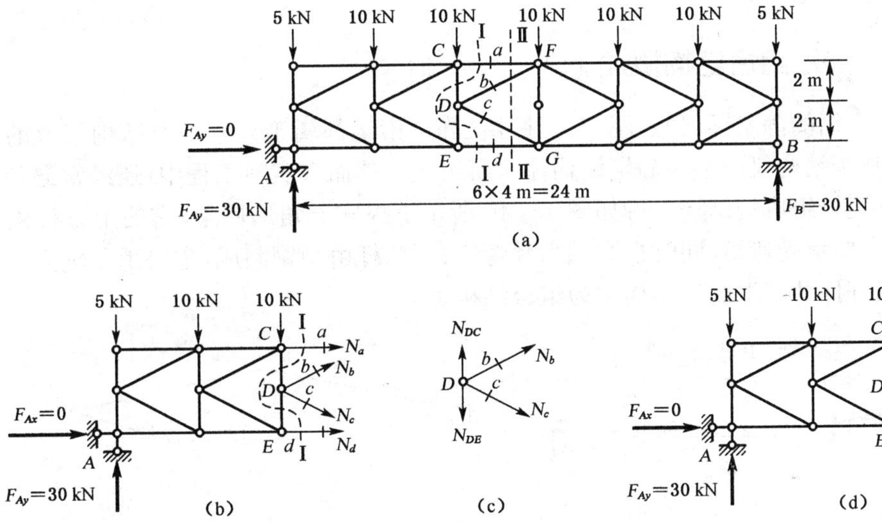

图 15-45

【解】 核心知识：用截面法和结点法的联合运用计算静定平面桁架指定杆件的内力。

解题思路：按静定平面桁架的内力计算步骤进行，先选择合适的截面将整个桁架结构切开，选择合适的矩心和投影轴，用截面法分别计算出 a 杆内力和 d 杆内力，然后按照结点法找出 b 杆和 c 杆内力的关系，然后仍利用截面法计算 b 杆和 c 杆内力。

解题过程：

(1) 计算支反力

以整体为研究对象，如图 15-45(a)所示，由静力平衡方程可求出支座反力：

$$F_{Ax}=0,\ F_{Ay}=30\ \text{kN}(\uparrow),\ F_{By}=30\ \text{kN}(\uparrow)$$

实际上也可以利用结构的对称性计算出支反力。

(2) 计算指定杆件内力

用Ⅰ-Ⅰ截面截开桁架，并取截面以左为隔离体，如图 15-46(b)所示，由平衡方程得

由 $\sum M_E=0,\ 4N_a+8\times30-10\times4-5\times8=0\Rightarrow N_a=-40\ \text{kN}$(压力)

由 $\sum M_C=0,\ 30\times8-N_d\times4-5\times8-10\times4=0\Rightarrow N_d=40\ \text{kN}$(拉力)

然后取结点 D 为隔离体，如图 15-45(c)所示，知 D 结点符合 K 型结点的性质，即满足 $N_b=-N_c$。

用Ⅱ-Ⅱ截面截开桁架，并取截面以左为隔离体，如图 15-45(d)所示，由平衡方程得

$\sum F_y=0$，$N_b\times\frac{2}{\sqrt{2^2+4^2}}-N_c\times\frac{2}{\sqrt{2^2+4^2}}+30-25=0$，代入 $N_b=-N_c$，可以解得 $N_b=-5.59\ \mathrm{kN}$(压力)，$N_c=5.59\ \mathrm{kN}$(拉力)

最后取 $\sum F_x=0$，校核最后结果，计算结果正确。

15.5 静定组合结构的内力计算

15.5.1 静定组合结构概述

本章前面介绍的静定梁、静定刚架、三铰拱、静定桁架都属于只有一类结构组成的简单静定结构，即整个结构仅由某一静定结构体系所组成。然而在实际工程中，还经常遇到由链杆和梁式杆件混合组成的结构。例如图 15-46 所示下撑式五角形屋架，它的上弦杆由钢筋混凝土制成，主要承受弯矩，同时也有轴力和弯矩；下弦杆由型钢制成，主要承受轴力。这种由链杆和梁式杆件共同组成的结构称为组合结构。

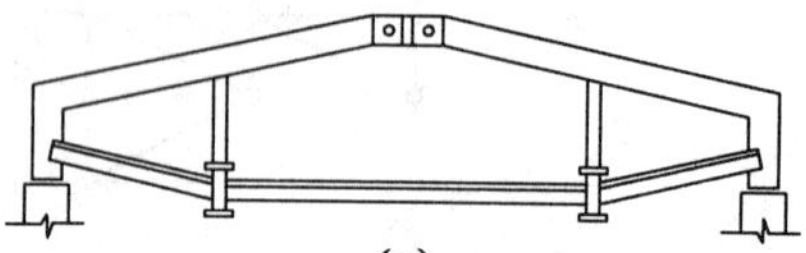

(a)

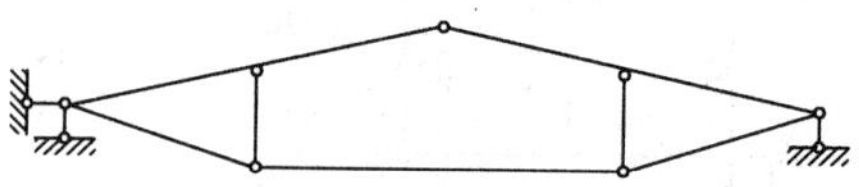

(b)

图 15-46

这种组合结构采用力学性能不同的材料制作，改善了梁式杆的受力状态，减少了梁式杆的弯矩；利用链杆的受力特点，能充分发挥材料强度，减轻重量，节省材料，施工方便。因此组合结构广泛应用于跨度较大的房屋建筑、吊车梁及桥梁主体结构中。

15.5.2 静定组合结构受力分析

计算静定组合结构的内力，仍采用截面法和结点法。由于组合结构由两类梁式杆和链杆共同组成，两类杆件受力性质不同，所以，计算静定组合结构的关键是会判断用截面法截开的杆件到底是梁式杆还是链杆。若截开的杆件是链杆，则截面上的内力只有轴力；若截开的杆件是梁式杆，则截面上一般有三个内力，即弯矩、轴力、剪力。实际上为了不使隔离体上未知力过多，应尽可能避免截断受弯的梁式杆。

那么应如何保证所截断的杆件是链杆呢？应注意链杆需要满足三个条件：

(1) 必须是直杆。

(2) 杆件的两端应完全铰接。

(3) 杆件的跨内无垂直于杆轴的外力作用。

不满足上面三个条件中的任一个就不是链杆，也就是说，只有同时满足了上面三个条件

才是链杆。

组合结构内力计算的步骤如下：

(1) 计算支反力。以整体为研究对象，利用平衡方程求出支反力。

(2) 计算链杆的轴力。其计算方法与平面桁架的内力计算相似，可采用结点法和截面法。

(3) 计算梁式杆的内力并绘制内力图。

【例 15-17】 试计算图 15-47(a)所示静定组合结构的内力。

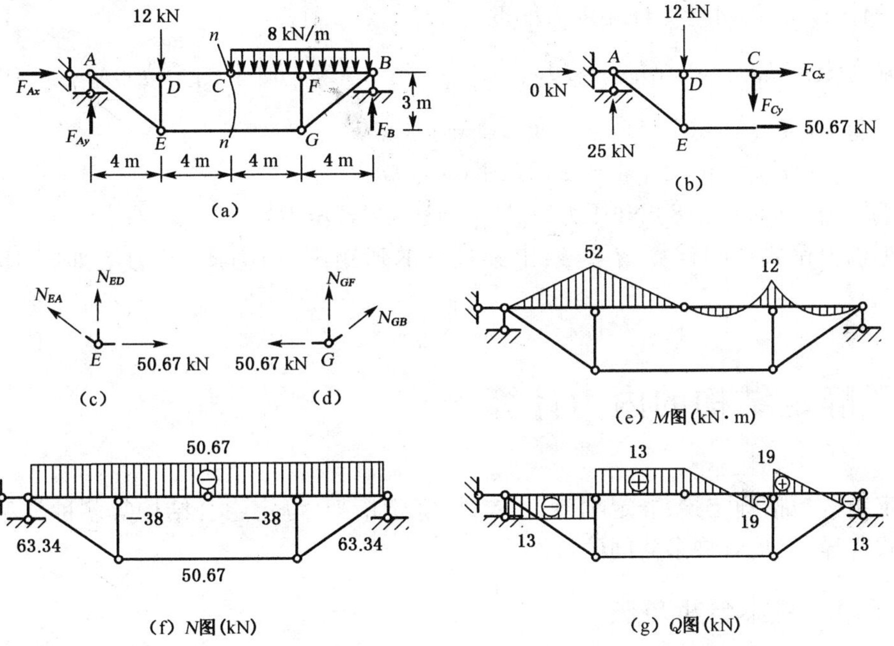

图 15-47

【解】 核心知识：分清链杆和梁式杆，并按各自的计算方法进行计算。

解题思路：按组合结构的计算步骤进行计算。

解题过程：

(1) 计算支反力

以整体为研究对象，如图 15-47(a)所示，由平衡方程可求得支座反力：

$$\sum M_A = 0, \Rightarrow F_{By} = 4\ \text{kN}(\uparrow)$$

$$\sum F_y = 0, \Rightarrow F_{Ay} = 4\ \text{kN}(\uparrow)$$

(2) 计算链杆的轴力

用截面 n-n 截断链杆 DE 和铰 C，取截面 n-n 的左半部分为隔离体，并画受力分析图，如图 15-47(b)所示，先计算链杆 DE 的轴力和铰 C 的约束力。

由 $\sum M_C = 0,\ F_{Ay} \times 4 - 1 \times 4 \times 2 - N_{DE} \times 1 = 0 \Rightarrow N_{DE} = 8\ \text{kN}$(拉力)

由 $\sum F_x = 0,\ \Rightarrow F_{Cx} = N_{DE} = 8\ \text{kN}(\leftarrow)$

再取结点 D 和结点 E 为研究对象，并画受力图，如图 15-47(c)、(d)所示，得

$$N_{DA} = N_{EB} = \frac{2.24}{2} \times 8 = 8.96\ \text{kN}(\text{拉力})$$

$$N_{DF} = N_{EG} = -\frac{1}{2.24} \times 8.96 = -4\ \text{kN}(\text{压力})$$

(3) 计算梁式杆的内力，并绘制内力图

取杆 AFC 为隔离体，其受力图如图 15-47(e)所示，将结点 A 处的力合并后，其受力图如图 15-47(f)所示，可计算杆端内力如下：

杆端弯矩：$M_{AF} = 0$，$M_{FA} = M_{FC} = \dfrac{1 \times 2}{2} = 1\ \text{kN}\cdot\text{m}$(上侧受拉)，$M_{CF} = 0$

杆端剪力：$F_{SAF} = 0$，$F_{SFA} = -1 \times 2 = -2\ \text{kN}$

$F_{SFC} = -2 + 4 = 2\ \text{kN}$，$F_{SCF} = 0$

杆端轴力：$N_{AC} = -8\ \text{kN}$(压力)，$N_{CA} = -8\ \text{kN}$(压力)

根据以上梁式杆的计算结果，绘出梁式杆的弯矩图、剪力图、轴力图如图 15-47(e)、(f)、(g)。

15.6 静定结构的内力计算

静定结构包括静定梁、静定刚架、三铰拱、静定桁架、静定组合结构等多种类型，这些结构的形式各异，但也有许多共同的特性。

15.6.1 基本分析方法

静定结构是没有多余约束的几何不变体系，静定结构利用静力平衡方程就可计算出全部支反力及各截面内力。静定结构的受力分析，主要是利用静力平衡方程计算支反力和杆件内力，画出结构的内力图。

求静定结构的支反力和内力(统称为约束力)的基本方法是截面法，它主要包括画隔离体的受力图和建立平衡方程两个环节。首先，在结构中人为地切断约束，取出隔离体，把约束力暴露在外，成为隔离体的外力。然后建立静力平衡方程，以解出约束力。

1) 静定梁与静定刚架的内力计算

静定梁与静定刚架的内力分析方法很相似，都是需要应用“零平斜弯”的几何意义，在计算内力时需要找出控制截面，运用区段叠加法作出内力图。

2) 三铰拱的内力计算

三铰拱与静定梁和静定刚架的区别在于：三铰拱的杆轴线是曲线，造成了它的内力计算的繁琐复杂，在内力分析时是利用与三铰拱跨度相同、荷载相同的简支代梁进行分析的。通过三铰拱的内力分析，知道三铰拱是一个有推力结构，主要承受的内力是压力，当三铰拱各横截面上弯矩和剪力为零的时候所对应的某一荷载作用下的拱轴线称为三铰拱的合理拱轴线。

3) 静定桁架和静定组合结构

对于静定桁架来说，它的内力计算主要采用截面法、结点法、截面法和结点法的联合运用方法，有时对于某些特殊的桁架结构，其内部的某些杆件为内力为零的零杆、两杆内力相等的等力杆。对于静定组合结构来说，由两类受力性质完全不同的梁式杆和链杆组成，在进行内力计算时，关键是判断出哪根杆件是梁式杆，哪根杆件是链杆，从而根据这两类杆件的不同受力特征来进行内力计算。

15.6.2 静定结构的基本性质

1) 几何组成特性和静力特性

在几何组成方面，静定结构是没有多余约束的几何不变体系。在静力计算方面，静定结构的全部支反力和内力均可由静力平衡条件求得，且其静力解答是唯一的确定值。这一静力特性称为静定结构解答的唯一性定理。

2) 反力和内力与截面刚度无关

静定结构的反力和内力由于只用静力平衡条件即可确定，因此其内力与支反力只与荷载以及结构的几何形状和尺寸有关，而与杆件所用材料及其截面形状和尺寸无关，即与截面刚度无关。

3) 支座位移、温度改变或制造误差等非荷载因素作用下不会引起内力

由于静定结构不存在多余约束，因此可能发生的支座位移、温度改变或制造误差只会使结构产生位移，但不会产生反力和内力。根据静定结构解答的唯一性，在没有荷载作用时，零解答就能满足静定结构的所有平衡条件。所以静定结构在非荷载因素作用下一般不会产生内力，即内力为零。

在图 15-48(a)中，假设简支梁的上方温度为 t_1，下方温度为 t_2，且令 $t_1 < t_2$，因为简支梁可以自由不受约束的产生弯曲变形(如图中虚线所示)，所以简支梁内不会产生内力。

在图 15-48(b)中，假设简支梁由于支座 B 下沉，不考虑内部的微小变形，只会引起图中虚线所示的自由的刚体位移，所以在简支梁内并不引起内力。

在图 15-48(c)中，假设三铰拱的杆 AB 因施工误差稍有缩短，在拼装后结构形状会自由的稍有改变，如图中虚线所示，所以三铰拱内不会产生内力。

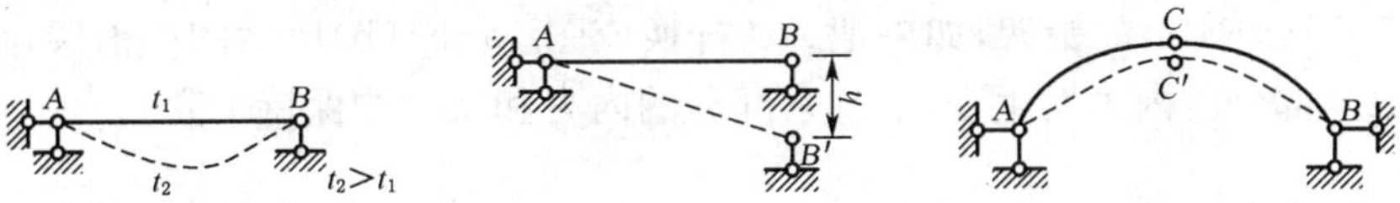

(a) 温度改变　　(b) 支座位移　　(c) 制造误差

图 15-48

4) 平衡力系的作用

静定结构在平衡力系作用下，其影响的范围只限于受该力系作用的最小几何不变部分，而不致影响到此范围以外，因此该特性也称为静定结构的局部平衡特性。也就是说，在荷载作用下，如果静定结构的某一局部可以与荷载维持平衡，则其余部分的反力和内力必为零。

如图 15-49(a)中所示的静定梁，CD 段是此平衡力系作用的最小几何不变部分，故只在此部分产生内力，而其余各杆段 AC、CD 部分及支反力均为零。

如图 15-49(b)中所示静定桁架，三角形部分 ABC 是此平衡力系作用的最小几何不变部分，故只在此部分产生内力，其余各杆都是零杆。这个结论可以很容易证明出来，其实质是静定结构解答的唯一性，上述内力状态能满足结构各部分的平衡条件。

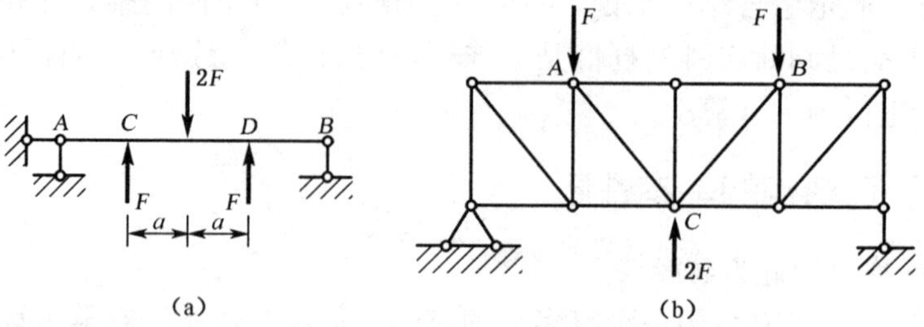

图 15-49

5）静定结构上荷载的等效性

荷载的等效性：两荷载力系向同一点简化，具有相同的矢量及主矩。

当静定结构的一个内部几何不变部分上的荷载做等效变换时，其余部分的内力不变。

如图 15-50(a)中三铰拱 A、B 截面的两个集中荷载与图 15-50(b)中 C 截面处作用的集中荷载 $2F$ 就是等效荷载。将图 15-50(a)改为图 15-50(b)时，只有杆 AB 的内力改变，其余各杆的内力都不变。

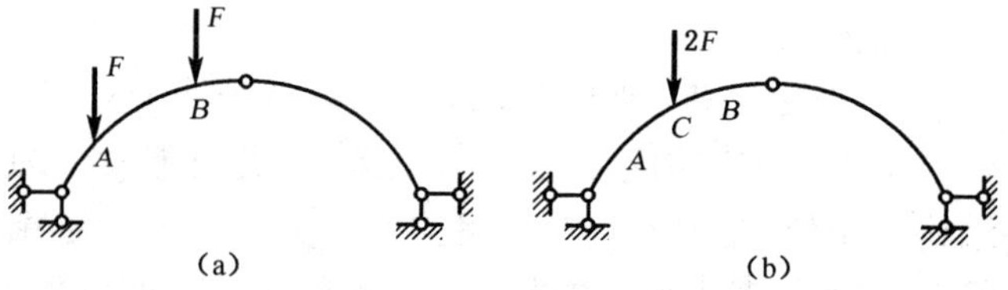

图 15-50

因此在计算内力以及支反力时可利用该荷载的等效性，用较简单的合力代替原力系进行计算。

6）结构的等效替换

结构的等效指的是，从几何组成方面来考虑的话，这两个结构对维持体系的几何组成作用相同；从静力计算分析来考虑的话，这两个结构在相同荷载作用下能产生完全相同的内力。

将静定结构内部的某一几何不变部分 1，用另一个几何不变部分 2 代换后，只引起几何不变部分 1 的内力变化，而其余部分的内力不会变化。

如图 15-51(a)所示的桁架，如果把 AB 杆换成图 15-51(b)所示的小桁架，在做上述代换后，只有 AB 部分的内力发生变化，其余部分的内力和反力均保持不变。

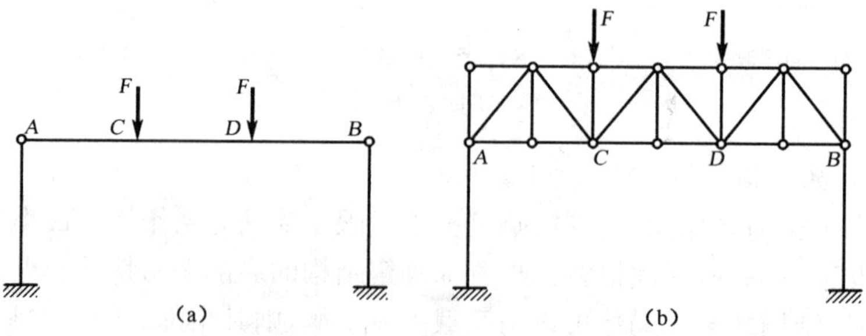

图 15-51

15.6.3 常见静定结构的受力特点

1）静定梁

常见的静定梁有简支梁、悬臂梁、外伸梁、多跨静定梁等形式。以上各梁均由受弯的梁式杆组成，在受弯杆件中，由于弯曲变形引起截面上的应力分布不均匀，使所用的材料的强度得不到充分利用，故当所跨越的跨度较大时，一般不易采用梁作为承重结构。简支梁多用于小跨度结构。在承受同样跨度并承受同样荷载的情况下，悬臂梁的最大弯矩和最大挠度值都远大于简支梁，因此悬臂梁只易用于跨度更小的承重结构，如雨篷、挑廊、阳台等。

在多跨静定梁中，由于伸臂的设置，使支座处截面产生了负弯矩，它将使跨中的正弯矩数值减小，所以多跨静定梁比连续放置的多跨简支梁更加节省材料，但构造上较为复杂。

2）静定刚架

刚架是由抗弯杆件全部或部分以刚结点相互连接而成，它具有一定跨度并能提供较大的使用空间。刚架的内力有弯矩、剪力、轴力，其中以弯矩为主，刚架结构的内力分布比较均匀，变形也比较小。

3）三铰拱

三铰拱在竖向荷载作用下，除产生竖向支反力外，还产生水平向内的支反力，也称水平推力。根据这一特征，三铰拱也常被称为有推力结构。在水平推力作用下，使得三铰拱的各个横截面上内力主要以压力为主，弯矩、剪力都远小于静定梁和静定刚架的内力值，这就使得三铰拱可以采用抗压强度较高而抗拉强度较低的砖、石、混凝土等建筑材料来建造。在某一荷载作用下，通过合理设计拱轴曲线，可以使得三铰拱的各个横截面上只有压力，而弯矩、剪力均为零，此时所对应的拱轴线称为三铰拱的合理拱轴线。

三铰拱结构作为一个受力比较合理的结构，可用作食堂、场馆、车间等大跨度的建筑物的承重结构，但作为曲线的杆件结构也增加了施工上的不便。

在竖向荷载作用下，悬索结构除产生竖直支反力以外，还产生水平向外的推力；另外，悬索结构内部只有轴力产生，且为拉轴力。

4）静定桁架

在结点荷载作用下，桁架中的杆件都是二力杆，各杆只产生轴力，只处于轴向受拉或受压状态下，杆件截面上的正应力分布均匀，能充分利用材料的强度。因此，桁架比梁能跨越更大的空间，但相应的结点构造比较复杂。

5）组合结构

组合结构中包含受力性质完全不同的两类杆件：梁式杆和链杆。在组合结构中，利用链杆作为二力杆的受力特点，能够充分利用材料强度，并从加劲的角度出发，改善了梁式杆的受力状态。

总之，在实际工程中，以梁作为承重结构一般跨度不宜过大，三铰拱、静定刚架、组合结构和静定桁架可用于跨度较大的结构。不同的结构形式均有各自的适用范围，在选择结构形式时，除从受力状态方面考虑外，还应进行技术、经济等方面的比较，才能获得最好的结构形式。

本章小结

1. 静定梁的内力计算关键步骤是首先分析静定结构或超静定结构；若为静定结构，第二步是将结构体系进行分解，选取简单一侧为研究对象；再次，在内力图的绘制过程中其求解方法同弯曲变形梁求解规律。

2. 叠加法绘制静定梁的弯矩图一般分解为两个阶段，先计算集中力所产生的弯矩为直线，再计算分布力所产生的弯矩为曲线，最关键的是相叠加，而最值点的判断是根据变化值的大小来确定图上变化距离，要注意变化方向，最后进行整体检查。

3. 截点法和截面法都是求解静定平面桁架的方法，二者要根据所研究的对象来选择方法。结点法的优点是简单、直接，多用于体系较简单的结构；而截面法多用于较复杂体系，可大大降低求解难度，截面法求解内力的关键是正确地截开体系确定截开位置。

习 题

1. 试不经计算支座反力而迅速绘出图 15-52 所示各梁的弯矩图。

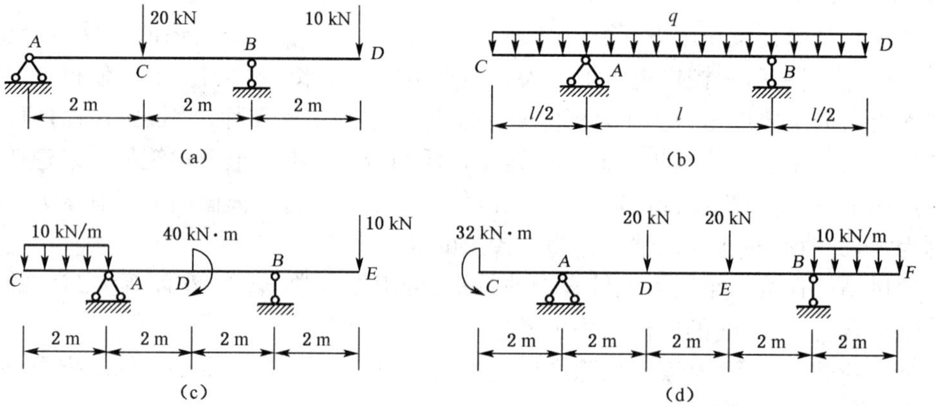

图 15-52

2. 试作图 15-53 所示多跨梁的内力图。

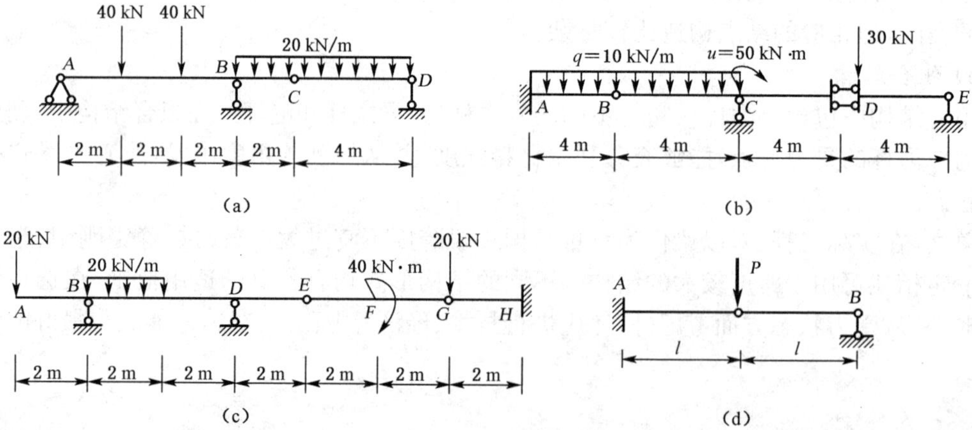

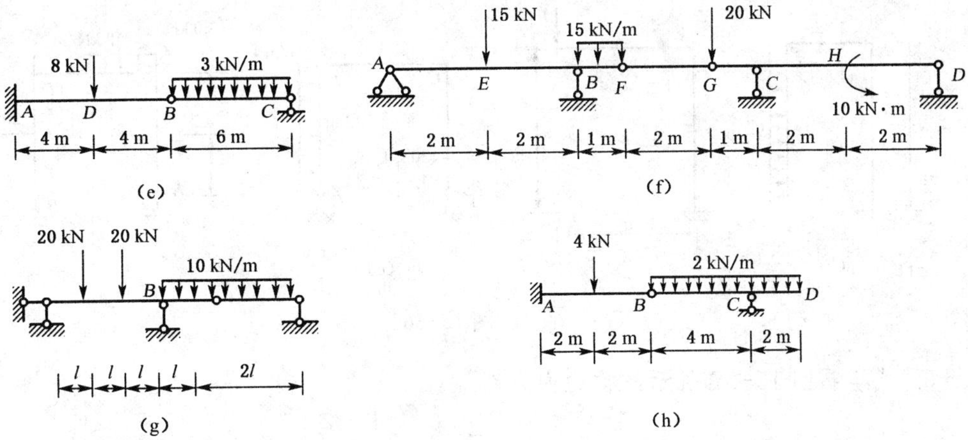

图 15-53

3. 试调整图 15-54 所示多跨静定梁铰 C 的位置,使中间支座(B、D)上的弯矩绝对值相等。

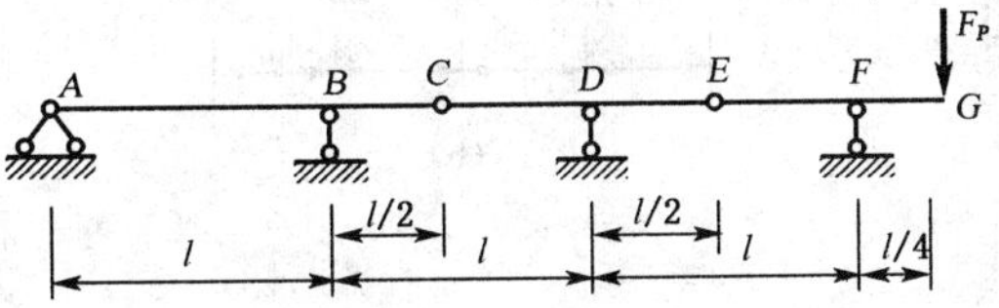

图 15-54

4. 试绘制图 15-55(a)、(b) 所示的弯矩图并比较两内力图的异同。

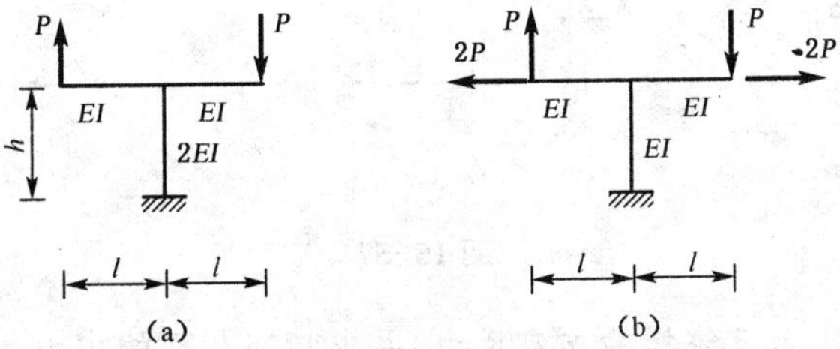

图 15-55

5. 试绘制图 15-56 所示结构的内力图。

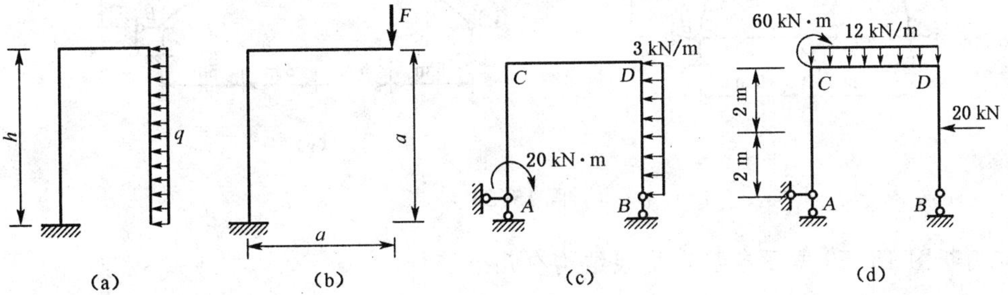

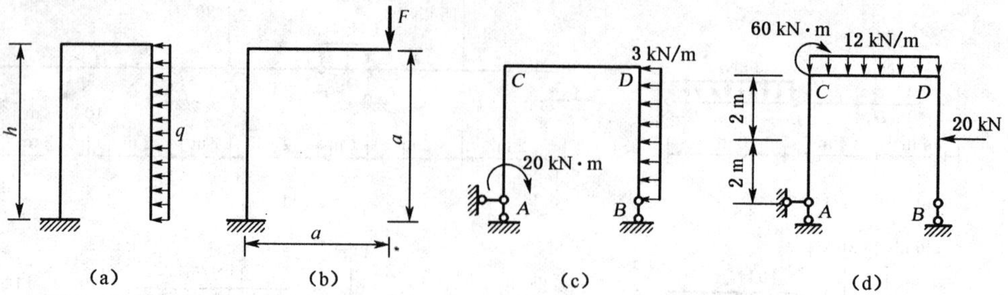

图 15-56

6. 试绘制图 15-57 所示结构的内力图。

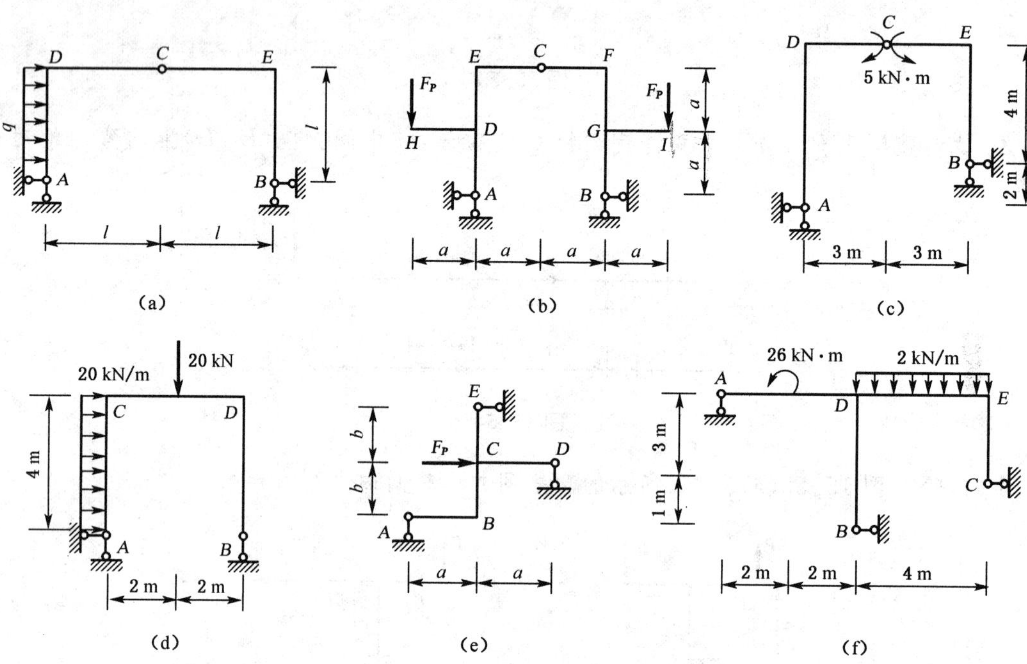

图 15-57

7. 试求图 15-58 所示三铰拱的支座反力,并求指定截面的内力。

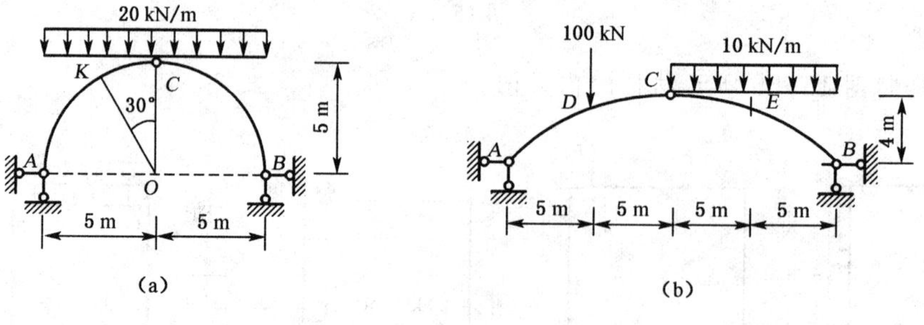

图 15-58

8. 判断图 15-59 所示各静定桁架结构有几个零杆。

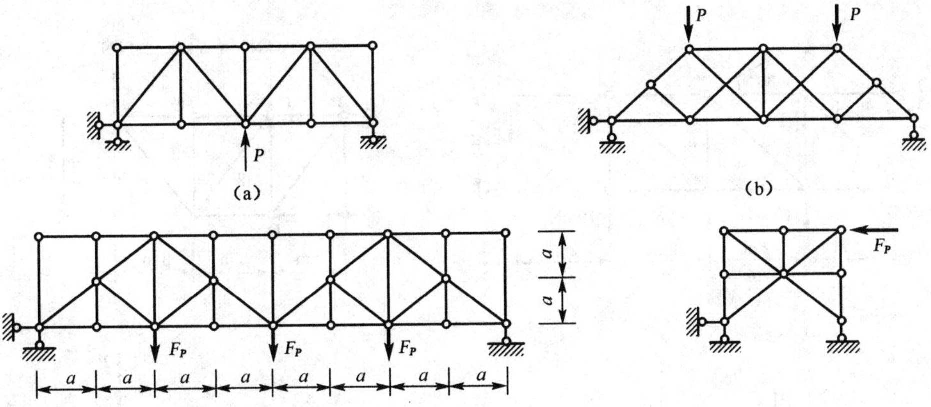

(a) (b) (c) (d)

图 15-59

9. 分析图 15-60 所示桁架:①判定零杆;②计算指定杆的内力(方法不限)。

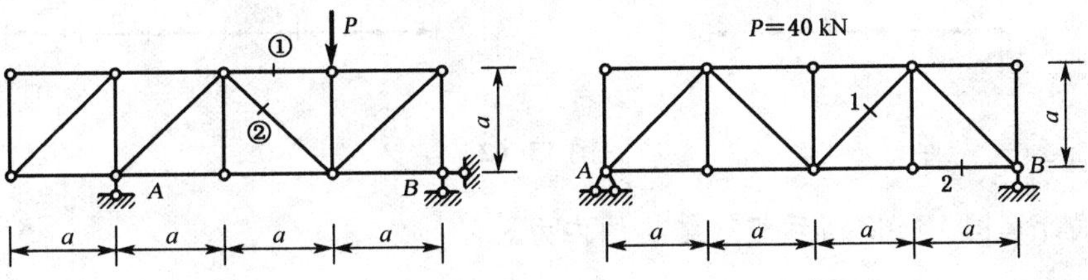

(a) (b)

图 15-60

10. 试用结点法计算图 15-61 所示桁架各杆的内力。

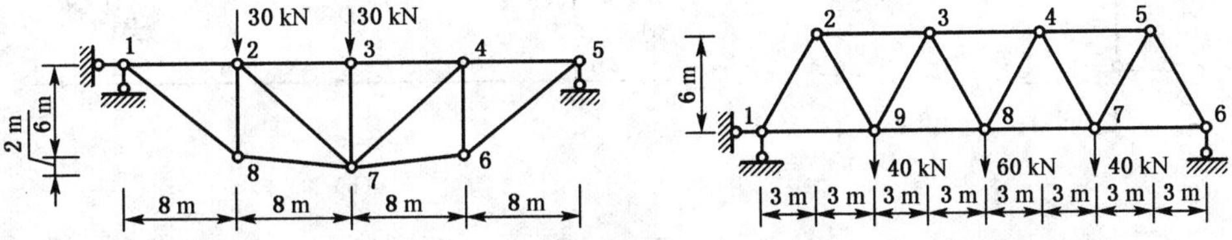

(a) (b)

图 15-61

11. 试选用简便方法计算图 15-62 所示桁架中指定杆件的内力。

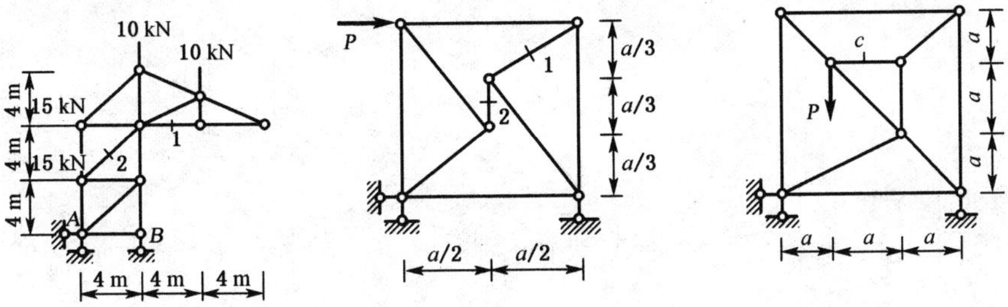

(a) (b) (c)

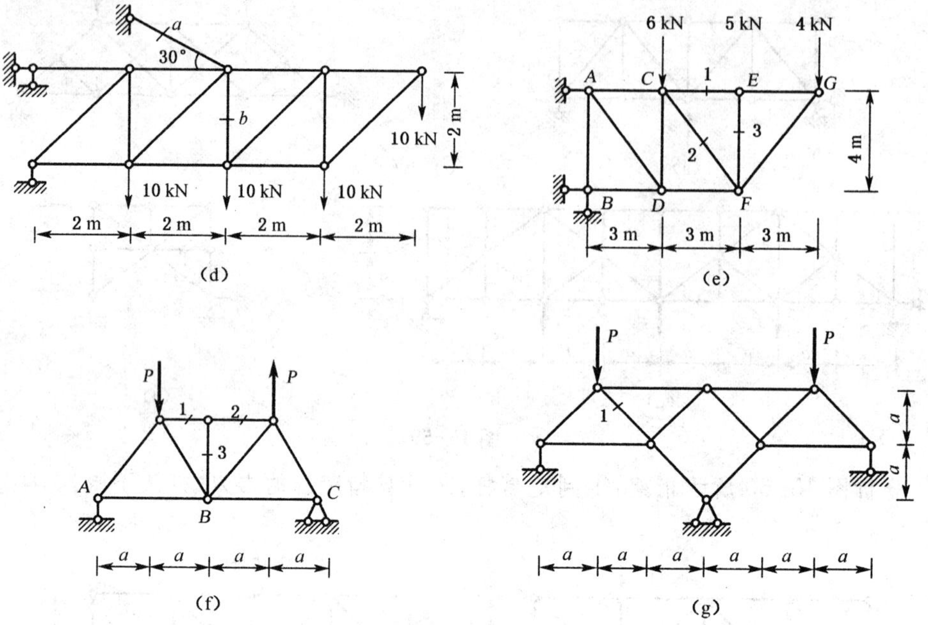

图 15-62

12. 试计算图 15-63 所示组合结构的内力。

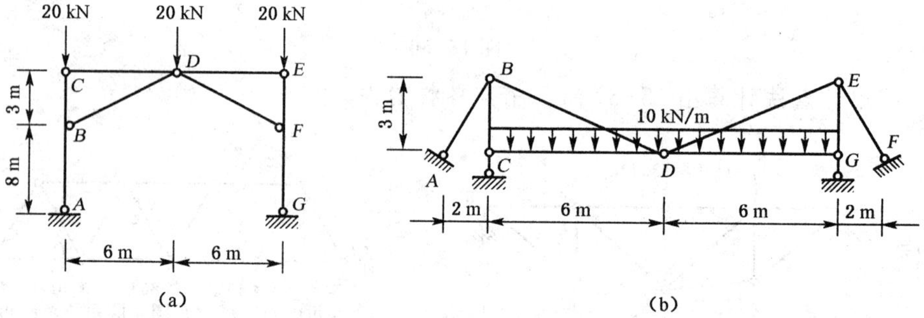

图 15-63

16　静定结构的位移计算

学习目标: 了解结构位移计算目的;熟悉利用变形体的虚功原理,建立虚拟的力状态;掌握静定结构在荷载作用下的位移计算;掌握图乘法求位移;了解支座移动和温度改变引起的位移计算。

16.1　计算结构位移的目的

结构在荷载作用下会产生内力,同时使其材料产生应变,以致结构发生变形。由于变形,结构上各点的位置将会发生改变。杆件结构中杆件的横截面除移动外,还将发生转动。这些移动和转动称为结构的位移。此外,结构在其他因素如温度改变、支座移动等的影响下也都会发生位移。

如图 16-1 所示的刚架,在荷载作用下,结构产生变形(如图中虚线所示),使截面的形心 A 点沿某一方向移到 A' 点,线段 AA' 称为 A 点的线位移,一般用符号 Δ_A 表示。它也可以用竖向线位移 Δ_{Ax} 和水平线位移 Δ_{Ay} 两个位移分量来表示。同时,截面 A 还转动了一个角度,称为截面 A 的角位移或转角,用 φ_A 表示。

又如图 16-2 所示刚架,在集中力作用下发生虚线所示的变形,截面 A 的角位移为 φ_A(顺时针方向),截面 B 的角位移为 φ_B(逆时针方向),这两个截面方向相反的角位移之和,就构成截面 A、B 的相对角位移,即 $\varphi_{AB}=\varphi_A+\varphi_B$。同样,在 A、B 两点上也产生了水平线位移,分别为 Δ_{AH}(向右)和 Δ_{BH}(向左),这两个指向相反的水平线位移之和就称为 A、B 两点的水平相对线位移,即 $\Delta_{ABH}=\Delta_{AH}+\Delta_{BH}$。

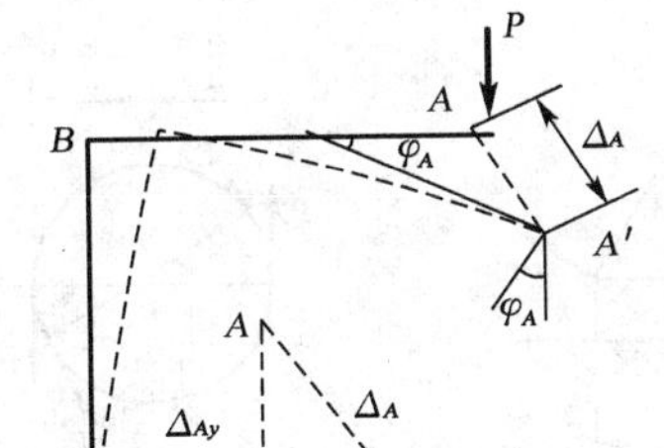

图 16-1

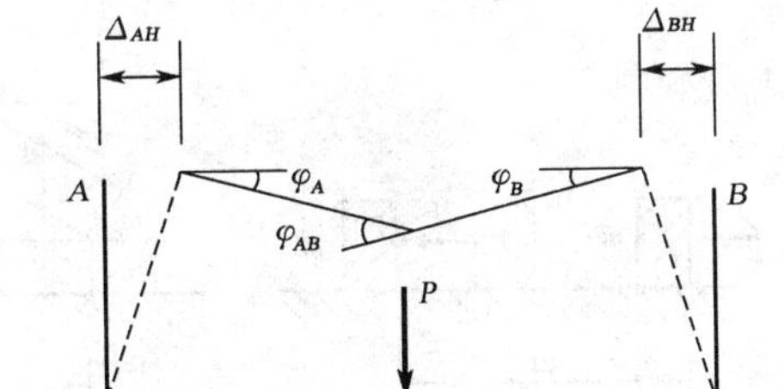

图 16-2

使结构产生位移的原因除了荷载作用外,还有温度改变,使材料膨胀或收缩、结构构件的尺寸在制造过程中发生误差、基础的沉陷或结构支座产生移动等因素,均会引起结构的位移。

在工程设计和施工过程中,结构位移计算是很重要的。概括来说,计算位移的目的有三个:

(1) 校核结构的刚度。在结构设计中除了满足强度要求外,还要求结构要有一定的刚度，目的是保证结构在荷载作用下（或其他因素作用下）不致发生过大的位移。例如，在吊车梁设计中，吊车梁的最大挠度不得超过跨度的 1/600；楼板主梁的挠度则不许超过跨度的 1/400。因此为了验算结构的刚度，需要计算结构的位移。

(2) 在结构的制作、施工等过程中，也常需预先知道结构变形后的位置，以便采取一定的施工措施，因而也需要计算其位移。

(3) 为超静定结构的计算打下基础。在计算超静定结构的支反力和内力时，除利用静力平衡条件外，还必须考虑结构的位移条件。这样，位移的计算就成为解超静定结构时必然会遇到的问题。

16.2 实功、虚功的概念及变形体虚功原理

16.2.1 功的概念

上节叙述了引起结构位移的原因和计算结构位移的目的，从本节开始将讲述如何运用虚功原理来推导出位移计算的公式。而要讲清楚此原理，首先要弄清功的一般概念及其各种表达方式。如图 16-3(a)所示，在常力 P 作用下物体从 m 移动到 m'，在力的方向上产生线位移 Δ，由物理学可知，P 与 Δ 的乘积称为力 P 在位移 Δ 上做的功，即 $W = P\Delta$。又如图 16-3(b)表示力 P 拉一重物 m 的过程，其中 s 为力作用点的实际位移，称为总位移，$\Delta = s\cos\theta$ 为作用点在力作用线方向的位移分量，称为力 P 的相应位移。这时力 P 所做的功 W 仍可用 P 与 Δ 的乘积表示，即 $W = P\Delta$，其中 $\Delta = s\cos\theta$。

如图 16-3(c)所示，有两个大小相等、方向相反的常力 P 作用在圆盘上，设圆盘转动时的常力 P 的方向始终垂直于直径 AB，当圆盘转动一角度 φ 时，两个常力所做的功为 $W = 2FR\varphi$，又因为该两力组成一力偶，其力偶矩为 $M = 2FR$，由此得出 $W = M\varphi$。也就是说，常力偶所做的功等于力偶矩与角位移的乘积。

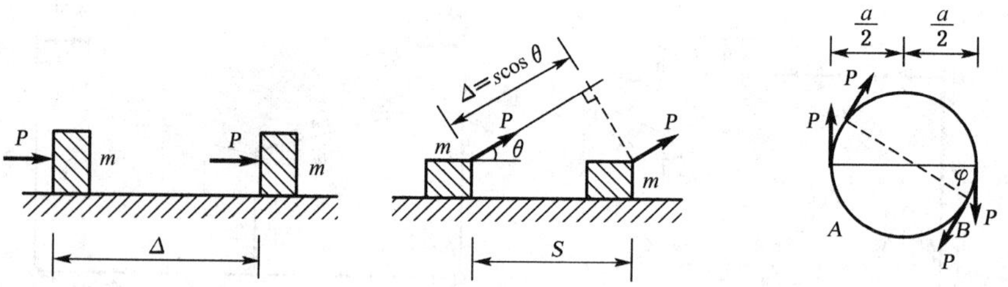

图 16-3

通过上面三个示例可知，功包含了两个因素——力和位移。从而也可得出，做功的力可以是一个力，也可以是一个力偶，有时甚至可能是一对力或一个力系，统称为广义力；位移可以是线位移，也可以是角位移，统称为广义位移。因此，功可以统一表示为广义力和广义位移的乘积，即

$$W = P\Delta \tag{16-1}$$

其中 P 为广义力，Δ 为广义位移，它与广义力相对应。如力 P 为集中力时，Δ 表示线位

移；力 P 为力偶时，Δ 表示角位移。

由物理学可知，当广义力 P 与相应的广义位移 Δ 方向一致时，做功为正；反之，做功为负。

功是一个标量，它的常用单位是 kN·m，N·m。

16.2.2 实功、虚功

当做功的力与相应位移彼此相关时，即当位移是由做功的力本身引起时，此功称为实功。上述集中力 P 与力偶矩 M 所做的功均为实功。实功所做的功与其作用点移动路线的形状、路程的长短有关。当静力加载时，即 P 由 0 增加至 P，Δ 由 0 增加至 Δ。

如图 16-4 所示简支梁，设其在 P_1 作用下达到平衡时，P_1 作用点沿 P_1 方向上产生的位移为 Δ_{11}。荷载 P_1 在位移 Δ_{11} 上所做的功用 W_{11} 表示，则实功的计算式为

$$W_{11} = \frac{1}{2} P_1 \Delta_{11}$$

当做功的力与相应位移彼此独立无关时，就把这种功称为虚功。也就是说力在沿其他因素引起的位移上所做的功，如另外的荷载作用、温度变化或支座移动等。如图 16-5 所示的直杆，受荷载 F_P 作用，杆轴温度为 t。若此时杆轴温度升高 Δt，则杆件伸长 Δ_l（图 16-5(b) 中虚线所示），此时荷载 F_P 在其相应位移 Δ_l 上所做的功为 $W_1 = F_P \Delta_l$。由于位移 Δ_l 是由温度变化引起的，与力 F_P 无关，所以 W_1 是力 F_P 所做的虚功。"虚"字在这里并不是虚无的意思，而是强调做功的力与位移无关这一特点。因此在虚功中可将做功的力与位移看成是分别属于同一体系的两种彼此无关的状态，其中力系所属状态称为力状态或第一状态，如图 16-5(a) 所示；位移所属状态称为位移状态或第二状态，如图 16-5(b) 所示。当位移与力的方向一致时，虚功为正；反之，虚功为负。

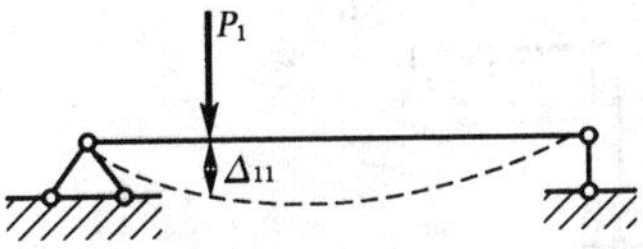

图 16-4

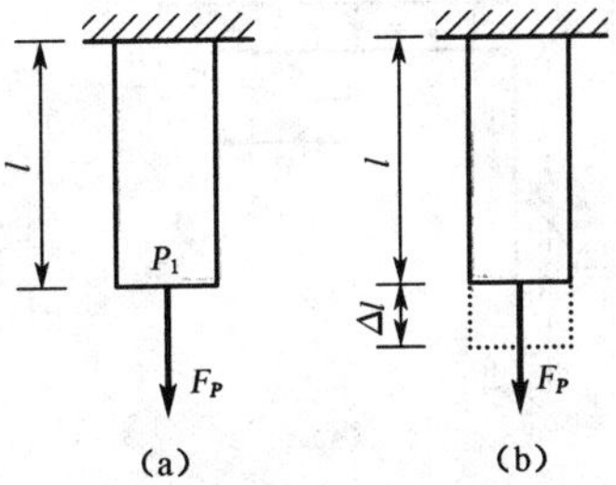

图 16-5

16.2.3 变形体的虚功原理

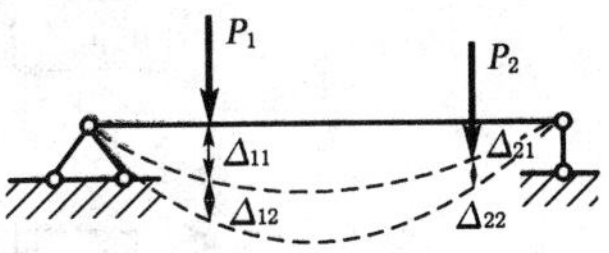

图 16-6

如图 16-6 所示的简支梁在第一组荷载 P_1 作用下，在 P_1 作用点沿 P_1 方向上产生的位移用 Δ_{11} 表示。位移 Δ 的第一个下标表示位移的地点和方向，第二个下标表示引起位移的原因。同时，同一简支梁在第二组荷载 P_2 作用下引起 P_1 作用点沿 P_1 方向产生的位移，用 Δ_{12} 表示。如果把 P_1 作用状态看作力状态，即第一状态，把 P_2 作用状态看作位移状态，即第二状态，则第一状态的外力 P_1 将在第二状态的位移 Δ_{12} 上做虚功，用 W_{12} 表示，即 $W_{12} = P_1 \Delta_{12}$，这种外力在其他因素引起的位移上所做的功称为外力虚功。

同样，由于第一组荷载 P_1 作用产生的内力亦将在第二组荷载 P_2 作用产生的内力所引起的相应变形上做虚功，称为内力虚功，用 W'_{12} 表示。

变形体的虚功原理表明：第一状态的外力（包括荷载和约束反力）在第二状态所引起的位移上所做的外力虚功 W_{12}，等于第一状态内力在第二状态内力所引起的变形上所做的内力虚功 W'_{12}，即

$$W_{12} = W'_{12} \tag{16-2}$$

注意上面的分析过程中，并没有涉及材料的物理性质，因此对于弹性、非弹性、线性、非线性的变形体系，虚功原理都适用。

虚功原理在具体应用时有两种方式：一种是给定力状态，另虚设一个位移状态，利用虚功原理求力状态中的未知力；另一种是给定位移状态，另虚设一个力状态，利用虚功原理求解位移状态中的未知位移，这时的虚功原理又可称为虚力原理。本章讨论的结构位移的计算，就是以变形体虚力原理作为理论依据的。

16.3 静定结构在荷载作用下的位移计算

16.3.1 位移计算的一般公式

如图 16-7(a)所示结构在荷载 q 作用下发生了如图中虚线所示的变形，下面来求结构上任一截面沿任一指定方向上的位移，如 K 截面的水平位移 Δ_K。

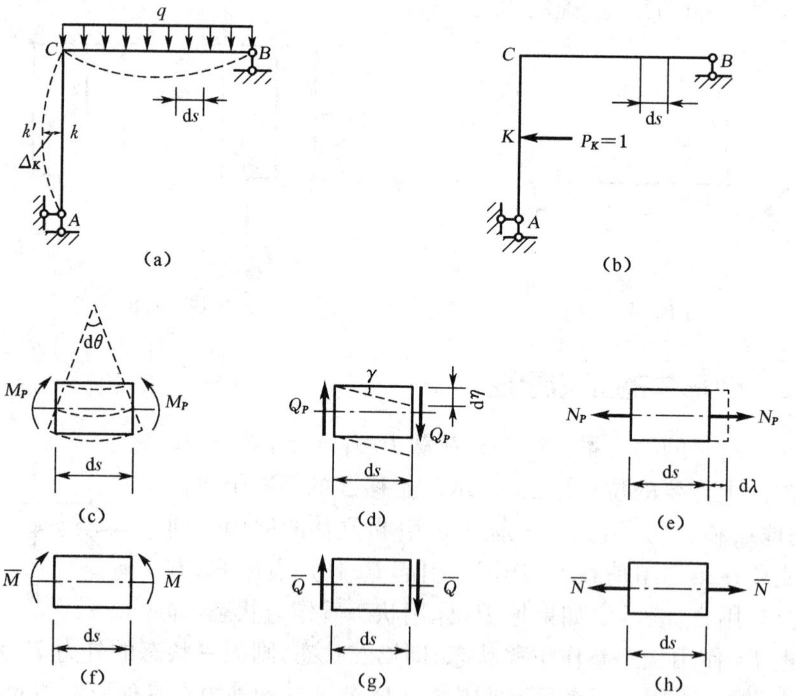

图 16-7

下面讨论如何运用虚功原理来求解这一问题。要应用虚功原理，就需要用两个状态：力状态和位移状态。现在要求的位移是由给定的荷载、温度变化等因素引起的，故应以此作为结构的位移状态，亦称为实际状态。此外还需要建立一个力状态。由于力状态与位移状态是彼此独立无关的，因而力状态完全可以根据计算的需要来进行假设。为了使力状态中的外力能在位移中所求位移 Δ_K 上作虚功，我们就在 K 点沿 $k-k'$ 方向加一个单位集中力 $P_K=1$，其箭头指向可以随意假设，如图 16-7(b)所示，以此作为结构的力状态。这个力状态由于是虚设的，故称为虚拟状态。虚拟状态中的外力所做虚功，$W=P_K\cdot\Delta_K=\Delta_K$。

首先在图 16-7(a)上取 ds 微段，其上由于实际荷载所产生的内力 M_P、Q_P、N_P 作用下所引起的相应变形为 $d\theta$、$d\eta$、$d\lambda$，分别如图 16-7(c)、(d)、(e)所示，其计算式分别为：

相对转角 $d\theta=1/\rho ds=Kds$

相对剪切变形 $d\eta=\gamma ds$

相对轴向变形 $d\lambda=\varepsilon ds$

由材料力学公式有

$$\left.\begin{aligned}d\theta&=\frac{M_P ds}{EI}\\ d\eta&=\frac{kQ_P ds}{GA}\\ d\lambda&=\frac{N_P ds}{EA}\end{aligned}\right\}\tag{a}$$

微段上虚内力在实际变形上所做内力虚功为

$$dW'=\overline{M}d\theta+\overline{Q}d\eta+\overline{N}d\lambda$$

整根杆件的内力虚功可由积分求得

$$W'(l)=\int_l\overline{M}d\theta+\int_l\overline{Q}d\eta+\int_l\overline{N}d\lambda$$

整个结构的内力虚功等于各杆内力虚功的代数和，即

$$W'=\sum\int_l\overline{M}d\theta+\sum\int_l\overline{Q}d\eta+\sum\int_l\overline{N}d\lambda$$

由虚功原理 $W=W'$ 有

$$1\times\Delta_K=\sum\int_l\overline{M}d\theta+\sum\int_l\overline{Q}d\eta+\sum\int_l\overline{N}d\lambda$$

可得

$$\Delta_K=\sum\int_l\overline{M}d\theta+\sum\int_l\overline{Q}d\eta+\sum\int_l\overline{N}d\lambda\tag{16-3}$$

将式(a)各项代入式(16-3)，有

$$\Delta_K=\sum\int_l\frac{M_P\overline{M}}{EI}ds+\sum\int_l\frac{kQ_P\overline{Q}}{GA}ds+\sum\int_l\frac{N_P\overline{N}}{EA}ds\tag{16-4}$$

这便是平面杆件结构位移计算的一般公式。

如考虑支座位移的影响，则平面杆件结构位移的计算公式为

$$\Delta_K = \sum\int_l \frac{M_P\overline{M}}{EI}\mathrm{d}s + \sum\int_l \frac{kQ_P\overline{Q}}{GA}\mathrm{d}s + \sum\int_l \frac{N_P\overline{N}}{EA}\mathrm{d}s - \sum \overline{F}_R C \tag{16-5}$$

(式(16-5)，读者可自行推导)

利用式(16-4)计算静定结构在荷载作用下的位移时，应根据结构的具体情况，略去次要因素对位移的影响，可得到位移计算的实用公式如下：

(1) 当梁和刚架以弯曲变形为主，而剪切变形和轴向变形的影响很小，故可略去，式(16-4)简化为

$$\Delta_K = \sum\int_l \frac{M_P\overline{M}}{EI}\mathrm{d}s \tag{16-6}$$

(2) 而在桁架中，只存在轴力，且同一杆件的轴力 $\overline{N}$、N_P 及 EA 沿杆长 l 均为常数，故式(16-4)可简化为

$$\Delta_K = \sum\int_l \frac{N_P\overline{N}}{EA}\mathrm{d}s = \sum \frac{N_P\overline{N}}{EA}\int_l \mathrm{d}s = \sum \frac{\overline{N}N_P l}{EA} \tag{16-7}$$

(3) 对于组合结构的位移计算，可分别考虑，即受弯杆只计弯矩一项的影响，而桁架杆只有轴力一项的影响。故式(16-4)简化成

$$\Delta_K = \sum\int_l \frac{M_P\overline{M}}{EI}\mathrm{d}s + \sum \frac{\overline{N}N_P l}{EA} \tag{16-8}$$

在曲梁和一般拱结构中，杆件的曲率对结构的变形都很小，可以略去不计，其位移仍然可以近似的按式(16-4)计算，通常只需考虑弯曲变形的影响。但在扁平拱中，除弯矩外，有时尚需考虑轴力对位移的影响，则需按照式(16-7)计算其位移。

这种利用虚功原理在所求位移处沿所求位移方向虚设单位荷载($P_K = 1$)求结构位移的方法，称为单位荷载法。运用这种方法每次只能求得一个位移。在虚设单位荷载时其指向可以任意假设，如计算结果为正，即表示位移方向与所虚设的单位荷载指向相同，否则相反。

单位荷载法不仅可以用于计算结构的线位移，而且可以计算任意的广义位移，只要所设的广义单位荷载与所计算的广义位移相对应即可。这里的“对应”是指力与位移在做功的关系上的对应，如集中力与线位移对应、力偶与角位移对应等等。下面讨论如何按照所求位移类型的不同，设置相应的虚拟状态。

以图 16-8(a)为例，图示一悬臂刚架，横梁上作用有竖向荷载 q，当求此荷载作用下的不同位移时，其虚设单位荷载有以下几种不同情况：

(1) 当欲求某点沿某方向的线位移时，应在该点沿所求位移方向加一个单位集中力，如图 16-8(b)所示即为求 A 点水平位移时的虚拟状态。

(2) 当欲求刚架(或梁)某截面的角位移时，则应在该截面处加一个单位力偶，如图 16-8(c)所示即为 A 截面的虚拟状态。这样外力所做的虚功为 $1\times\varphi_A = \varphi_A$，恰好等于所要求的角位移。

(3) 当欲求结构上两点的相对线位移时，则应在两点沿其连线方向上加一对指向相反的单位力，如图 16-8(d)所示。图中，设在实际状态中 A 点沿 AB 方向的线位移为 Δ_A，B 点沿 BA 方向的线位移为 Δ_B，则两点在其连线方向上的相对线位移为 $\Delta_{AB}=\Delta_A+\Delta_B$，对于图示虚拟状态，外力所做的虚功为

$$1\times\Delta_A+1\times\Delta_B=1\times(\Delta_A+\Delta_B)=\Delta_{AB}$$

可见，外力所做虚功恰好等于所求相对位移。

(4) 当欲求刚架(或梁)两截面的相对角位移时，则应在两截面处加一对方向相反的单位力偶，如图 16-8(e)所示。

(5) 当要求桁架某杆的角位移时，则应加一单位力偶，构成这一力偶的两个集中力各作用于该杆的两端，并与杆轴垂直，其值为 $1/d$。d 为该杆的长度。如图 16-8(f)所示。

(6) 当欲求桁架中两根杆件的相对角位移时，则应加两个方向相反的单位力偶，如图 16-8(g)所示。

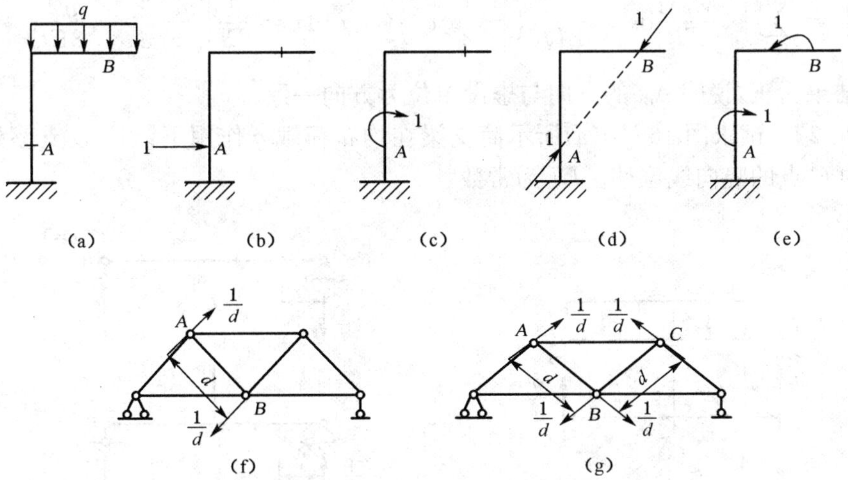

图 16-8

为了能够准确、快速地利用单位荷载法计算结构的位移，其步骤可以分解为：

(1) 根据欲求位移选定相应的虚拟状态。

(2) 列出结构各杆端在虚拟状态下和实际荷载作用下的内力方程。

(3) 将各内力方程分别代入位移计算公式，分段积分求总和即可计算出所求位移。

16.3.2 静定结构在荷载作用下的位移计算

由平面杆件结构位移计算的一般公式(16-4)可知，式中 $\overline{M}$、$\overline{Q}$、$\overline{N}$ 代表虚拟状态中由于广义单位荷载所产生的内力，M_P、Q_P、N_P 则代表原结构由于实际荷载作用所产生的内力。

由于在静定结构中，式(16-4)中的 $\overline{M}$、$\overline{Q}$、$\overline{N}$ 和 M_P、Q_P、N_P 等均可通过静力平衡条件求得，故可利用该式来计算静定结构在荷载作用下的位移。

【例 16-1】 求图 16-9(a)所示悬臂梁 B 端的竖向位移 Δ_{BV}。EI 为常数。

【解】 (1) 取图 16-9(b)所示虚力状态。

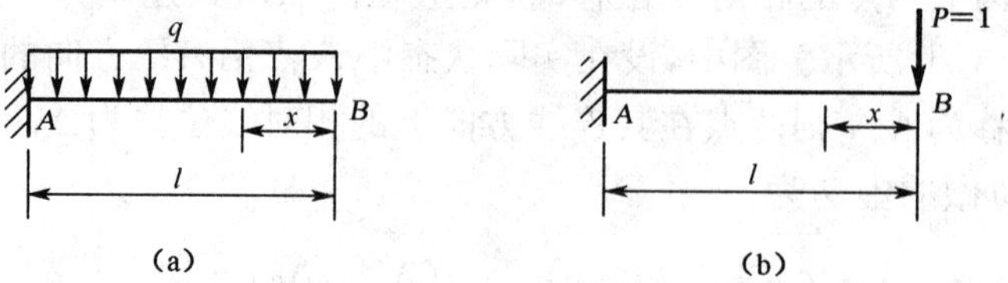

图 16-9

(2) 实际荷载与单位荷载所引起的弯矩分别为(以下侧受拉为正,B 为原点)

$$M_P = -\frac{1}{2}qx^2 \quad (0 \leqslant x \leqslant l)$$

$$\overline{M} = -x \quad (0 \leqslant x \leqslant l)$$

(3) 将 $\overline{M}$ 和 M_P 代入位移公式(16-6),得

$$\Delta_{BV} = \sum\int_0^l \frac{M_P\overline{M}}{EI}\mathrm{d}s = \frac{1}{EI}\int_0^l\left(-\frac{1}{2}qx^2\right)(-x)\mathrm{d}x = \frac{1}{EI}\left[\frac{qx^4}{8}\right]_0^l = \frac{ql^4}{8EI}(\downarrow)$$

计算结果为正,说明 Δ_{BV} 的方向与虚设单位力方向一致。

【例 16-2】 试求图 16-10(a)所示简支梁在均布荷载 q 作用下:(1) B 支座处的转角;(2) 梁跨中 C 点的竖向线位移。EI 为常数。

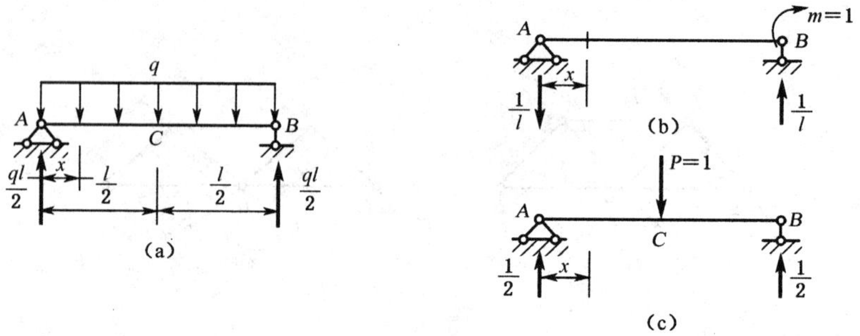

图 16-10

【解】 (1) 求 B 截面的角位移(φ_B)

在 B 截面处加一单位力偶 $m=1$,建立虚状态如图 16-10(b)。实际荷载与单位荷载所引起的弯矩分别为(以 A 为原点)

$$M_P = \frac{ql}{2}x - \frac{1}{2}qx^2 \quad \overline{M} = -\frac{x}{l}$$

将 $\overline{M}$ 和 M_P 代入位移公式(16-6),得

$$\varphi_B = \int_0^l \frac{M_P\overline{M}\mathrm{d}s}{EI} = \frac{1}{EI}\int_0^l\left(-\frac{x}{l}\right)\left(\frac{ql}{2}x - \frac{1}{2}qx^2\right)\mathrm{d}x = -\frac{ql^3}{24EI}$$

φ_B 的结果为负值,表示实际位移方向与所设虚拟单位荷载的方向相反,即截面 B 的转角表示顺时针方向而不是逆时针方向。

(2) 求跨中 C 点的竖向线位移

在 C 点加一单位力 $P=1$，建立虚力状态如图 16-10(c) 所示。实际荷载与单位荷载所引起的弯矩(以 A 为原点)，当 $0\leqslant x\leqslant l/2$ 时，有

$$\overline{M}=\frac{1}{2}x,\ M_P=\frac{ql}{2}x-\frac{q}{2}x^2$$

对于 BC 段以 B 为原点的 $\overline{M}$ 和 M_P 方程与 AC 段相同。

因为对称，所以由公式(16-5)得

$$\Delta_{CV}=\frac{2}{EI}\int_0^{\frac{l}{2}}\frac{1}{2}x\left(\frac{qlx}{2}-\frac{qx^2}{2}\right)\mathrm{d}x=\frac{5ql^4}{384EI}(\downarrow)$$

Δ_{CV} 的计算结果为正值，表示 C 点竖向线位移方向与单位力方向相同，即 C 点位移向下。

【例 16-3】 求图 16-11(a)所示悬臂刚架 C 截面的角位移 φ_C。刚架 EI 为常数。

【解】 (1) 取图 16-11(b)所示虚力状态。

(2) 实际荷载与单位荷载所引起的弯矩分别为(以内侧受拉为正)

横梁 BC(以 C 为原点)

$$M_P=-Px_1\quad \overline{M}=-1$$

竖柱 BA(以 B 为原点)

$$M_P=-Pl\quad \overline{M}=-1$$

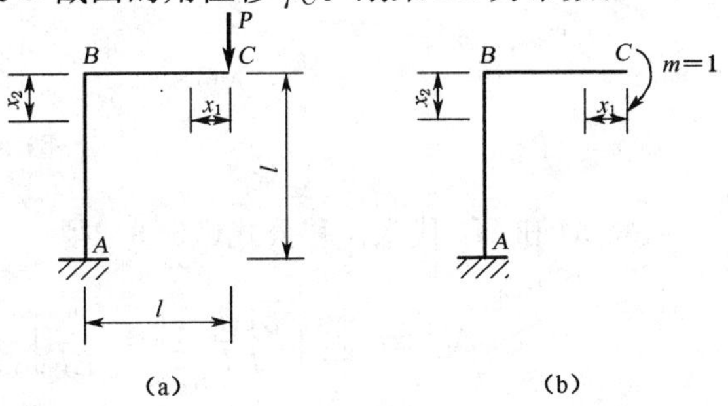

图 16-11

(3) 将 $\overline{M}$ 和 M_P 代入位移公式(16-6)，得

$$\varphi_C=\sum\int_0^l\frac{\overline{M}M_P}{EI}\mathrm{d}s=\frac{1}{EI}\int_0^l(-Px_1)(-1)\mathrm{d}x_1+\frac{1}{EI}\int_0^l(-Pl)(-1)\mathrm{d}x_2$$

$$=\frac{Pl^2}{2EI}+\frac{Pl^2}{EI}=\frac{3Pl^2}{2EI}$$

【例 16-4】 试求图 16-12(a)所示结构 C 端的水平位移 Δ_{CH} 和角位移 φ_C。已知 EI 为常数。

【解】 略去轴向变形和剪切变形的影响，只计算弯曲变形一项。在荷载作用下，弯矩的变化如图 16-12(b)所示。

(1) 求 Δ_{CH}

此时可在 C 点加上一水平单位荷载作为虚拟状态，其方向取为向左，如图 16-12(c)所示。

两种状态的弯矩为

横梁 BC 上　　$\overline{M}=0\quad M_P=-\frac{1}{2}qx^2$

竖柱 AB 上　　$\overline{M}=x\quad M_P=-\frac{1}{2}ql^2$

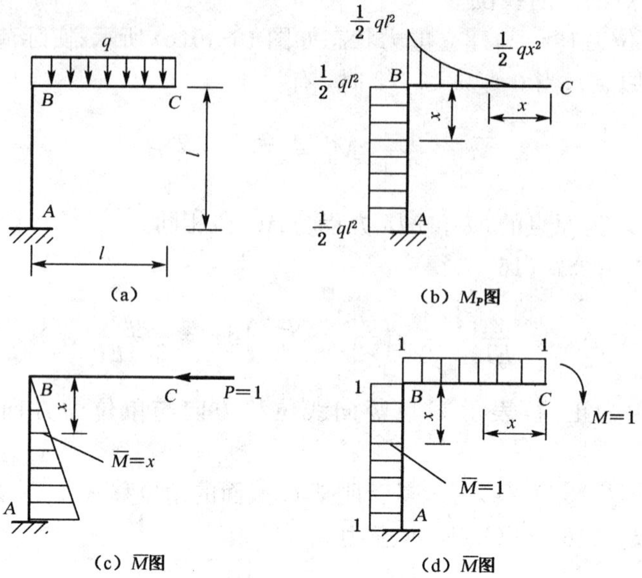

图 16-12

将 $\overline{M}$ 和 M_P 代入位移公式(16-6),得

$$\Delta_{CH}=\sum\int\frac{\overline{M}M_P}{EI}\mathrm{d}x=\frac{1}{EI}\int_0^l x\times(-\frac{1}{2}ql^2)\mathrm{d}x=-\frac{ql^4}{4EI}(\rightarrow)$$

(2) 求 φ_C

此时可在 C 点加一单位力偶作为虚拟状态,其方向设为顺时针方向,如图 16-12(d)所示。

两种状态的弯矩为

横梁 BC 上　　　　$\overline{M}=-1\quad M_P=-\frac{1}{2}qx^2$

竖柱 AB 上　　　　$\overline{M}=-1\quad M_P=-\frac{1}{2}ql^2$

将 $\overline{M}$ 和 M_P 代入位移公式(16-6),得

$$\varphi_C=\frac{1}{EI}\int_0^l(-1)\left(-\frac{1}{2}qx^2\right)\mathrm{d}x+\frac{1}{EI}\int_0^l(-1)\left(-\frac{1}{2}ql^2\right)\mathrm{d}x=\frac{2ql^3}{3EI}$$

计算结果为正,表示 C 端转动的方向与虚拟力偶的方向相同,为顺时针方向转动。

【例 16-5】 试求图示桁架 C 点的竖向位移 Δ_{CV}。各杆材料相同,截面抗拉压模量为 $EA=2\times10^6\ \mathrm{kN/m^2}$。

【解】 在桁架中,因只有轴力作用,其他影响因素略去不计。

(1) 取图 16-13(b)所示的虚拟状态。

(2) 实际荷载与单位荷载所引起的各杆的轴力如图 16-13(a)、(b)所示。

(3) 将 $\overline{N}$ 和 N_P 代入位移公式(16-7),得

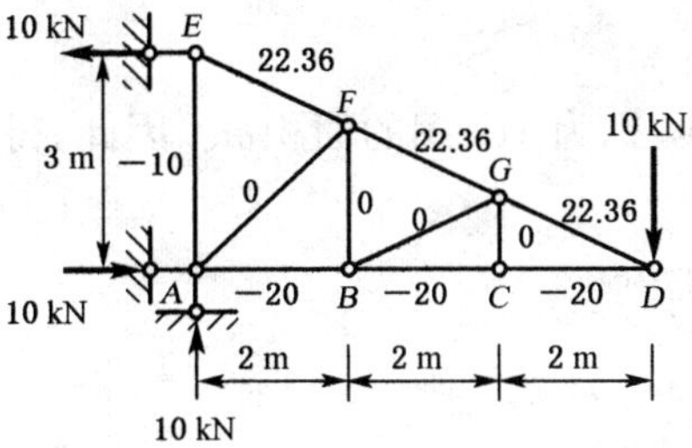

(a)

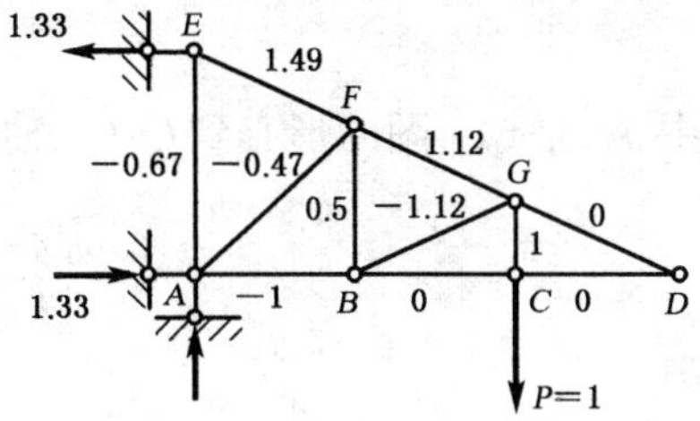

(b)

图 16-13

$$\Delta_{CV}=\sum\int\frac{\overline{N}_K N_P}{EA}\mathrm{d}s=\frac{1}{EA}[(-0.67)\times(-10)\times(3)+(1.49)\times(22.36)\times(\sqrt{5})+(1.12)\times(22.36)\times(\sqrt{5})+(-1)\times(-20)\times(2)]=0.03\ \mathrm{m}(\downarrow)$$

16.4 图乘法

在求梁和刚架的位移时，将遇到如下的积分式：

$$\Delta_K=\sum\int_l\frac{M_P\overline{M}}{EI}\mathrm{d}s$$

如果结构各杆段均满足下述三个条件时，则这一积分式就可逐段通过 $\overline{M}$ 和 M_P 两个弯矩图之间的相乘方法来求得解答。这三个条件是：①杆段的 EI 为常数；②杆段轴线为直线；③各杆段的 $\overline{M}$ 图和 M_P 图中至少有一个为直线图形。对于等截面直杆，上述的前两个条件自然恒满足，至于第三个条件，虽然 M_P 图在受到分布荷载作用时将成为曲线形状，但其 $\overline{M}$ 图却总是由直线段所组成的，这时只要分段考虑就可以得到满足了。

现以图 16-14 所示杆段的两个弯矩图来作说明，假设其中 $\overline{M}$ 图为直线，而 M_P 图为任何形状，并取 $\overline{M}=x\tan\alpha$，代入积分式，则有

$$\int\frac{\overline{M}M_P}{EI}\mathrm{d}x=\frac{1}{EI}\tan\alpha\int xM_P\mathrm{d}x=\frac{1}{EI}\tan\alpha\int x\mathrm{d}\omega$$

其中 $\mathrm{d}\omega$ 表示 M_P 图的微分面积，因而积分 $\int x\mathrm{d}A_P$ 表示 M_P 图的面积 ω 对于 O_1O_2 轴的静矩。这个静矩可以写成

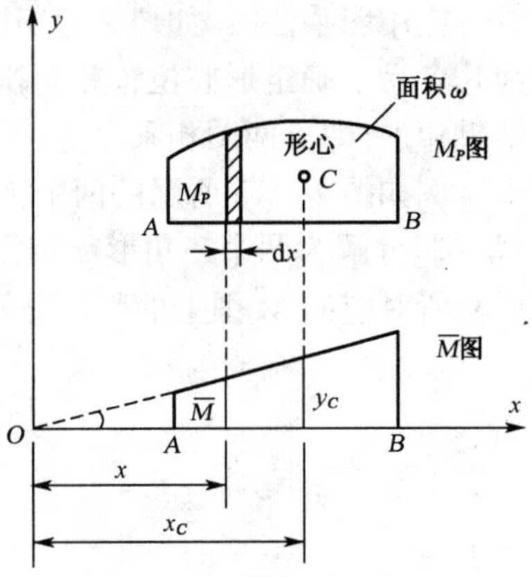

图 16-14

$$\int x\mathrm{d}\omega = \omega x_C$$

式中 x_C 是 M_P 图的形心到 O_1O_2 轴的距离。$\int \mathrm{d}\omega$ 则为 M_P 图的面积 ω。因此，得

$$\int \frac{\overline{M}M_P}{EI}\mathrm{d}x = \frac{1}{EI}\omega x_C \tan\alpha$$

又因

$$x_C \tan\alpha = y_C$$

为 $\overline{M}$ 图中与 M_P 图形心相对应的竖标，故得

$$\int \frac{\overline{M}M_P \mathrm{d}x}{EI} = \frac{1}{EI}\omega y_C \tag{16-9}$$

由此可见，当上述三个条件被满足时，积分式 $\int \frac{\overline{M}M_P}{EI}\mathrm{d}x$ 之值就等于 M_P 图（任何图形）的面积 ω 乘以其形心下相应的 $\overline{M}$ 图（直线图形）上的竖标 y_C，再以 EI 除之。所得结果按 ω 与 y_C 在基线的同一侧为正，否则为负。这就是图形相乘法，简称图乘法。应当注意：y_C 必须从直线图形上取得。如果 M_P 图与 $\overline{M}$ 图都是直线，则 y_C 可取自其中任一个图形。当 $\overline{M}$ 图形是由若干段直线组成时，就应分段图乘。

应用图乘法时，应注意以下几点：

(1) 图乘法的应用条件是积分段内为同材料等截面（EI 为常数）的直杆，且 M_P 图和 $\overline{M}$ 图中至少有一个是直线图形。

(2) 竖标 y_C 必须取自直线图形，而不能从折线和曲线中取值。若 $\overline{M}$ 图与 M_P 图都是直线，则 y_C 可以取自其中任一图形。

(3) 当 $\overline{M}$ 图与 M_P 图在杆轴同一侧时，其乘积 ωy_C 取正号；异侧时，其乘积 ωy_C 取负号。

(4) 若 M_P 图是曲线图形，$\overline{M}$ 图是折线图形，则应从转折点分开分段图乘，然后叠加。

(5) 若为阶形杆（各段截面不同，而在每段范围内截面不变），则应当从截面变化点分段图乘，然后叠加。

(6) 若 EI 沿杆长连续变化，或是曲杆，则必须积分计算。

应用图乘法时，如遇到弯矩图的形心位置或面积不便于确定的情况，则可将该图形分解为几个易于确定形心位置和面积的部分，并将这些部分分别与另一图形相乘，然后再将所得结果相加，即得两图相乘之值。

例如图 16-15 所示的两个梯形相乘时可不必找出梯形的形心，而将其中一个梯形（设为 M_P 图）分解为两个三角形（或者一个三角形，一个矩形），其面积分别为 ω_1、ω_2，两个三角形形心所对应的 $\overline{M}$ 图上的竖标分别为 y_1、y_2，根据公式(16-9) 得

$$\int \frac{\overline{M}M_P}{EI}\mathrm{d}x = \frac{1}{EI}(\omega_1 y_1 + \omega_2 y_2)$$

式中

$$\omega_1 = \frac{1}{2}al,\ y_1 = \frac{1}{3}d + \frac{2}{3}c$$

$$\omega_2 = \frac{1}{2}bl,\ y_2 = \frac{2}{3}d + \frac{1}{3}c$$

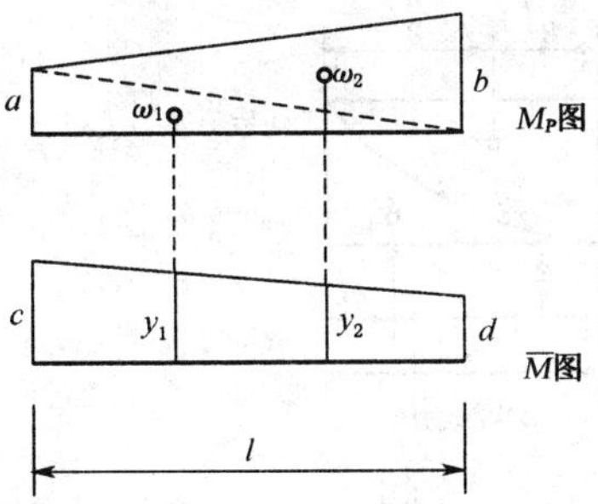

图 16-15

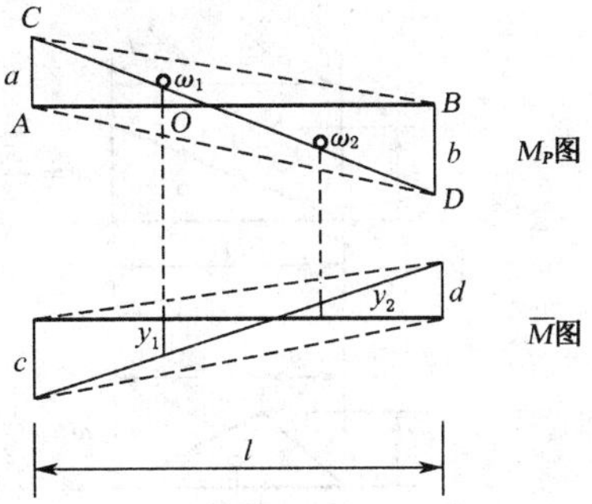

图 16-16

如图 16-16 所示，M_P 图或 $\overline{M}$ 图的竖标 a、b 或 c、d 不在基线的同一侧，这时$\triangle AOC$ 和$\triangle BOD$ 的面积及形心下对应的竖标计算均较麻烦，为此可将 M_P 图看成是$\triangle ABC$ 和$\triangle ABD$ 的叠加，这样就比较容易进行图乘了。即

$$\frac{1}{EI}\int \overline{M}M_P\,\mathrm{d}x = \frac{1}{EI}(\omega_1 y_1 + \omega_2 y_2)$$

式中

$$\omega_1 = \frac{1}{2}al,\ y_1 = \frac{2}{3}c - \frac{1}{3}d$$

$$\omega_2 = \frac{1}{2}bl,\ y_2 = \frac{2}{3}d - \frac{1}{3}c$$

对于图 16-17 所示的某一均布荷载作用的区段的 M_P 图，可根据前面所讲述过的法则将 M_P 图看作是由两端弯矩竖标所连成的梯形 $ABDC$（当有一端为零时则为三角形）与相应简支梁在均布荷载作用下的弯矩图叠加而成的，后者即虚线 CD 与曲线之间所包含的部分。因此，可将 M_P 图分解为上述两个图形并分别与 $\overline{M}$ 图相乘，然后取其代数和，即可方便地得出其结果。

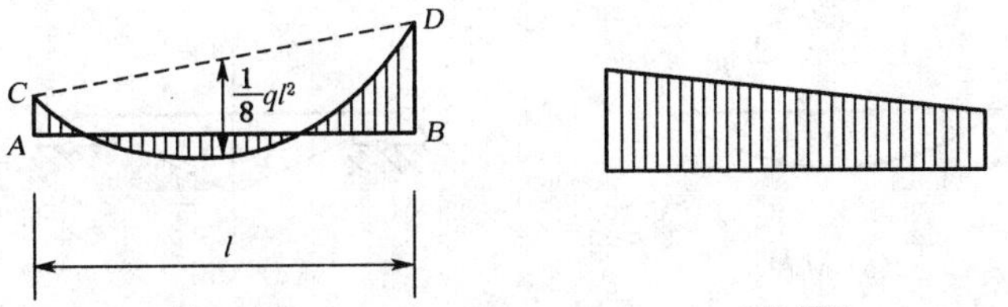

（a）M_P图　　（b）$\overline{M}$图

图 16-17

图乘之所以比积分省力，在于图形的面积及其形心位置可以预先算出或查表。现将常用的几种图形的面积及形心的位置列于图 16-18 中以备查用。需要指出，图中所示的抛物线均为标准抛物线。所谓标准抛物线是指顶点在中点或端点的抛物线。顶点是指其切线平行于底边的点。

图乘法的解题步骤可归纳如下：

（1）画出结构在实际荷载作用下的弯矩图（M_P）。

（2）在所求位移处沿所求位移的方向虚设广义单位力，并画出其单位弯矩图（$\overline{M}$）。

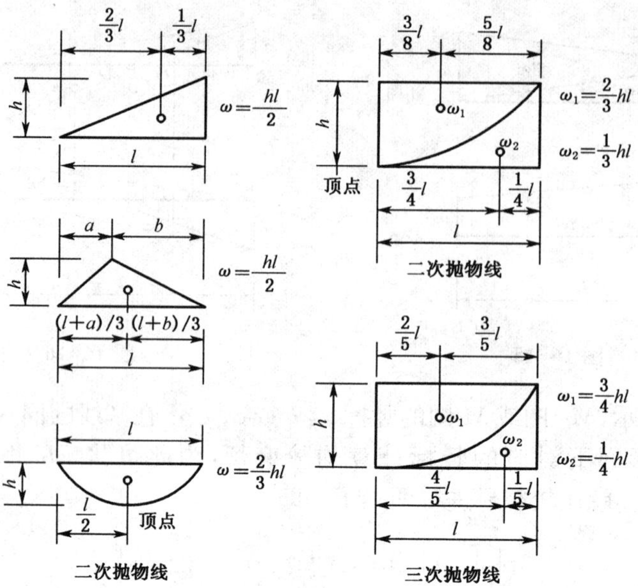

图 16-18

(3) 分段计算 M_P(或 $\overline{M}$)图面积 ω 及其形心所对应的 $\overline{M}$(或 M_P)图形的竖标值 y_C。

(4) 将 y_C、ω 代入图乘公式计算所求位移。

【例 16-6】 求图 16-19(a)所示简支梁 A 端角位移 φ_A 及跨中 C 点的竖向位移 Δ_{CV}。EI 为常数。

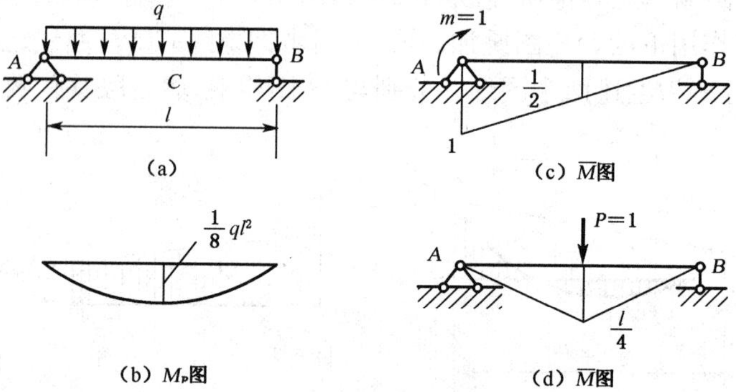

图 16-19

【解】 (1) 求 φ_A

① 实际荷载作用下的弯矩图 M_P 如图 16-19(b)所示。

② 在 A 端加单位力偶 $m=1$，其单位弯矩图 $\overline{M}$ 如图 16-19(c)所示。

③ M_P 图面积及其形心对应 $\overline{M}$ 图竖标分别为

$$\omega=\frac{2}{3}hl=\frac{2}{3}\times\frac{1}{8}ql^2\times l=\frac{1}{12}ql^3,\ y_C=\frac{1}{2}$$

④ 计算 φ_A

$$\varphi_A=\frac{1}{EI}\omega y_C=\frac{1}{EI}\left(\frac{1}{12}ql^3\times\frac{1}{2}\right)=\frac{ql^3}{24EI}$$

计算结果为正，表明实际转角方向与所设单位荷载方向相同，即 A 截面产生顺时针的转角。

(2) 求 Δ_{CV}

① M_P 图仍如图 16-19(b)所示。

② 在 C 点加单位力 $P=1$，单位弯矩图 $\overline{M}$ 如图 16-19(d)所示。

③ 计算 ω、y_C。由于 $\overline{M}$ 图是折线形，故应分段图乘再叠加。因两个弯矩图均对称，故计算一半取两倍即可。

$$\omega=\frac{2}{3}hl=\frac{2}{3}\times\frac{1}{8}ql^2\times\frac{l}{2}=\frac{ql^3}{24}$$

$$y_C=\frac{5}{8}\times\frac{l}{4}=\frac{5l}{32}$$

④ 计算 Δ_{CV}

$$\Delta_{CV}=\frac{2}{EI}(\omega y_C)=\frac{2}{EI}\left(\frac{ql^3}{24}\times\frac{5l}{32}\right)=\frac{5ql^4}{384EI}(\downarrow)$$

计算结果为正，表明实际位移方向与所设单位荷载方向相同。

【例 16-7】 试求图 16-20(a)所示的梁在已知荷载作用下，A 截面的角位移 φ_A 及 C 点的竖向线位移 Δ_{CV}。EI 为常数。

【解】 (1) 求 φ_A

① 实际荷载作用下的弯矩图 M_P 如图 16-20(b)所示。

② 在 A 端加单位力偶 $m=1$，其单位弯矩图 $\overline{M}$ 如图 16-20(c)所示。

③ M_P 图面积及其形心对应 $\overline{M}$ 图竖标分别为

$$\omega=\left(Pa+\frac{qa^2}{2}\right)\times a\times\frac{1}{2}=\frac{Pa^2}{2}+\frac{qa^3}{4}\quad y_C=\frac{1}{3}\times1=\frac{1}{3}$$

④ 计算 φ_A

$$\varphi_A=-\frac{1}{EI}(\omega y_C)$$

$$=-\frac{1}{EI}\left[\left(\frac{Pa^2}{2}+\frac{qa^3}{4}\right)\times\frac{1}{3}\right]=-\frac{1}{EI}\left(\frac{Pa^2}{6}+\frac{qa^3}{12}\right)$$

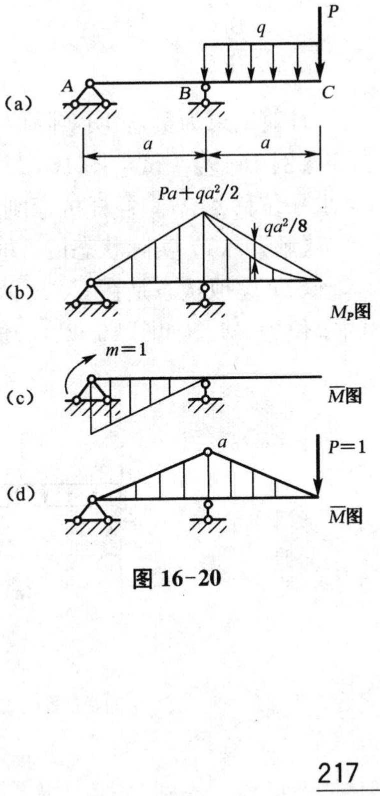

图 16-20

计算结果为负，表明实际转角方向与所设单位荷载方向相反，即 A 截面产生逆时针的转角。

(2) 求 Δ_{CV}

计算 Δ_{CV} 时必须注意的是 M_P 图中 BC 段的弯矩图是非标准的抛物线，所以图乘时不能直接代入公式，应将此部分面积分解为两部分，然后叠加。

① 在 C 点加单位力 $P=1$，单位弯矩图 $\overline{M}$ 如图 16-20(d)所示。

② 计算 Δ_{CV}

$$\Delta_{CV}=\frac{1}{EI}\left[2\times\left(Pa+\frac{qa^2}{2}\right)\times\frac{a}{2}\times\frac{2a}{3}-\frac{2}{3}\times\frac{qa^2}{8}\times a\times\frac{a}{2}\right]=\frac{1}{EI}\left(\frac{2Pa^3}{3}+\frac{qa^4}{24}\right)(\downarrow)$$

计算结果为正，表明实际位移方向与所设单位荷载方向相同。

【例 16-8】 计算图 16-21(a)所示悬臂刚架 D 点的竖向位移 Δ_{DV}。各杆 EI 如图示。

【解】 (1) 实际荷载作用下的弯矩图 M_P 如图 16-21(b)所示。

(2) 在 D 端加单位力 $P=1$，单位弯矩图 $\overline{M}$ 如图 16-21(c)所示。

(3) 计算 ω、y_C

图乘时应分 AB、BC、CD 三段进行，由于 CD 段 $M=0$，可不必计入。故只计算 AB、BC 两段。

AB 段：$\omega_1=\frac{2}{3}l\times l=\frac{2l^2}{3}$，$y_1=\frac{1}{2}\times\frac{3Pl}{4}-\frac{1}{2}\times\frac{Pl}{4}=\frac{Pl}{4}$

BC 段：$\omega_2=\frac{2l}{3}\times\frac{2l}{3}\times\frac{1}{2}=\frac{2l^2}{9}$，$y_2=\frac{Pl}{4}$

(4) 计算 Δ_{DV}

$$\Delta_{DV}=\frac{1}{EI}(\omega_1y_1)+\frac{1}{2EI}(\omega_2y_2)=-\frac{1}{EI}\left(\frac{2l^2}{3}\times\frac{Pl}{4}\right)+\frac{1}{2EI}\left(\frac{2l^2}{9}\times\frac{Pl}{4}\right)$$

$$=-\frac{5Pl^3}{36EI}(\uparrow)$$

计算结果为负，表明实际位移方向与所设单位荷载方向相反。

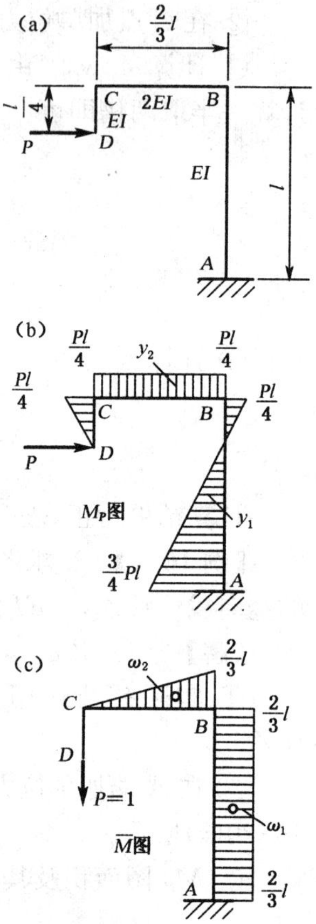

图 16-21

【例 16-9】 试求图 16-22(a)所示刚架 C、D 两点之间的相对水平位移 Δ_{CDH}。各杆抗弯刚度为 EI。

【解】 (1) 实际状态的 M_P 图如图 16-22(b)所示。

(2) 虚拟状态是在 C、D 两点沿其连线方向加一对指向相反的单位力，$\overline{M}$ 图如图 16-22(c)所示。

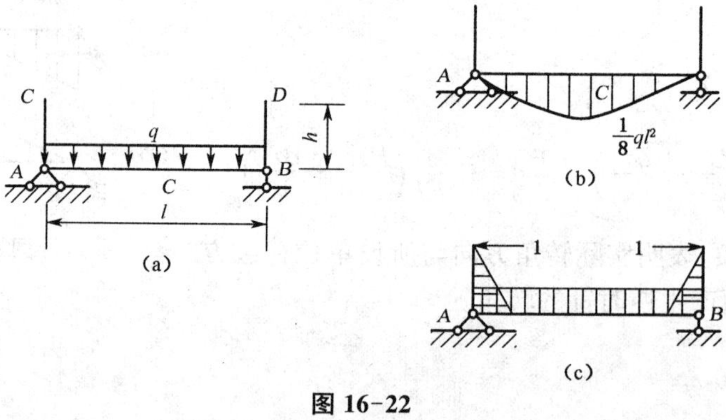

图 16-22

(3) 求 Δ_{CDH}

图乘时需分 AC、AB、BD 三段计算，由于 AC、BD 两段的 $M_P=0$，所以图乘结果为零。故只需对 AB 段进行图乘，结果为

$$\Delta_{CDH}=-\frac{1}{EI}\left(\frac{2}{3}\times l\times\frac{ql^2}{8}\right)\times h=-\frac{ql^3h}{12EI}(\rightarrow\leftarrow)$$

计算结果为负表示相对水平位移与所设一对单位力指向相反，即 C、D 两点是相互靠拢的。

16.5 静定结构由于支座移动和温度改变引起的位移计算

16.5.1 支座位移的影响

对于静定结构，支座位移并不产生内力和变形，结构的位移纯属刚体位移，对于简单的结构，这种位移可由几何关系直接求得，如图 16-23，当 B 支座产生竖向位移 Δ 时，引起的 C 点竖向位移可以由几何关系直接表示为 $\Delta_{CV}=\Delta/2$。但一般的结构仍用虚功原理来计算这种位移。

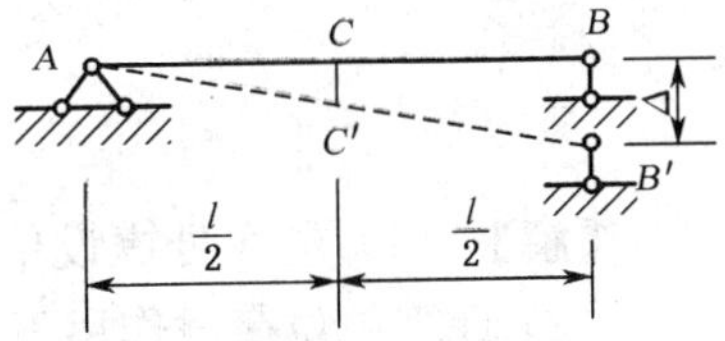

图 16-23

下面利用虚功原理求图 16-24 所示结构上任一点 K 沿 i-i 方向的位移 Δ_{Ki}。

以图 16-24(a)为实际状态（位移状态）。为了建立虚功方程还需选取虚拟状态（力状态），为此在 K 点沿 i-i 方向加一个单位集中力 $P_K=1$，如图 16-24(b)所示。

由图 16-24 容易计算出由于 $P_K=1$ 而引起的与实际位移 C_1、C_2、C_3 相应的支座反力 $\overline{F}_{R1}$、$\overline{F}_{R2}$、$\overline{F}_{R3}$。外力虚功为

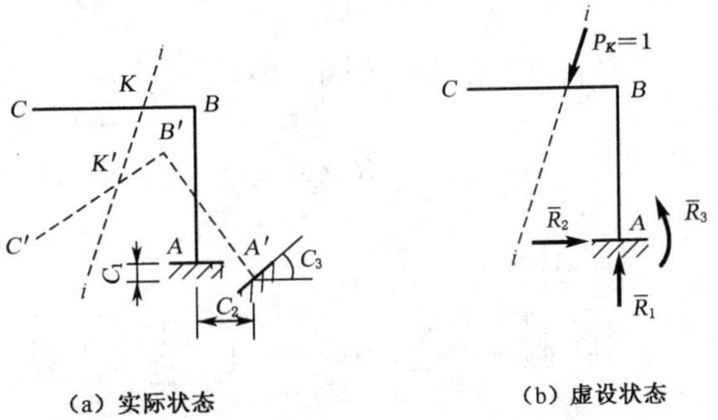

图 16-24

$$W=P_K\Delta_{Ki}+\sum\overline{F}_RC \qquad (a)$$

而内力虚功应等于零，即

$$W'=0 \qquad (b)$$

由虚功原理 $W=W'$，即

$$P_K\Delta_{Ki}+\sum\overline{F}_RC=0 \qquad (c)$$

将 $P_K=1$ 代入式(c)整理得

$$\Delta_{Ki}=-\sum\overline{F}_RC \qquad (16\text{-}10)$$

这就是静定结构在支座移动时位移计算公式。式中 $\overline{F}_R$ 为虚拟状态（图 16-24(b)）的支

座反力，C 为实际状态的支座反力，$\sum \overline{F}_R C$ 为反力虚功。当 $\overline{F}_R$ 与实际支座位移 C 方向一致时，其乘积取正，相反时取负。另外，式(16-10) 右边前面还有一负号，系原来移项时所得，不可漏掉。

【例 16-10】 三铰刚架的跨度 $l = 12$ m，高 $h = 8$ m。已知右支座 B 发生了竖直沉陷 $C_1 = 0.06$ m(向下)，同时水平移动了 $C_2 = 0.04$ m(向右)，如图 16-25(a) 所示。试求由此引起的左支座 A 处的杆端转角 φ_A。

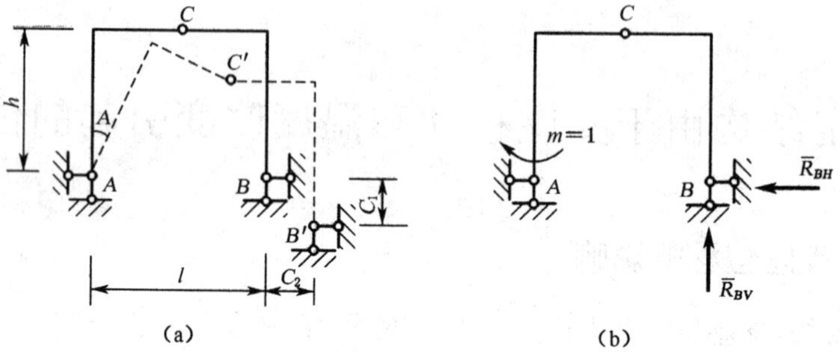

图 16-25

【解】 (1) 在 A 处虚设单位力偶 $m = 1$，如图 16-25(b)所示。

(2) 计算单位荷载作用下的支座反力

由于 A 支座无位移，故只需计算 B 支座反力即可。取整体为隔离体。

由 $\sum M_A = 0$ 得 $\overline{R}_{BV} \times l - 1 = 0$，即 $\overline{R}_{BV} = \dfrac{1}{l}(\uparrow)$

取右半刚架 BC 为隔离体，由 $\sum M_C = 0$ 得

$$\overline{R}_{BV} \times \frac{l}{2} - \overline{R}_{BH} \times h = 0 \quad 即 \quad \overline{R}_{BH} = \frac{1}{2h}(\leftarrow)$$

(3) 计算 φ_A

$$\varphi_A = -\sum \overline{F}_R C = -\left(-\frac{1}{12} \times 0.06 - \frac{1}{2 \times 8} \times 0.04\right) \text{rad} = 0.0075(\text{rad})$$

计算结果为正，说明 φ_A 与虚设单位力偶 $m = 1$ 的转向一致。

16.5.2 温度改变的影响

使结构产生位移的因素，除荷载、支座移动外，还有温度的变化。计算其位移时，同样可采用单位荷载法，如图 16-26(a)所示，求 C 点的竖向位移 Δ，可选取图 16-26(b)所示虚拟状态，即在 C 点处加一个竖向的单位荷载，这时结构的内力用 $\overline{M}$、$\overline{Q}$、$\overline{N}$ 表示。此时，由计算位移的一般公式(16-4)有

$$\Delta = \sum \int_l \overline{M} d\varphi + \sum \int_l \overline{Q} d\eta + \sum \int_l \overline{N} d\lambda \qquad (a)$$

式中 $d\varphi$、$d\eta$、$d\lambda$ 为实际状态中杆件微段 dx 由于温度的改变而产生的变形(图16-26(c))。计算时，因假定温度沿截面的高度 h 按直线规律变化，在变形后，截面仍将保持为平面。当杆件

截面对称于形心轴时(即 $h_1 = h_2$)，则其形心轴处的温度 t 为

$$t = \frac{1}{2}(t_1 + t_2)$$

如果杆件截面不对称于形心轴(即 $h_1 \neq h_2$)，则

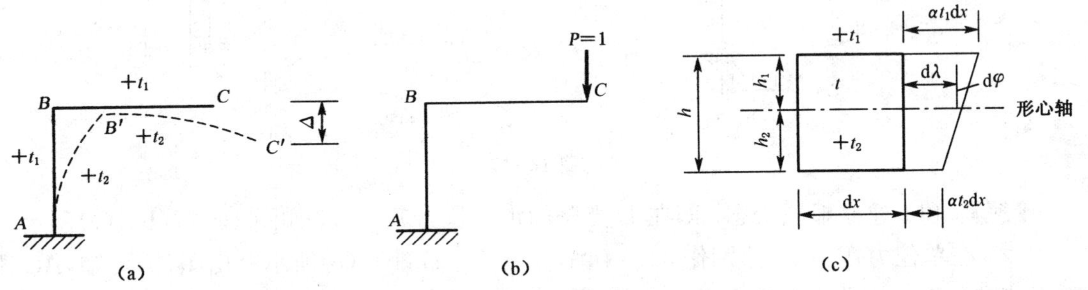

图 16-26

$$t = \frac{t_1 h_2 + t_2 h_2}{h}$$

若以 α 表示材料的线膨胀系数，则杆件微段 dx 由于温度改变所产生的变形为

$$d\lambda = \alpha t \, dx$$

$$d\varphi = \frac{\alpha(t_1 - t_2)dx}{h} = \frac{\alpha \Delta t}{h} dx$$

式中 $\Delta t = t_1 - t_2$ 为杆件上、下两面温度改变之差。在杆系结构中由于温度改变只产生弯曲变形和轴向变形，不产生剪切变形，即 $d\eta = 0$。

将以上变形代入式(a)，得

$$\Delta = \sum(\pm)\alpha\int \overline{M}\frac{\Delta t}{h}dx + \sum(\pm)\alpha\int \overline{N}t\,dx \tag{16-11}$$

这就是静定结构由于温度改变所引起的位移的计算公式。应用时对于式中的正负符号(±)可按如下办法确定：比较实际状态与虚拟状态的变形，若二者变形方向相同，则取正号，反之则取负号。若每一杆件沿其全长上的温度改变相同，且截面尺寸不变，式(16-11)可以改写为

$$\Delta = \sum(\pm)\alpha\frac{\Delta t}{h}A_{\overline{M}} + \sum(\pm)\overline{N}\alpha t l \tag{16-12}$$

式中：l——杆件的长度；

$A_{\overline{M}}$——$\overline{M}$ 图的面积。

注意：在计算梁和刚架由于温度改变所引起的位移时，不能略去轴向变形的影响。

对于桁架结构而言，求其由于温度变化引起的位移时，因为各杆的 $\overline{M} = 0$，$\overline{N}$ 为常数，则有

$$\Delta = \sum(\pm)\overline{N}\alpha t l \tag{16-13}$$

【例 16-11】 如图 16-27(a)所示简支刚架内侧温度升高 25℃，外侧温度升高 5℃，各截面为矩形，$h=0.5\ \text{m}$，线膨胀系数 $\alpha=1\times10^{-5}$，试求梁中点的竖向位移 Δ_{DV}。

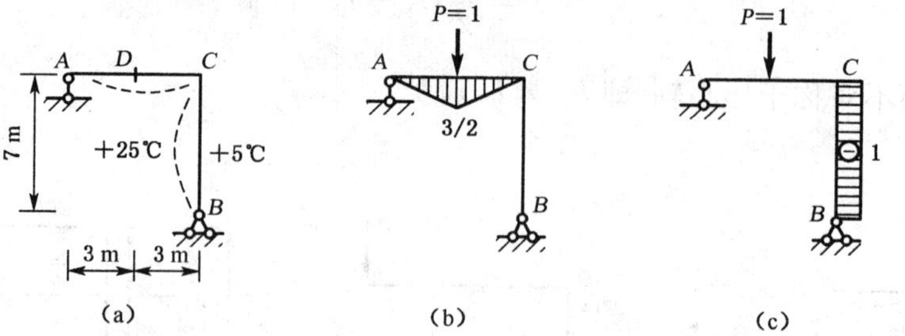

图 16-27

【解】 (1) 建立虚拟状态，即在 D 点竖向加单位力 $P=1$，如图 16-27(b)、(c)所示。

(2) 在单位力作用下，分别作 $\overline{M}$、$\overline{N}$ 图，如图 16-27(b)、(c)所示。由图(b)可知，AC 段在温度变化下的弯曲方向和在单位力作用下的弯曲方向相同，所以，根据式(16-12)中正负号取值的规律得出两者乘积取正值。

(3) 计算各杆轴线处的温度和各杆两侧温度差

$$t=\frac{1}{2}\times(5℃+25℃)=15℃\qquad \Delta t=|5℃-25℃|=20℃$$

以上各值均为绝对值，这是因为求温度改变所引起的位移时，其正负号将由变形方向来决定。在目前情况下，温度改变将使竖柱 BC 伸长，而虚拟状态则使其压缩，故轴向变形的影响一项须取负值。因此，由公式(16-12)得 D 点的竖向位移为

$$\begin{aligned}\Delta_{DV}&=\sum(\pm)\alpha\frac{\Delta t}{h}A_{\overline{M}}+\sum(\pm)\overline{N}\alpha tl\\&=1.0\times10^{-5}\times\frac{20}{0.5}\times\left(\frac{1}{2}\times6\times\frac{3}{2}\right)-1.0\times10^{-5}\times15\times(1\times7)\\&=0.000\,75\ \text{m}(\downarrow)\end{aligned}$$

D 点的实际位移方向与单位力方向相同，即 D 点位移向下。

本章小结

静定结构的位移计算是超静定结构内力计算的基础。位移计算的基本原理是虚功原理，基本方法是单位荷载法。

1. 虚功和虚功原理

虚功的概念强调了做功的广义力和其相应的广义位移没有因果关系。虚功原理是讨论外力虚功与变形虚功的关系，即外力虚功等于变形虚功。利用虚功原理，虚设单位力状态，巧妙地把复杂的几何关系计算的问题，转变成了变形体在荷载作用下的位移计算问题。

2. 静定结构的位移计算公式

静定结构产生位移的原因除了荷载外，支座移动、温度变化、制造误差和材料性质变化一般情况下均会引起位移。

(1) 在荷载作用下位移计算的一般公式为

$$\Delta_K = \sum\int_l \frac{M_P\overline{M}}{EI}ds + \sum\int_l \frac{kQ_P\overline{Q}}{GA}ds + \sum\int_l \frac{N_P\overline{N}}{EA}ds$$

在实际工程中,针对各种不同结构形式,根据其受力特点,忽略影响变形的次要因素,使位移计算公式更简便。

梁和刚架的位移计算公式为 $\Delta_K = \sum\int_l \frac{M_P\overline{M}}{EI}ds$

桁架的位移计算公式为 $\Delta_K = \sum\int_l \frac{N_P\overline{N}}{EA}ds = \sum \frac{N_P\overline{N}}{EA}\int_l ds = \sum \frac{\overline{N}N_P l}{EA}$

组合结构的位移计算公式为 $\Delta_K = \sum\int_l \frac{M_P\overline{M}}{EI}ds + \sum \frac{\overline{N}N_P l}{EA}$

(2) 在支座移动情况下的位移计算公式为 $\Delta_{Ki} = -\sum \overline{F}_R C$

(3) 在温度改变情况下的位移计算公式为 $\Delta = \sum(\pm)\alpha\frac{\Delta t}{h}A_{\overline{M}} + \sum(\pm)\overline{N}\alpha t l$

3. 结构位移的计算方法

(1) 单位荷载法

单位荷载法的关键是在对应于所求位移的位置上虚设单位荷载:

① 线位移虚设单位集中荷载。

② 角位移虚设单位集中力偶。

③ 相对线位移要虚设一对大小相等、方向相反的单位集中荷载。

④ 相对角位移要虚设一对大小相等、方向相反的单位集中力偶。

(2) 单位荷载法求位移的步骤

① 根据欲求位移选定相应的虚拟状态。

② 列出结构各杆段在虚拟状态下和实际荷载作用下的内力方程。

③ 将各内力方程分别代入位移计算公式,分段积分求总和即可计算出所求位移。

(3) 图乘法

图乘法计算公式为 $\Delta_K = \sum \frac{\omega y_C}{EI}$

应用图乘法时,要特别注意满足图乘的三个条件:①杆轴为直线;②EI 为常数;③$\overline{M}$ 和 M_P 两个弯矩图中至少有一个是直线图形。

(4) 图乘法计算结构位移的步骤

① 画出结构在实际荷载作用下的弯矩图(M_P)。

② 在所求位移处沿所求位移的方向虚设广义单位力,并画出其单位弯矩图($\overline{M}$)。

③ 分段计算 M_P(或 $\overline{M}$)图面积 ω 及其形心所对应的 $\overline{M}$(或 M_P)图形的竖标值 y_C。

④ 将 y_C、ω 代入图乘公式计算所求位移。

思考题

1. 什么是线位移?什么是角位移?什么是相应位移?
2. 何谓虚功?阐述变形体的虚功原理。
3. 应用单位荷载法求位移时,所求位移方向是如何确定的?

4. 用公式 $\Delta_K=\sum\int_l \frac{M_P\overline{M}}{EI}\mathrm{d}s$ 计算梁和刚架的位移，需先写出 $\overline{M}$ 和 M_P 的表达式，在同一段内写这两个弯矩表达式，可否将坐标原点分别取在不同的位置？为什么？

5. 图乘法的应用条件是什么？怎样确定图乘结果的正负号？求连续变截面梁和拱的位移时，是否可以用图乘法？

6. 图 16-28 所示的图乘示意图是否正确？如不正确请改正。

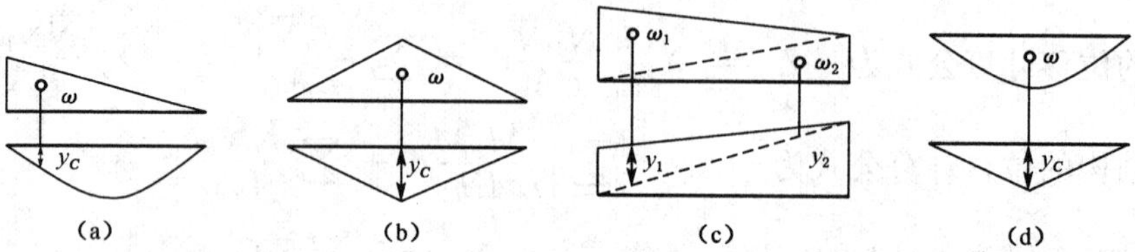

图 16-28

习　题

1. 计算如图 16-29 所示各结构的指定位移。

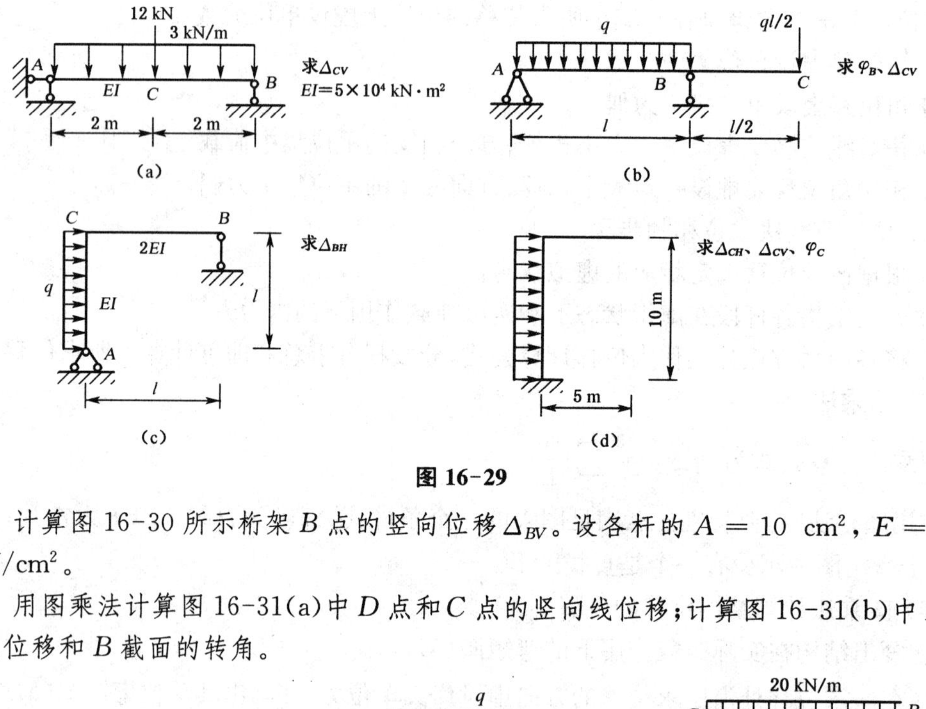

图 16-29

2. 计算图 16-30 所示桁架 B 点的竖向位移 Δ_{BV}。设各杆的 $A=10\ \mathrm{cm}^2$，$E=2.1\times10^4\ \mathrm{kN/cm}^2$。

3. 用图乘法计算图 16-31(a)中 D 点和 C 点的竖向线位移；计算图 16-31(b)中 B 点的水平线位移和 B 截面的转角。

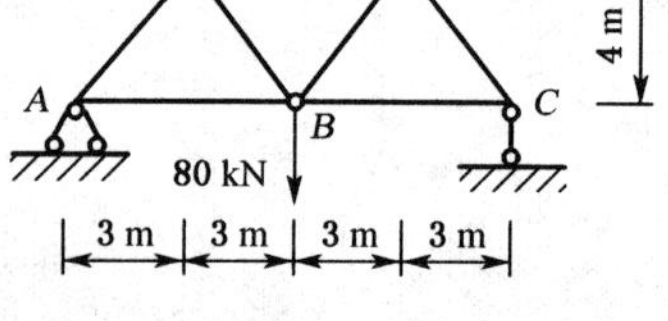

图 16-30

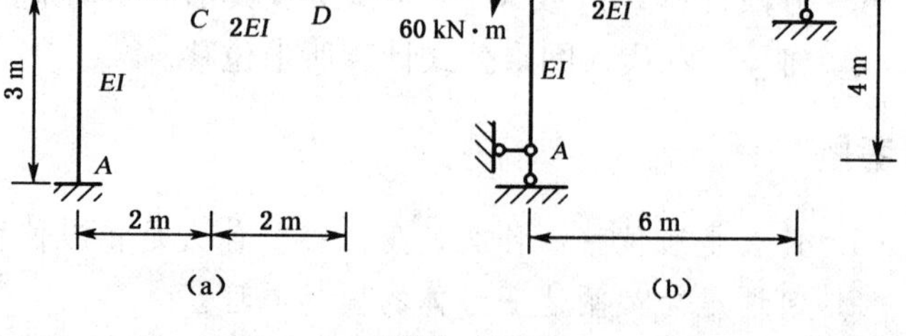

图 16-31

4. 如图 16-32 所示，简支梁受均布荷载 $q = 8\ \mathrm{kN/m}$ 作用，要使 C 点的位移等于零，需要在 C 点施加一向上的集中力 P。用图乘法求 P 值的大小。EI 为常数。

5. 如图 16-33 所示，用图乘法，求：(1) E 点的水平位移；(2) 截面 B 的转角。EI 为常数。

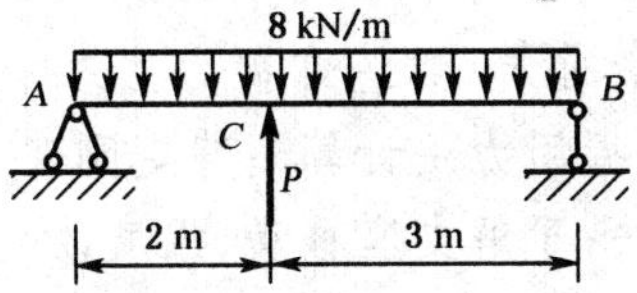

图 16-32

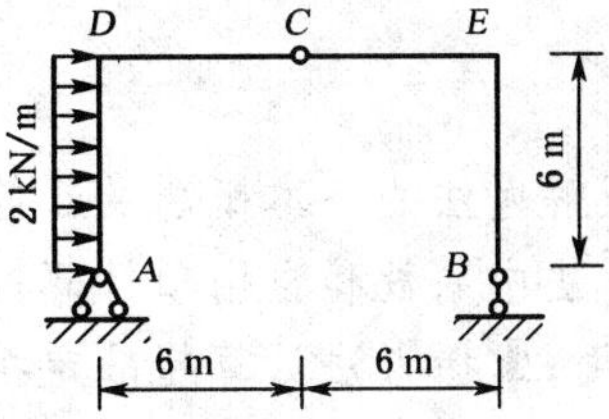

图 16-33

6. 如图 16-34 所示刚架各杆截面为矩形，截面高度为 h，已知内部温度增加20℃，外部温度增加10℃，材料的线膨胀系数为 α。试求 B 点的水平线位移。

7. 如图 16-35 所示结构支座 B 发生水平位移 a、竖向位移 b。试求由此而产生的铰 C 左、右两截面的相对转角及 C 点的竖向位移。

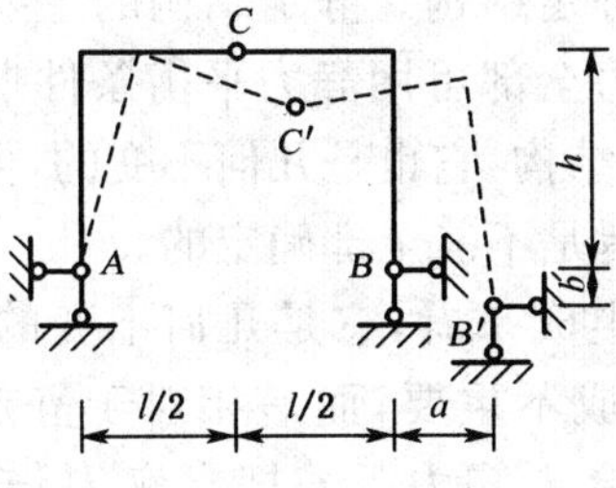

图 16-34

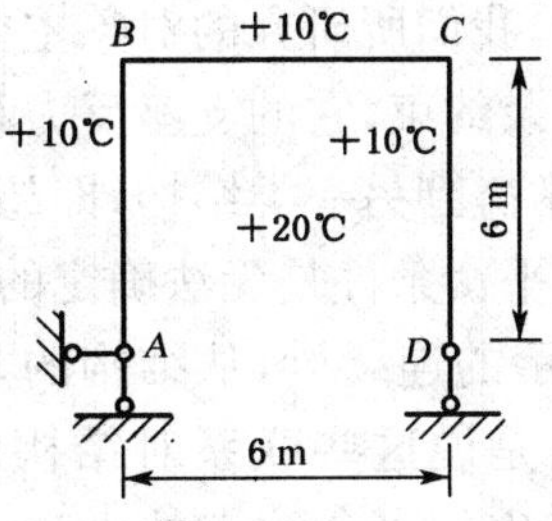

图 16-35

17 力　　法

学习目标：理解力法的基本概念及超静定次数确定；熟练掌握力法基本结构确定，力法典型方程建立，力法中系数和自由项计算；熟练掌握用力法计算超静定刚架、桁架；熟练掌握结构的对称性利用；掌握力法计算超静定拱的方法；了解支座移动、温度改变的影响；了解超静定结构位移计算。

17.1　超静定结构的一般概念及超静定次数的确定

17.1.1　超静定结构概述

在前面各章中，我们所研究的对象主要是静定结构。静定结构的主要特点就是结构是几何不变而没有多余约束，它的支座反力和内力全部可用静力平衡条件求出。但在实际建筑工程中，也会经常碰到另一类结构，即超静定结构，它也是几何不变的，但超静定结构的反力和内力只凭静力平衡条件是无法确定的，或者是不能全部确定的。

如图 17-1 所示的连续梁，从结构的几何组成来看，它是几何不变的，且有多余约束。所谓多余约束并不是说这些联系对结构的组成不重要，而是相对于静定结构而言，这些约束是多余的。产生的多余约束的力称为多余未知力。若把支座 B 链杆看作为多余约束，则其多余未知力就是 V_B（如图 17-1(a)）。也可以把支座 C 链杆看作多余约束，则其多余未知力就是 V_C（如图 17-1(b)）。从静定特征方面来分析，显然此连续梁中所有反力不能用静力平衡条件全部确定，因此，也就不能进一步求出其内力，而必须考虑结构的位移条件。

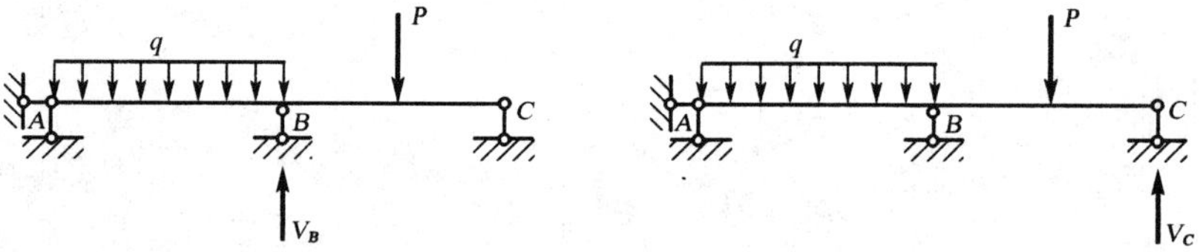

图 17-1

超静定结构的类型很多，应用也很广泛。主要类型有如下几种：

(1) 单跨和多跨的超静定梁式结构，如图 17-2 所示。

(2) 超静定刚架。其形式有单跨单层（如图 17-3(a)）、多跨单层（如图 17-3(b)）、单跨多层（如图 17-3(c)）、多跨多层（如图 17-3(d)）等。

(3) 超静定拱。其形式有二铰拱和带有杆系的二铰拱（如图 17-4(a)、(b)）、无铰拱（如图 17-4(c)）等。

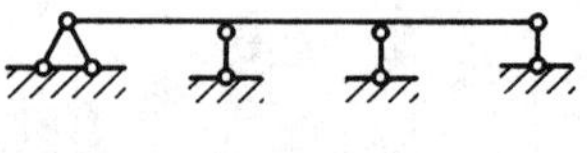

图 17-2

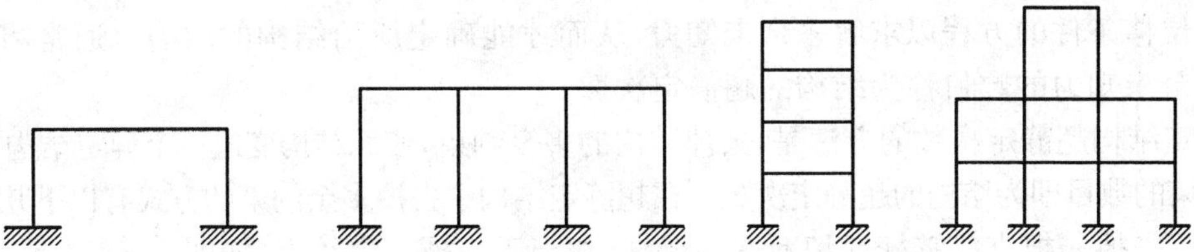

(a) (b) (c) (d)

图 17-3

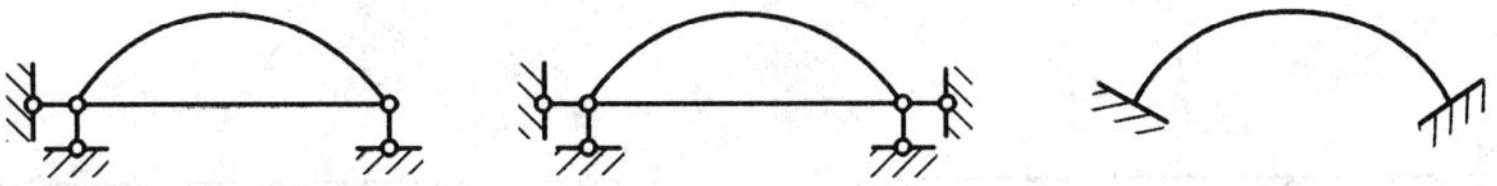

(a) (b) (c)

图 17-4

(4) 超静定桁架(如图 17-5)。

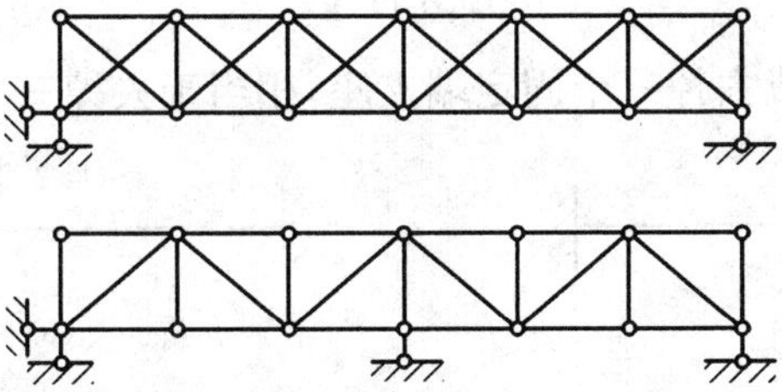

图 17-5

(5) 超静定组合结构(如图 17-6)。

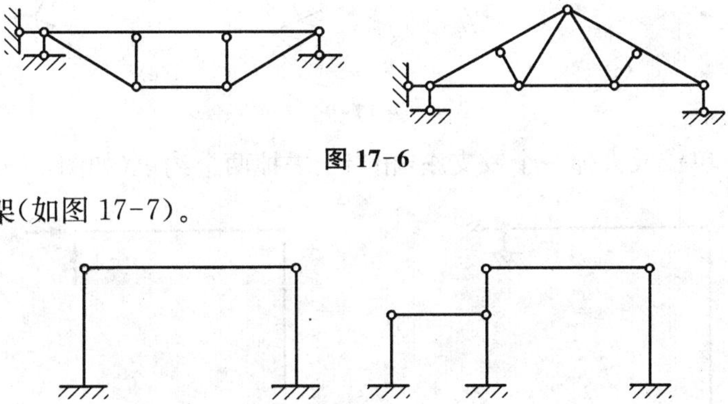

图 17-6

(6) 铰接排架(如图 17-7)。

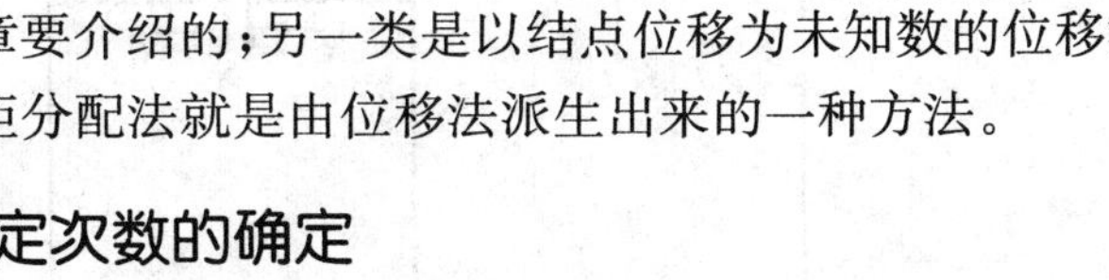

图 17-7

超静定结构的计算方法很多,但归纳起来基本上可以分为两类:一类是以多余未知力为未知数的力法,即本章要介绍的;另一类是以结点位移为未知数的位移法。此外还有各种派生出来的方法,如力矩分配法就是由位移法派生出来的一种方法。

17.1.2 超静定次数的确定

由上节所述基本内容不难理解,在一般情况下用立法计算超静定结构时,首先应确定多余约束的数目,即多余未知力的数目。这个数目表示:除静力平衡方程之外,尚需补充多少个反映位移条件的方程以求解多余未知力，从而才能确定所给结构的内力。通常将多余约束或多余未知力的数目称为结构的超静定次数。

确定结构超静定次数的方法是，去掉结构的多余约束，使原结构变成一个静定结构，则所去掉的约束的数目即为结构的超静定次数。在超静定结构中去掉多余约束的方式有以下几种：

(1) 去掉一根支座链杆或切断一根链杆，相当于去掉一个约束(如图 17-8)。

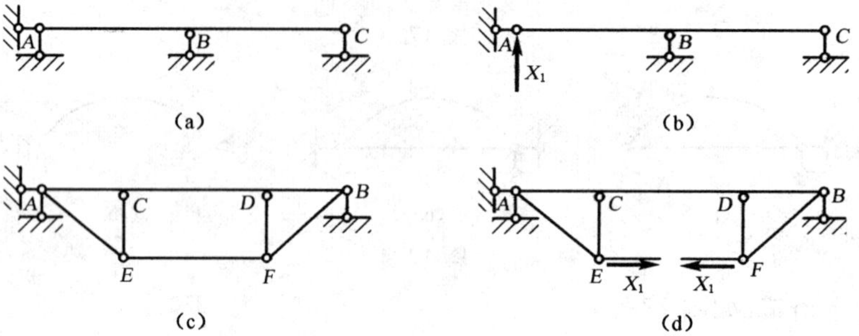

图 17-8

(2) 切断一根梁式杆或去掉一个固定端支座，相当于去掉三个约束(如图 17-9)。

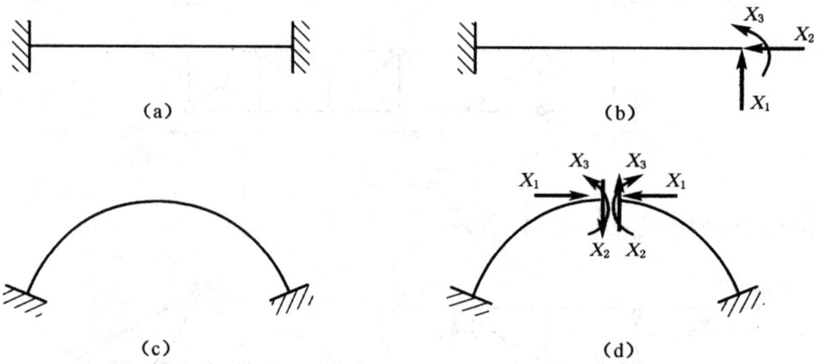

图 17-9

(3) 拆除一个单铰或去掉一个铰支座，相当于去掉两个约束(如图 17-10)。

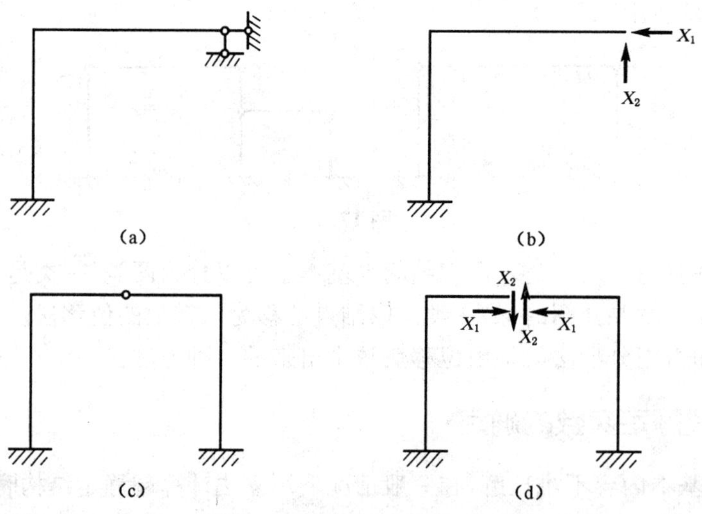

图 17-10

(4) 把刚性连接改为单铰连接或把固定端支座改为铰支座，相当于去掉一个约束(如图 17-11)。

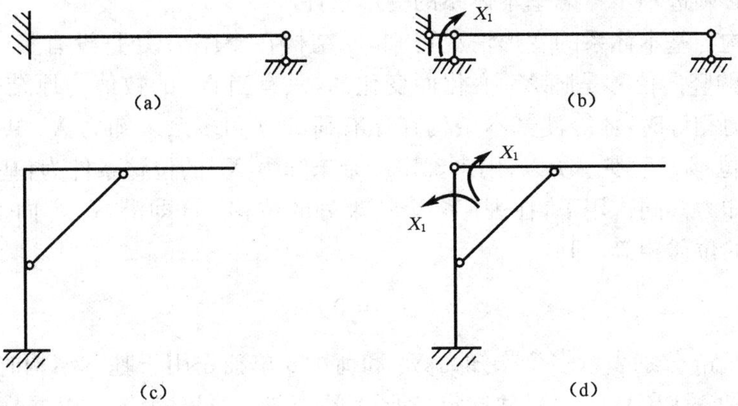

图 17-11

应用这些去掉多余约束的基本方式，可以确定任何结构的超静定次数。如图 17-8～17-11(a)、(c)所示的超静定结构，在去掉或切断多余约束后，即变成图 17-8～17-11(b)、(d)所示的静定结构，其中 X_i 表示相应的多余未知力。因此，原结构的超静定次数分别为 1、3、2、1。需要注意的是，对于同一结构，可用各种不同方式去掉多余约束而得到不同的超静定结构。但是，无论何种方式，所去掉的多余约束的个数必然是相等的。

由于去掉多余约束的方式的多样性，所以，在力法计算中，同一结构的基本结构可有各种不同的形式。但应注意，基本结构必须是几何不变的。

17.2 力法的基本原理及典型方程

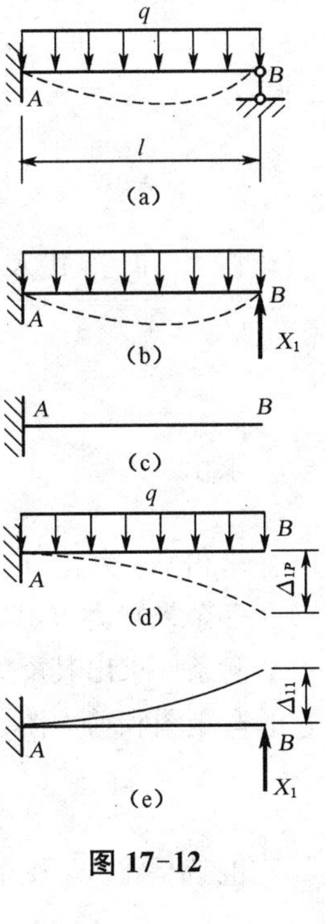

图 17-12

17.2.1 力法的基本原理

在掌握静定结构内力和位移计算的基础上，下面以图 17-12 所示超静定梁为例，来寻求分析超静定结构的方法。

1) 力法的基本结构和基本未知量

图 17-12(a)所示超静定梁有一个多余约束，为一次超静定结构。

若将支座 B 作为多余约束去掉，代之以多余未知力 X_1，如图 17-12(b)所示的静定结构。这种含有多余未知力和荷载的静定结构称为力法的基本体系。与之相对应，如图 17-12(c)所示的去掉多余未知力和荷载的静定结构称为力法的基本结构。如果设法求出多余未知力 X_1，那么原超静定结构的计算问题就转化成为静定结构的计算问题。因此，多余未知力是最基本的未知力，称为力法的基本未知量。

2）力法的基本方程

对图 17-12(b)所示的基本体系，只考虑平衡条件，则 X_1 无论为何值均可满足，因而无法确定。所以必须进一步考虑基本体系的变形条件。

对比原结构与基本体系的变形情况可知，原结构在支座 B 处是没有竖向位移的，而基本体系在 B 处的竖向位移是随 X_1 变化而变化的，只有当 X_1 的数值与原结构在支座 B 处产生的支座反力相等时，才能使基本结构在原有荷载 q 和多余未知力 X_1 共同作用下产生的 B 点的竖向位移等于零。所以，用来确定多余未知力 X_1 的位移条件为：基本结构在原有荷载和多余未知力共同作用下，在去掉多余约束处的位移 Δ_1（即沿 X_1 方向上的位移）应与原结构中相应的位移相等，即

$$\Delta_1 = 0$$

设以 Δ_{11} 和 Δ_{1P} 分别表示多余未知力 X_1 和荷载 q 单独作用于基本结构时点 B 沿 X_1 方向上的位移(图 17-12(d)、(e))，并规定与所设 X_1 方向相同时为正。根据叠加原理可得

$$\Delta_1 = \Delta_{11} + \Delta_{1P} = 0$$

再令 δ_{11} 表示 X_1 为单位力(即 $X_1 = 1$)时，支座 B 沿 X_1 方向上的位移，则有 $\Delta_{11} = \delta_{11} X_1$，于是上式可改写为

$$\delta_{11} X_1 + \Delta_{1P} = 0 \tag{17-1}$$

式(17-1)为一次超静定结构的力法基本方程。由于 δ_{11} 和 Δ_{1P} 都是静定结构在已知外力作用下的位移，所以可以按照上章节所讲的积分法或图乘法求得。

现用图乘法计算图 17-12 中的位移 δ_{11} 和 Δ_{1P}。首先，分别作出 $X_1 = 1$ 及荷载 q 单独作用于基本结构时的弯矩图 $\overline{M}_1$ 和 M_P(如图 17-13(a)、(b))。由图乘法求得

$$\delta_{11} = \frac{1}{EI} \times \frac{l^2}{2} \times \frac{2l}{3} = \frac{l^3}{3EI}$$

$$\Delta_{1P} = -\frac{1}{EI}\left(\frac{1}{3} \times \frac{ql^2}{2} \times l \times \frac{3}{4} l\right) = -\frac{ql^4}{8EI}$$

将 δ_{11} 和 Δ_{1P} 代入力法方程(17-1)得

$$\frac{l^3}{3EI} X_1 - \frac{ql^4}{8EI} = 0$$

求出 $$X_1 = \frac{3}{8} ql \ (\uparrow)$$

求得 X_1 为正，说明 X_1 的实际方向与原假设方向相同。

多余未知力求出后，原超静定结构即转化为静定结构，可按静力平衡条件求出其反力和内力。最后按求静定梁内力的方法作出它的弯矩图和剪力图(图 17-13(c)、(d))。或者按照叠加公式，即

$$M = \overline{M}_1 X_1 + M_P$$

也就是将 $\overline{M}_1$ 图的竖标乘以 X_1 倍，再与 M_P 图中的对应竖标

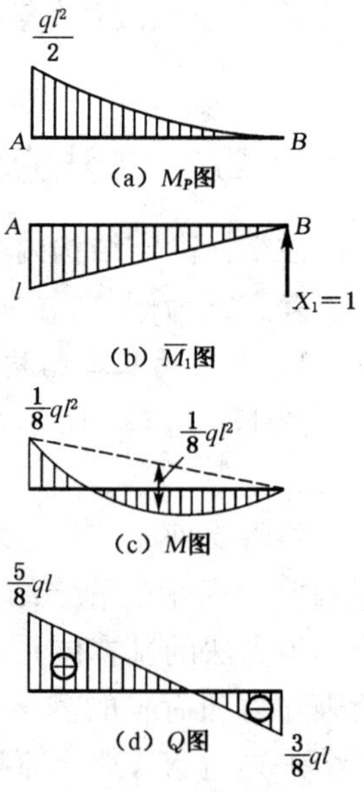

图 17-13

相加。例如求 A 截面的弯矩 M_A 为

$$M_A = l \times \frac{3ql}{8} - \frac{ql^2}{2} = -\frac{ql^2}{8}\text{(上边受拉)}$$

综上所述,可知力法是以多余未知力作为基本未知量,取去掉多余约束后的静定结构为基本结构,并根据基本体系去掉多余约束处的已知位移条件建立基本方程,将多余未知力首先求出,以后的计算即转化为静定结构。这种方法可以用来分析任何类型的超静定结构。

17.2.2 力法典型方程

在本章中我们通过只有一个未知力的超静定结构的计算,初步了解力法的基本原理和计算步骤。而用力法计算超静定结构的关键在于根据位移条件建立力法方程,以去掉多余未知力,本节将进一步讨论怎样建立多次超静定结构的力法方程。

现以图 17-14(a)所示的三次超静定刚架为例,去掉支座 B 的三个多余约束,并以相应的多余未知力 X_1、X_2、X_3 代替,则基本体系如图 17-14(b)所示。

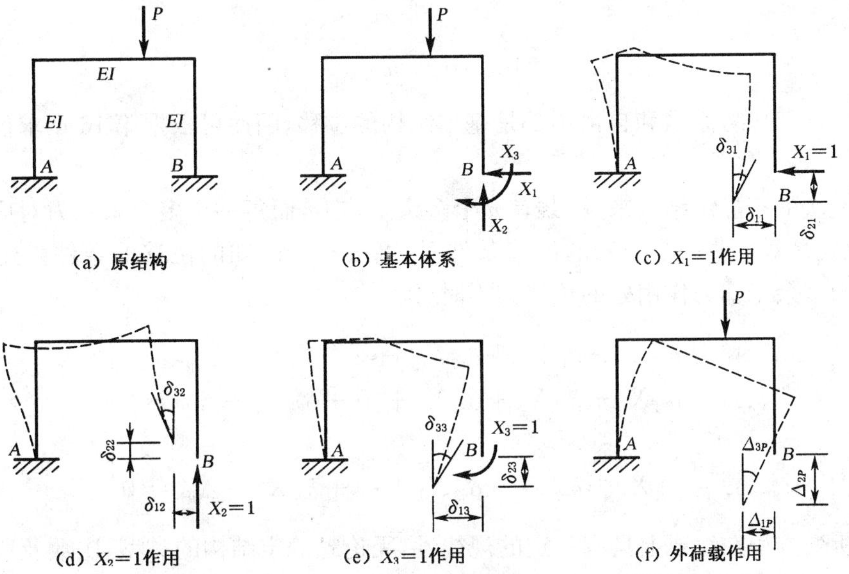

图 17-14

在原结构中,由于 B 端为固定端,所以没有水平位移、竖向位移和角位移。因此,承受荷载 P 和三个多余未知力 X_1、X_2 和 X_3 作用的基本体系上,也必须保证同样的位移条件,即 B 点沿 X_1 方向的位移(水平位移)Δ_1、沿 X_2 方向的位移(竖向位移)Δ_2 和沿 X_3 方向的位移(角位移)Δ_3 都应等于零,即

$$\Delta_1 = 0,\ \Delta_2 = 0,\ \Delta_3 = 0$$

令 δ_{11}、δ_{21} 和 δ_{31} 分别表示当 $X_1 = 1$ 单独作用时,基本结构上 B 点沿 X_1、X_2 和 X_3 方向的位移(图 17-14(c));δ_{12}、δ_{22} 和 δ_{32} 分别表示当 $X_2 = 1$ 单独作用时,基本结构上 B 点沿 X_1、X_2 和 X_3 方向的位移(图 17-14(d));δ_{13}、δ_{23} 和 δ_{33} 分别表示当 $X_3 = 1$ 单独作用时,基本结

构上 B 点沿 X_1、X_2 和 X_3 方向的位移(图 17-14(e));Δ_{1P}、Δ_{2P} 和 Δ_{3P} 分别表示当荷载 P 单独作用时,基本结构上 B 点沿 X_1、X_2 和 X_3 方向的位移(图 17-14(f))。根据叠加原理,位移条件可写成

$$\left.\begin{aligned}\Delta_1 &= 0,\quad \delta_{11}X_1+\delta_{12}X_2+\delta_{13}X_3+\Delta_{1P}=0\\ \Delta_2 &= 0,\quad \delta_{21}X_1+\delta_{22}X_2+\delta_{23}X_3+\Delta_{2P}=0\\ \Delta_3 &= 0,\quad \delta_{31}X_1+\delta_{32}X_2+\delta_{33}X_3+\Delta_{3P}=0\end{aligned}\right\} \tag{17-2}$$

这就是根据位移条件建立的求解多余未知力 X_1、X_2 和 X_3 的方程组。其物理意义为:在基本体系中,由于全部多余未知力和已知荷载的作用,在去掉多余约束处的位移应与原结构中相应的位移相等。在上列方程中,主斜线(从左上方的 δ_{11} 至右下方的 δ_{33})上的系数 δ_{ii}(如 δ_{11}、δ_{22}、δ_{33})称为主系数,其余的系数 δ_{ik} 称为副系数(如 δ_{12}、δ_{23}、δ_{31} 等),Δ_{iP}(如 Δ_{1P}、Δ_{2P} 和 Δ_{3P})则称为自由项。所有系数及自由项,都是基本结构中在去掉多余约束处沿某一多余未知力方向的位移,并规定与所设多余未知力方向一致的为正。所以,主系数总是正的,且不等于零,而副系数可能为正、为负或为零。根据位移互等定理可得,副系数有互等关系,即

$$\delta_{ik}=\delta_{ki}$$

在式(17-2)中各系数和自由项都是基本结构的位移,因而可根据第 16 章求位移的方法求得。

对于 n 次的超静定结构来说,共有 n 个多余未知力,而每一个多余未知力对应着一个多余约束,也就是对应着一个已知的位移条件,故可按 n 个已知的位移的条件来建立 n 个方程。当已知多余未知力作用处的位移为零时,则

$$\left.\begin{aligned}\Delta_1 &= \delta_{11}X_1+\delta_{12}X_2+\delta_{13}X_3+\cdots+\delta_{1n}X_n+\Delta_{1P}=0\\ \Delta_2 &= \delta_{21}X_1+\delta_{22}X_2+\delta_{23}X_3+\cdots+\delta_{2n}X_n+\Delta_{2P}=0\\ &\vdots\\ \Delta_n &= \delta_{n1}X_1+\delta_{n2}X_2+\delta_{n3}X_3+\cdots+\delta_{nn}X_n+\Delta_{nP}=0\end{aligned}\right\} \tag{17-3}$$

以上所列方程在组成上具有一定的规律性,无论超静定结构的类型、次数及所选基本结构如何,它们在荷载作用下所得的力法方程都与式(17-3)相同,故称为力法的典型方程。

解力法方程得出多余未知力后,超静定结构的内力可根据平衡条件提出,或按下述叠加原理求出内力:

$$\left.\begin{aligned}M &= \overline{M}_1X_1+\overline{M}_2X_2+\cdots+\overline{M}_nX_n+M_P\\ Q &= \overline{Q}_1X_1+\overline{Q}_2X_2+\cdots+\overline{Q}_nX_n+Q_P\\ N &= \overline{N}_1X_1+\overline{N}_2X_2+\cdots+\overline{N}_nX_n+N_P\end{aligned}\right\} \tag{17-4}$$

式中,$\overline{M}_n$、$\overline{Q}_n$ 和 $\overline{N}_n$ 是基本结构由于 $X_n=1$ 作用而产生的内力,M_P、Q_P 和 N_P 是基本结构由于荷载作用而产生的内力。在应用式(17-4)第一式求出弯矩后,也可以直接应用平衡条件求其剪力 Q 和轴力 N。

17.3 荷载作用下各种超静定结构的力法计算

用力法计算超静定结构的步骤可归纳如下：

(1) 选取基本结构。确定原结构的超静定次数，去掉所有的多余约束代之以相应的多余未知力，从而得到基本结构。

(2) 建立力法方程。根据基本结构在多余未知力和荷载共同作用下，沿多余未知力方向的位移应与原结构中相应的位移具有相同的条件，建立力法方程。

(3) 计算系数和自由项。首先作基本结构在荷载和各单位未知力分别单独作用在基本结构上的弯矩图或写出内力表达式，然后按求位移的方法计算系数和自由项。

(4) 求多余未知力。将计算的系数和自由项代入力法方程，求解各多余未知力。

(5) 绘制内力图。求出多余未知力后，按分析静定结构的方法，绘制原结构最后内力图。最后弯矩图也可以利用已作出的基本结构的单位弯矩图和荷载弯矩图按叠加式(17-4)求得。

下面分别举例说明力法计算荷载作用下的超静定梁、刚架、桁架、组合结构和排架的内力的方法。

17.3.1 超静定梁和刚架

计算超静定梁和刚架时，通常忽略轴力和剪力的影响，只考虑弯矩的影响，因而使计算得到简化。

【例 17-1】 作图 17-15(a)所示单跨超静定梁的内力图。已知梁的 EI、EA 均为常数。

【解】 (1) 选取基本结构

原结构是三次超静定梁，去掉支座 B 的固定端约束，并代之以相应的多余未知力 X_1、X_2 和 X_3，得到如图 17-15(b)所示的悬臂梁作为基本结构。

(2) 建立力法方程

根据原结构支座 B 处位移为零的条件，可以建立如下力法方程：

$$\begin{aligned}
\delta_{11}X_1+\delta_{12}X_2+\delta_{13}X_3+\Delta_{1P}&=0\\
\delta_{21}X_1+\delta_{22}X_2+\delta_{23}X_3+\Delta_{2P}&=0\\
\delta_{31}X_1+\delta_{32}X_2+\delta_{33}X_3+\Delta_{3P}&=0
\end{aligned}$$

(3) 计算系数和自由项

分别作基本结构的荷载弯矩图 M_P 图和单位弯矩图 $\overline{M}_1$ 图、$\overline{M}_2$ 图、$\overline{M}_3$ 图，如图 17-15 (c)、(d)、(e)、(f)所示。在图 17-15(f)中，因 $X_1=1$ 是轴向力，故 $\overline{M}_1=0$，$\overline{N}_1=1$，所以在计算 δ_{33}时，需考虑轴力的影响。

利用图乘法求得力法方程中各系数和自由项分别为

$$\delta_{11}=\frac{1}{EI}\left(l\times l\times\frac{1}{2}\times\frac{2l}{3}\right)=\frac{l^3}{3EI}\qquad \delta_{22}=\frac{1}{EI}(1\times l\times 1)=\frac{l}{EI}$$

$$\delta_{33}=0+\frac{l}{EA}=\frac{l}{EA}\qquad \delta_{12}=\delta_{21}=-\frac{1}{EI}\left(l\times l\times\frac{1}{2}\times l\right)=-\frac{l^3}{2EI}$$

$$\delta_{13}=\delta_{31}=0\qquad \delta_{23}=\delta_{32}=0$$

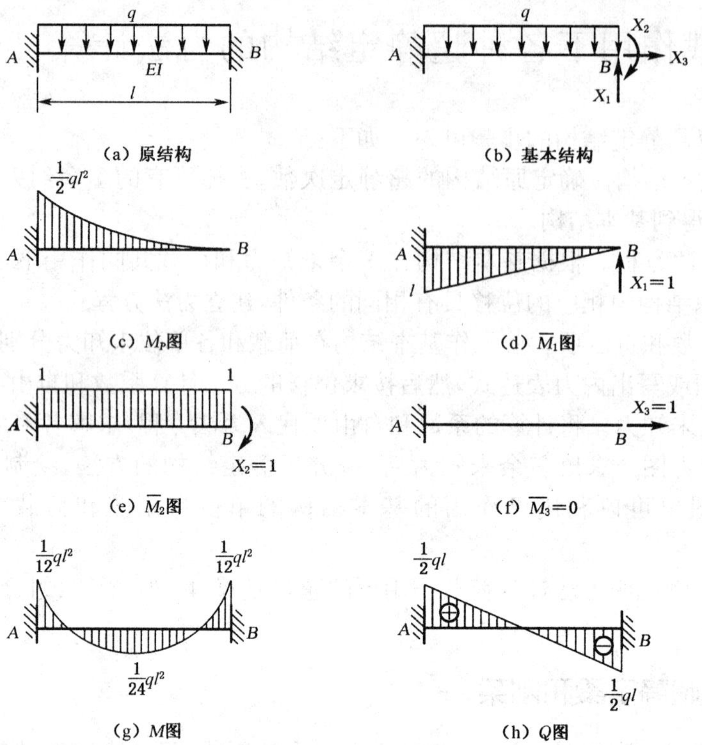

图 17-15

$$\Delta_{1P} = -\frac{1}{EI}\left(\frac{1}{3} \times \frac{ql^2}{2} \times l \times \frac{3l}{4}\right) = -\frac{ql^4}{8} \qquad \Delta_{2P} = \frac{1}{EI}\left(\frac{1}{3} \times \frac{ql^2}{2} \times l \times 1\right) = \frac{ql^3}{6}$$

$$\Delta_{3P} = 0$$

(4) 求多余未知力

将以上各系数和自由项代入力法方程，得

$$\frac{l^3}{3EI}X_1 - \frac{l^2}{2EI}X_2 - \frac{ql^4}{8EI} = 0$$

$$-\frac{l^2}{2EI}X_1 + \frac{l}{EI}X_2 + \frac{ql^3}{6EI} = 0$$

$$\frac{l}{EA}X_3 = 0$$

解得　$X_1 = \frac{1}{2}ql$，$X_2 = \frac{1}{12}ql^2$，$X_3 = 0$

由 $X_3 = 0$，可以看出在小变形条件下，如超静定梁所受荷载垂直于梁轴，无论梁支座形式如何，梁的轴向力恒等于零。所以，在以后的计算中可直接用此结论，简化计算。

(5) 作内力图

① 作 M 图

根据叠加公式：$M = \overline{M}_1X_1 + \overline{M}_2X_2 + \overline{M}_3X_3 + M_P$

$$M_{AB} = \frac{ql}{2} \times l - \frac{ql^2}{12} + 0 - \frac{ql^2}{2} = -\frac{ql^2}{12} \quad \text{(上边受拉)}$$

$$M_{跨中}=\frac{ql}{2}\times\frac{l}{2}-\frac{ql^2}{12}-q\times\frac{l}{2}\times\frac{l}{4}=\frac{ql^2}{24}\quad（下边受拉）$$

$$M_{BA}=-\frac{ql^2}{12}（上边受拉）$$

最后弯矩图如图 17-15(g)所示。

② 作剪力图

因为 AB 梁受到均匀分布荷载，剪力图应为斜直线，取图 17-15(b)所示的控制截面右侧为研究对象。则

$$Q_{BA}=-X_1=-\frac{ql}{2}$$

$$Q_{AB}=-X_1+ql=-\frac{ql}{2}+ql=\frac{ql}{2}$$

最后剪力图如图 17-15(h)所示。

【例 17-2】 作图 17-16(a)所示超静定刚架的内力图。已知刚架各杆 EI 均为常数。

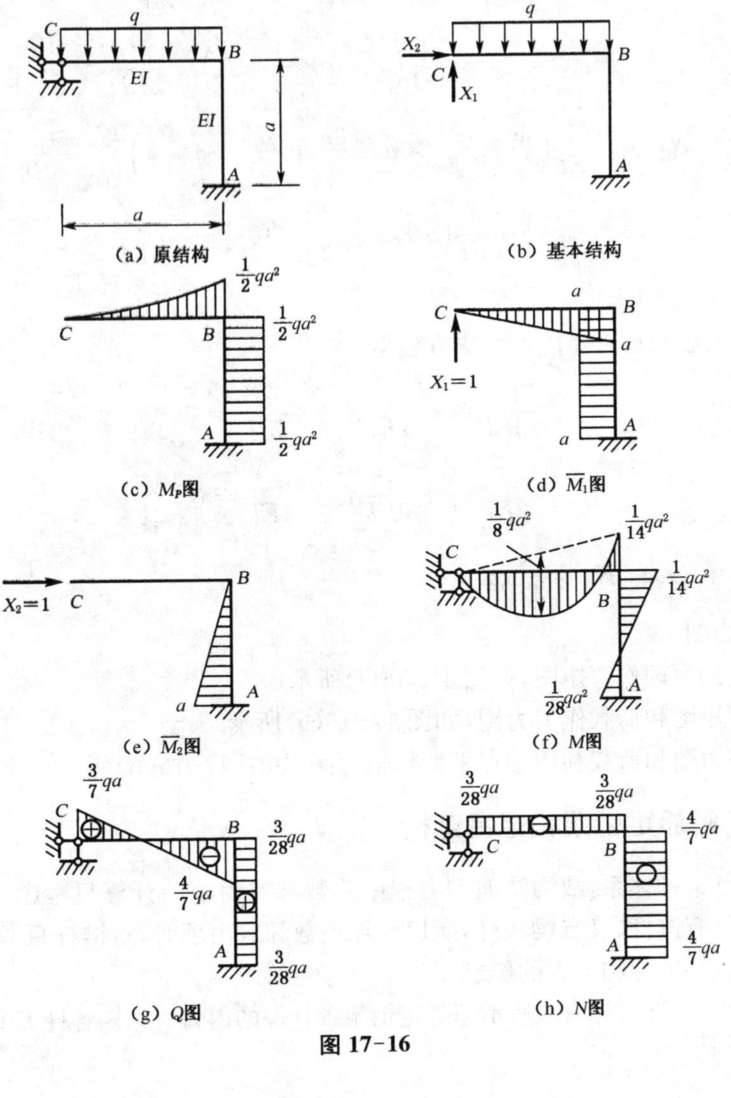

图 17-16

【解】 (1) 选取基本结构

此结构为二次超静定刚架,去掉 C 支座约束,代之以相应的多余未知力 X_1、X_2,得如图 17-16(b)所示悬臂刚架作为基本结构。

(2) 建立力法方程

原结构 C 支座处无竖向位移和水平位移,则其力法方程为

$$\delta_{11}X_1+\delta_{12}X_2+\Delta_{1P}=0$$
$$\delta_{21}X_1+\delta_{22}X_2+\Delta_{2P}=0$$

(3) 计算系数和自由项

分别作基本结构的荷载弯矩图 M_P 图和单位弯矩图 $\overline{M}_1$ 图、$\overline{M}_2$ 图,如图 17-16(c)、(d)、(e)所示。利用图乘法计算各系数和自由项分别为

$$\delta_{11}=\frac{1}{EI}\left(a\times a\times\frac{1}{2}\times\frac{2a}{3}+a\times a\times a\right)=\frac{4a^3}{3EI}$$

$$\delta_{22}=\frac{1}{EI}\left(a\times a\times\frac{1}{2}\times\frac{2a}{3}+0\right)=\frac{a^3}{3EI}$$

$$\delta_{12}=\delta_{21}=\frac{1}{EI}\left(a\times a\times\frac{1}{2}\times a\right)=\frac{a^3}{2EI}$$

$$\Delta_{1P}=-\frac{1}{EI}\left(\frac{1}{3}\times\frac{qa^2}{2}\times a\times\frac{3a}{4}+\frac{qa^2}{2}\times a\times a\right)=-\frac{5qa^4}{8EI}$$

$$\Delta_{2P}=-\frac{1}{EI}\left(a\times a\times\frac{1}{2}\times\frac{qa^2}{2}\right)=-\frac{qa^4}{4EI}$$

(4) 求多余未知力

将以上各系数和自由项代入力法方程得

$$\frac{4a^3}{3EI}X_1+\frac{a^3}{2EI}X_2-\frac{5qa^4}{8EI}=0$$

$$\frac{a^3}{2EI}X_1+\frac{a^3}{3EI}X_2-\frac{qa^4}{4EI}=0$$

解得:$X_1=\frac{3}{7}qa$,$X_2=\frac{3}{28}qa$

(5) 作内力图

① 根据叠加原理作弯矩图,如图 17-16(f)所示。

② 根据弯矩图和荷载作剪力图,如图 17-16(g)所示。

③ 根据剪力图和荷载利用结点平衡作轴力图,如图 17-16(h)所示。

17.3.2 超静定桁架和组合结构

由于桁架是链杆体系,故力法典型方程中系数和自由项的计算只考虑轴力的影响。而在组合结构中既有链杆,又有梁式杆,所以计算系数和自由项时,对链杆只考虑轴力的影响,对梁式杆通常忽略轴力和剪力的影响而只考虑弯矩的影响。

【例 17-3】 求图 17-17(a)所示超静定桁架各杆件的内力。已知各杆 EA 相同且为常数。

【解】 (1) 选取基本结构

此桁架为二次超静定结构。现将杆 14、杆 46 切断并代以多余未知力 X_1、X_2，其基本体系如图 17-17(b)所示。

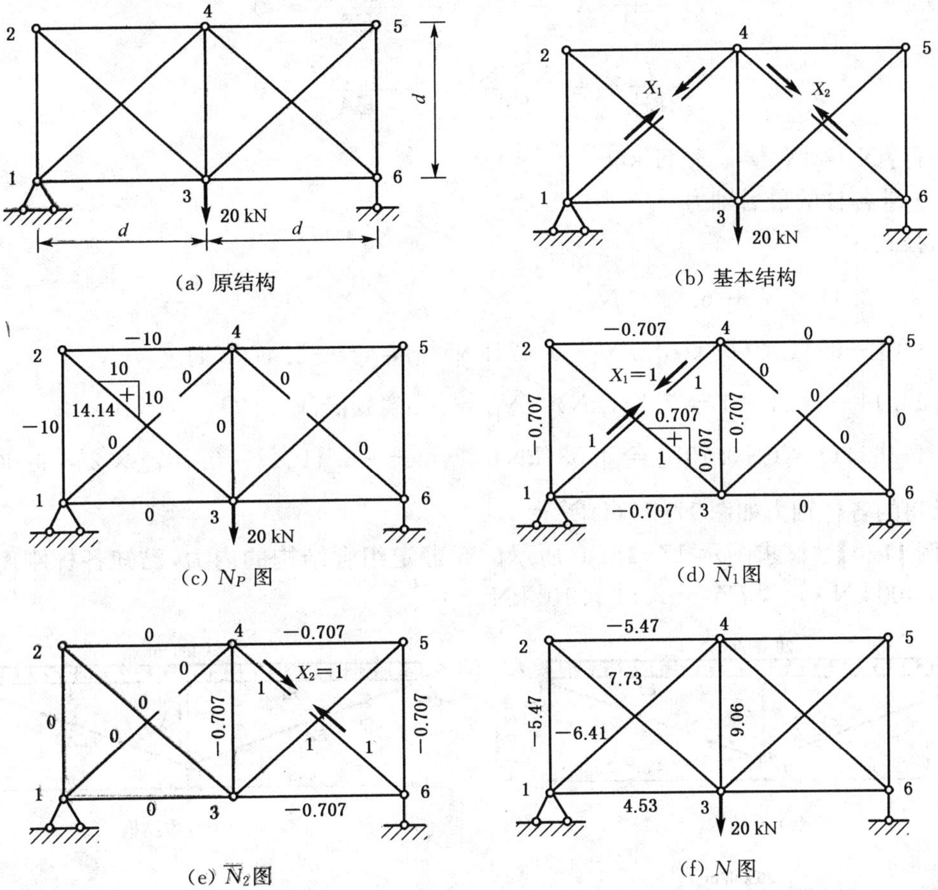

图 17-17

(2) 建立力法典型方程

根据切口两侧截面沿杆轴向的相对线位移应等于零的位移条件，建立方程如下：

$$\delta_{11}X_1+\delta_{12}X_2+\Delta_{1P}=0$$

$$\delta_{21}X_1+\delta_{22}X_2+\Delta_{2P}=0$$

(3) 计算系数和自由项

分别作基本结构的荷载弯矩图 N_P 图和单位弯矩图 $\overline{N}_1$ 图、$\overline{N}_2$ 图，如图 17-17(c)、(d)、(e)所示。利用图乘法计算各系数和自由项分别为

$$\delta_{11}=\delta_{22}=\sum\frac{\overline{N}_1^2 l}{EA}=\frac{(-0.707)^2\times d}{EA}\times 4+\frac{(1)^2\times\sqrt{2}d}{EA}\times 2=\frac{4.828d}{EA}$$

$$\delta_{12}=\delta_{21}=\sum\frac{\overline{N}_1\overline{N}_2 l}{EA}=\frac{(-0.707)^2\times d}{EA}=\frac{d}{2EA}$$

$$\Delta_{1P}=\Delta_{2P}=\sum\frac{\overline{N}_1 N_P l}{EA}=\frac{(-0.707)\times(-10)\times 2d}{EA}+\frac{14.14\times 1\times\sqrt{2}d}{EA}=\frac{34.14d}{EA}$$

(4) 求多余未知力

将以上各系数和自由项代入力法方程得

$$\frac{4.828d}{EA}X_1+\frac{d}{2EA}X_2+\frac{34.14d}{EA}=0$$

$$\frac{d}{2EA}X_1+\frac{4.828d}{EA}X_2+\frac{34.14d}{EA}=0$$

解得：$X_1=X_2=-6.41\ \text{kN}$

(5) 求各杆的最后轴力

由公式：

$N=N_P-6.41\times\overline{N}_1-6.41\times\overline{N}_2$

$N_{12}=-10-6.41\times(-0.707)=-5.47(\text{kN})\quad N_{24}=-5.47(\text{kN})$

$N_{23}=14.14-6.41\times1=7.73(\text{kN})\quad N_{14}=-6.41(\text{kN})$

$N_{13}=(-6.41)\times(-0.707)=4.53(\text{kN})\quad N_{43}=-6.41\times(-0.707)\times2=9.06(\text{kN})$

求得的各杆轴力如图 17-17(f)所示。

【例 17-4】 试求图示 17-18(a)所示的超静定组合结构的内力，已知各杆刚度如下：$EI=1\,400\ \text{kN}\cdot\text{m}^2$，$EA=2.56\times10^5\ \text{kN}$。

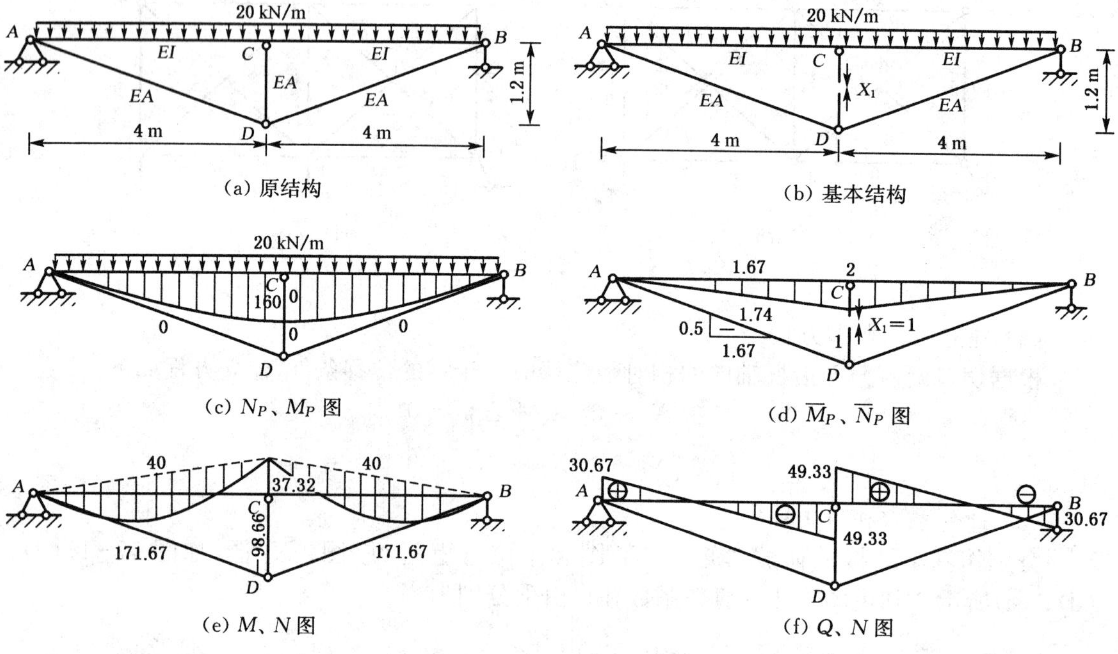

图 17-18

【解】 (1) 选取基本结构

此组合结构为一次超静定结构。现将链杆 CD 切断并代以多余未知力 X_1，其基本结构如图 17-18(b)所示。

(2) 建立力法典型方程

$$\delta_{11}X_1+\Delta_{1P}=0$$

(3) 求系数和自由项

分别作基本结构的荷载弯矩图 M_P 图、单位弯矩图 $\overline{M}_1$ 图以及计算出各杆轴力，如图 17-18(c)、(d)所示。利用图乘法计算各系数和自由项分别为

$$\delta_{11}=\sum\frac{\overline{N}_1 l}{EA}+\sum\int_l\frac{\overline{M}_1^2}{EI}\mathrm{d}s=\frac{1^2\times1.2}{EA}+\frac{(-1.74)^2\times4.176}{EA}\times2+$$

$$\frac{1}{EI}\times\left(\frac{1}{2}\times2\times4\right)\times\frac{2}{3}\times2\times2$$

$$=\frac{26.489}{EA}+\frac{32}{3EI}=0.000\,103\,5+0.007\,619=0.007\,722\,5(\mathrm{m})$$

$$\Delta_{1P}=\sum\frac{\overline{N}_1N_Pl}{EA}+\sum\int_l\frac{\overline{M}_1M_P}{EI}\mathrm{d}s=0+\frac{1}{EI}\times\left(\frac{2}{3}\times160\times4\right)\times\frac{5}{8}\times2\times2$$

$$=\frac{3\,200}{3EI}=0.761\,9(\mathrm{m})$$

(4) 求多余未知力

将以上各系数和自由项代入力法方程得

$$X_1=-\frac{\Delta_{1P}}{\delta_{11}}\approx-98.66(\mathrm{kN})$$

(5) 求最后内力，并画出内力图

$$N=N_P+X_1\overline{N}_1=N_P-98.66\times\overline{N}_1$$

$$N_{AD}=0-98.66\times(-1.74)=171.67(\mathrm{kN})$$

$$N_{CD}=-98.66\times1=-98.66(\mathrm{kN})$$

$$M=M_P+X_1\overline{M}_1=M_P-98.66\times\overline{M}_1$$

$$M_{CA}=160-98.66\times2=-37.32(\mathrm{kN\cdot m})$$

其他各杆的内力图如图 17-18(e)、(f)所示。

17.3.3 铰接排架

图 17-19(a)所示为装配式单层厂房的横剖面结构示意图，它由屋架(或屋面大梁)、柱和基础组成。当计算柱的内力时，通常将屋架视为一根轴向刚度为无穷大的杆件，简称为横梁。阶梯形柱的上端与屋架铰接，下端与基础刚接，计算简图如图 17-19(b)所示，称为铰接排架。

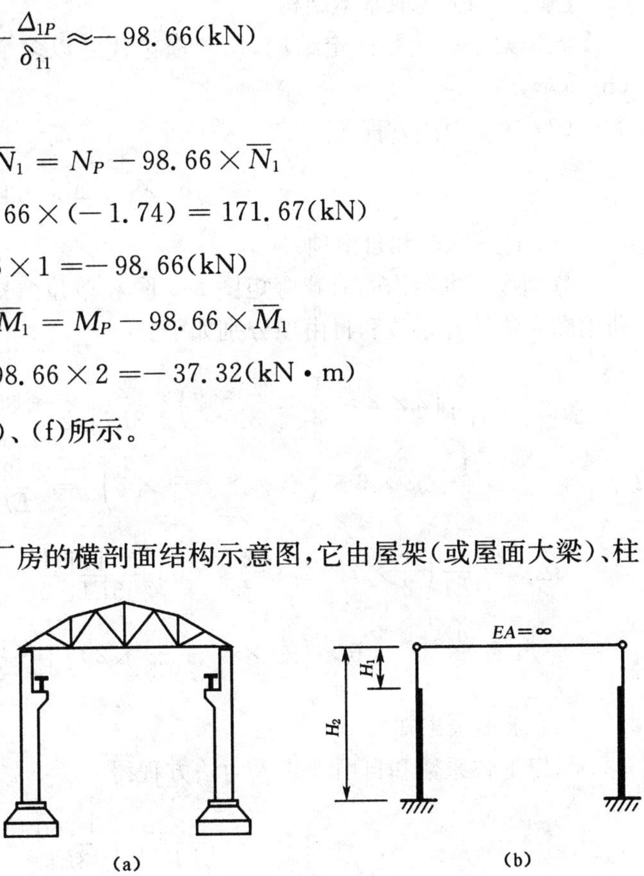

(a) (b)

图 17-19

用力法计算排架时，一般把横梁作为多余约束切断，代以相应多余未知力，利用切口处两侧截面的

相对位移为零的条件，建立力法典型方程。

【例 17-5】 计算图 17-20(a)所示排架柱的内力，并作出弯矩图。

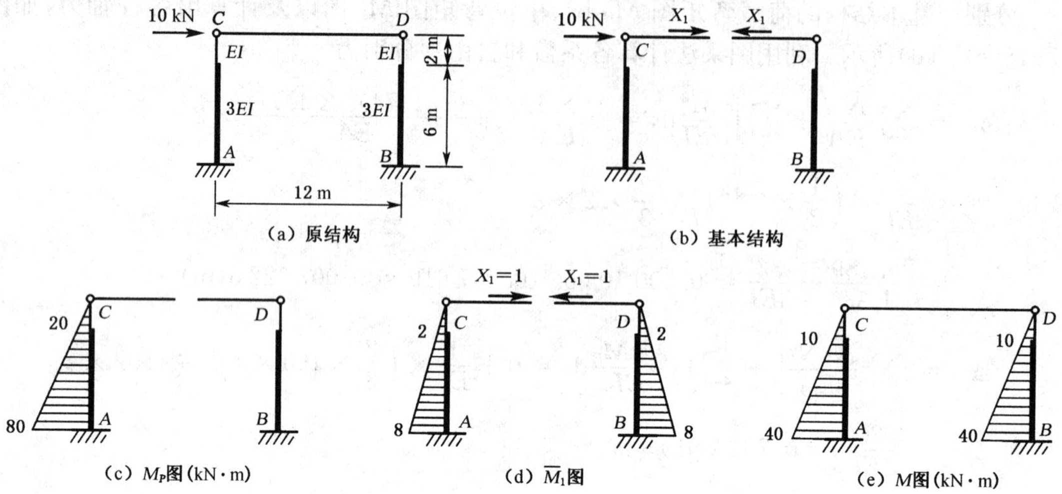

图 17-20

【解】 (1) 选取基本结构

此排架是一次超静定结构，切断横梁代之以多余未知力 X_1 得到基本结构如图 17-20(b)所示。

(2) 建立力法方程

$$\delta_{11}X_1+\Delta_{1P}=0$$

(3) 计算系数和自由项

分别作基本结构的荷载弯矩图 M_P 图和单位弯矩图 $\overline{M}_1$ 图如图 17-20(c)、(d)所示。利用图乘法计算系数和自由项分别如下：

$$\delta_{11}=\frac{2}{EI}\left(2\times2\times\frac{1}{2}\times\frac{2}{3}\times2\right)+\frac{2}{3EI}\left[\frac{1}{2}\times8\times6\times\left(\frac{2}{3}\times8+\frac{1}{3}\times2\right)+\frac{1}{2}\times2\times6\times\left(\frac{1}{3}\times8+\frac{2}{3}\times2\right)\right]=\frac{352}{3EI}$$

$$\Delta_{1P}=\frac{1}{EI}\left(\frac{1}{2}\times2\times2\times\frac{2}{3}\times20\right)+\frac{1}{3EI}\left[\frac{1}{2}\times8\times6\times\left(\frac{2}{3}\times80+\frac{1}{3}\times20\right)+\frac{1}{2}\times2\times6\times\left(\frac{1}{3}\times80+\frac{2}{3}\times20\right)\right]=\frac{1\,760}{3EI}$$

(4) 求多余未知力

将以上各系数和自由项代入力法方程得

$$\frac{352}{3EI}X_1+\frac{1\,760}{3EI}=0$$

解得

$$X_1=-5\text{ kN}$$

(5) 作弯矩图

按公式 $M = \overline{M}_1 X_1 + M_P$ 即可作出排架最后弯矩图如图 17-20(e) 所示。

17.4 温度变化及支座移动时超静定结构的力法计算

我们知道，对于静定结构在温度变化和支座移动的作用下不产生内力。但这些因素对超静定结构的影响就不同了，由于有多余约束，通常将使结构产生内力。用力法计算由于温度变化和支座移动对超静定结构的影响与荷载作用下的计算，其基本思路、原理和步骤基本相同，不同的只是力法典型方程中自由项的计算。下面将分别介绍用力法计算由于温度变化和支座移动所引起的超静定结构的内力。

17.4.1 温度变化作用下的内力计算

图 17-21(a)所示刚架为三次超静定结构，外侧温度变化为 t_1，内侧温度变化为 t_2。用力法计算其内力时，可去掉 C 处的三个多余约束，相应的以多余未知力 X_1、X_2 和 X_3 代替，得原结构的基本结构如图 17-21(b)所示。根据基本结构在多余未知力和温度变化的共同作用下，C 点的位移与原结构 C 点处的位移相同的条件，建立力法的典型方程为

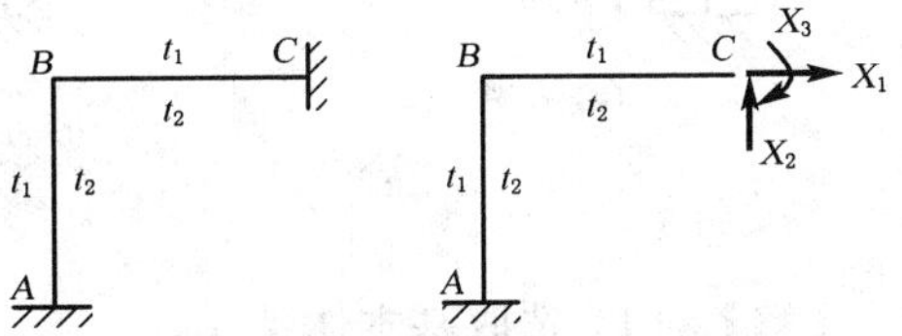

(a) 原结构　　(b) 基本结构

图 17-21

$$\left.\begin{aligned}\delta_{11}X_1+\delta_{12}X_2+\delta_{13}X_3+\Delta_{1t}&=0\\ \delta_{21}X_1+\delta_{22}X_2+\delta_{23}X_3+\Delta_{2t}&=0\\ \delta_{31}X_1+\delta_{32}X_2+\delta_{33}X_3+\Delta_{3t}&=0\end{aligned}\right\}\qquad(17\text{-}5)$$

式中，$\delta_{ii} = \sum\int \frac{\overline{M}_i \overline{M}_i}{EI}\mathrm{d}s$；$\delta_{ij} = \sum\int \frac{\overline{M}_i \overline{M}_j}{EI}\mathrm{d}s$。

Δ_{1t}、Δ_{2t}和Δ_{3t}分别表示在基本结构中，由于温度变化而引起的在 X_1、X_2 和 X_3 方向上的位移。其计算公式由第 16 章中式(16-12)可知，为

$$\Delta_{it} = \sum(\pm)\alpha\frac{\Delta t}{h}A_{\overline{M}} + \sum(\pm)\overline{N}\alpha t l$$

力法典型方程中的系数和以前所述相同，它们是和外因无关的。将所求得的系数和自由项代入典型方程，即可解出多余未知力。

由于基本结构是静定的，温度变化并不产生内力。因此，解出多余未知力后，原结构的最后内力只是由多余未知力所引起的，其内力叠加公式为

$$\left.\begin{aligned}M&=\overline{M}_1X_1+\overline{M}_2X_2+\overline{M}_3X_3\\ Q&=\overline{Q}_1X_1+\overline{Q}_2X_2+\overline{Q}_3X_3\\ N&=\overline{N}_1X_1+\overline{N}_2X_2+\overline{N}_3X_3\end{aligned}\right\}\qquad(17\text{-}6)$$

【例 17-6】 图 17-22(a)所示刚架，温度变化如图所示。h 已知，材料的线膨胀系数为 α，杆件的 EI 为常数。试用力法求解并绘制最后弯矩图。

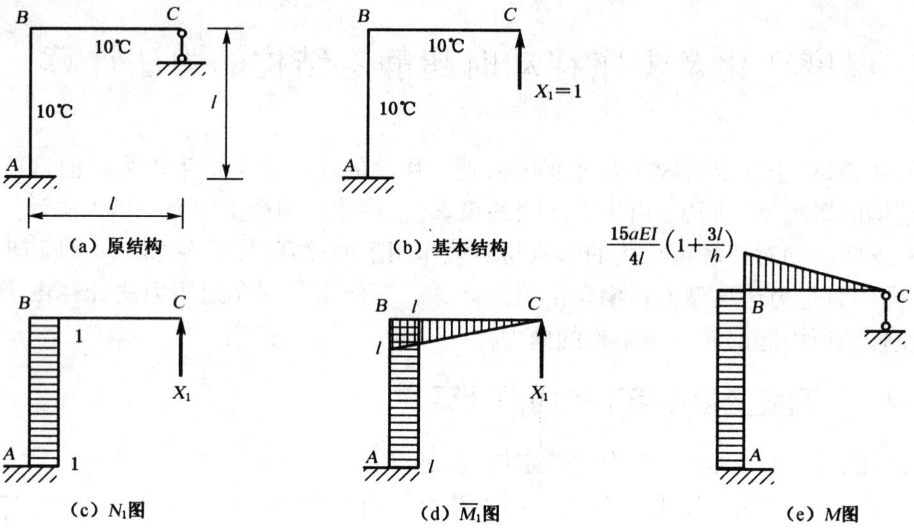

图 17-22

【解】 (1) 选取基本体系

此刚架为一次超静定结构，选取图 17-22(b)所示的基本结构。

(2) 建立典型方程

$$\delta_{11}X_1+\Delta_{1t}=0$$

(3) 计算系数和自由项

分别作轴力图 $\overline{N}_1$ 图和单位弯矩图 $\overline{M}_1$ 图，如图 17-22(c)、(d)所示。

$$\delta_{11}=\frac{1}{EI}\left(l\times l\times\frac{1}{2}\times\frac{2}{3}l+l\times l\times l\right)=\frac{4l^3}{3EI}$$

$$\Delta_{1t}=\sum(\pm)\alpha\frac{\Delta t}{h}A_{\overline{M}}+\sum(\pm)\overline{N}\alpha tl$$

$$=\alpha\times\frac{|0-10|}{h}\times\left(\frac{1}{2}\times l\times l+l\times l\right)+1\times\alpha\times\frac{1}{2}\times(0+10)\times l$$

$$=5\alpha l\left(1+\frac{3l}{h}\right)$$

(4) 求多余未知力

将以上各系数和自由项代入力法方程得

$$\frac{4l^3}{3EI}X_1+5\alpha l\left(1+\frac{3l}{h}\right)=0$$

解得

$$X_1=-\frac{15\alpha EI}{4l^2}\left(1+\frac{3l}{h}\right)$$

(5) 作弯矩图

按公式 $M=\overline{M}_1X_1$ 即可作出排架最后弯矩图如图 17-22(e) 所示。

对此例的结果进行讨论：

(1) 温度变化在超静定结构中引起的内力与杆件截面刚度的绝对值成正比。

(2) 各杆刚度越大，引起的内力也越大，故增加截面的刚度，并不能提高结构抵抗温度变化的能力。

(3) 由多余未知力的结果可知，跨度 l 越大，则轴力 X_1 也越大。所以，当结构物长度达到一定尺寸时，要预留温度伸缩缝，以降低因温度变化而引起的内力。

17.4.2 支座移动作用下的内力计算

用力法计算超静定结构在支座移动所引起的内力时，其基本原理和解题步骤与荷载作用的情况相同，只是力法方程中自由项的计算有所不同，它表示基本结构由于支座移动在多余约束处沿多余未知力方向所引起的位移 Δ_{ic}。

【例 17-7】 图 17-23(a)所示超静定梁，设支座 A 发生转角 θ，求作梁的弯矩图。已知梁的 EI 为常数。

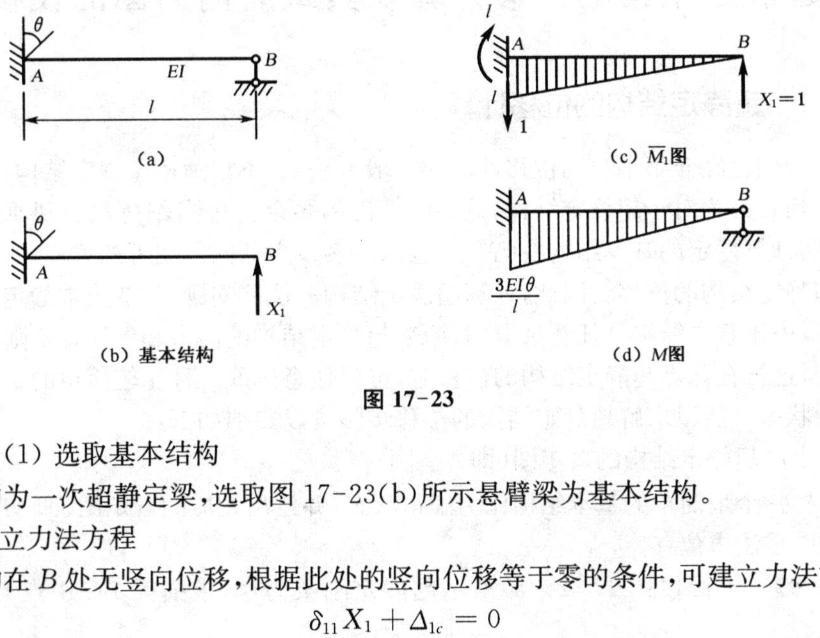

图 17-23

【解】 (1) 选取基本结构

原结构为一次超静定梁，选取图 17-23(b)所示悬臂梁为基本结构。

(2) 建立力法方程

原结构在 B 处无竖向位移，根据此处的竖向位移等于零的条件，可建立力法方程如下：

$$\delta_{11}X_1+\Delta_{1c}=0$$

(3) 计算系数和自由项

作单位弯矩图 $\overline{M}_1$ 图及求出支座 A 处的反力 $\overline{F}_R$，如图 17-23(c)所示，可由图乘法求得

$$\delta_{11}=\frac{1}{EI}\left[\frac{1}{2}\times l\times l\times\left(\frac{2}{3}\times l\right)\right]=\frac{l^3}{3EI}$$

式中 Δ_{1c} 可由式(16-10)计算，即

$$\Delta_{1c}=-\sum\overline{F}_RC=-(l\times\theta)=-l\theta$$

(4) 求多余未知力

将 δ_{11}、Δ_{1c} 代入力法方程得

$$\frac{l^3}{3EI}X_1 - l \cdot \theta = 0$$

解得
$$X_1 = \frac{3EI\theta}{l^2}$$

(5) 作弯矩图

由于支座移动在静定的基本结构中不引起内力，故只需将 $\overline{M}_1$ 图乘以 X_1 值即可。

$$M = \overline{M}_1 X_1$$

$$M_{AB} = l \times \frac{3EI\theta}{l^2} = \frac{3EI\theta}{l}$$

$$M_{BA} = 0$$

最后弯矩图如图 17-23(d)所示。

17.5 超静定结构的位移计算及其最后内力图的校核

17.5.1 超静定结构的位移计算

在前面我们已经介绍了结构位移计算的一般方法，它不仅适用于静定结构，同时也适用于超静定结构。因为对于超静定结构，只要将求出的多余力也当作荷载加到原结构的基本结构上去，而计算静定的基本结构在已知荷载以及多余力共同作用下的位移，所以这个位移也就是原超静定结构的位移。因此，计算超静定结构的位移问题，就变成求静定结构的位移问题。另外，由于基本结构是任意选取的，原来超静定结构的内力和位移并不随选取的基本结构而改变，这样在计算超静定结构的位移时，可以任意选取一种比较简单的基本结构建立相应的虚设状态。所以求解超静定结构的位移步骤可以归纳如下：

(1) 绘出原超静定结构的弯矩图(即 M_P 图)。

(2) 选择一个最简单的基本结构作为虚拟状态，并绘出相应的弯矩图(即 $\overline{M}$ 图)。

(3) 按图乘法求位移。

【例 17-8】 下面以图 17-24(a)所示超静定刚架为例，求横梁 BC 中点 D 的竖向位移 Δ_{DV}。

【解】 绘出刚架的弯矩图如图 17-24(b)所示，将此图改成易于图乘的简单的图形组合，如图 17-24(c)所示。

采用悬臂刚架作为基本结构，并绘出单位荷载作用于 D 点的弯矩图如图 17-24(d)所示。因此

$$\Delta_{DV} = \frac{1}{4EI}\left(-\frac{2}{3}\times\frac{1}{2}\times qa^2\times a\times\frac{3}{8}a+\frac{1}{2}\times\frac{7}{12}qa^2\times a\times\frac{2}{3}a+\frac{1}{2}\times\frac{8}{30}qa^2\times a\times\frac{1}{3}a\right)$$

$$= \frac{3qa^4}{160EI}(\downarrow)$$

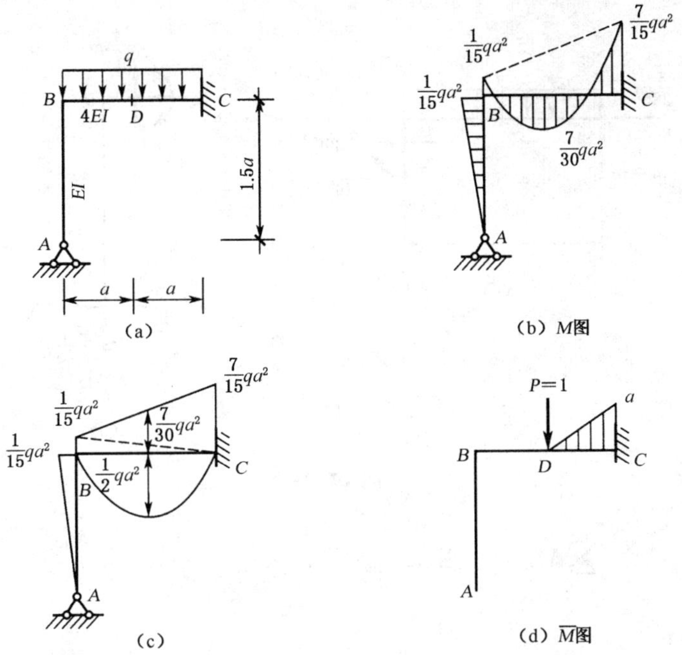

图 17-24

注意:由于结构的内力和位移并不因所选取的基本结构不同而变化,因此,可把其最后内力看作是任意一种基本结构所求得的。这样,在计算超静定结构位移时,也就可以将所虚拟的单位力加于任一基本结构作为虚拟状态。

17.5.2 最后内力图的校核

由求解超静定结构内力的过程可知,超静定结构的内力图是几个内力图叠加而得到的,或多余未知力求出后由平衡条件得出超静定结构的最后内力。若多余未知力解算有误,显然超静定结构内力图仍然满足平衡条件。因此,超静定结构的内力图是否正确,满足平衡条件只是必要条件,而不是充分条件。也就是说,超静定结构的内力满足了平衡条件还不一定是正确的。这是因为在解算超静定结构内力时,不但要用到平衡条件,而且还用到了位移或变形条件。因此,超静定结构最后内力是否正确,不但要满足平衡条件,而且必须满足位移或变形条件。

1) 平衡条件的校核

结构的内力满足平衡条件,即从结构中截取的任何一部分都应满足平衡条件。一般的做法是截取结点或杆件,检查是否满足平衡条件。

【例 17-9】 取例 17-2 图 17-16(a)所示的刚架中截取杆件 BC 杆和 AB 杆为研究对象,各杆的受力如图 17-25(a)、(b)所示。

【解】 (1) BC 杆

$$\sum X=\frac{3}{28}qa-\frac{3}{28}qa=0$$

$$\sum Y=\frac{3}{7}qa-qa+\frac{4}{7}qa=0$$

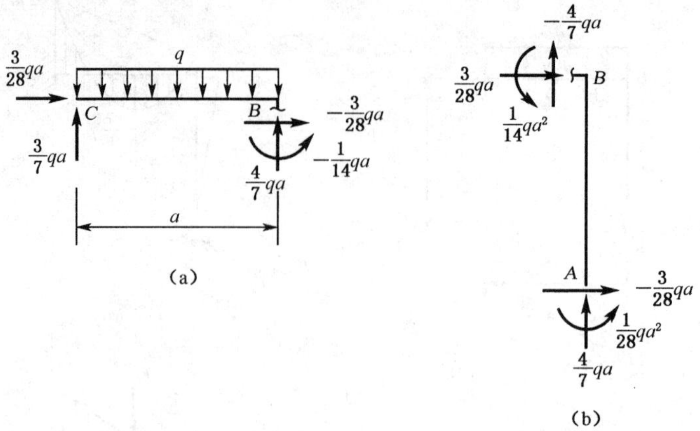

图 17-25

$$\sum M_B = -\frac{3}{7}qa \times a + qa \times \frac{a}{2} - \frac{1}{14}qa = 0$$

满足平衡条件。

(2) AB 杆

$$\sum X = \frac{3}{28}qa - \frac{3}{28}qa = 0$$

$$\sum Y = -\frac{4}{7}qa + \frac{4}{7}qa = 0$$

$$\sum M_B = -\frac{3}{28}qa \times a + \frac{1}{14}qa^2 + \frac{1}{28}qa^2 = 0$$

也满足平衡条件。

2) 位移条件的校核

位移条件校核的方法：根据最后内力图验算沿任一多余未知力 $X_i(i=1、2、\cdots、n)$ 方向的位移，看是否与实际相符。对于在荷载作用下的刚架，只考虑弯矩的影响，可采用下式校核：

$$\Delta_i = \sum\int \frac{\overline{M}_i M}{EI}\mathrm{d}s = 0 \tag{17-7}$$

式中：$\overline{M}_i$—— 基本结构在单位力 $X_i = 1$ 作用下的弯矩；

M—— 最后的弯矩。

【例 17-10】 对例 17-8 所示刚架进行位移条件的校核。

【解】 绘出刚架受力图及弯矩图如图 17-26(a)、(b)所示。

原结构在 C 截面没有角位移。现在来求 C 截面的角位移 φ_C。取基本结构如图 17-26(c)所示，并绘出单位荷载的弯矩图 $\overline{M}$ 图。则

$$\varphi_C = \frac{1}{4EI}\left[1\times 2a \times \frac{1}{2} \times \left(\frac{2}{3}\times\frac{7qa^2}{15} + \frac{1}{3}\times\frac{qa^2}{15}\right) - \frac{2}{3}\times\frac{qa^2}{2}\times 2a \times \frac{1}{2}\right] = 0$$

可见弯矩图满足位移条件。

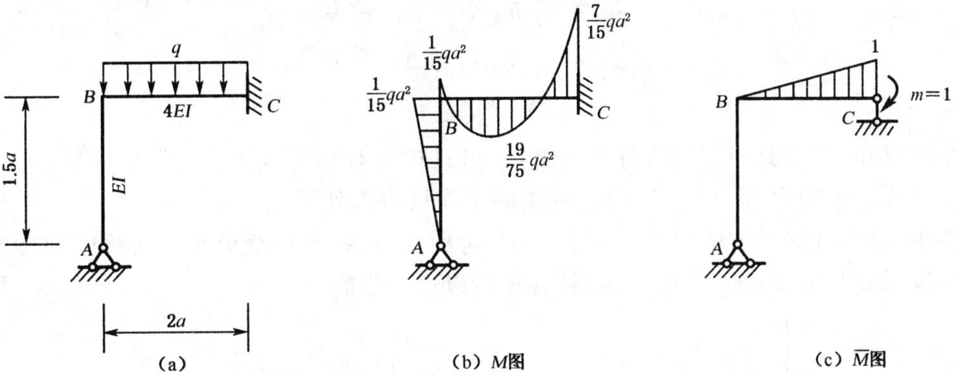

图 17-26

17.6 对称性的利用(结构对称、荷载对称、半结构法)

用力法解算超静定结构时,结构的超静定次数越高,多余未知力就越多,计算的工作量也就越大。但在实际的建筑结构工程中,很多结构是对称的,我们可以利用结构的对称性适当地选取基本结构,使力法典型方程中尽可能多的副系数等于零,从而使计算工作得到简化。

当结构的几何形状、支座情况、杆件的截面及弹性模量等均对称于某一几何轴线时,则称此结构为对称结构。如图 17-27 所示。

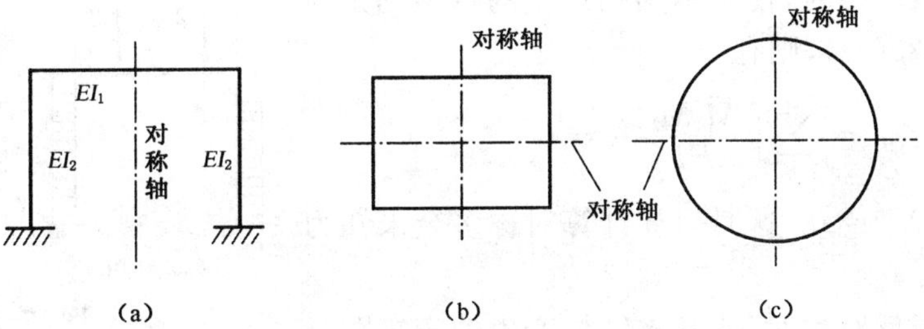

图 17-27

$$\delta_{13}=\delta_{31}=\sum\int\frac{\overline{M}_1\overline{M}_3}{EI}\mathrm{d}s=0$$

$$\delta_{23}=\delta_{32}=\sum\int\frac{\overline{M}_2\overline{M}_3}{EI}\mathrm{d}s=0$$

如图 17-28(a)所示刚架为对称结构,可选取图 17-28(b)所示的基本结构。即在对称轴处切开,以多余未知力 X_1、X_2、X_3 来代替所去掉的三个多余约束。相应的单位力弯矩图如图 17-28(c)、(d)、(e)所示,其中,X_1、X_2 为对称未知力,X_3 为反对称未知力,显然,$\overline{M}_1$、

$\overline{M}_2$ 图是对称图形，$\overline{M}_3$ 是反对称图形。由图乘法可知力法典型方程可简化为

$$\delta_{11}X_1+\delta_{12}X_2+\Delta_{1P}=0$$
$$\delta_{21}X_1+\delta_{22}X_2+\Delta_{2P}=0$$
$$\delta_{33}X_3+\Delta_{3P}=0$$

由此可知，力法典型方程将分为两组：一组只包含对称的未知力，即 X_1、X_2；另一组只包含反对称的未知力 X_3。因此，解方程组的工作量将得到简化。

图 17-28(a)所示的结构是外荷载，是非对称的，若将此荷载分解为对称的和反对称的两种情况，如图 17-29(a)、(b)所示，计算还可以进一步简化。

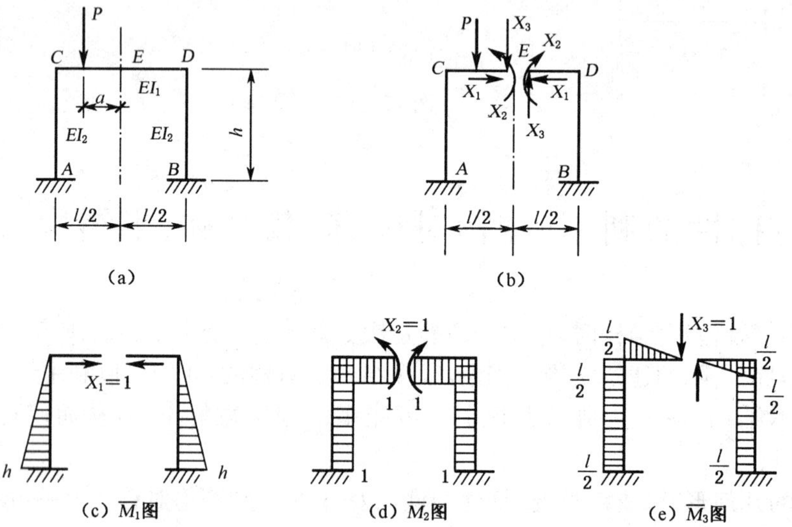

图 17-28

(1) 外荷载对称时，使基本结构产生的弯矩图是对称的(如图 17-29(a))，则有

$$\Delta_{3P}=\sum\int\frac{\overline{M}_3M_P}{EI}\mathrm{d}s=0$$

从而得出 $X_3=0$。这时只要计算对称多余未知力 X_1、X_2。

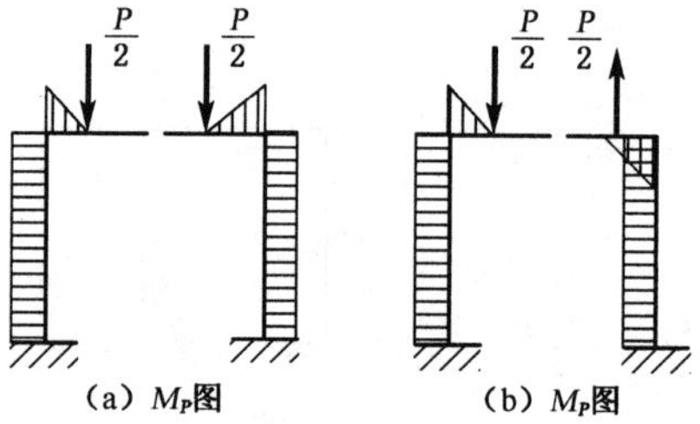

图 17-29

(2) 外荷载反对称时，使基本结构产生的弯矩图是反对称的(如图 17-29(b))，则有

$$\Delta_{1P}=\sum\int\frac{\overline{M}_1M_P}{EI}\mathrm{d}s=0$$

$$\Delta_{2P}=\sum\int\frac{\overline{M}_2M_P}{EI}\mathrm{d}s=0$$

从而得 $X_1=X_2=0$。

这时只要计算反对称的多余未知力 X_3。

从上述分析得出如下结论：

(1) 在计算对称结构时，如果选取的多余未知力中一部分是对称的，另一部分是反对称

的，则力法典型方程将分为两组：一组只包含对称未知力；另一组只包含反对称未知力。

（2）结构对称，若外荷载不对称时，可将外荷载分解为对称荷载和反对称荷载而分别计算然后叠加。这时，在对称荷载作用下，反对称未知力为零，即只产生对称内力及变形；在反对称荷载作用下，对称未知力为零，即只产生反对称内力及变形。

所以，在计算对称结构时，直接利用上述结论，可以使计算得到简化。下面具体举例来说明如何运用上述结论。

17.6.1 结构对称、荷载对称

【例 17-11】 利用对称性，试计算图 17-30(a)所示刚架，并绘出内力图。

【解】（1）选取基本结构

此结构是三次超静定对称刚架，取对称形式基本结构如图17-30(b)所示，X_1、X_2 为对称多余未知力，X_3 为反对称多余未知力。

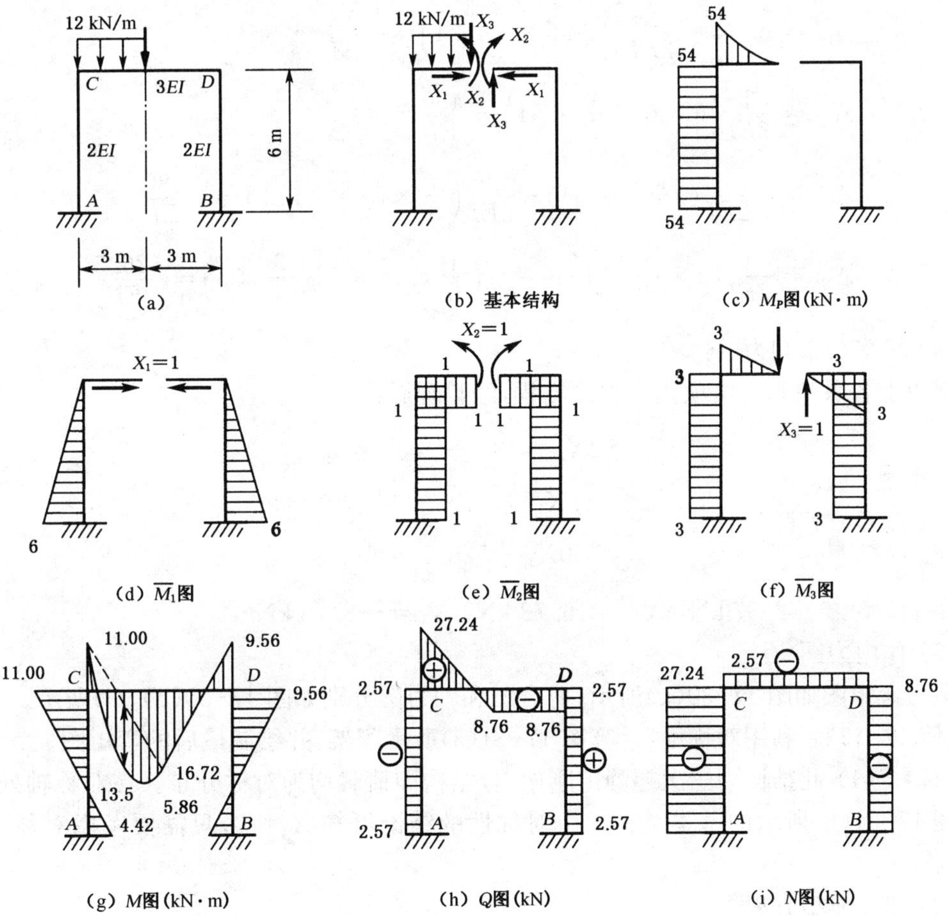

图 17-30

（2）建立力法方程

根据前面分析，力法方程将分为两组，即

$$\Delta_{11}X_1+\delta_{12}X_2+\Delta_{1P}=0$$

$$\Delta_{21}X_1+\delta_{22}X_2+\Delta_{2P}=0$$

$$\Delta_{33}X_3+\Delta_{3P}=0$$

(3) 计算系数和自由项

作荷载弯矩图 M_P 和单位弯矩图 $\overline{M}_1$、$\overline{M}_2$、$\overline{M}_3$，分别如图17-30(c)、(d)、(e)、(f)所示。利用图乘法求得各系数和自由项分别为

$$\Delta_{11}=\frac{2}{2EI}\left(6\times6\times\frac{1}{2}\times\frac{2}{3}\times6\right)=\frac{72}{EI}$$

$$\Delta_{22}=\frac{2}{2EI}(1\times6\times1)+\frac{1}{3EI}(1\times6\times1)=\frac{8}{EI}$$

$$\Delta_{33}=\frac{2}{2EI}(3\times6\times3)+\frac{2}{3EI}\left(3\times3\times\frac{1}{2}\times\frac{2}{3}\times3\right)=\frac{60}{EI}$$

$$\Delta_{12}=\Delta_{21}=-\frac{2}{2EI}\left(6\times6\times\frac{1}{2}\times1\right)=-\frac{18}{EI}$$

$$\Delta_{1P}=\frac{1}{2EI}\left(6\times6\times\frac{1}{2}\times54\right)=\frac{486}{EI}$$

$$\Delta_{2P}=-\frac{1}{2EI}(1\times6\times54)-\frac{1}{3EI}\left(\frac{1}{3}\times54\times3\times1\right)=-\frac{180}{EI}$$

$$\Delta_{3P}=\frac{1}{2EI}(3\times6\times54)+\frac{1}{3EI}\left(\frac{1}{3}\times54\times3\times\frac{3}{4}\times3\right)=\frac{526.5}{EI}$$

(4) 求多余未知力

将以上各系数和自由项代入力法方程，经整理后得

$$72X_1-18X_2+486=0$$

$$-18X_1+8X_2-180=0$$

$$60X_3+526.5=0$$

解得：$X_1=-2.57\text{ kN}$，$X_2=16.72\text{ kN}$，$X_3=-8.76\text{ kN}$

(5) 作内力图

最后弯矩图如图 17-30(g)所示，剪力图和轴力图分别如图 17-30(h)、(i)所示。

【例 17-12】 利用对称性，计算图 17-31(a)所示刚架，并绘制最后的弯矩图。

【解】 (1) 此结构为三次超静定刚架，且结构即荷载均为对称分布。在对称轴处切开。取如图 17-31(b)所示的基本结构。由对称性的结论可知 $X_3=0$，只需要考虑对称未知力 X_1 和 X_2。

(2) 建立典型方程

$$\delta_{11}X_1+\delta_{12}X_2+\Delta_{1P}=0$$

$$\delta_{21}X_1+\delta_{22}X_2+\Delta_{2P}=0$$

(3) 计算系数和自由项

作弯矩图 $\overline{M}_1$、$\overline{M}_2$ 和荷载弯矩图 M_p，分别如图 17-31(c)、(d)、(e)所示。利用图乘法求

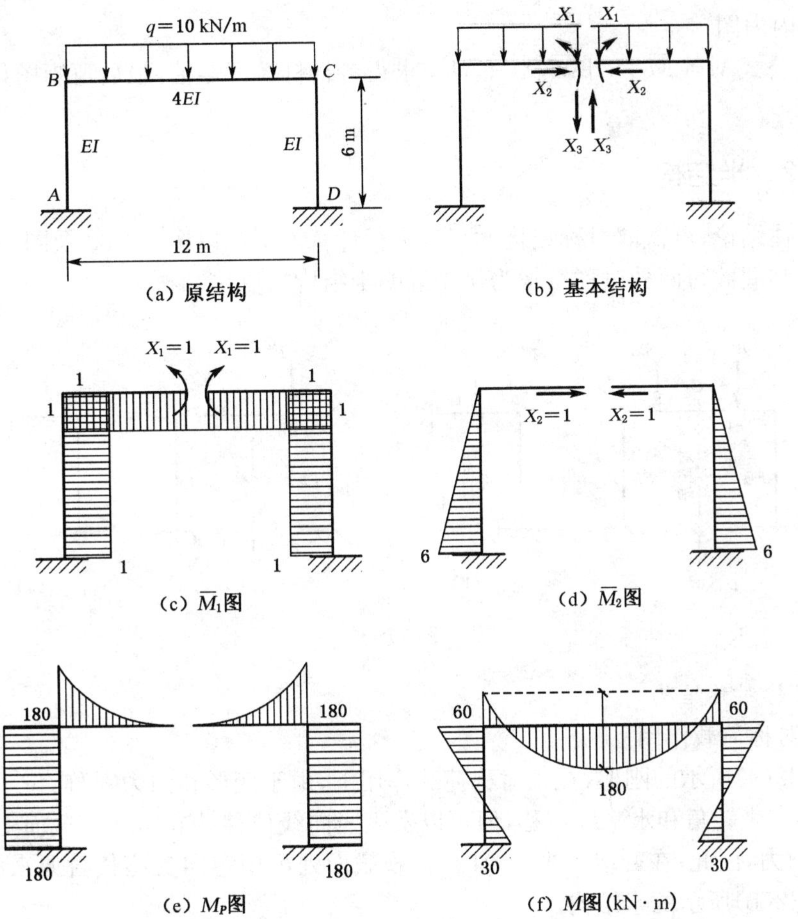

图 17-31

得各系数和自由项分别为

$$\delta_{11}=2\left(\frac{1}{EI}\times6\times1\times1+\frac{1}{4EI}\times6\times1\times1\right)=\frac{15}{EI}$$

$$\delta_{22}=\frac{2}{EI}\left(6\times6\times\frac{1}{2}\times\frac{2}{3}\times6\right)=\frac{144}{EI}$$

$$\delta_{12}=\delta_{21}=-\frac{2}{EI}\left(6\times1\times\frac{1}{2}\times6\right)=-\frac{36}{EI}$$

$$\Delta_{1P}=-2\left(\frac{1}{EI}\times180\times6\times1+\frac{1}{4EI}\times\frac{1}{3}\times6\times180\times1\right)=-\frac{2\,340}{EI}$$

$$\Delta_{2P}=2\left(\frac{1}{EI}\times180\times6\times\frac{1}{2}\times6\right)=\frac{6\,480}{EI}$$

(4) 求多余未知力

将以上各系数和自由项代入力法方程,解得

$$X_1 = 120\ \text{kN}\cdot\text{m},\ X_2 = -15\ \text{kN}$$

(5) 作内力图

由叠加公式$M=\overline{M}_1X_1+\overline{M}_2X_2+M_P$，求得各杆杆端弯矩值，最后弯矩图如图 17-31(f)所示。

17.6.2 半结构

利用上述结论，可截取对称结构的一半进行计算。下面以图 17-32 及图 17-33(a)、(c)所示奇数跨和偶数跨两种对称结构为例来说明半结构的取法。

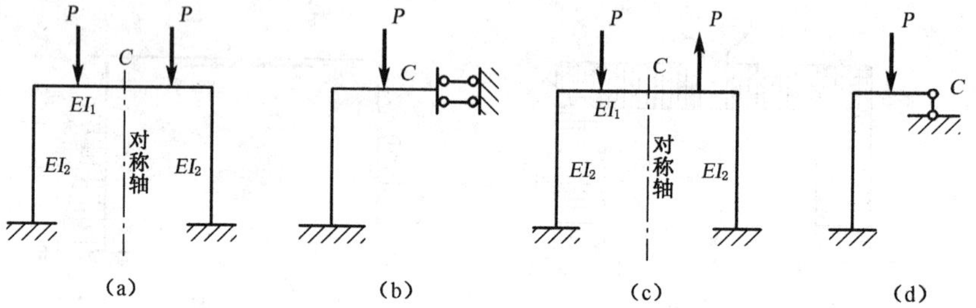

图 17-32

1) 奇数跨对称结构

(1) 正对称荷载作用

图 17-32(a)所示的刚架，在正对称荷载作用下，由于变形和内力对称，位于对称轴上的截面 C 不会产生转角和水平线位移，但可以发生竖向线位移；同时，在该截面上将有弯矩和轴力，没有剪力，因此，在截取一半计算时，在该截面处可用定向支座代替原来的约束，而得到如图 17-32(b)所示的半结构。

(2) 反对称荷载作用

图 17-32(c)所示的单跨刚架，在反对称荷载作用下，由于变形和内力反对称，对称轴上的截面 C 不可能产生竖向线位移，只可能产生转角和水平线位移；同时，在该截面上只有剪力，没有弯矩和轴力，因此，在截取其一半计算时，在该处可用竖向链杆支座代替原有的约束而得到如图 17-32(d)所示的半结构。

2) 偶数跨对称结构

(1) 正对称荷载作用

图 17-33(a)所示两跨刚架，在正对称荷载作用下，截面 E 没有转角和水平线位移，若不考虑中间竖柱的轴向变形，E 处也没有竖向线位移。因此，可将该处用固定支座代替，而得到如图 17-33(b)所示的半结构。

(2) 反对称荷载作用

图 17-33(c)所示两跨刚架，在反对称荷载作用下，可设想将中间柱分成两根分柱，分柱的抗弯刚度为原柱的一半，这相当于在两根分柱之间增加了一跨，但其跨度等于零，如图 17-33(e)所示。半结构如图 17-33(f)所示。因为忽略轴向变形的影响，半结构也可按图 17-33(d) 选取。中间柱的内力为两根分柱内力之和。由于分柱的弯矩和剪力相同，轴力绝对值相同而正负号相反，因此中间柱的弯矩和剪力为分柱的弯矩和剪力的两倍，轴力为零。

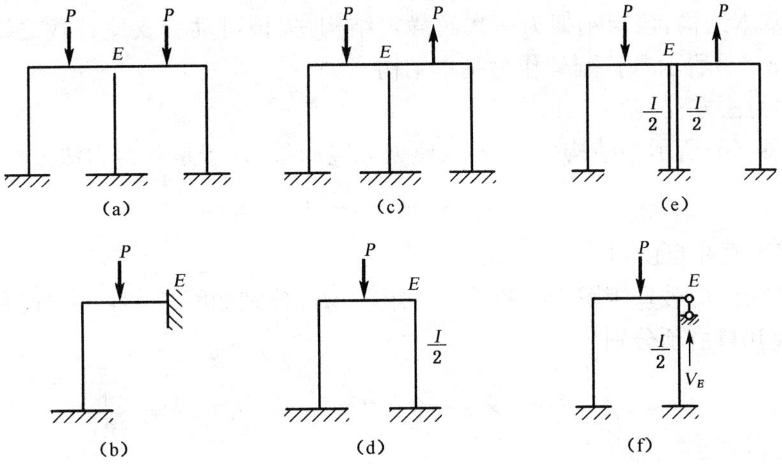

图 17-33

当按上述方法取出半结构后，即可按解超静定结构的方法绘出其内力图，然后根据对称关系绘出另外半边结构的内力图。

【例 17-13】 作图 17-34(a)所示三次超静定刚架的弯矩图。已知各杆 EI 均为常数。

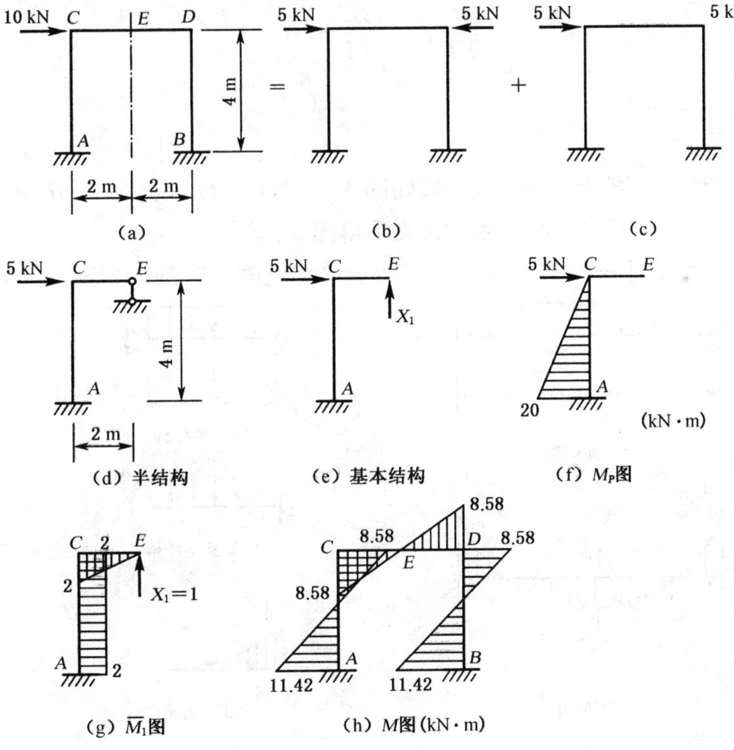

图 17-34

【解】 (1) 取半结构及其基本结构

① 为简化计算分解荷载，首先将图 17-34(a)所示荷载分解为对称荷载和反对称荷载的叠加，分别如图 17-34(b)、(c)所示。

② 取半刚架，由于图 17-34(c)是对称结构在反对称荷载作用下，故从对称轴截面切开，应加可动铰支座得半结构如图 17-34(d)所示。

③ 选取基本结构，该半刚架为一次超静定结构，去掉可动铰支座并代之以多余未知力X_1，得图17-34(e)所示悬臂刚架作为基本结构。

(2) 建立力法方程

由图17-34(d)所示半结构可见，E支座处无竖向位移，于是可得力法方程为

$$\delta_{11}X_1+\Delta_{1P}=0$$

(3) 计算系数和自由项

作基本结构的荷载弯矩图M_P和单位弯矩图$\overline{M}_1$，分别如图17-34(f)、(g)所示。利用图乘法计算系数和自由项分别为

$$\delta_{11}=\frac{1}{EI}\left(2\times4\times2+2\times2\times\frac{1}{2}\times\frac{2}{3}\times2\right)=\frac{56}{3EI}$$

$$\Delta_{1P}=-\frac{1}{EI}\left(20\times4\times\frac{1}{2}\times2\right)=-\frac{80}{EI}$$

(4) 求多余未知力

将以上各系数和自由项代入力法方程，得

$$\frac{56}{EI}X_1-\frac{80}{EI}=0$$

解得：$X_1=4.29\ \text{kN}$

(5) 作弯矩图

根据叠加原理作ACE半刚架弯矩图，如图17-34(h)所示，其中BDE半刚架弯矩图根据反对称荷载作用下弯矩图应是反对称的关系得出。

【例17-14】 利用对称性作图17-35(a)所示单跨超静定梁的内力图。梁的EI为常数。

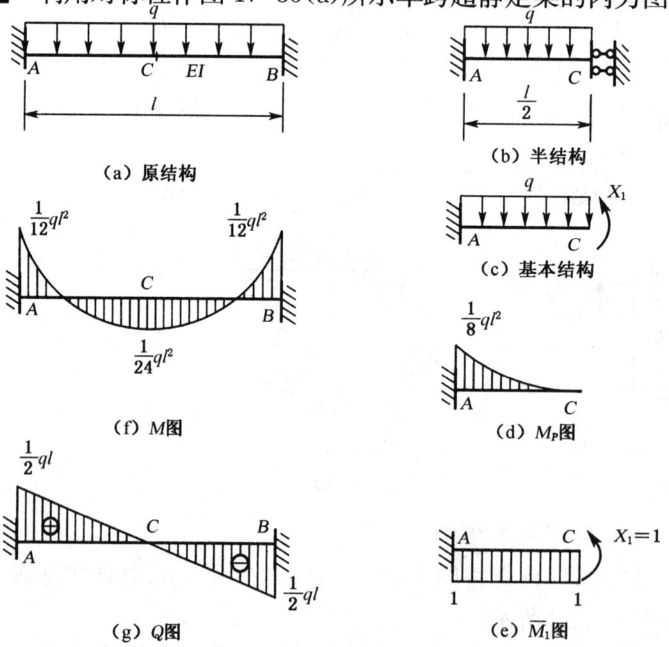

图17-35

【解】 (1) 取半结构及其基本结构

由于结构和荷载均对称，可从跨中截面 C 处切开，加滑动支座取半结构如图 17-35(b)所示。又由于两端固定的梁，在垂直于梁轴的荷载作用下轴向力为零，于是得到图 17-35(c)所示的基本结构。

(2) 建立力法方程

由图 17-35(b)所示半结构可见，C 支座处无转角，根据该位移条件建立力法方程为

$$\delta_{11}X_1 + \Delta_{1P} = 0$$

(3) 计算系数和自由项

分别作基本结构的荷载弯矩图 M_P 和单位弯矩图 M_1，如图17-35(d)、(e)所示。利用图乘法计算系数和自由项分别为

$$\delta_{11} = \frac{1}{EI}\left(1\times\frac{l}{2}\times1\right)=\frac{l}{2EI}$$

$$\Delta_{1P} = -\frac{1}{EI}\left(\frac{1}{3}\times\frac{ql^2}{8}\times\frac{l}{2}\times1\right)=-\frac{ql^3}{48EI}$$

(4) 求多余未知力

将以上系数和自由项代入力法方程得

$$\frac{l}{2EI}X_1-\frac{ql^3}{48EI}=0$$

解得
$$X_1=\frac{ql^2}{24}$$

(5) 作内力图

① 根据叠加原理作 AC 段弯矩图，如图 17-35(f)所示。CB 段根据对称关系得出。

② 根据弯矩图和荷载作剪力图，如图 17-35(g)所示，其中 CB 段剪力图是根据剪力图本身的反对称关系求得的。

17.7 超静定结构的特点

通过本章前面的学习，掌握了用力法计算超静定结构的内力和位移。在此基础上再将超静定结构不同于静定结构的一些特性，综合地比较和归纳如下：

(1) 超静定结构具有多余约束，这是区别于静定结构的主要特征。一般来讲，超静定结构内力分布比较均匀，变形较小，结构的刚度大些。图 17-36(a)为两跨的静定梁，各跨中的位移为$\frac{5ql^4}{384EI}$。跨中弯矩为$\frac{ql^2}{8}$，如图 17-36(b)。图 17-36(c) 为荷载相同跨度相等的两跨连续梁，是一次超静定结构，经计算各跨中的位移为$\frac{2ql^4}{384EI}$，各跨中的弯矩为$\frac{ql^2}{16}$(如图 17-36(d))。二者比较可知，在荷载和跨度相同的情况下，超静定梁所产生的变形小，内力分布也较均匀。

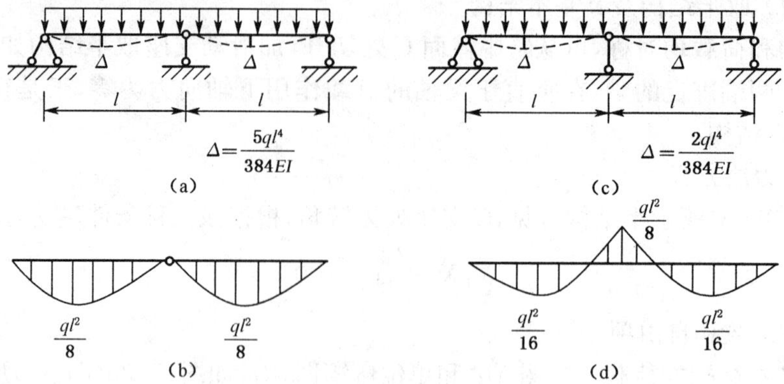

图 17-36

(2) 在静定结构中，由于温度变化、支座位移、材料收缩、制造误差等任一因素的影响，都不会引起内力。但在静定结构中，当结构受到这些因素影响时，由于存在多余约束，使结构的变形不能自由发生，因而相应地要产生内力。这一特性在一定条件下对超静定结构带来不利影响，例如，连续梁当地基基础发生不均匀沉降时，会使结构产生过大的附加内力。但另一方面也可利用这一特性，通过改变支座的高度来调整结构的内力，使其得到合理的内力分布。

(3) 静定结构的内力只要利用平衡条件就可以确定，其值与结构的材料性质和截面尺寸无关，因此设计过程比较简单。但超静定结构的内力单由平衡条件无法全部确定，还必须考虑位移条件才能确定其解答，所以，其内力数值与结构的材料性质和截面尺寸有关。因此，在超静定结构计算时，需事先用估计的办法假设各杆件截面的大小，进行反复试算，直至得出满意的结果为止，计算设计过程比静定结构复杂。另一方面我们也可以利用这一特性，通过改变各杆刚度的大小来调整超静定结构的内力分布。

(4) 从军事及抗震方面来看，超静定结构具有较好的抵抗破坏的能力。因为超静定结构在多余约束被破坏后仍能维持几何不变性，但静定结构在任一约束被破坏后，即变成可变体系而失去承载能力。

本章小结

1. 力法的基本原理

掌握力法的基本原理，主要是了解力法的基本未知量、力法的基本结构和立法典型方程这三个环节。

用力法计算时首先是去掉多余约束，以多余未知力来代替，暴露出来的多余未知力就是力法的基本未知量，得到的静定结构便是力法的基本结构。这样，就把超静定问题变成了静定问题。

力法典型方程是根据原结构的位移条件来建立的。方程的左边项是基本结构在各种因素作用下沿某一多余未知力方向上产生的位移的总和，右边项是原结构在相同方向的位移，存在两种可能：一种是无位移(方程右边项等于零)；另一种是有位移(方程右边项等于给定的已知位移)。要注意在荷载、支座位移等不同因素影响下力法典型方程的异同。

力法典型方程的个数等于结构的超静定次数。

力法典型方程中全部系数和自由项都是基本结构的位移，所以，求系数和自由项的实质就是求静定结构的位移。

2. 利用对称性简化力法的计算

对称性在正对称荷载作用下，反对称力等于零，只有正对称力，结构的内力和变形也是正对称的；对称结构在反荷载作用下，正对称力等于零，只有反对称力，结构的内力和变形也是反对称的。

利用这个特点计算对称结构时，只需取半边结构即可。

3. 超静定结构的位移计算

求超静定结构的位移问题可归结为求基本体系的位移问题。计算超静定结构的位移时，虚设的单位荷载可加在任意基本结构上。

思考题

1. 在力法中，能否利用超静定结构作为基本结构？
2. 为什么在力法典型方程中主系数恒大于零，而副系数则可能为正值、负值或零？
3. 试比较在荷载作用下用力法计算超静定刚架、桁架、组合结构和排架的异同。
4. 为使力法解算超静定结构的工作得到简化，应该从哪些方面去考虑？
5. 计算超静定结构的位移和计算静定结构的位移，两者有何异同？
6. 为什么计算超静定结构的位移时，单位荷载可以加在任一基本结构上？
7. 为什么对称结构在对称和反对称荷载作用下时可以取半结构计算？荷载不对称时还能不能取半结构计算？
8. 超静定结构在支座位移作用下，其内力与杆件的刚度有什么关系？
9. 试为图 17-37 所示连续梁选取计算最为简便的力法基本结构。
10. 试问图 17-38 所示连续梁的弯矩图轮廓是否正确？为什么？

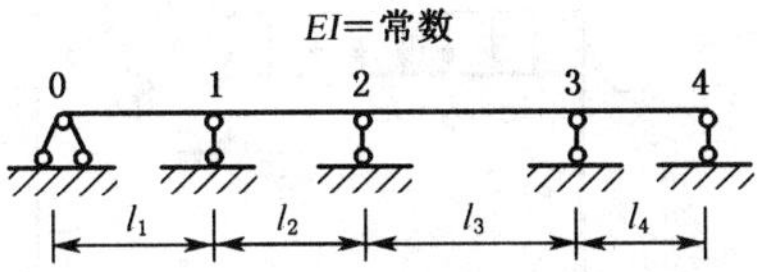

图 17-37

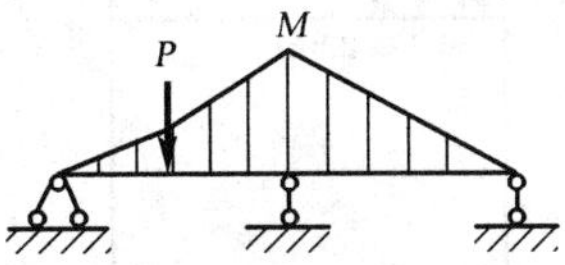

图 17-38

习　题

1. 试确定图 17-39 所示各结构的超静定次数。

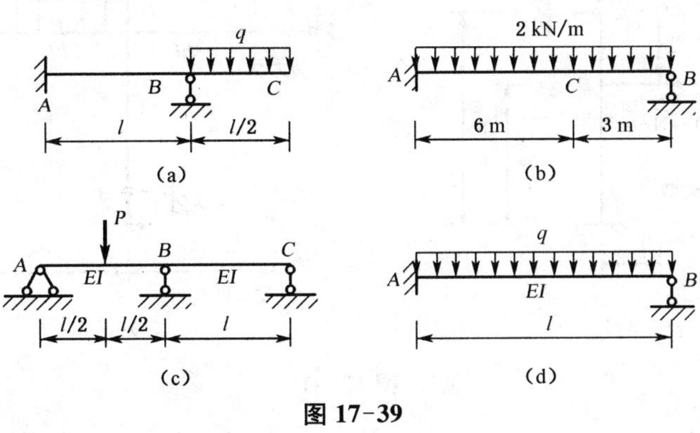

图 17-39

2. 试用力法计算图 17-40 所示各超静定梁的内力。

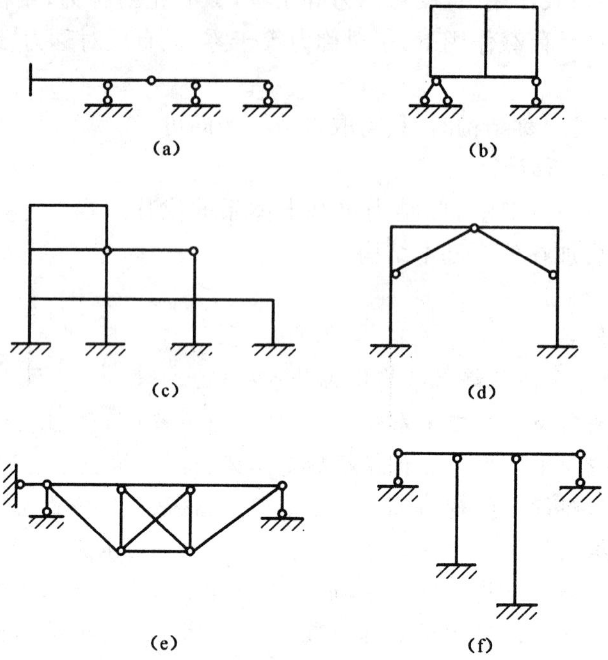

图 17-40

3. 试用力法计算图 17-41 所示刚架的内力,并绘制内力图。

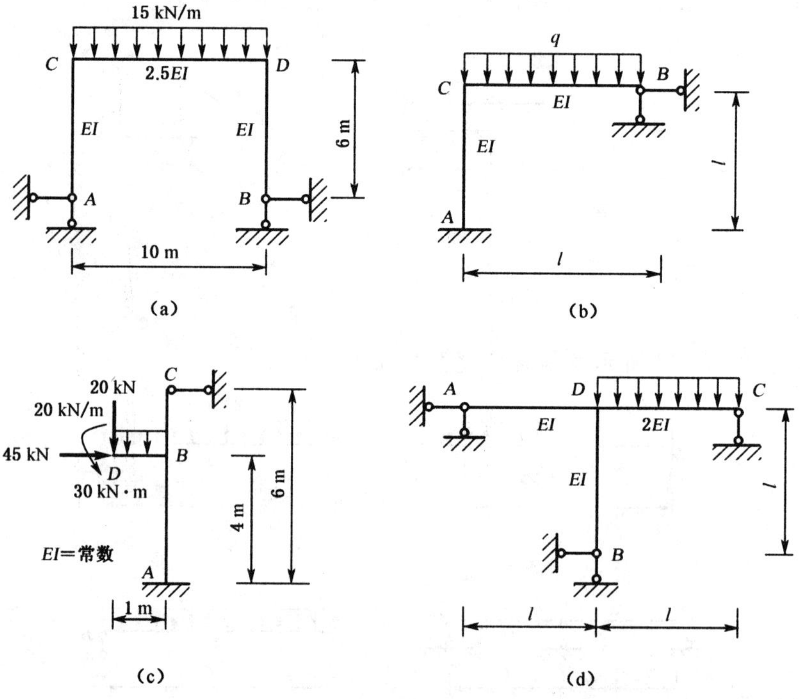

图 17-41

4. 试用力法计算如图 17-42 所示组合结构中各链杆的轴力，并绘制出横梁的弯矩图。已知横梁的 $EI = 10^4\ \mathrm{kN \cdot m^2}$，链杆的 $EA = 15 \times 10^4\ \mathrm{kN}$。

5. 用力法试求图 17-43 所示的桁架的轴力。设各杆 EA 相同。

6. 试用力法计算图 17-44 所示排架的内力，并绘制弯矩图。

7. 试用对称性计算图 17-45 所示刚架的内力，并绘制弯矩图。

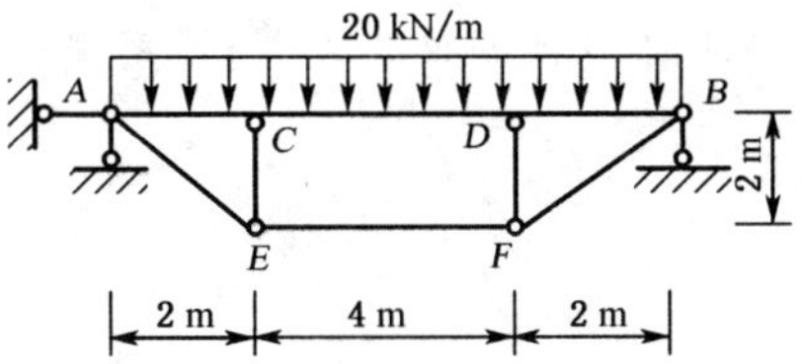

图 17-42

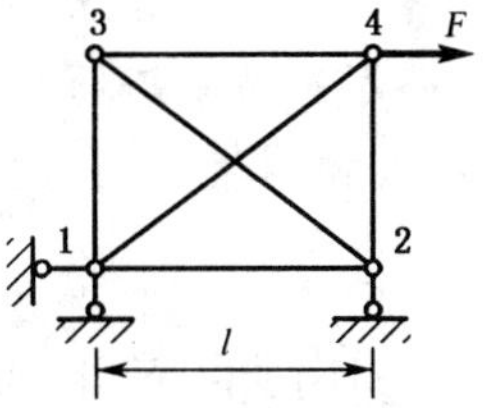

图 17-43

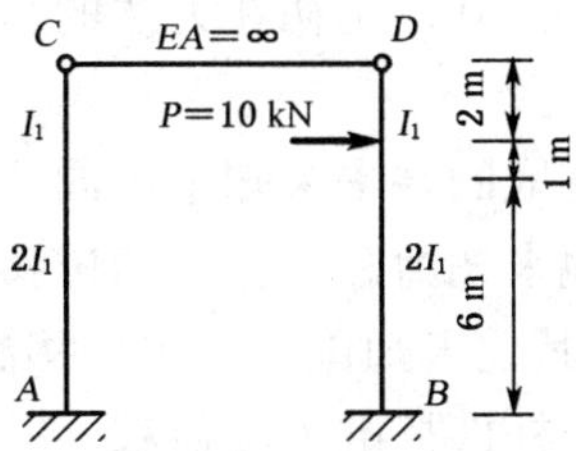

图 17-44

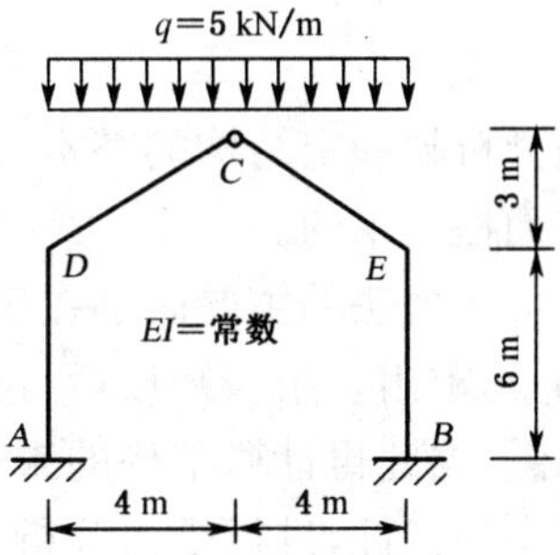

图 17-45

18 位 移 法

学习目标:理解位移法基本未知量的确定方法,位移法基本结构的形成以及基本结构与原结构的区别;掌握等截面单跨超静定梁的形常数和载常数的计算;熟练掌握用位移法计算荷载作用下超静定梁和刚架的内力并绘制内力图。

18.1 位移法的基本原理

18.1.1 概 述

位移法是分析超静定结构的基本方法之一,是20世纪初在力法的基础上为计算高次超静定刚架结构而提出来的。

位移法与前述力法的主要区别在于它们所选取的基本未知量不同。力法将多余约束力选作基本未知量,求出多余未知量后,再算得其他未知力和位移。而位移法则是把结点位移作为基本未知量,据此再计算结构的未知内力和其他未知位移。用位移法分析结构时,先将结构分解为单个的杆件,进行受力分析,求出单个杆件杆端力与荷载、杆端位移的关系式,最后把杆件在结点处进行拼接,求出杆件和结构的内力。另外,力法只适用于超静定结构,而位移法既可以用于超静定结构,又可以用于静定结构。

近年来,由于电子计算机技术的发展,结构矩阵分析方法与有限元法等得到了广泛的应用,这些方法大多也是以位移法为基础的。

18.1.2 位移法的基本原理

采用位移法分析超静定刚架时,经常采用以下假定:

(1) 计算刚架位移时,仅考虑杆件的弯曲变形,忽略其轴向变形与剪切变形的影响。

(2) 假定直杆变形后其两端点之间的距离不变。

下面通过图18-1(a)所示的刚架说明位移法的基本原理。根据位移法的假定,再注意到结点 B 是刚性结点,其变形如虚线所示。同时,由于结点 B 通过竖向链杆支承,所以结点 B 没有线位移,只有结点角位移,即汇交于刚结点 B 的两杆 AB、BC 杆端应有相同的角位移 Z_1,并假设 Z_2 顺时针方向转动。

为确定结构每个杆件的内力,先在刚结点 B 处添加一个约束刚结点转动的刚臂,再使得 B 结点产生与实际情况相同的角位移,然后假想把原结构拆成两个单跨的超静定梁,如图18-1(b)。在拆的过程中可把刚结点 B 视为产生了转角位移 Z_1 的固定支座,AB 为两端固定 B 端有转角 Z_1 的单跨梁,BC 为 C 端铰支、B 端有转角 Z_1 且 BC 上有集中荷载作用的单跨梁。根据叠加原理,图18-1(b)又可分解为如图18-1(c)、(d)所示两种情况来考虑。

对于两个单跨梁 AB 和 BC 来说,其杆端弯矩可由力法求得

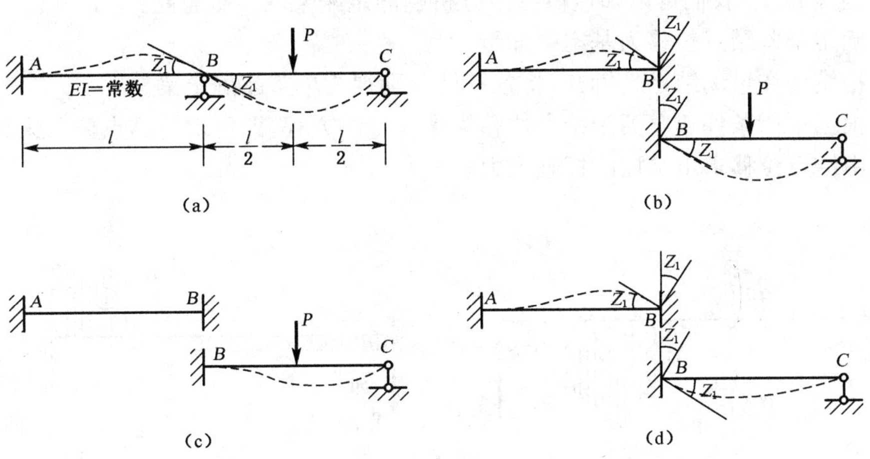

图 18-1

$$M_{AB}=\frac{2EI}{l}Z_1,\ M_{BA}=\frac{4EI}{l}Z_1$$

$$M_{BC}=\frac{3EI}{l}Z_1-\frac{3}{16}Pl\quad M_{CB}=0$$

为了求得未知角位移 Z_1，应考虑平衡条件，Z_1 与 M_{BA}、M_{BC} 有关，当刚结点 B 产生了角位移 Z_1 后，仍处于平衡状态，因此对取出的隔离体结点 B 来说应满足平衡条件 $\sum M_B=0$（图 18-2），即

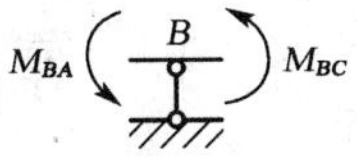

图 18-2

$$M_{BA}+M_{BC}=0$$

将杆端弯矩值代入上式后则有

$$\left(\frac{4EI}{l}+\frac{3EI}{l}\right)Z_1-\frac{3}{16}Pl=0$$

解得 $$Z_1=\frac{3Pl^2}{112EI}$$

再把 Z_1 回代到原杆端弯矩的表达式中，可得各杆的杆端弯矩为

$$M_{AB}=\frac{3}{56}Pl$$

$$M_{BA}=\frac{3}{28}Pl$$

$$M_{BC}=-\frac{3}{28}Pl$$

$$M_{CB}=0$$

在求出杆端弯矩的情况下，可画出刚架的弯矩图，如图 18-3 所示。同时，根据平衡条件可以进一步画出原结构的剪力图，如图 18-4 所示。

通过这个例子，我们可以知道位移法分析超静定刚架的大致思路：

(1) 确定某些结点位移为基本未知量。

(2) 把结构在可动结点处拆开，将各杆件分别视为单跨超静定梁。

(3) 根据平衡条件建立关于结点位移为未知量的方程，即可求得结点位移未知量。

(4) 由结点位移求出结构的杆端内力。

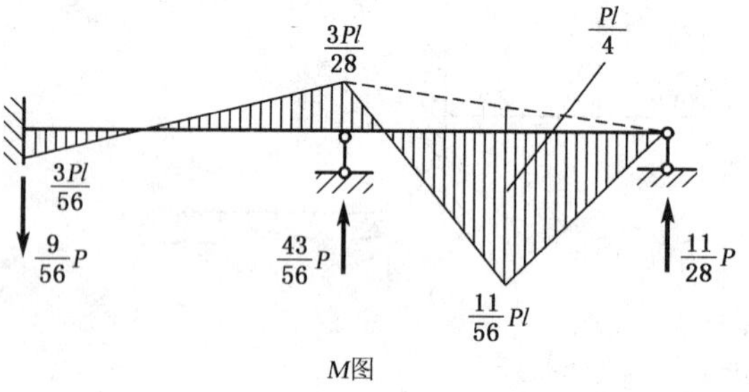

图 18-3

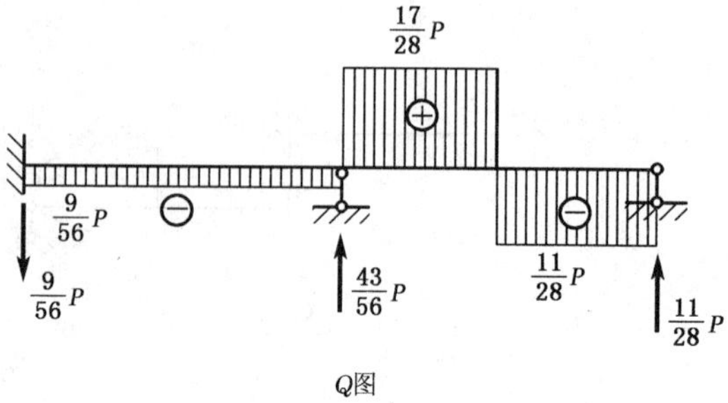

图 18-4

需要注意的是，上述的分析过程是以单个杆件的受力分析为基础的，也就是说必须事先知道单个杆件的杆端力与杆端位移及所受荷载之间的关系式。

18.2 等截面直杆的转角位移方程及形常数表和载常数表

18.2.1 形常数表和载常数表

位移法的基本结构为单跨超静定梁的组合体。每一根单跨超静定梁是位移法的基本单元。因此，应全面分析单跨超静定梁的杆端力与位移及荷载之间的关系。

一般超静定杆件结构都认为是由两端固定单杆结构、一端固定一端铰支的单杆结构和一端固定一端滑动的单杆结构形式组合而成的。如图 18-5 所示。所以，要求解超静定杆件结构就要从这三种单杆结构形式入手，写出这三种单杆结构的杆端内力的表达式。但是，由于单杆结构也是超静定结构，所以不可能仅仅依靠杆件的平衡条件解出这三种单杆结构的未知力。此时，在实际计算中，一般采用力法将这三种单杆结构在常见的变形或荷载形式作用下产生的未知力解出，即形成形常数表和载常数表（表中引入记号 $i=\frac{EI}{l}$，表示单位长度的刚度值，称为杆件的线刚度）。

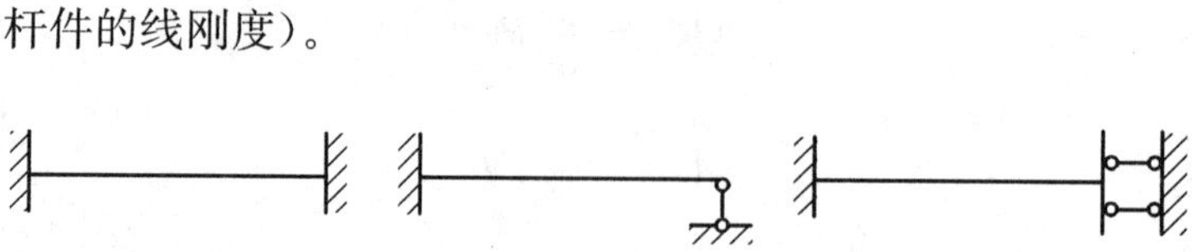

图 18-5

在表 18-1 和表 18-2 中，杆端力的符号规定为：杆端弯矩绕杆端顺时针转动为正（对结点或支座而言，则以逆时针转动为正），反之为负；杆端剪力绕着其所作用的隔离体内侧附近一点顺时针转动为正，反之为负。杆端位移的符号规定为：杆端转角 φ 以顺时针方向转向为正，反之为负；杆端相对线位移 Δ 以使杆件顺时针转动为正，反之为负。

表 18-1　形常数表

编号		简图	弯矩		剪力	
			M_{AB}	M_{BA}	V_{AB}	V_{BA}
两端固定	1	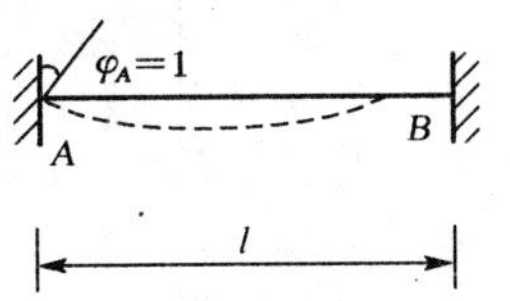	$4i$	$2i$	$-\frac{6i}{l}$	$-\frac{6i}{l}$
	2	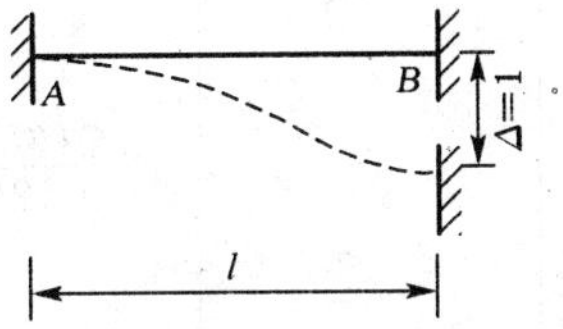	$-\frac{6i}{l}$	$-\frac{6i}{l}$	$\frac{12i}{l^2}$	$\frac{12i}{l^2}$
一端固定 一端铰支	3	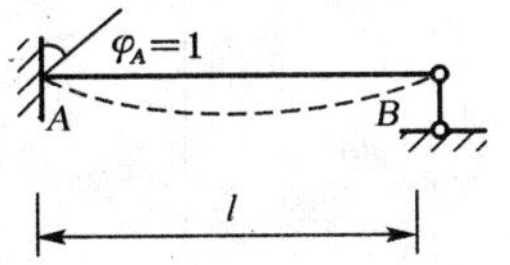	$3i$	0	$-\frac{3i}{l}$	$-\frac{3i}{l}$
	4	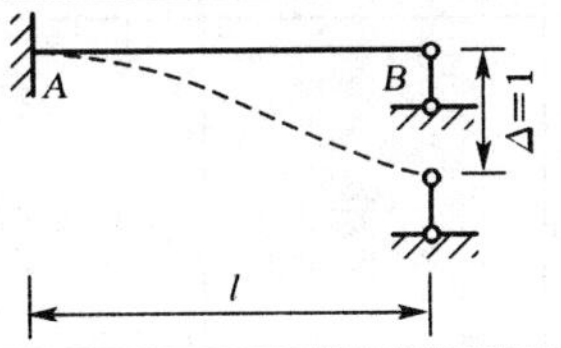	$-\frac{3i}{l}$	0	$\frac{3i}{l^2}$	$\frac{3i}{l^2}$
一端固定 一端滑动	5	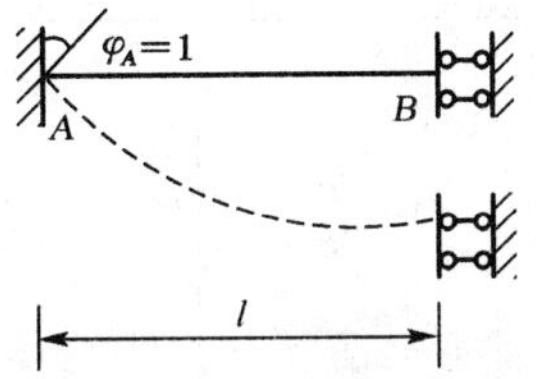	i	$-i$	0	0

表 18-2　载常数表

编号		简图	弯矩		剪力	
			M_{AB}	M_{BA}	V_{AB}	V_{BA}
两端固定	1	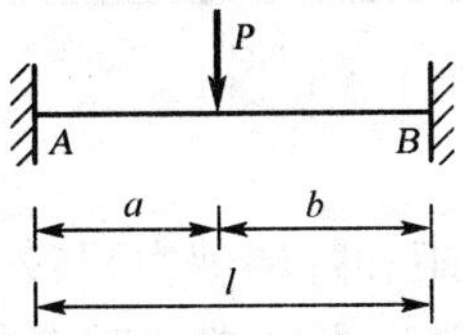	$-\frac{Pl}{8}$	$\frac{Pl}{8}$	$\frac{P}{2}$	$-\frac{P}{2}$
	2	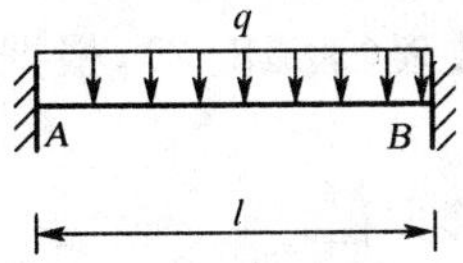	$-\frac{Pab^2}{l^2}$	$-\frac{Pa^2b}{l^2}$	$\frac{Pb^2}{l^2}\left(1+\frac{2a}{l}\right)$	$-\frac{Pa^2}{l^2}\left(1+\frac{2b}{l}\right)$

续表 18-2

编号		简图	弯矩		剪力	
			M_{AB}	M_{BA}	V_{AB}	V_{BA}
一端固定一端铰支	3	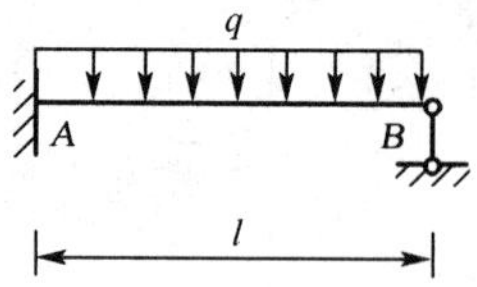	$-\frac{ql^2}{8}$	0	$\frac{5}{8}ql$	$-\frac{3}{8}ql$
	4	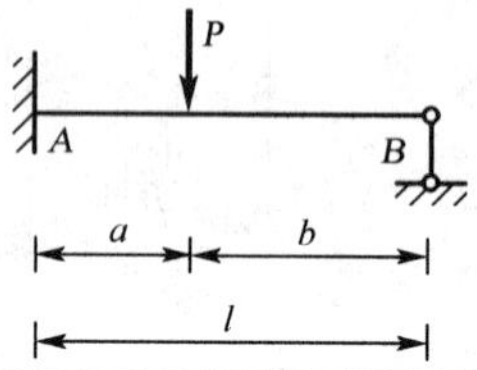	$-\frac{Pb(l^2-b^2)}{2l^2}$	0	$\frac{Pb(3l^2-b^2)}{2l^3}$	$-\frac{Pa^2(3l-a)}{2l^3}$
	5	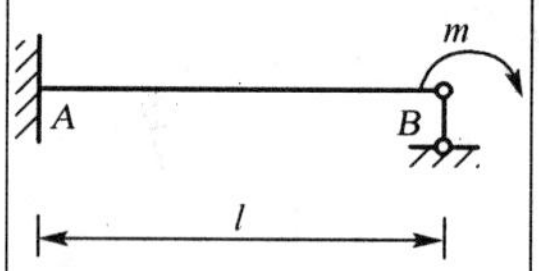	$\frac{m}{2}$	m	$-\frac{3m}{2l}$	$-\frac{3m}{2l}$
一端固定一端滑动	6	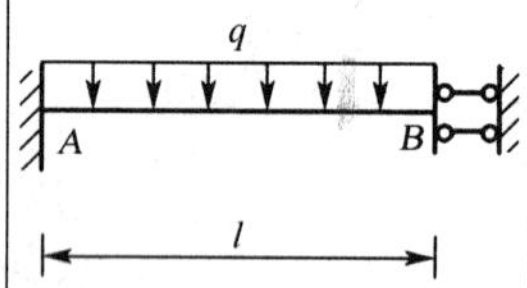	$-\frac{ql^2}{3}$	$-\frac{ql^2}{6}$	ql	0
	7	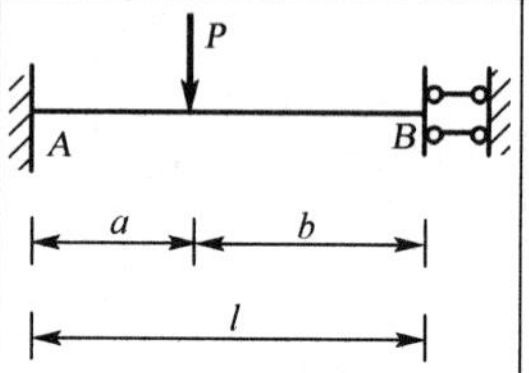	$-\frac{Pa}{2l}(1+b)$	$-\frac{Pa}{2l}$	P	0
	8	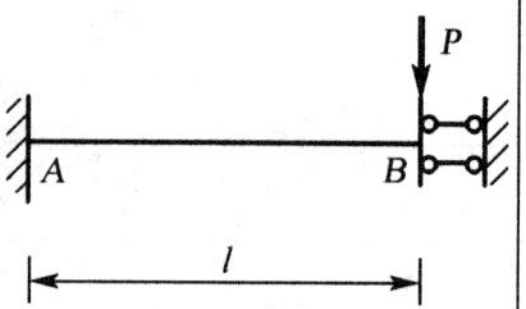	$-\frac{Pl}{2}$	$-\frac{Pl}{2}$	P	P

18.2.2 等截面直杆的转角位移方程

用位移法计算刚架时需要建立各个杆件的杆端力(杆端弯矩和杆端剪力)与外荷载和杆端位移之间的关系式,即为转角位移方程。对于任一等截面直杆,当杆端同时有角位移、线位移和受荷载作用时,就可以利用形常数表(表 18-1)和载常数表(表 18-2),根据叠加原理写出杆端力的表达式。

下面分析几种不同支座约束条件下等截面直杆的转角位移方程。

1）两端固定梁的转角位移方程

图 18-6 表示两端固定的等截面梁，设 A、B 两端的角位移分别为 φ_A 和 φ_B，垂直于杆轴方向的相对线位移为 Δ，并有任意荷载作用，应用表 18-1 的形常数表和表 18-2 的载常数表，按叠加原理（此梁是由图 18-7(a)、(b)、(c)、(d)所示四种情况叠加而得）可得杆端弯矩的转角位移方程为

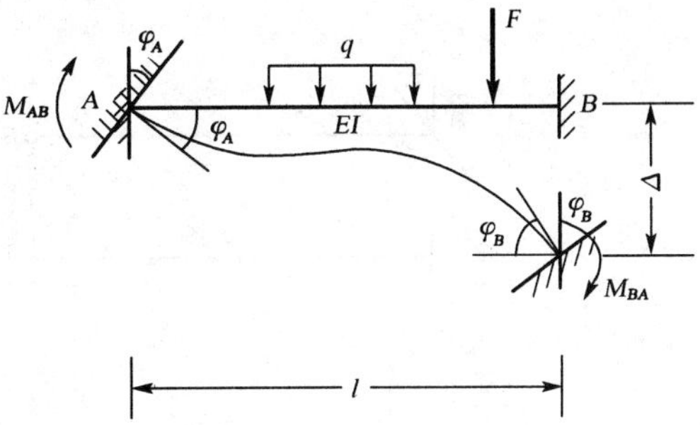

图 18-6

$$M_{AB}=4i\varphi_A+2i\varphi_B-\frac{6i}{l}\Delta+M_{AB}^F$$

$$M_{BA}=2i\varphi_A+4i\varphi_B-\frac{6i}{l}\Delta+M_{BA}^F$$

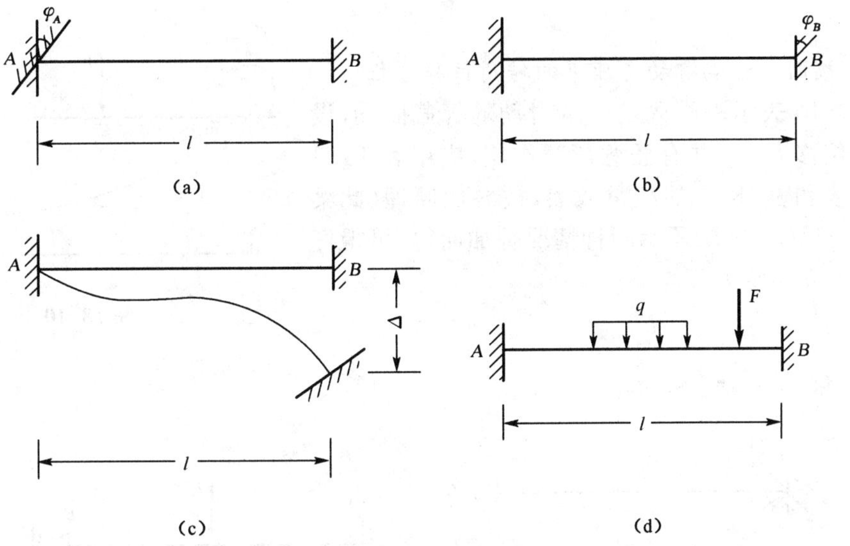

图 18-7

2）一端固定一端铰支梁的转角位移方程

图 18-8 表示一端固定一端铰支的等截面梁，设 A 端的角位移为 φ_A，垂直于杆轴方向的相对线位移为 Δ，并有任意荷载作用，应用表 18-1 的形常数表和表 18-2 的载常数表，按叠加原理（此梁是由图 18-9(a)、(b)、(c)所示三种情况叠加而得）可得杆端弯矩的转角位移方程为

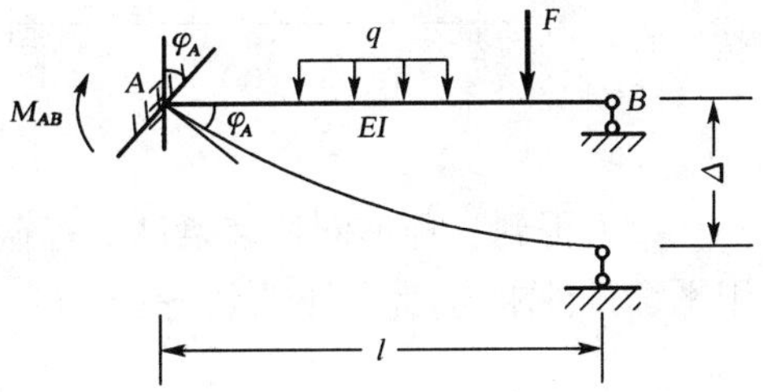

图 18-8

$$M_{AB}=3i\varphi_A-\frac{3i}{l}\Delta+M_{AB}^F$$

$$M_{BA}=0$$

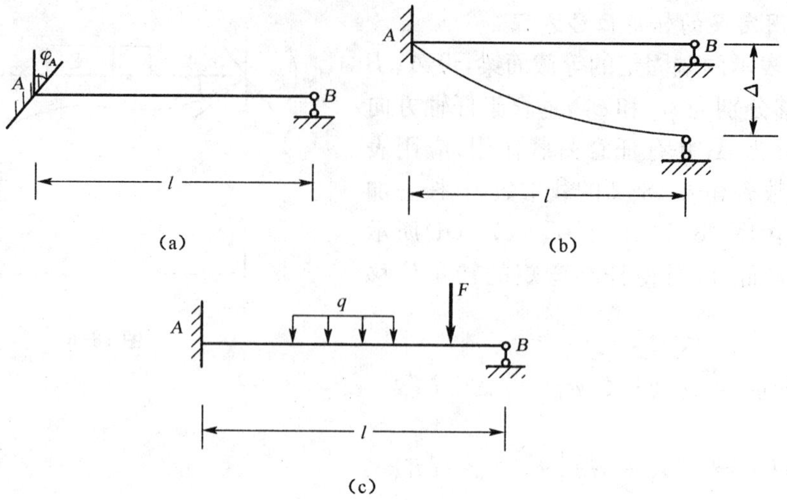

图 18-9

3）一端固定一端滑动支座梁的转角位移方程

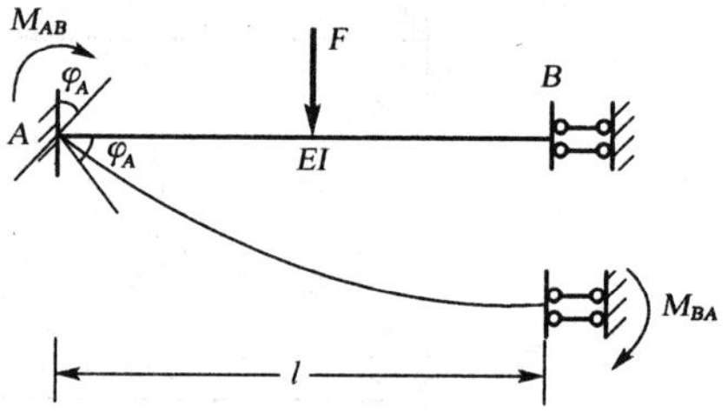

图 18-10

图 18-10 表示一端固定一端滑动的等截面梁，设 A 端的角位移为 φ_A，并有任意荷载作用，应用表 18-1 的形常数表和表 18-2 的载常数表，按叠加原理（此梁是由图 18-11(a)、(b)所示两种情况叠加而得）可得杆端弯矩的转角位移方程为

$$M_{AB} = i\varphi_A + M_{AB}^F$$

$$M_{BA} = -i\varphi_A + M_{BA}^F$$

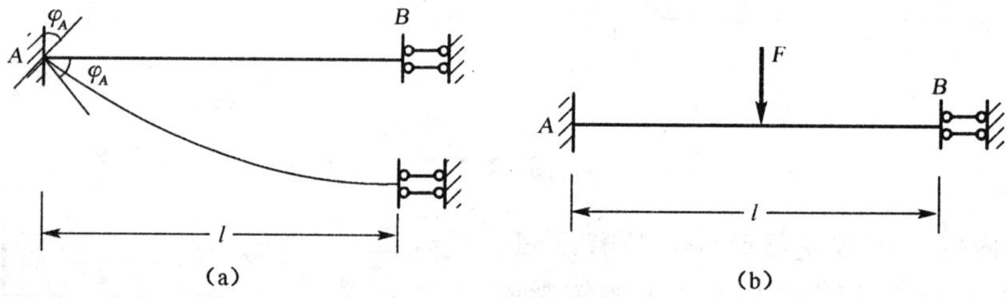

图 18-11

以上得到三种不同约束条件下等截面直杆的杆端弯矩转角位移方程，至于杆端剪力可用平衡条件求出，此处不再讨论。

18.3　位移法的基本未知量、典型方程及基本结构的确定

18.3.1　基本未知量的确定

在位移法中是以结构结点的独立角位移和线位移作为基本未知量的，所以，在采用位移

法计算超静定结构时首先要确定结点的角位移和线位移。

结构在荷载、温度改变、支座位移等影响下，结点连同汇交于该结点各杆端一起转动的角度，称为结点角位移。由于在同一刚结点处的各杆端的转角都相等，即每一个刚结点只有一个独立的角位移，因此结点角位移基本未知量就等于刚结点的数目。如图 18-12(a)所示的刚架，有 B、C 两个刚结点，因此有两个角位移未知量。又如图 18-12(b)所示的刚架，结点 A 为组合结点，有两个角位移，刚结点 B 有一个角位移，所以共有三个角位移。

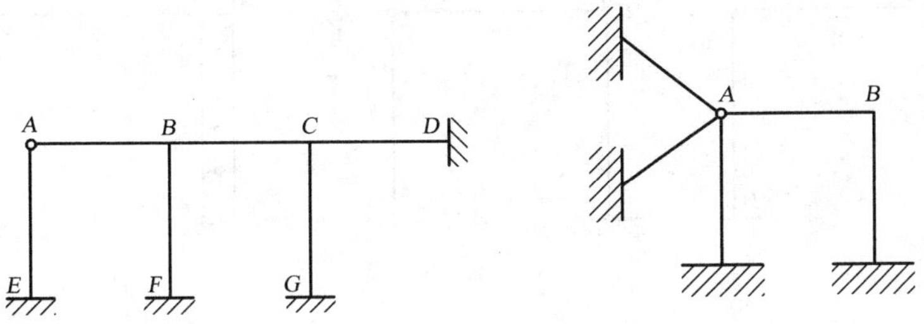

(a)　　　　(b)

图 18-12

结点线位移是指自由结点的线位移。根据位移法的假定，计算刚结点线位移数目时，可以先把所有的受弯杆件视为刚性链杆，同时把所有的刚结点和固定支座改为铰结点或固定铰支座，从而得到一个铰接体系。如果此体系是几何不变体系，说明原结构所有结点都无线位移。反之，如果此体系是几何可变或瞬变体系，则可以增加链杆使其成为几何不变体系，此时所增加的附加链杆总数即为刚架结点的独立线位移数目。如图 18-13(a)所示的刚架，改成铰接体系后，需要增设两根附加链杆才能使其变成几何不变体系，如图 18-13(b)所示，所以，此刚架有两个独立的线位移。

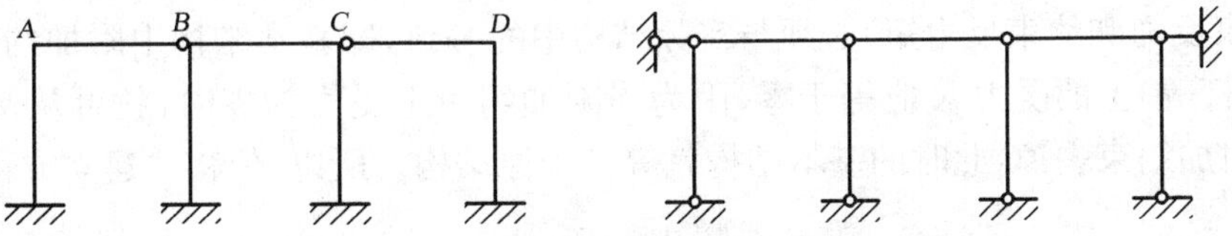

(a)　　　　(b)

图 18-13

18.3.2 位移法的基本结构

位移法的基本结构是单跨梁系。为了简化为基本结构，需要增加一个附加刚臂(图 18-14(a))以阻止刚结点的转动，但不能阻止刚结点的移动；同时，对产生线位移的结点加上附加链杆(图 18-14(b))以阻止其线位移，但不能阻止结点的转动。

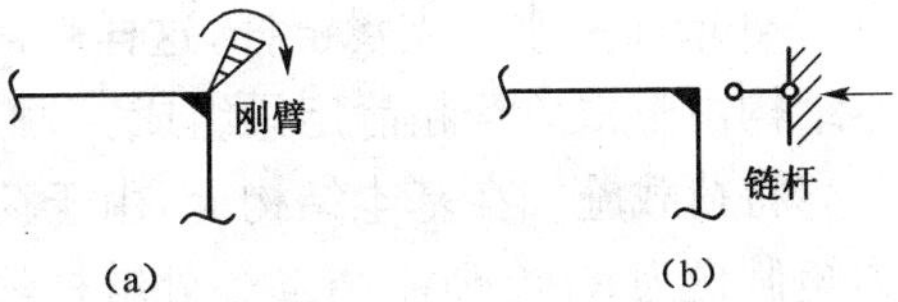

(a)　　　　(b)

图 18-14

图 18-15(a)为一超静定刚架，有两个基本未知

量——刚结点 B 的角位移、结点 B 和 C 的结点线位移，由于忽略轴向变形，所以独立的结点线位移只有一个。因此，可在刚结点 B 处增加一刚臂以阻止结点 B 的转动，在结点 C 处增加一水平附加链杆以阻止结点 B 和 C 的水平线位移，如图 18-15(b)所示。这样就使得原结构变成为无结点线位移及角位移的一系列单跨超静定梁的组合体。为了使组合体的受力、变形和原结构取得一致，还需要把荷载作用在其上，这样得到的体系就称为原结构的基本结构，如图 18-15(c)所示。

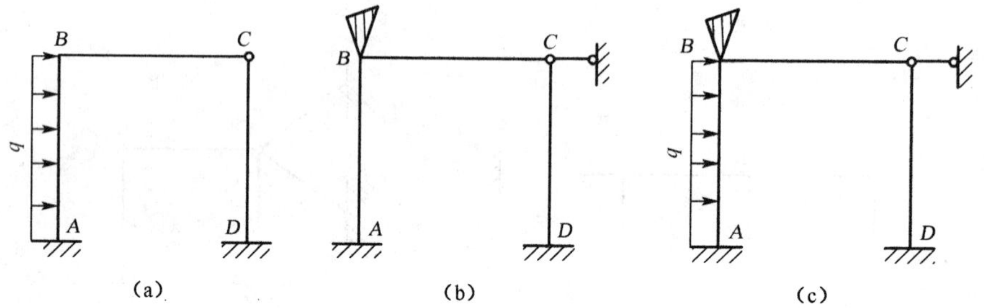

图 18-15

值得注意的是，位移法的基本结构是通过增加刚臂和链杆得到的，而力法是从原结构中拆除多余的约束而代之以多余的未知力。虽然它们的形式不同，但都是原结构的代表，其受力和变形与原结构是一致的。但是，一般情况下位移法的基本结构只有一种形式，而力法的基本结构却有多种形式。

18.3.3 位移法典型方程

从单杆结构的转角位移方程中可以很方便地写出单杆结构的杆端内力表达式，但表达式中包含位移法的基本未知量，因此，不能直接根据杆端内表达式求出杆端内力值。要计算出杆端内力，就必须建立位移法方程。在建立方程时，位移法基本结构中附加约束上的受力 R(包括约束反力和约束反力矩)必须与实际结构中的一致，即基本结构中附加约束(附加刚臂、附加链杆等)上的受力 R 应等于零，因为当附加约束上受力为零时，就可从基本结构中等效地将附加约束去掉，此时的基本结构就等价于原结构。所以，位移法建立方程的条件为

$$R = 0 \qquad (18\text{-}1)$$

以图 18-16(a)所示的结构为例，说明位移法典型方程建立的原理。此刚架有两个刚结点，所以有两个角位移 Z_1(结点 B)和 Z_2(结点 C)，设其按顺时针方向转动。同时，此刚架还有一个独立的结点线位移 Z_3(结点 C)。

这个刚架有 Z_1、Z_2 和 Z_3 三个基本未知量。在刚结点 B 和 C 处增加刚臂，同时，在结点 C 处增加一水平支承链杆，这样就得到了如图 18-16(b)所示的位移法基本结构，这个基本结构由三根单跨超静定梁组成。

将荷载施加在基本结构上，由于荷载的作用，结点 B、C 处的角变约束上产生的约束反力矩假设为 R_{1P}、R_{2P}，结点 C 处链杆约束产生的约束反力假设为 R_{3P}(图 18-16(c))。同时，假设结点位移 Z_1、Z_2 及 Z_3 对 B 结点附加刚臂产生的反力矩分别为 R_{11}、R_{12}、R_{23}；结点位移 Z_1、Z_2 及 Z_3 对 C 结点附加刚臂产生的反力矩分别为 R_{21}、R_{22}、R_{13}；假设结点位移 Z_1、

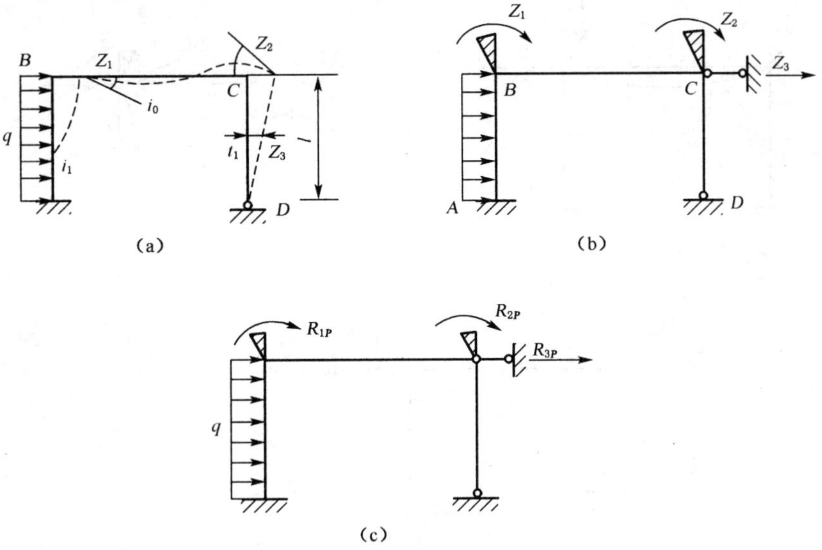

图 18-16

Z_2 及 Z_3 对附加链杆产生的反力分别为 R_{31}、R_{32}、R_{32}，根据位移法方程的建立条件及叠加原理有

$$\left.\begin{aligned} R_1 &= R_{11} + R_{12} + R_{13} + R_{1P} = 0 \\ R_2 &= R_{21} + R_{22} + R_{23} + R_{2P} = 0 \\ R_3 &= R_{31} + R_{32} + R_{33} + R_{3P} = 0 \end{aligned}\right\} \tag{18-2}$$

上式又可写为

$$\left.\begin{aligned} R_1 &= r_{11}Z_1 + r_{21}Z_2 + r_{31}Z_3 + R_{1P} = 0 \\ R_2 &= r_{21}Z_1 + r_{22}Z_2 + r_{23}Z_3 + R_{2P} = 0 \\ R_3 &= r_{31}Z_1 + r_{32}Z_2 + r_{33}Z_3 + R_{3P} = 0 \end{aligned}\right\} \tag{18-3}$$

式(18-3)是关于位移法基本未知量的代数方程组，将其称为位移法典型方程。其物理意义是：基本结构在荷载及各结点位移等因素共同影响下，每一个附加联系中的附加反力矩或附加反力都等于零。

其中，r_{11}、r_{21}、r_{31} 是基本结构中只有刚结点 B 产生单位角位移$\overline{Z}_1 = 1$时所引起的附加刚臂上的反力矩和附加链杆上的反力，如图 18-17(a)。r_{12}、r_{22}、r_{32} 是基本结构中只有刚结点 C 产生单位角位移$\overline{Z}_2 = 1$ 时所引起的附加刚臂上的反力矩和附加链杆上的反力，如图 18-17(b)。r_{13}、r_{23}、r_{33} 是基本结构中只有刚结点 C 产生单位线位移$\overline{Z}_3 = 1$时所引起的附加刚臂上的反力矩和附加链杆上的反力，见图 18-17(c)。

要计算位移法典型方程的系数和自由项，必然要根据它们的物理意义并借助表 18-1 和表 18-2 画出有关的弯矩图，分别求出。绘出的基本结构在$\overline{Z}_1 = 1$、$\overline{Z}_2 = 1$、$\overline{Z}_3 = 1$及在荷载 q 作用下的弯矩图$\overline{M}_1$、$\overline{M}_2$、$\overline{M}_3$ 和 M_P，如图 18-18(a)、(b)、(c)、(d) 所示。

再从绘出的弯矩图中取出与刚臂有关的结点为隔离体及与链杆有关的杆件为隔离体。

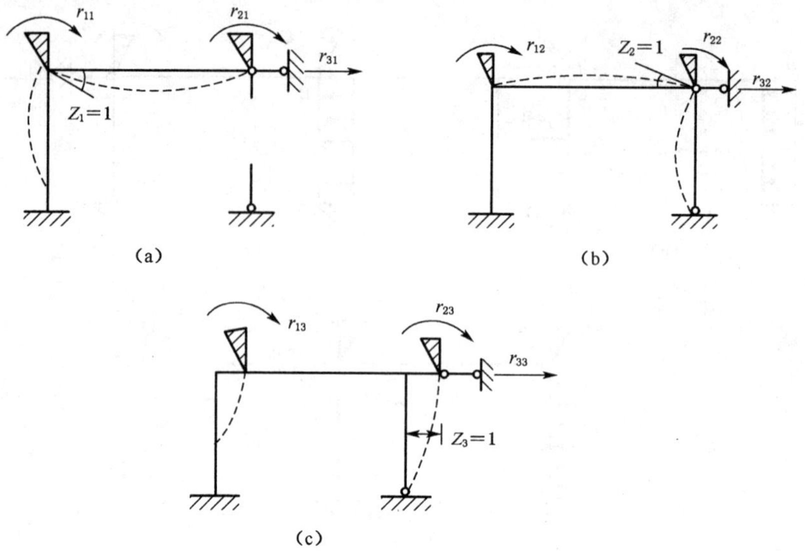

图 18-17

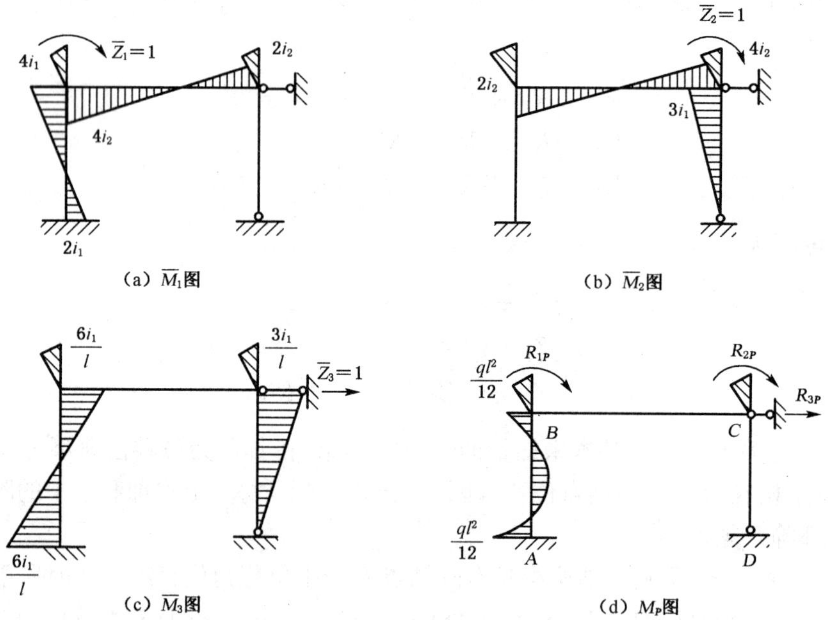

图 18-18

在图 18-18(a) 中取结点 B、C 及杆件 BC 为隔离体(如图 18-19(a)、(b)、(c)),由力矩平衡方程 $\sum M_B=0$、$\sum M_C=0$ 及投影方程 $\sum X=0$ 可求得

$$r_{11}=4i_1+4i_2,\quad r_{21}=2i_2,\quad r_{31}=-\frac{6i_1}{l}$$

在图 18-18(b) 中取结点 B、C 及杆件 BC 为隔离体(如图 18-20(a)、(b)、(c)),由力矩

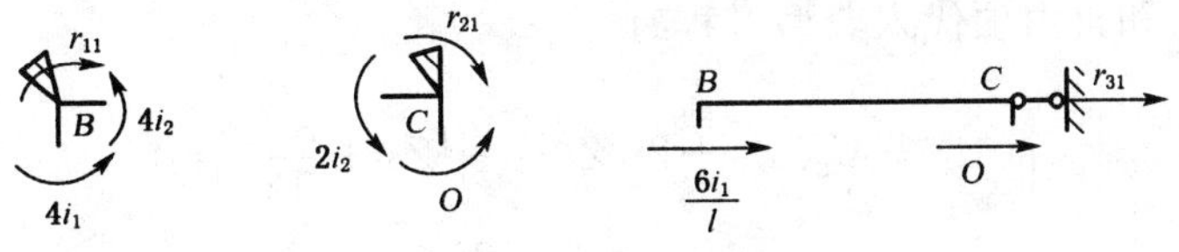

(a)　(b)　(c)

图 18-19

平衡方程$\sum M_B=0$、$\sum M_C=0$及投影方程$\sum X=0$可求得

$$r_{12}=2i_2,\ r_{22}=3i_1+4i_2,\ r_{32}=-\frac{3i_1}{l}$$

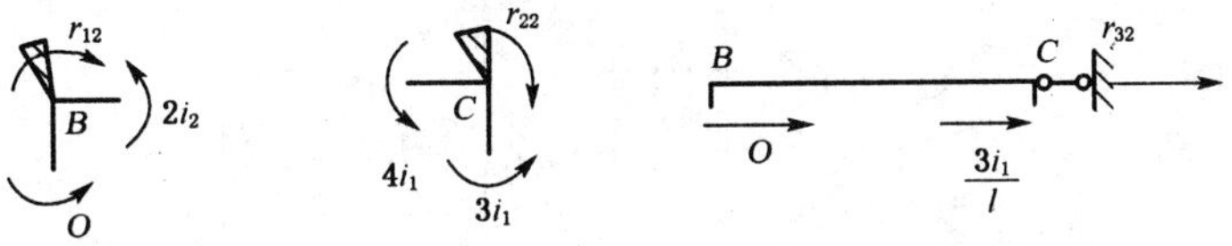

(a)　(b)　(c)

图 18-20

在图 18-18(c) 中取结点 B、C 及杆件 BC 为隔离体(如图 18-21(a)、(b)、(c)),由力矩平衡方程$\sum M_B=0$、$\sum M_C=0$及投影方程$\sum X=0$可求得

$$r_{13}=-\frac{6i_1}{l},\ r_{23}=-\frac{3i_1}{l},\ r_{33}=\frac{15i_1}{l^2}$$

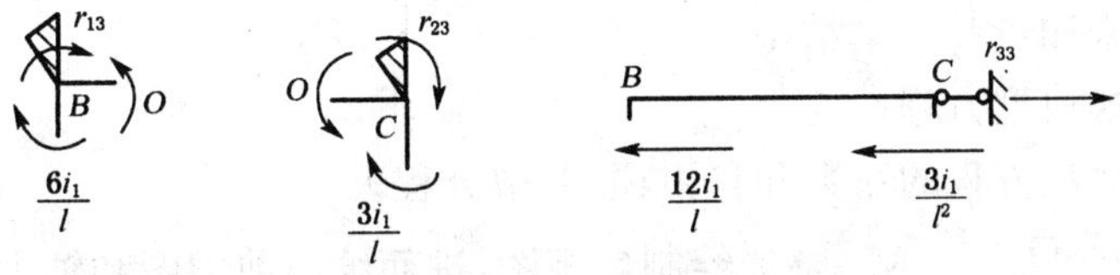

(a)　(b)　(c)

图 18-21

在图 18-18(d) 中取结点 B、C 及杆件 BC 为隔离体(如图 18-22(a)、(b)、(c)),由力矩平衡方程$\sum M_B=0$、$\sum M_C=0$及投影方程$\sum X=0$可求得

$$R_{1P}=\frac{ql^2}{12},\ R_{2P}=0,\ R_{3P}=-\frac{ql}{2}$$

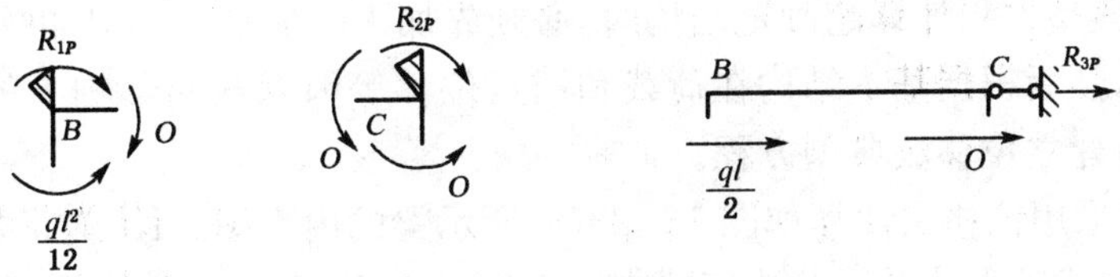

(a)　(b)　(c)

图 18-22

把求得的系数和自由项代入典型方程有

$$\begin{cases}(4i_1+4i_2)Z_1+2i_2Z_2-\dfrac{6i_1}{l}Z_3+\dfrac{ql^2}{12}=0\\ 2i_2Z_1+(3i_1+4i_2)Z_2-\dfrac{3i_1}{l}Z_3=0\\ -\dfrac{6i_1}{l}Z_1-\dfrac{3i_1}{l}Z_2+\dfrac{15i_1}{l^2}Z_3-\dfrac{ql}{2}=0\end{cases}$$

由此方程组就能解出位移 Z_1、Z_2 及 Z_3，然后就可用叠加法绘出刚架的弯矩图。

对于具有 n 个基本未知量的结构，则附加约束（附加力臂或附加链杆）也有 n 个，由 n 个附加约束上的受力与原结构一致的平衡条件，可建立 n 个位移法方程为

$$\left.\begin{array}{c}r_{11}Z_1+r_{21}Z_2+\cdots+r_{1n}Z_n+R_{1P}=0\\ r_{21}Z_1+r_{22}Z_2+\cdots+r_{2n}Z_n+R_{2P}=0\\ \vdots\\ r_{n1}Z_1+r_{n2}Z_2+\cdots+r_{nn}Z_n+R_{nP}=0\end{array}\right\} \tag{18-4}$$

上式方程组是具有 n 个基本未知量的位移法的典型方程。式(18-4)中的 $r_{ii}>0$ 称为主系数，其物理意义是基本结构上 $\overline{Z}_i=1$ 时，附加约束 i 上的反力，其恒为正值；r_{ij} 称为副系数，其物理意义为基本结构上 $\overline{Z}_j=1$ 时，附加约束 i 上的反力，副系数可为正、负，也可为零；由反力互等定理且有 $r_{ij}=r_{ji}$；R_{iP} 为自由项，其物理意义为荷载作用于基本结构上时附加约束 i 上的反力，其可为正、负，也可为零。

根据前面所述，采用位移法计算超静定结构的步骤可归纳如下：

(1) 确定基本未知量和基本结构。

(2) 建立位移法典型方程。

(3) 求位移法典型方程的系数和自由项，并解方程。

(4) 由 $M=\sum\overline{M}_iZ_i+M_P$ 叠加绘制弯矩图，进而绘出剪力图和轴力图。

(5) 最后进行内力图的校核。

18.4 用位移法及对称性计算超静定结构

18.4.1 位移法计算举例

应用位移法典型方程计算超静定结构时，必须先加入附加刚臂和附加链杆，从而形成位移法的基本结构，然后根据基本结构在荷载和结点位移等因素共同影响下的受力情况与原结构等效的原则，建立位移法典型方程。

【例 18-1】 采用位移法计算如图 18-23(a)所示梁的内力图。EI 为常数。

【解】 (1) 形成基本体系。此连续梁有一个刚结点 B，无结点线位移。因此，基本未知量为结点 B 的转角 Z_1，基本结构如图 18-23(b)所示。

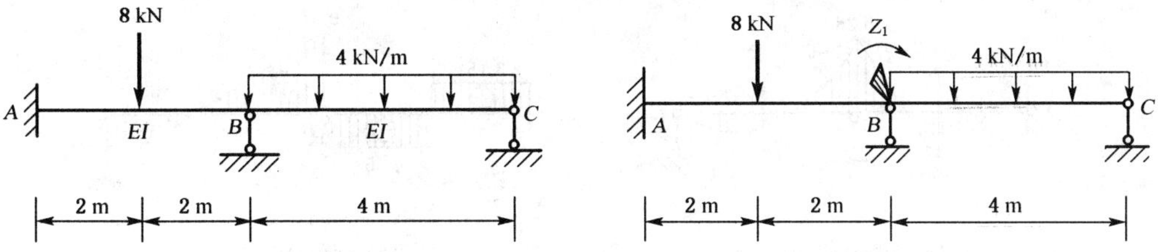

(a)　　　　　　　　(b)

图 18-23

(2) 建立位移法典型方程。由 B 结点附加刚臂约束反力矩总和等于零，建立位移法典型方程

$$r_{11}Z_1+R_{1P}=0$$

(3) 求系数和自由项。令 $i=\dfrac{EI}{4}$，绘出 $\overline{Z}_1=1$ 和荷载单独作用于基本结构上的弯矩图 $\overline{M}_1$ 图和 M_P 图，如图 18-24(a)、(b) 所示。

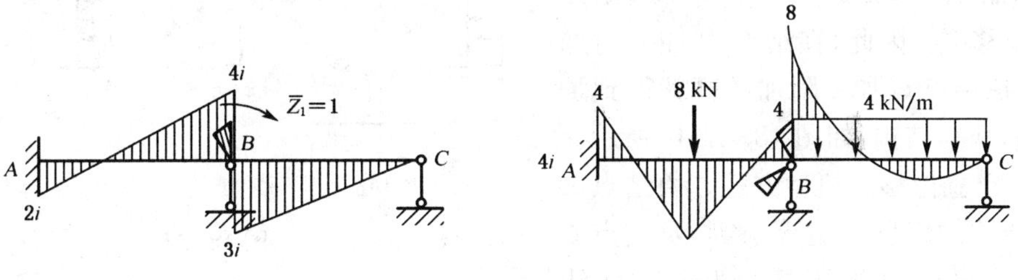

(a)　　　　　　　　(b)

图 18-24

在图 18-25(a)、(b)中分别利用结点 B 的平衡条件可计算出系数和自由项如下：

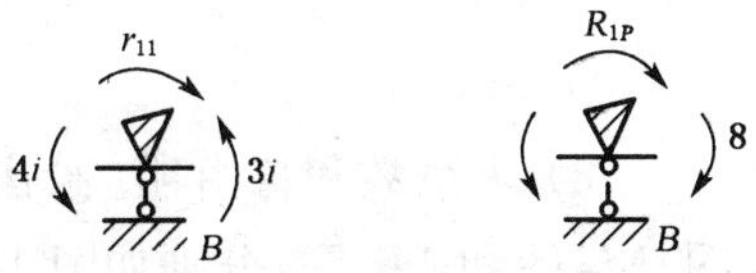

(a)　　　　(b)

图 18-25

$$\sum M_B=0 \qquad r_{11}=4i+3i=7i$$

$$\sum M_B=0 \qquad R_{1P}=4-8=-4(\text{kN}\cdot\text{m})$$

(4) 解方程，求基本未知量。将系数和自由项代入位移法方程，得

$$7iZ_1-4=0$$

解方程得

$$Z_1=\frac{4}{7i}$$

(5) 绘弯矩图。由 $M=\overline{M}_1Z_1+M_P$ 叠加绘出最后的弯矩图，如图 18-26(a) 所示。

(6) 绘出剪力图。剪力图可以根据弯矩图绘出，如图 18-26(b)所示。

(7) 校核。在位移法计算中，只需进行平衡条件校核。在图 18-26(a)中，取 B 结点为隔离体，验算其是否满足平衡条件 $\sum M_B=0$。

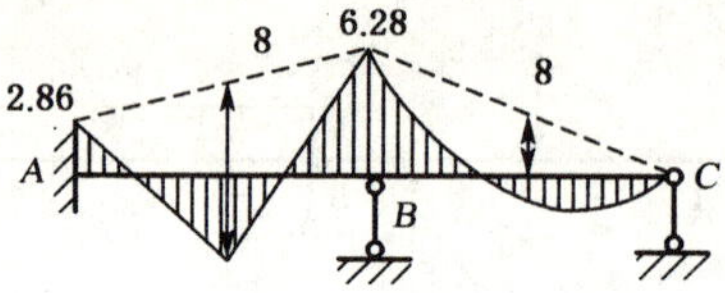

(a) M图(kN·m)

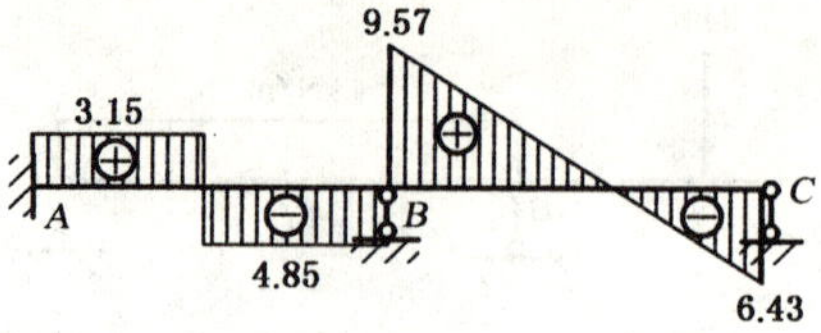

(b) Q图(kN)

图 18-26

很显然

$$\sum M_B = 6.28 - 6.28 = 0$$

由此可知,计算无误。

【例 18-2】 采用位移法计算图 18-27(a) 所示刚架,并绘出 M 图。

【解】 (1) 形成基本结构。此刚架有两个基本未知量,即结点 B 转角 Z_1,结点 C 的线位移 Z_2,因此,在结点 B 加一附加刚臂,及在结点 C 加一附加链杆就得到了位移法的基本结构,如图 18-27(b)所示。

(2) 建立位移法典型方程。由结点 B 附加刚臂的约束反力矩等于零,及结点 C 附加链杆的反力等于零,建立位移法方程:

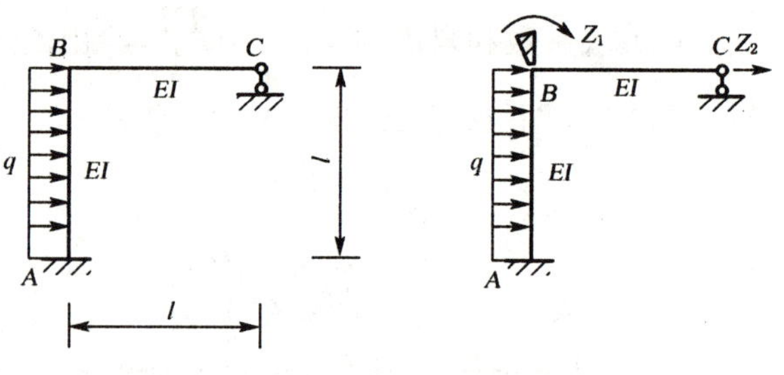

(a) (b)

图 18-27

$$\begin{cases} r_{11}Z_1 + r_{12}Z_2 + R_{1P} = 0 \\ r_{21}Z_1 + r_{22}Z_2 + R_{2P} = 0 \end{cases}$$

(3) 求系数和自由项。绘出$\overline{Z}_1 = 1$、$\overline{Z}_2 = 1$ 和荷载单独作用于基本结构上的弯矩图$\overline{M}_1$图、$\overline{M}_2$ 图和 M_P 图,分别如图 18-28(a)、(b)、(c) 所示。

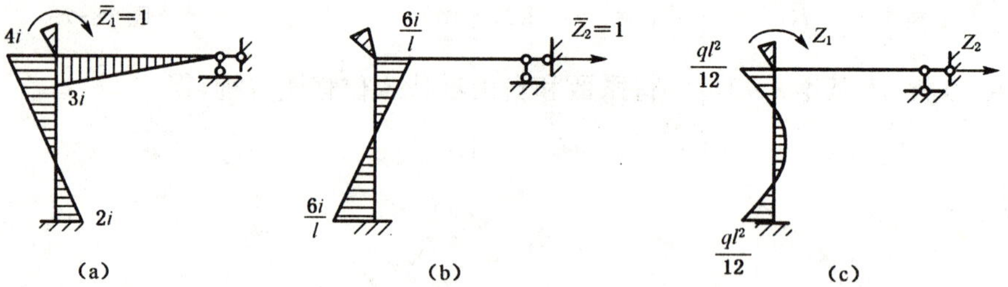

(a) (b) (c)

图 18-28

在图 18-29(a)、(b)、(c)、(d)、(e)中分别利用结点及杆件的平衡条件计算出系数和自由项如下:

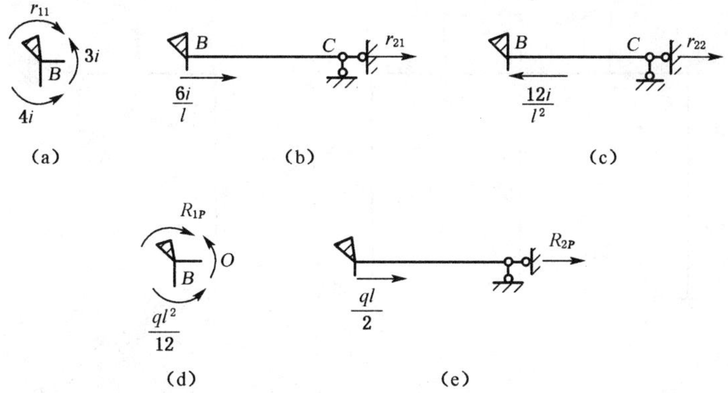

图 18-29

$$r_{11}=7i,\ r_{12}=r_{21}=-\frac{6i}{l},\ r_{22}=\frac{12i}{l^2},\ R_{1P}=\frac{ql^2}{12},\ R_{2P}=-\frac{ql}{2}$$

(4) 解方程,求基本未知量。将系数和自由项代入位移法方程,得

$$7iZ_1=-\frac{6i}{l}Z_2+\frac{ql^2}{12}=0$$

$$-\frac{6i}{l}Z_1+\frac{12i}{l^2}Z_2-\frac{ql}{2}=0$$

解方程得

$$Z_1=\frac{ql^2}{24i}\quad Z_2=\frac{ql^3}{16i}$$

(5) 绘弯矩图。由 $M=\overline{M}_1Z_1+\overline{M}_2Z_2+M_P$ 叠加绘出最后的弯矩图,如图 18-30 所示。

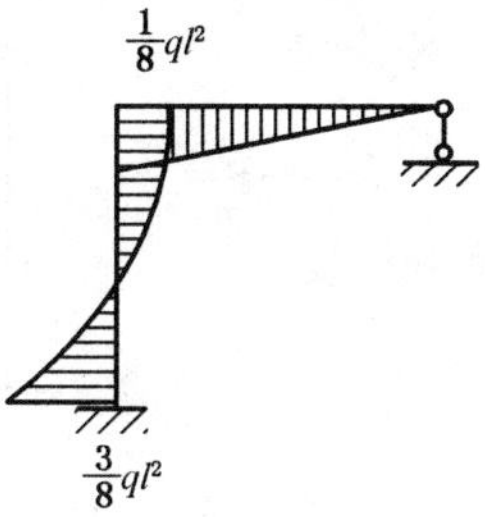

图 18-30

18.4.2 对称性的应用

对称的连续梁和刚架在土木工程中应用较多,位移法也可利用结构的对称性来简化计算。作用在对称结构上的任意荷载,有对称荷载和反对称荷载两类,对称结构在对称荷载和反对称荷载的作用下,其变形具有对称分布和反对称分布的特点。在对称荷载作用下,弯矩图和轴力图是对称的,而剪力图是反对称的;在反对称荷载作用下,弯矩图和轴力图是反对称的,而剪力图是对称的。所以,此时可选用一半结构进行分析,然后再根据对称或反对称的特点得出另外一半结构的结果。

1) 对称荷载

(1) 当对称结构为奇数跨时

图 18-31(a)为一单跨对称刚架,在对称荷载作用下,用位移法计算此刚架时共有三个基本未知量,即结点 C、D 处的角位移和水平方向的线位移。在对称轴上的截面 E 只有竖向位移(沿对称轴方向),没有角位移,计算时可取图 18-31(b)所示的半边结构。

(2) 当对称结构为偶数跨时

图 18-32(a)所示偶数跨对称刚架承受对称荷载作用,其变形对称分布,则对称轴上 E

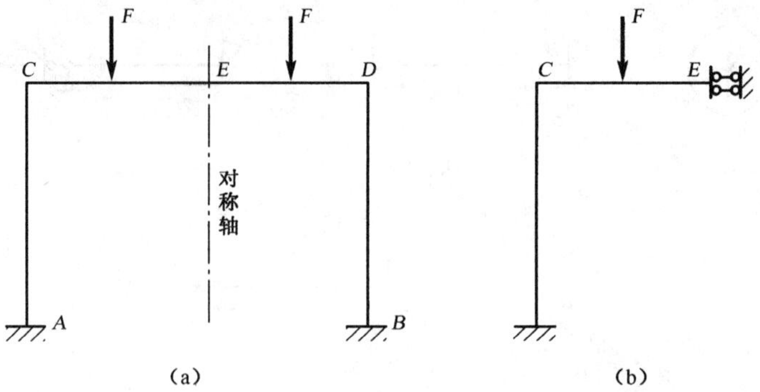

图 18-31

处的线位移和角位移都为零，所以从 E 处截开选取半结构时，应在 E 点加一个固定支座，即采用位移法计算时可选取图 18-32(b)所示的半边结构。

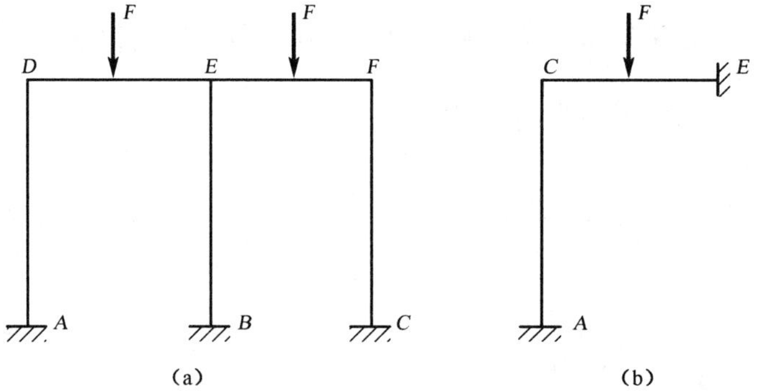

图 18-32

2) 反对称荷载

(1) 当对称结构为奇数跨时

图 18-33(a)所示奇数跨对称刚架承受反对称荷载作用，其变形反对称分布。对称轴上截面 E 处没有竖向位移，但有转角，而且由于 E 点是反弯点，弯矩 $M_E=0$，半边结构如图 18-33(b) 所示，E 处应为可动铰支座。同时，半刚架杆件的线刚度系数 i 应是原刚架杆件线刚度系数的两倍。

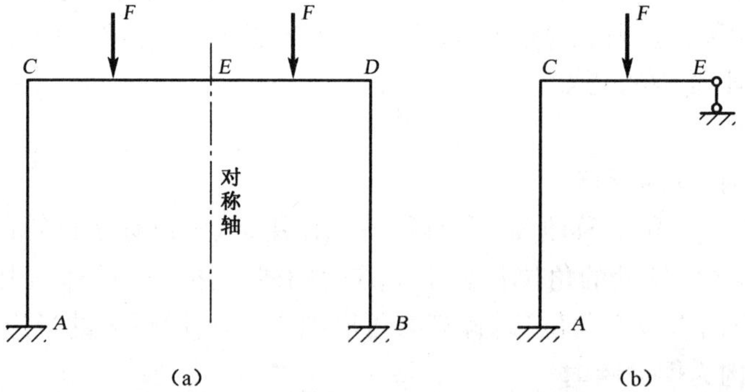

图 18-33

(2) 当对称结构为偶数跨时

图 18-34(a)所示偶数跨对称刚架承受反对称荷载作用，其变形反对称分布。图 18-34(a)所示的原刚架显然与图 18-34(b)所示的刚架等效，因为两者的变形条件完全一致。现将图 18-34(b)所示的刚架在结点 E 处切开，因结构对称，荷载反对称，在对称轴处切开将只有反对称多余力 X，如图 18-34(c)所示，而多余力 X 只在 EB 杆内引起轴力，而不影响所有杆件的弯矩，所以可用图 18-34(d)所示结构来代替，其半边刚架如图 18-34(e)所示。

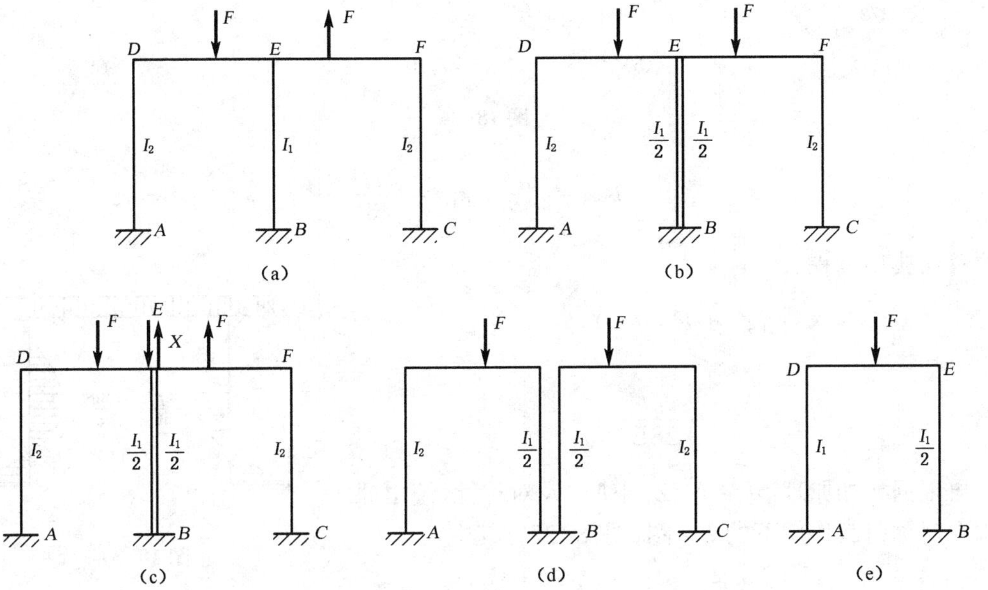

图 18-34

【例 18-3】 利用对称性计算如图 18-35(a)所示的刚架。

【解】 此结构为单跨对称刚架，将荷载分成对称与反对称两类，分别作用在刚架上，如图 18-35(b)、(c)所示。

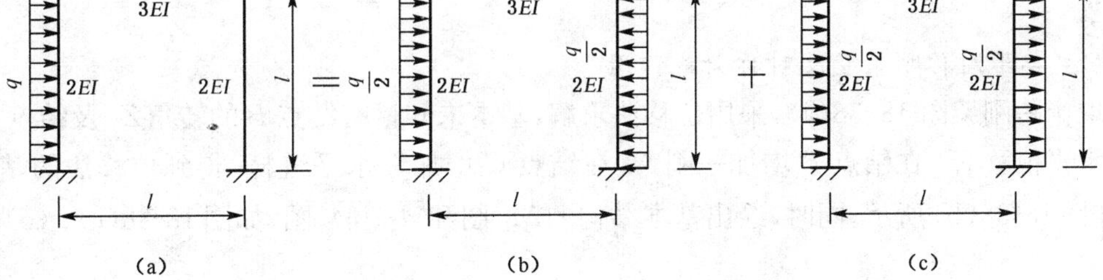

图 18-35

(1) 单跨对称刚架受对称荷载作用

取半刚架如图 18-36(a)，采用位移法求解，基本未知量为 B 处的转角 Z_1，在 B 处增加一刚臂，得到基本结构如图 18-36(b)所示，作出基本结构的 M_P 图和 $\overline{M}_1$ 图(如图 18-36(c)、(d))。由结点 B 的平衡条件可得

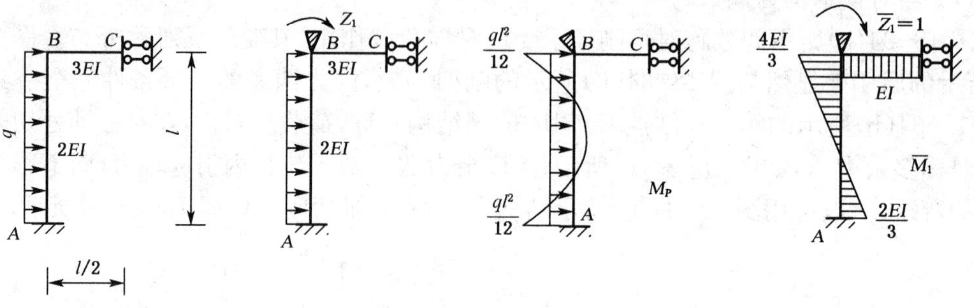

图 18-36

$$R_{1P}=\frac{ql^2}{12}\quad r_{11}=\frac{7EI}{3}$$

由位移法典型方程

$$r_{11}Z_1+R_{1P}=0$$

得

$$Z_1=-\frac{ql^2}{28EI}$$

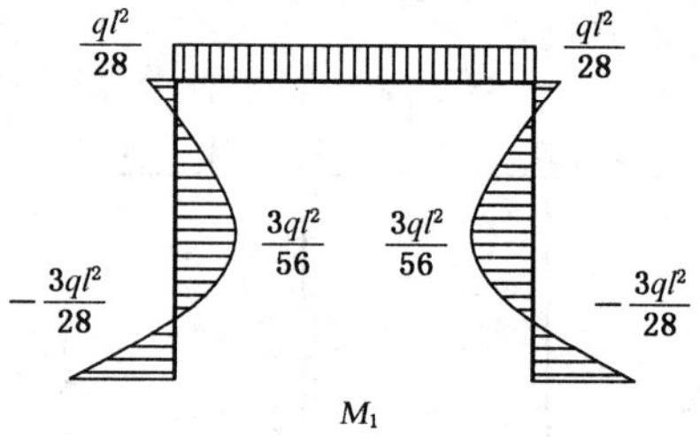

图 18-37

再根据叠加原理 $M=\overline{M}_1Z_1+M_P$ 及对称性，绘出原结构在对称荷载作用下的 M_1 图(图18-37)。其中

$$M_{BA}=\frac{4EI}{3}Z_1+\frac{ql^2}{12}=\frac{4EI}{3}\times\left(-\frac{ql^2}{28EI}\right)+\frac{ql^2}{12}=\frac{ql^2}{28}$$

$$M_{AB}=\frac{2EI}{3}Z_1-\frac{ql^2}{12}=\frac{2EI}{3}\times\left(-\frac{ql^2}{28EI}\right)-\frac{ql^2}{12}=-\frac{3ql^2}{28}$$

$$M_{BC}=EIZ_1=EI\times\left(-\frac{ql^2}{28EI}\right)=-\frac{ql^2}{28}$$

(2) 单跨对称刚架受反对称荷载作用

取半跨刚架图 18-38(a)，采用位移法求解，基本未知量有结点 B 的转角 Z_1 及结点 B、C 处的水平位移 Z_2。在结点 B 增加一刚臂，在结点 C 增加一水平链杆，得到位移法的基本结构，如图 18-38(b) 所示。同时，绘出基本结构的 M_P 图和 $\overline{M}_1$、$\overline{M}_2$ 图，如图 18-38(c)、(d)、(e) 所示。

由结点 B 及 BC 杆的平衡条件可得

$$R_{1P}=\frac{ql^2}{12},\quad R_{2P}=-\frac{ql}{2}$$

$$r_{11}=\frac{13EI}{3},\quad r_{12}=r_{21}=-\frac{EI}{3},\quad r_{22}=\frac{EI}{9}$$

代入位移法典型方程

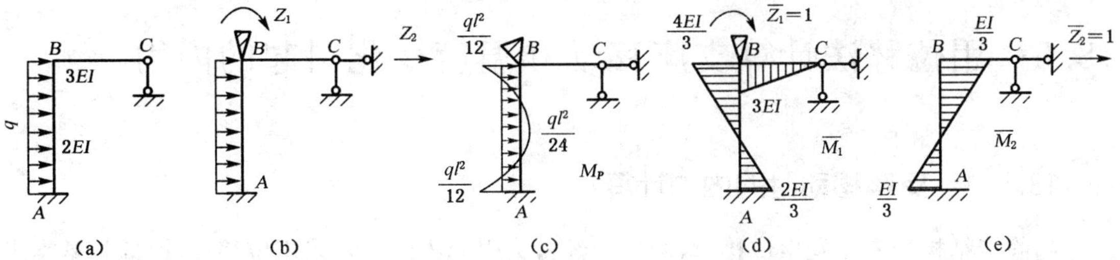

图 18-38

$$\begin{cases} r_{11}Z_1 + r_{12}Z_2 + R_{1P} = 0 \\ r_{21}Z_1 + r_{22}Z_2 + R_{2P} = 0 \end{cases}$$

得

$$\begin{cases} \frac{13EI}{3}Z_1 - \frac{EI}{3}Z_2 + \frac{ql^2}{12} = 0 \\ -\frac{EI}{3}Z_1 + \frac{EI}{9}Z_2 - \frac{ql}{2} = 0 \end{cases}$$

解得

$$Z_1 = \frac{18ql - ql^2}{40EI}, \quad Z_2 = \frac{3(78ql - ql^2)}{40EI}$$

再根据叠加原理 $M = \overline{M}_1 Z_1 + \overline{M}_2 Z_2 + M_P$ 及弯矩的反对称性，绘出原结构在反对称荷载作用下的 M_2 图(图 18-39)。其中

$$M_{AB} = -\frac{ql^2}{12} + \frac{2EI}{3}Z_1 - \frac{EI}{3}Z_2 = -\frac{(66ql + 3ql^2)}{40}$$

$$M_{BA} = \frac{ql^2}{12} + \frac{4EI}{3}Z_1 - \frac{EI}{3}Z_2 = -\frac{3(18ql - ql^2)}{40}$$

$$M_{BC} = 3EIZ_1 = \frac{3(18ql - ql^2)}{40}$$

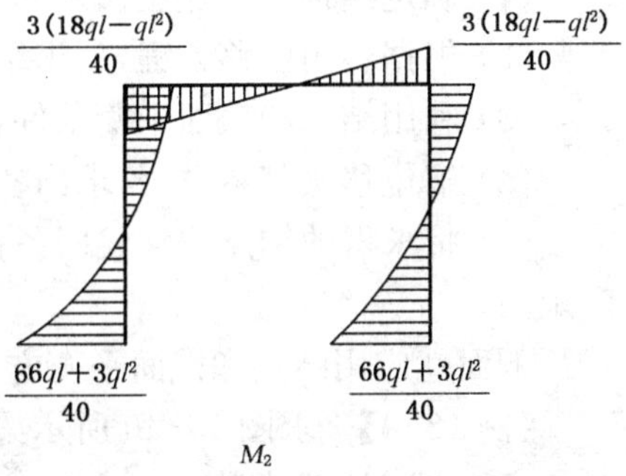

图 18-39

注意：此处假设 $M_{BC} > 0$，反之，则 $M_{BA} < 0$。

最后叠加 M_1 图和 M_2 图，即 $M = M_1 + M_2$，就可得出原结构图 18-26(a) 刚架的弯矩图，此处不再讨论。

18.5 用位移法计算支座移动和温度变化引起的内力

18.5.1 支座移动时的内力计算

超静定结构当支座发生位移时，结构中经常为引起内力。在采用位移法计算时，基本未知量和典型方程的建立都与荷载作用时相类似，只需将由荷载作用产生的固端弯矩改成由已知位移作用所产生的固端弯矩，即在建立位移法典型方程时，只需替换其自由项即可。

支座移动时，位移法典型方程可写成如下形式：

$$\left.\begin{aligned} r_{11}Z_1 + r_{12}Z_2 + \cdots + r_{1n}Z_n + R_{1c} &= 0 \\ r_{21}Z_1 + r_{22}Z_2 + \cdots + r_{2n}Z_n + R_{2c} &= 0 \\ &\vdots \\ r_{n1}Z_1 + r_{n2}Z_2 + \cdots + r_{nn}Z_n + R_{ni} &= 0 \end{aligned}\right\} \tag{18-5}$$

式(18-5)中，自由项 R_{ni} 是由于支座移动而在杆件杆端产生的位移计算出来的。

同时，上述位移法典型方程实质上代表了原结构的结点和截面的平衡条件。因此，位移法基本方程的建立，也可不通过基本结构，可借助杆件的转角位移方程，直接根据原结构的受力情况建立结点和截面平衡方程而得到。

应用结点和截面平衡方程求解超静定结构内力的步骤可归纳如下：

(1) 确定结构的结点位移未知量数目。

(2) 根据转角位移方程，列出结构各杆杆端弯矩表达式。

(3) 利用结点和截面平衡条件，建立位移基本方程。

(4) 解位移法基本方程，求出各结点位移未知量。

(5) 将求得的结点位移代回各杆杆端弯矩表达式，计算出各杆杆端弯矩，从而画出结构弯矩图。

下面就应用结点和截面平衡方程来求解超静定结构在支座移动时所产生的内力。

【例 18-4】 求图 18-40 所示梁支座 C 下沉 Δ 时的弯矩图，EI 为常数。

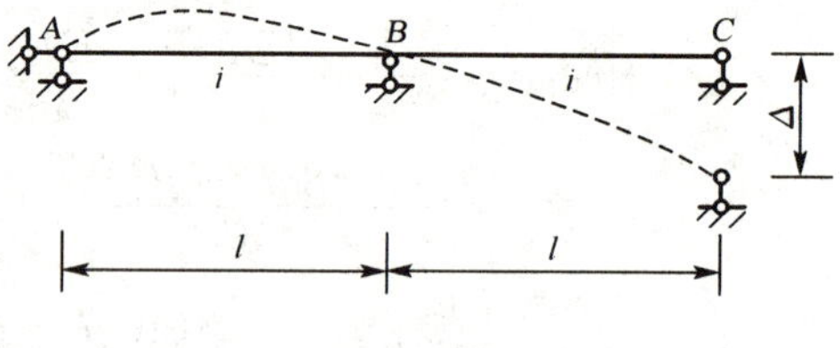

图 18-40

【解】 图示连续梁具有一个角位移 Z_1，即在结点 B 处。

首先，利用转角位移方程，将各杆杆端弯矩表示为结点位移 Z_1 的函数：

$$M_{BA} = 3iZ_1$$

$$M_{BC} = 3iZ_1 - \frac{3i\Delta}{l}$$

然后，根据结点 B 的力矩平衡方程 $\sum M_B = 0$，便可建立如下方程：

$$\sum M_B = M_{BA} + M_{BC} = 0$$

即

$$3iZ_1 + 3iZ_1 - \frac{3i\Delta}{l} = 0$$

解方程得

$$Z_1 = \frac{\Delta}{2l}$$

最后，可得杆端弯矩和弯矩图如图 18-41 所示。其中

$$M_{BA} = 3iZ_1 = 3i \times \frac{\Delta}{2l} = \frac{3i\Delta}{2l}$$

$$M_{BC} = 3iZ_1 - \frac{3i\Delta}{l} = 3i \times \frac{\Delta}{2l} - \frac{3i\Delta}{l} = -\frac{3i\Delta}{2l}$$

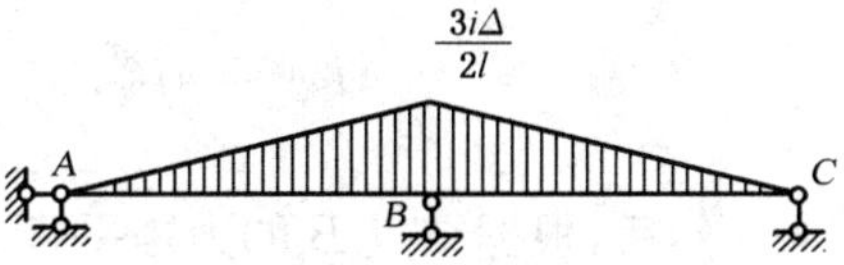

图 18-41

18.5.2 温度变化引起的内力计算

温度变化所引起的内力计算与支座产生位移时的计算基本相同，但需要注意的是，温度变化时引起的杆件轴向变形不能忽略，因为这种轴向变形会在其他杆件上引起已知的相对侧向移动。

超静定结构在温度变化影响下和荷载作用下两者所不同的也是位移法典型方程中的自由项。此时，位移法典型方程可写成如下形式：

$$\left.\begin{aligned} r_{11}Z_1 + r_{12}Z_2 + \cdots + r_{1n}Z_n + R_{1t} &= 0 \\ r_{21}Z_1 + r_{22}Z_2 + \cdots + r_{2n}Z_n + R_{2t} &= 0 \\ &\vdots \\ r_{n1}Z_1 + r_{n2}Z_2 + \cdots + r_{nn}Z_n + R_{ni} &= 0 \end{aligned}\right\} \tag{18-6}$$

式(18-6)中的 R_{ni} 为自由项，表示温度变化是在位移法基本结构的附加约束上所引起的反力(或反力矩)。

同样，下面应用结点和截面平衡方程来求解超静定结构在温度变化时所产生的内力。

【例 18-5】 求图 18-42 所示刚架的弯矩图。假设刚架内、外温度均升高 15℃，材料的弹性模量 $E = 1.1 \times 10^7$ MPa，线膨胀系数 $a = 1.0 \times 10^{-5}$。

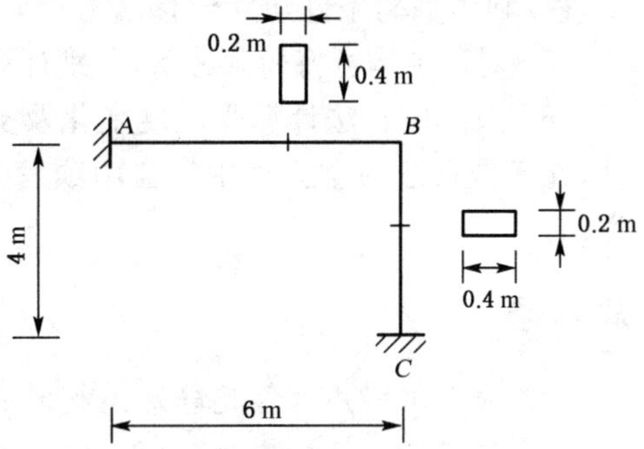

图 18-42

【解】 图示刚架在 B 结点具有一个角位移 Z_1。同时，杆 AB 的伸长值为 $at_0 l_{AB}$，此伸长值使得 BC 杆发生相对线位移；而杆 BC 的伸长值为 $at_0 l_{BC}$，使得 AB 杆也发生相对线位移。

根据形常数表 18-1 可知，此时，由温度变化引起的杆端弯矩 m 为

$$m_{BA}=\frac{6i_{AB}}{l_{BA}}at_0 l_{BC}=\frac{6EI}{l_{BA}\times l_{BA}}at_0 l_{BC}=EI\times 10^{-4}$$

$$m_{BC}=-\frac{6i_{BC}}{l_{BC}}at_0 l_{AB}=-\frac{6EI}{l_{BC}\times l_{BC}}at_0 l_{AB}=-3.375EI\times 10^{-4}$$

同时，利用转角位移方程，可得

$$M_{BA}=4i_{BA}Z_1+m_{BA}=4\times\frac{EI}{l_{BA}}\times Z_1+EI\times 10^{-4}$$

$$M_{BC}=4i_{BC}Z_1+m_{BC}=4\times\frac{EI}{l_{BC}}Z_1-3.375EI\times 10^{-4}$$

然后，根据结点 B 的力矩平衡方程 $\sum M_B=0$，便可建立如下方程：

$$\sum M_B=M_{BA}+M_{BC}=0$$

即

$$\frac{4EI}{l_{BA}}Z_1+EI\times 10^{-4}+\frac{4EI}{l_{BC}}Z_1-3.375EI\times 10^{-4}=0$$

解方程得

$$Z_1=1.425\times 10^{-4}$$

最后，可得刚架的弯矩图，如图 18-43 所示。

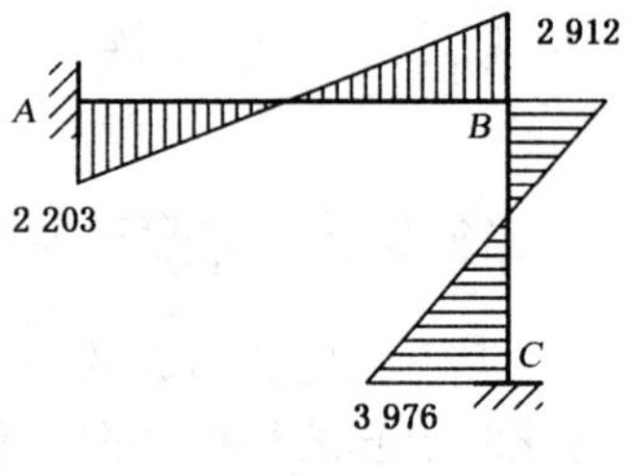

图 18-43

本章小结

1. 位移法是以结点位移(角位移及线位移)为基本未知量，先求出结点位移，然后由求出的结点位移求杆端弯矩，再由平衡条件求出剪力和轴力。

2. 位移法先用增加约束的方法将原结构转化成基本结构，然后给被约束的结点以应有的位移，以消除附加约束的影响。

3. 位移法是通过在产生转角的刚结点上附加刚臂，在产生线位移的结点上附加链杆形成以若干单跨超静定梁的组合体为基本结构。

4. 位移法方程有两种建立方法：一种是典型方程，它表示附加约束反力等于零；另一种是直接利用平衡条件建立位移法方程。

5. 对称结构可将荷载分解，分别计算对称、反对称两种情况的等效结构，然后进行叠加。

6. 采用位移法计算受温度变化及支座移动作用下的超静定结构，与受荷载时的不同之处，在于位移法典型方程中的自由项发生了改变，其求解过程与荷载作用的超静定结构基本类似。

思考题

1. 采用位移法计算超静定结构时有哪两类基本未知量？
2. 位移法中杆端弯矩、剪力、角位移及线位移的正负号是如何规定的？
3. 何谓转角位移方程？
4. 什么是位移法的基本结构？怎样建立基本结构？

5. 位移法基本结构中的附加刚臂、附加链杆各起什么作用？

6. 位移法方程有哪两种建立方法？分别有哪些解题步骤？

7. 位移法典型方程中的系数和自由项分哪两类？其物理意义是什么？如何计算？

8. 位移法的基本结构、典型方程与力法有何不同？

9. 对称结构沿对称轴截开后，在对称轴处根据什么情况采用哪些相应的支座？

10. 采用位移法计算受温度变化及支座移动作用下的超静定结构时，建立位移法典型方程与荷载作用时有何不同？

习　题

1. 采用位移法计算如图 18-44 所示超静定梁的弯矩图和剪力图。

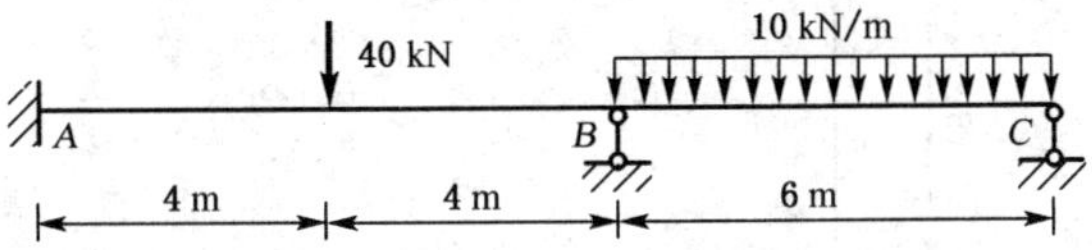

图 18-44

2. 用位移法绘制图 18-45 所示刚架的弯矩图。

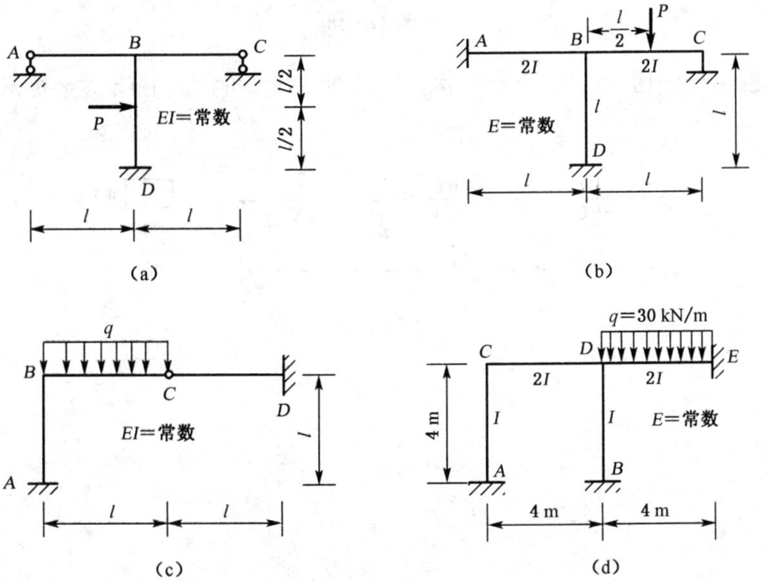

图 18-45

3. 利用对称性，绘出图 18-46 所示的弯矩图。

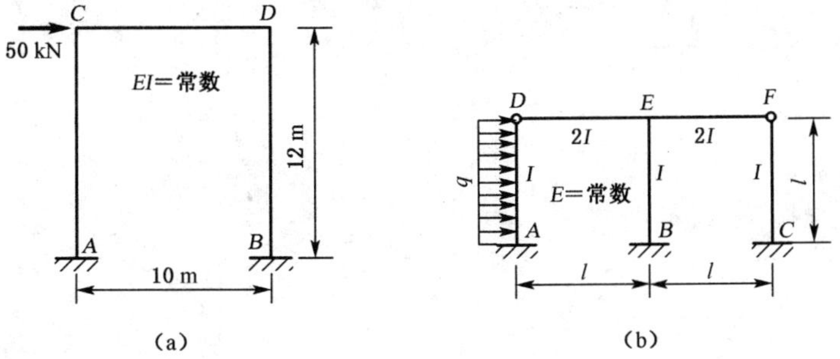

图 18-46

4. 若图 18-47 所示连续梁的支座 C 下沉了 Δ，求作梁的弯矩构图。EI＝常数。

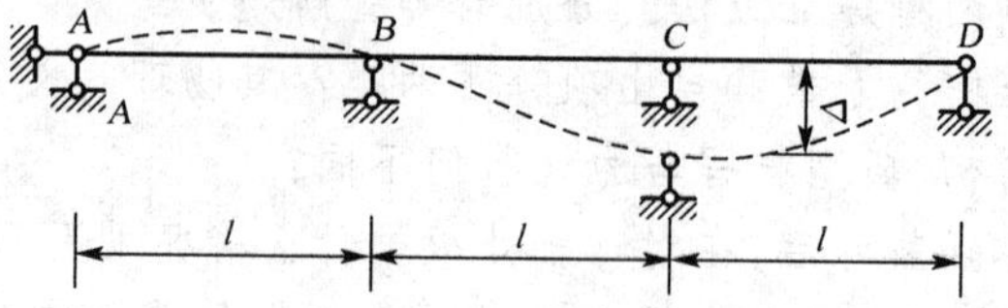

图 18-47

5. 若支座 B 下沉 $\Delta=0.6\,\mathrm{m}$，求图 18-48 所示刚架的弯矩图。$EI=2.5\times10^{5}\ \mathrm{kN\cdot m^2}$。

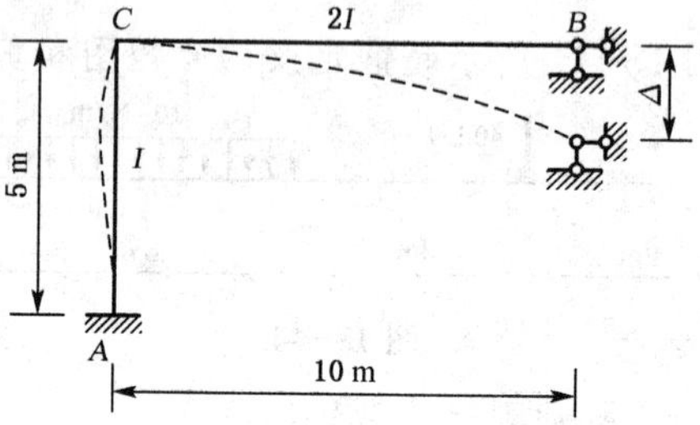

图 18-48

6. 用位移法计算图 18-49 所示结构由于温度引起的内力，并绘制弯矩图。材料的线膨胀系数为 a。

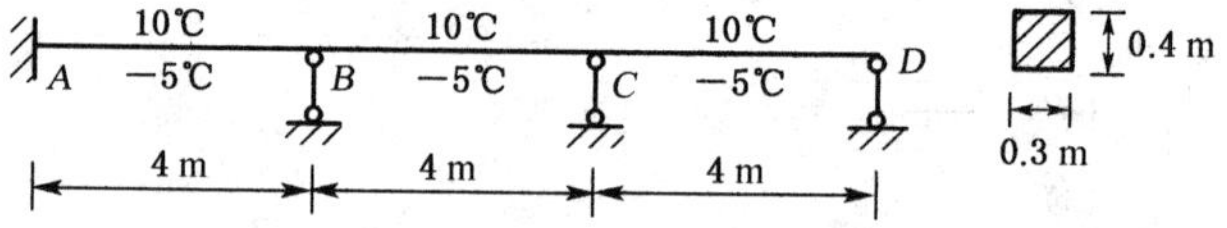

图 18-49

19　多层多跨刚架的近似计算

学习目标：了解近似法的基本原理，理解分层法和反弯点法求解的计算方法；掌握分层法求解多层多跨刚架的典型例题。

19.1　近似法概述

多层框架结构一般受到竖向荷载和水平荷载的作用，竖向荷载包括竖向恒荷载和竖向活荷载，水平荷载包括风荷载和地震作用。底层建筑中，水平力作用下的内力和变形很小，结构以竖向荷载为主，对于多层建筑，二者均需考虑。本章主要研究的是多层多跨刚架在竖向荷载和水平荷载作用下的近似计算。

首先明确多层框架的计算简图。

1）计算单元的选取

在结构计算中，为方便计算，通常把结构简化为一系列平面框架进行内力分析和侧移计算。即选择有代表性的榀框架进行计算，而不考虑各框架空间联系的影响，按平面框架进行分析，计算单元宽度取相邻开间各一半。如图 19-1(a)、(b)所示。

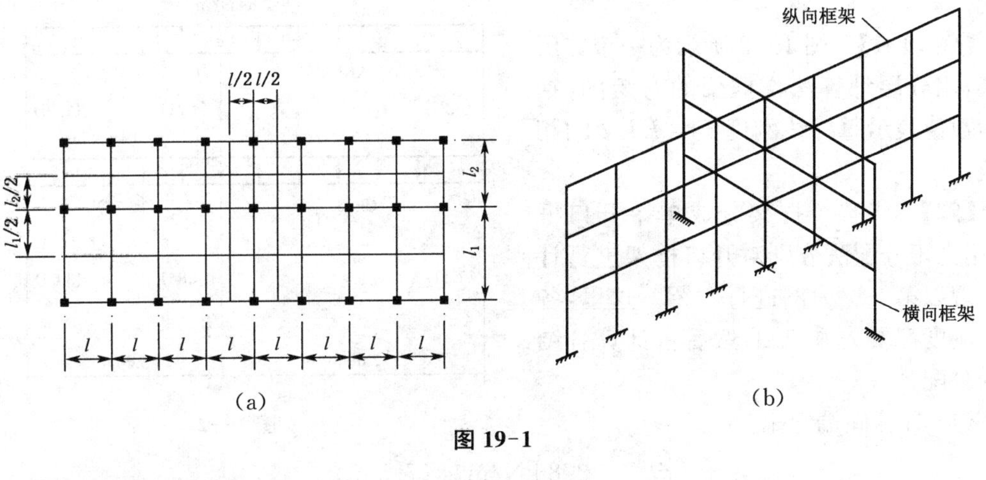

图 19-1

2）计算模型的确定

在计算简图中，框架的杆件一般用其轴线表示，杆件之间的连接用结点表示，对于现浇整体式框架各结点视为刚结点，杆件的长度为结点间的距离，框架柱与基础为固定连接。

3）荷载的简化

(1) 水平荷载可简化成作用于框架结点处的集中荷载。

(2) 作用于框架上的次要荷载可以简化为与主要荷载相同的荷载形式。

框架的计算简图明确了，就可以计算多层框架的内力和侧移值。目前多采用软件计算，可是手算也是施工、设计人员的基本功，尤其作为初学者，通过手算实践，掌握结构的内力分布特点。本章介绍两种框架内力及侧移计算的近似方法。

19.2 分层法

由位移法或力法计算结果可知，多层多跨框架在竖向荷载作用下的侧移很小，而且各层梁上的荷载对其他层杆件的内力影响也很小，因而可采用分层法近似计算。

1) 基本假定

(1) 多层多跨框架在竖向荷载作用下，侧向位移可忽略不计。

(2) 每层梁上的荷载只对本层的梁和上下柱产生内力，对其他各层梁及其他柱内力的影响可忽略不计。因此，可将多层框架分解成一层一层的框架分别计算。

2) 计算步骤

(1) 将多层框架分层，以每层梁与上下柱组成的单层框架作为计算单元，柱远端假定为固定端，而实际上是弹性支承，故在计算中除底层柱以外其他层各柱的刚度应乘以折减系数0.9，以减少误差。

(2) 用力矩分配法分别计算每个单元的内力。需要注意的是，在分层计算时，柱支座处的柱端弯矩为横梁处的弯矩的1/3，对底层柱支承为完全固定，其弯矩为横梁处柱端弯矩的1/2。

(3) 横梁的实际弯矩即为分层法计算所得的弯矩，柱同属上、下两层，所以柱的实际弯矩为将上、下两相邻柱的弯矩叠加起来。

(4) 在结点处最后算得的弯矩之和常不等于零，欲进一步修正，可再进行一次弯矩分配。

【例 19-1】 图 19-2 所示为一个二层框架，用分层计算法作框架的弯矩图，括号内数值表示每杆线刚度 $i = EI/l$ 的相对值。

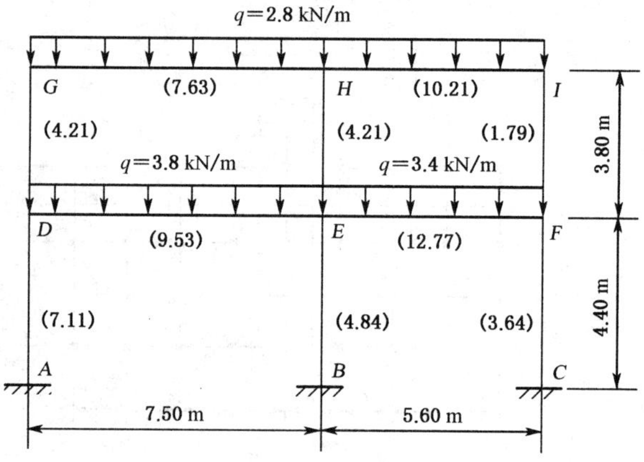

图 19-2

【解】 将整个框架分成单个开口框架，用力矩分配法分别对开口框架进行计算。现以第二层为例进行介绍。这里，各柱线刚度都要先乘 0.9，然后再计算各结点的分配系数。

(1) 计算固端弯矩。

$$M_{GH} = M_{HG} = \frac{ql^2}{12} = \frac{2.8\ \text{kN/m} \times (7.5\ \text{m})^2}{12} = 13.13\ \text{kN} \cdot \text{m}$$

$$M_{HI} = M_{IH} = \frac{ql^2}{12} = \frac{2.8\ \text{kN/m} \times (5.6\ \text{m})^2}{12} = 7.32\ \text{kN} \cdot \text{m}$$

(2) 计算各杆件的弯矩分配系数。

结点 G：

$$\mu_{GD} = \frac{4.21 \times 0.9}{4.21 \times 0.9 + 7.63} = 0.332 \quad \mu_{DG} = \frac{7.63}{4.21 \times 0.9 + 7.63} = 0.668$$

结点 H：

$$\mu_{HG} = \frac{7.63}{7.63 + 4.21 \times 0.9 + 10.21} = 0.353$$

$$\mu_{HE} = \frac{4.21 \times 0.9}{7.63 + 4.21 \times 0.9 + 10.21} = 0.175$$

$$\mu_{HI} = \frac{10.21}{7.63 + 4.21 \times 0.9 + 10.21} = 0.472$$

结点 I：

$$\mu_{IH} = \frac{10.21}{10.21 + 1.79 \times 0.9} = 0.864$$

$$\mu_{IF} = \frac{1.79 \times 0.9}{10.21 + 1.79 \times 0.9} = 0136$$

(3) 各结点都分配两次，各柱远端弯矩等于柱近梁端弯矩的 1/3，最后一行数字为分配后各杆端弯矩。第二层计算如图 19-3，第一层计算如图 19-4。

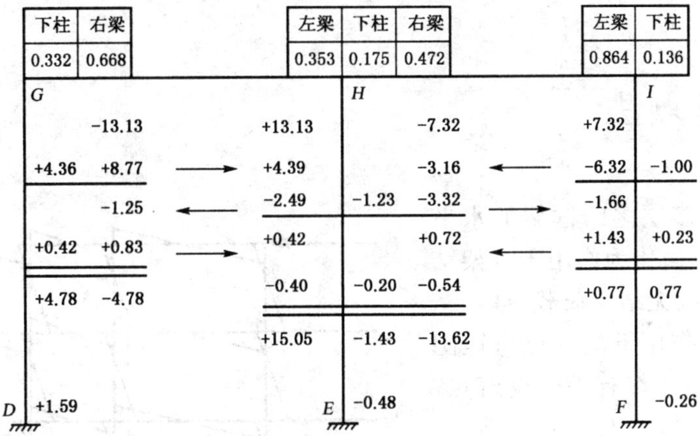

图 19-3

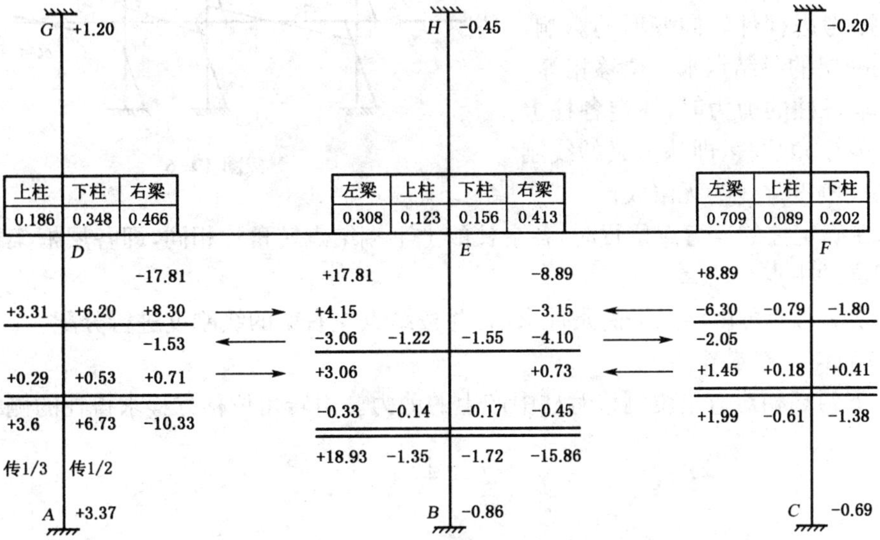

图 19-4

(4) 把图 19-3 和图 19-4 结果叠加，就得到各杆的最后弯矩图，如图 19-5 所示。可以看出，结点有不平衡情况。

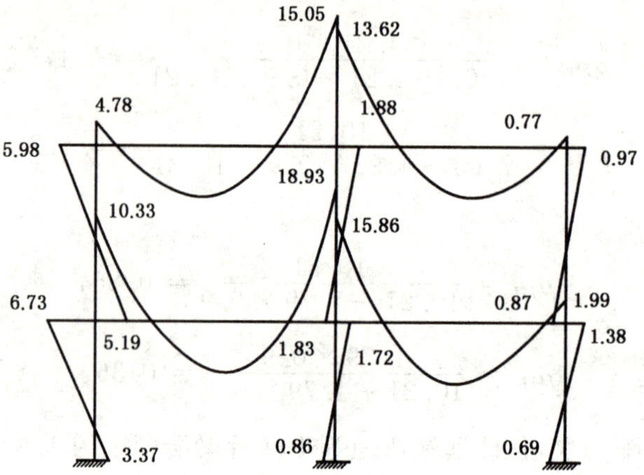

图 19-5

19.3 反弯点法

风或地震对多层多跨框架的水平作用，一般都可以简化为作用于框架结点上的水平力。因无结点荷载，框架结构在结点水平力作用下的各点弯矩图都呈直线形，且一般都有一个反弯点，如图 19-6 所示。

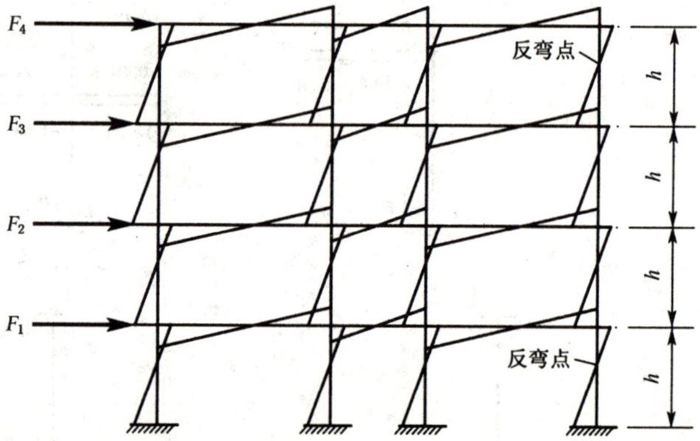

图 19-6

1) 基本假定

(1) 不考虑杆件轴向变形的影响，则上部同一层的各结点水平位移相等。

(2) 求各柱的剪力时，假定各柱上下端都不发生角位移，即认为梁的线刚度与柱的线刚度之比为无限大。

(3) 在确定柱的反弯点位置时，各个柱的上下端结点转角均相同，即各层框架柱的反弯点位于层高的中点。

(4) 梁端弯矩可由结点平衡条件求出，并按结点左右梁的线刚度进行分配。

2) 柱的侧向刚度

柱上下两端相对有单位侧移时柱中产生的剪力。由转角位移方程求得柱的侧移刚度为

$$d = \frac{12i_c}{h^2} \tag{19-1}$$

$$i_c = \frac{EI}{h} \qquad (19\text{-}2)$$

3) 柱剪力计算

以图 19-7 所示的顶层为例,从顶层各柱的反弯点处切开,取上部分为脱离体,根据平衡条件得

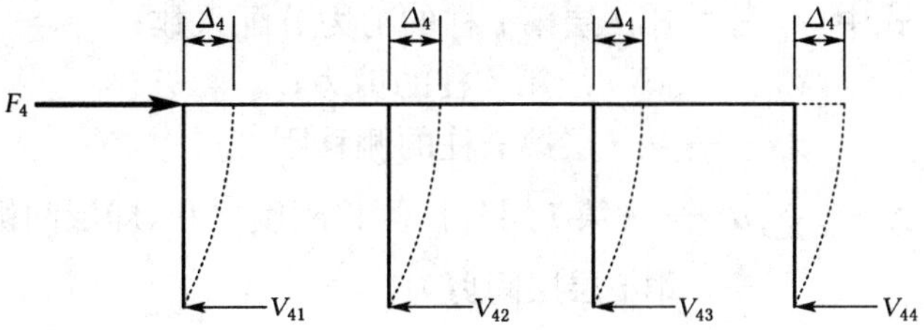

图 19-7

$$F_4 = V_{41} + V_{42} + V_{43} + V_{44} \qquad (19\text{-}3)$$

$$V_4 = V_{41} + V_{42} + V_{43} + V_{44} \qquad (19\text{-}4)$$

式中:V_4——第四层所有剪力的代数和,称为层间剪力,根据与外荷载的平衡条件求得。

设从第 i 层各柱反弯点处切开,取上部为研究对象,则有

$$V_i = \sum_{j=1}^{n} F_j \quad (n\text{ 为框架层数}) \qquad (19\text{-}5)$$

由于各层柱端水平位移相等,则

$$\left.\begin{aligned} V_{41} &= d_{41}\Delta_4 \\ V_{42} &= d_{42}\Delta_4 \\ V_{43} &= d_{43}\Delta_4 \\ V_{44} &= d_{44}\Delta_4 \end{aligned}\right\} \qquad (19\text{-}6)$$

代入式(19-4)中,得

$$\Delta_4 = \frac{V_4}{d_{41} + d_{42} + d_{43} + d_{44}} = \frac{V_4}{\sum d} \qquad (19\text{-}7)$$

则

$$\left.\begin{aligned} V_{41} &= \frac{d_{41}}{\sum d} V_4 \\ V_{42} &= \frac{d_{42}}{\sum d} V_4 \\ V_{43} &= \frac{d_{43}}{\sum d} V_4 \\ V_{44} &= \frac{d_{44}}{\sum d} V_4 \end{aligned}\right\} \qquad (19\text{-}8)$$

由以上分析可知,任意第 i 层层间剪力,等于该层以上水平力之和,而每一根柱分配到的剪力与该柱侧移刚度成正比,各柱剪力为

$$V_{ij} = \frac{d_{ij}}{\sum d_{ij}} V_i = \mu_{ij} V_i \qquad (19\text{-}9)$$

式中：μ_{ij}——第 i 层第 j 柱的剪力分配系数；

V_{ij}——第 i 层第 j 柱的剪力；

d_{ij}——第 i 层第 j 柱的侧移刚度；

$\sum d_{ij}$——第 i 层各柱侧移刚度之和，即层间侧移刚度；

V_i——第 i 层层间剪力。

4）柱端弯矩

上下端弯矩相等：

$$M_{i上} = M_{i下} = V_i \cdot \frac{h}{2} \tag{19-10}$$

5）梁端弯矩

根据结点平衡，如图 19-8(a)、(b)，可得到梁端弯矩。

边柱：

$$M_B = M_{C上} + M_{C下} \tag{19-11}$$

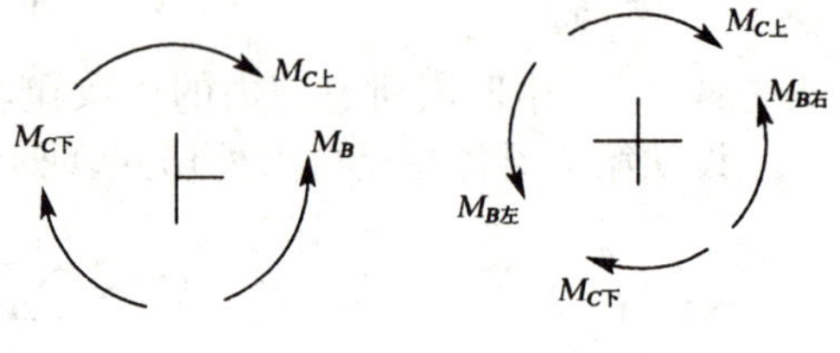

图 19-8

中柱结点：

$$\left.\begin{aligned} M_{B左} &= \frac{i_{B左}}{i_{B左}+i_{B右}}(M_{C上}+M_{C下}) \\ M_{B右} &= \frac{i_{B右}}{i_{B左}+i_{B右}}(M_{C上}+M_{C下}) \end{aligned}\right\} \tag{19-12}$$

式中：$i_{B左}$——左边梁的线刚度；

$i_{B右}$——右边梁的线刚度。

【例 19-2】 用反弯点法计算图 19-9 所示刚架，绘出弯矩图。括号内数值表示每杆线刚度 $i = EI/l$ 的相对值。

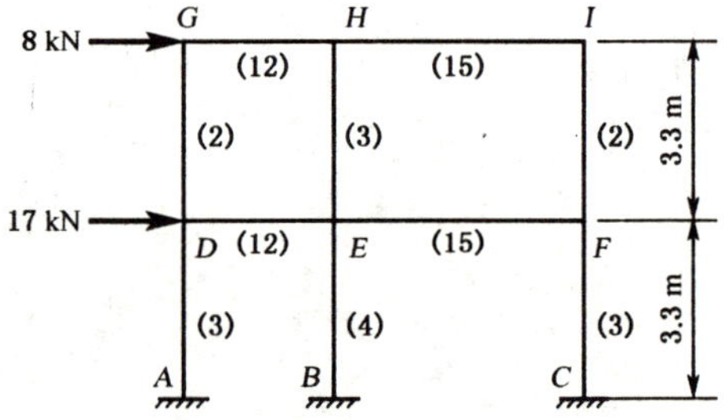

图 19-9

【解】 (1) 计算各柱的剪力分配系数

$$\mu_{GD} = \mu_{IF} = \frac{2}{2\times2+3} = 0.286$$

$$\mu_{HE} = \frac{3}{2\times2+3} = 0.429$$

$$\mu_{DA} = \mu_{FC} = \frac{3}{3\times2+4} = 0.3$$

$$\mu_{EB} = \frac{4}{3\times2+4} = 0.4$$

(2) 计算柱端剪力

$$V_{CD} = V_{IF} = 0.286\times8 = 2.29(\text{kN})$$

$$V_{HE} = 0.428\times8 = 3.42(\text{kN})$$

$$V_{DA} = V_{FC} = 0.3\times(17+8) = 7.5(\text{kN})$$

$$V_{EB} = 0.4\times(17+8) = 10(\text{kN})$$

(3) 计算柱端弯矩

$$M_{GD}=M_{DG}=M_{IF}=M_{FI}=-V_{CD}\times\frac{h_1}{2}=-2.29\times\frac{3.3}{2}=-3.78(\text{kN}\cdot\text{m})$$

$$M_{HE}=M_{EH}=-V_{HE}\times\frac{h_1}{2}=-3.42\times\frac{3.3}{2}=-5.64(\text{kN}\cdot\text{m})$$

$$M_{DA}=M_{AD}=M_{FC}=M_{CF}=-V_{DA}\times\frac{h_2}{2}=-7.5\times\frac{3.6}{2}=-13.5(\text{kN}\cdot\text{m})$$

$$M_{EB}=M_{BE}=-V_{EB}\times\frac{h_2}{2}=-10\times\frac{3.6}{2}=-18(\text{kN}\cdot\text{m})$$

(4) 计算梁端弯矩

$$M_{GH}=-M_{GD}=3.78(\text{kN}\cdot\text{m})$$

$$M_{HG}=-M_{HE}\frac{i_{HG}}{i_{HG}+i_{HI}}=5.64\times\frac{12}{12+15}=2.51(\text{kN}\cdot\text{m})$$

$$M_{HI}=-M_{HE}\frac{i_{HI}}{i_{HG}+i_{HI}}=5.64\times\frac{15}{12+15}=3.13(\text{kN}\cdot\text{m})$$

$$M_{IH}=-M_{IF}=3.78(\text{kN}\cdot\text{m})$$

$$M_{DE}=-(M_{DG}+M_{DA})=3.78+13.5=17.28(\text{kN}\cdot\text{m})$$

$$M_{ED}=-(M_{EH}+M_{EB})\frac{i_{ED}}{i_{ED}+i_{EF}}=(5.64+18)\times\frac{12}{12+15}$$
$$=10.5(\text{kN}\cdot\text{m})$$

$$M_{EF}=-(M_{EH}+M_{EB})\frac{i_{EF}}{i_{ED}+i_{EF}}=(5.64+18)\times\frac{15}{12+15}$$
$$=13.13(\text{kN}\cdot\text{m})$$

$$M_{FE}=-(M_{FI}+M_{FC})=3.78+13.5=17.28(\text{kN}\cdot\text{m})$$

(5) 绘制弯矩图

绘出弯矩图如图 19-10 所示。

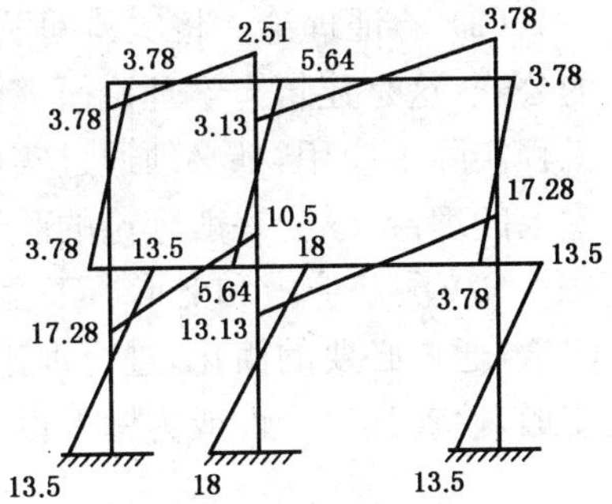

图 19-10

本章小结

1. 分层法的基本原理和步骤

(1) 分层并以每层集上下柱组成计算单元,远端假定为固定端,底层柱外其他各层乘以折减系数 0.9。

(2)用力矩分配法分别计算每单元内力。

(3)分别计算弯矩,而实际弯矩应将上下两邻柱弯矩相叠加。

(4)结点处弯矩应进一步修正并分配。

2. 力矩分配法的过程及原理(略)

第四篇　建筑力学实验

20　建筑力学实验

学习目标：掌握本章所涉及建筑力学实验的实验目的、设备、原理、步骤以及实验结果和记录分析；了解本章实验所涉及的理论依据和原理；掌握实验过程中所涉及的问题并学会对结果的正确分析处理。

力学实验是建筑力学课程中一个很重要的组成部分。通过实验能巩固、加深建筑力学的基本理论，掌握实验的基本操作技能和技巧，使学生能正确使用常用的仪器设备，培养学生进行科学实验的能力。此外，对实验现象的观察、实验数据的分析和处理，可以提高学生分析、解决问题的能力。通过实验，培养学生严谨、认真的科学作风和爱护国家财产的优良品质。因此，在学习建筑力学理论的同时，也须重视建筑力学的实验课。

实验内容根据实验性质可分为验证性实验、综合性实验、设计性实验三个部分。验证性实验为已有基础理论而设置的，通过实验获得感性认识，验证和巩固理论，同时掌握基本实验知识、基本实验方法和基本实验技能；综合性实验侧重于对一些理论知识的综合应用和实验的综合分析，通过实验培养学生综合应用理论知识和解决较复杂的实际问题的能力，包括实验理论的系统性、实验方案的完整性和可行性；设计性实验对学生来说，既有综合性又有探索性，主要侧重于某些理论知识的灵活应用，要求学生在教师的指导下独立查阅资料、设计方案与组合实验等工作，这类实验对提高学生的科学实验能力等方面非常有益。

力学实验的主要内容分为以下几点：

(1) 测定材料的力学性能。通过拉伸、压缩、扭转、弯曲等材料力学方面的实验，可进一步巩固有关材料力学性能的基本概念，增加感性认识。

(2) 验证理论。将实验问题抽象为理想的力学模型，再根据科学的假设，推导出一般性的公式，这是建筑力学理论研究的常用方法。但理想模型和假设是否正确，理论公式能否在工程实际中应用，都必须通过实验来验证，如梁的正应力实验都属于此类。能巩固和理解课堂上的理论，学会一般理论的验证方法。

(3) 测定应力和变形。工程上很多结构和构件，由于受力情况十分复杂，除了忽略次要因素，通过必要的简化，进行理论计算以外，还必须在实际工程中，利用实验方法测定应力和变形，检查其安全性或为构件设计提出更合理的改进办法提供依据。

20.1　金属材料拉伸实验

常温静载拉伸实验为基本的材料力学性能实验。一些主要的力学性能通过拉伸实验来测定。在实验中要了解低碳钢(典型塑性材料)和铸铁(典型脆性材料)拉伸过程，实验重点为低碳钢的拉伸。

20.1.1 实验目的

(1) 测定低碳钢在拉伸过程中的几个主要力学性能指标：比例极限(弹性极限)σ_p、屈服极限 σ_s、强度极限 σ_b、延伸率 δ 和截面收缩率 Ψ。

(2) 测定铸铁的强度极限 σ_b。

(3) 观察这两种材料的拉伸过程和破坏现象，并绘制拉伸时的 F-Δl 曲线。

20.1.2 实验设备

电子万能实验机，引伸仪，游标卡尺，直尺。

20.1.3 试件

按照国家标准 GB 6397—86《金属拉伸实验试样》，金属拉伸试样的形状随着产品的品种、规格以及实验目的的不同而分为圆形截面试样、矩形截面试样、异形截面试样和不经机加工的全截面形状试样四种。其中最常用的是圆形截面试样和矩形截面试样。如图 20-1 所示。

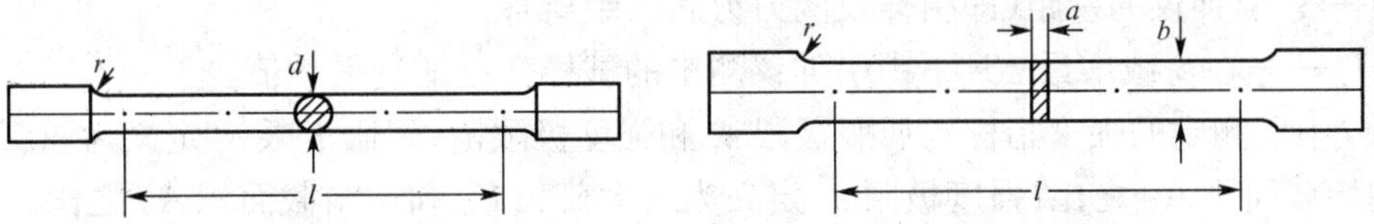

(a) 圆形截面试样　　(b) 矩形截面试样

图 20-1　拉伸试样

圆形截面试样和矩形截面试样均由平行、过渡和夹持三部分组成。平行部分的实验段长度 l 称为试样的标距，按试样的标距 l 与横截面面积 A 之间的关系，分为比例试样和定标距试样。圆形截面比例试样通常取 $l=10d$ 或 $l=5d$，矩形截面比例试样通常取 $l=11.3\sqrt{A}$ 或 $l=5.65\sqrt{A}$。其中，前者称为长比例试样(简称长试样)，后者称为短比例试样(简称短试样)。定标距试样的 l 与 A 之间无上述比例关系。过渡部分以圆弧与平行部分光滑地连接，以保证试样断裂时的断口在平行部分。夹持部分稍大，其形状和尺寸根据试样大小、材料特性、实验目的以及万能实验机的夹具结构进行设计。

20.1.4 实验原理

塑性材料在拉伸过程中的力学现象和脆性材料有明显的不同。图 20-2(a) 表示低碳钢静载拉伸实验 F-Δl 曲线。整个过程主要包括：线弹性变形阶段(OA)，塑性屈服阶段(BC)，强化阶段(CD)，局部颈缩阶段(DE)。

金属塑性变形是由于晶面间产生滑移的结果，在抛光试件表面可观察到沿最大剪应力方向的滑移线，直到最后断裂。图 20-2(b) 表示铸铁的拉伸过程，它是典型的脆性材料，在经过很小的变形后即发生脆性断裂。

为了验证荷载与变形之间成正比的关系，在弹性范围内采用等量逐级加载方法，每次递加同样大小荷载增量 ΔF。在引伸仪上读取相应的变形量。若每次的变形增量大致相等，则说

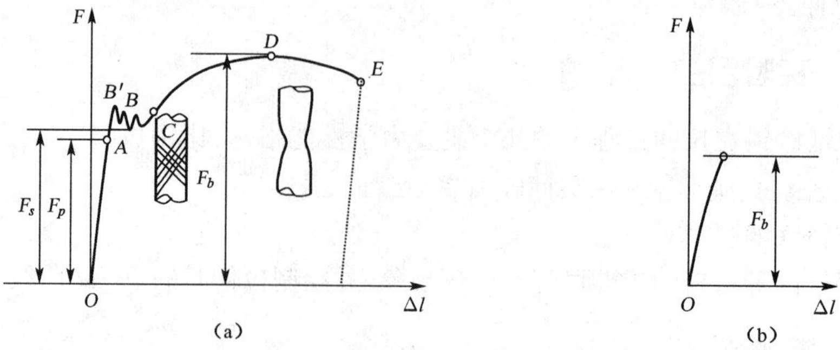

图 20-2 低碳钢和铸铁的 F-Δl 曲线

明荷载与变形成正比关系，即验证了胡克定律。弹性模量 E 可按下式算出：

$$E=\frac{\Delta F\cdot l_0}{A\cdot\Delta\bar{l}_0}$$

式中：ΔF—— 荷载增量；

A—— 试样的横截面面积；

l_0—— 引伸仪的标距(即引伸仪两刀刃间的距离)；

$\Delta\bar{l}_0$—— 在荷载增量 ΔF 下由引伸仪测出的试样变形增量平均值。

实验中要测定的强度指标为屈服极限 σ_s 和强度极限 σ_b。屈服极限 σ_s 定义为屈服时荷载 F_s 和初始截面积 A_0 之比，强度极限 σ_b 定义为最大荷载 F_b 和初始截面积 A_0 之比。于是

$$\sigma_s=\frac{F_s}{A_0}\qquad\sigma_b=\frac{F_b}{A_0}$$

国标 GB 228—87 规定，屈服点 σ_s：呈现屈服现象的金属材料，试样在实验过程中不增加荷载(保持恒定)仍能继续伸长时的应力。如在屈服过程中力发生上下波动，应区分上下屈服点。上屈服点 σ_{su}：试件发生屈服而力首次下降前的最大应力；下屈服点 σ_{sl}：当不计初始瞬时效应时屈服阶段中的最小应力。上屈服点 B' 受变形速度和试件影响较大，而下屈服点 B 则比较稳定。在工程上，如无特殊规定时，一般只测下屈服点。

表示材料塑性大小的两个指标为延伸率 δ 和截面收缩率 ψ，分别为

$$\delta=\frac{l_1-l_0}{l_0}\times100\%$$

$$\psi=\frac{A_0-A_1}{A_0}\times100\%$$

式中：l_0，A_0 —— 实验前的标距和横截面面积；

l_1，A_1—— 拉断后的标距和断口最小横截面面积。

20.1.5 实验步骤

(1) 标记试件标距，量试件直径。用游标卡尺在标距长度内取三处，测每一处截面两个相互垂直方向的直径，取平均值。因为在计算材料强度时，一般考虑试件从最薄弱处的截面破坏，故取三处中最小的平均直径用作计算截面面积。

(2) 打开计算机电源，打开 TestExpert. NET1.0 启动实验程序。打开控制器电源，调整控制器使其进入联机状态。选择合适的负荷传感器，将合适的夹具安装到横梁上。

(3) 按程序左侧的联机按钮，联机需要几十秒钟，联机成功后各通道值在页面显示。按启动按钮，设备启动灯亮，程序大部分实验按钮处于可用状态。

(4) 拉伸夹具上夹头内夹紧试件，使用手控盒或程序移动横梁夹持试件。试件夹好之后在试样的中部装上引伸仪，并将指针调整到 0，用于测量试样中部 l_0 长度(引伸仪两刀刃间的距离)内的微小变形。

(5) 选择拉伸实验程序，输入试样尺寸及相关实验参数。通道力清零，位移清零，单击开始实验按钮开始实验，软件自动切换到操作界面。

(6) 观察实验过程，通过软件观察变形曲线的变化情况。

(7) 实验结束，在实验结果栏中，程序将自动计算并显示出实验结果。

(8) 从实验机上下夹具内取出已被拉断的试样，将试件两截口吻合好，仍用游标卡尺量取并记下两标距线之间的长度 L_1；量取并记下断口处的最小直径 d_1。各数据填入相应表格。

(9) 打印实验报告，关闭软件，关闭实验机电源。

20.1.6 实验记录及结论

表 20-1 测定低碳钢拉伸时的力学性能指标和塑性指标

试样尺寸	实验数据
实验前： 标距 $l=$ mm 直径 $d=$ mm 横截面面积 $A=$ mm^2 实验后： 标距 $l_1=$ mm 最小直径 $d_1=$ mm 横截面面积 $A_1=$ mm^2	屈服荷载 $F_s=$ kN 最大荷载 $F_b=$ kN 屈服极限 $\sigma_s=\frac{F_s}{A}=$ MPa 强度极限 $\sigma_b=\frac{F_b}{A}=$ MPa 伸长率 $\delta=\frac{l_1-l}{l}\times100\%=$ 断面收缩率 $\psi=\frac{A-A_1}{A}\times100\%=$
试 样 草 图	拉 伸 图
实验前： 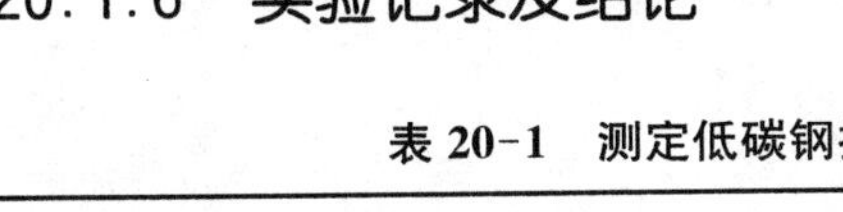 实验后：	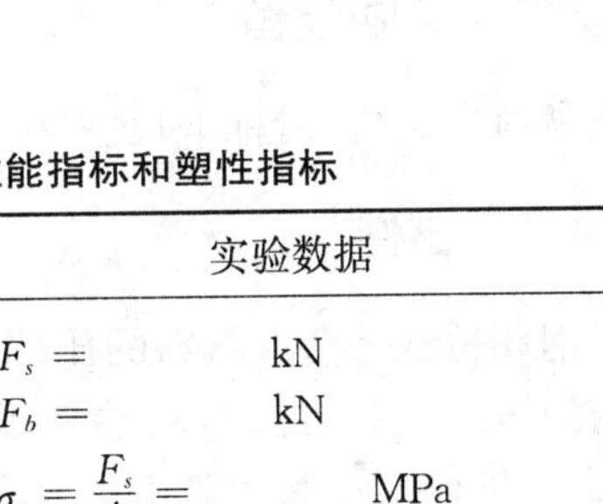

20.1.7 思考题

(1) 低碳钢拉伸图大致可分为几个阶段？每个阶段中力和变形有什么关系？
(2) 塑性材料和脆性材料的断口有什么不同？
(3) 塑性材料和脆性材料的力学性能有什么不同？
(4) 怎样来区别塑性材料和脆性材料？

20.2 金属材料压缩实验

20.2.1 实验目的

(1) 测定低碳钢压缩时的屈服极限 σ_s。
(2) 测定铸铁压缩强度极限 σ_b。
(3) 分别观察两种材料的压缩实验现象及断口特征，并分析破坏原因。

20.2.2 实验设备

万能材料实验机，游标卡尺。

20.2.3 试件

低碳钢和铸铁等金属材料的压缩试件一般制成圆柱形(图 20-3)，目前常用的压缩实验方法是两端平压法，这种压缩实验方法当试件承受压缩时，上下两端面与实验机承台之间产生很大的摩擦力，这些摩擦力阻碍试件上下部的横向变形，导致测得的抗压强度较实际偏高；当试样的高度相对增加时，摩擦力对试样中部的影响就变得小了，因此抗压强度与 h/d 比值有关。由此可见，压缩实验与实验条件有关。为了减少摩擦力的影响以避免试件发生弯曲，在相同的实验条件下，对不同材料的压缩性能进行比较，金属材料的压缩试件 h/d 的值是有规定的。

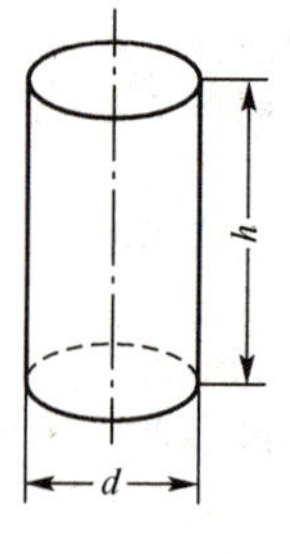

图 20-3 压缩试件

20.2.4 实验原理

对低碳钢材料，在承受压缩荷载时，起初变形较小，力的大小沿直线上升，当超过比例荷载后，变形开始增快，此时显示荷载减慢或基本不变或有所回落的现象，这表明材料已达到屈服，此时的荷载即为屈服荷载。屈服阶段结束后，塑性变形迅速增加，试件截面面积也随之增大，而使试件承受的荷载也随之增加，F-Δl 曲线继续上升(图20-4)，这时试件被压成鼓形，最后压成饼形而不破坏，其强度极限无法测定。

对铸铁材料，当铸铁试件达到最大荷载时突然发生破坏，此时力的大小迅速减小。铸铁试件破坏后表面出现与试件横截面大约成45° ～ 55° 的倾斜断裂面，这是由于脆性材料的抗剪强度低于抗压强度，使试件被剪断(图 20-5)。

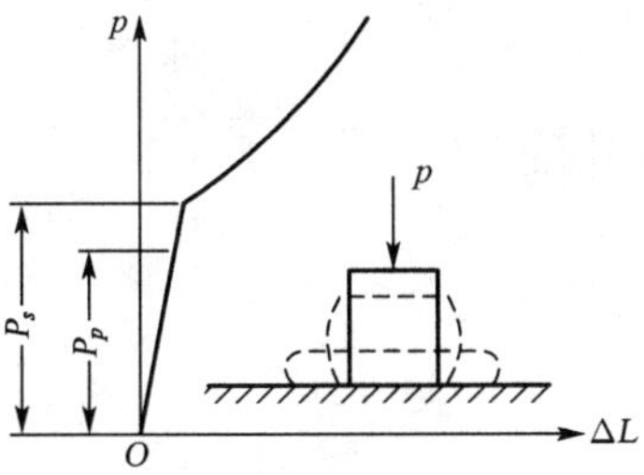

图 20-4　低碳钢压缩

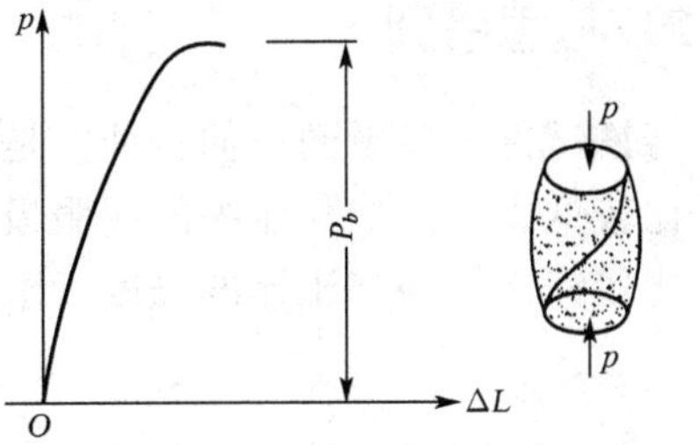

图 20-5　铸铁压缩

材料压缩时的力学性能可以由压缩时的力与变形关系曲线表示。一般来说，低碳钢材料其弹性阶段、屈服阶段与拉伸实验大致相同，弹性模量 E 和屈服极限 σ_s 与拉伸时大致相等。而铸铁受压时却与拉伸时有明显的差别，压缩时曲线上虽然没有屈服阶段，但曲线明显变弯，断裂时有明显的塑性变形，且压缩强度极限远远大于拉伸时的强度极限 σ_b。

20.2.5　实验步骤

(1) 用游标卡尺在试件中点处两个相互垂直的方向测量直径 d，取其平均值，并测量试件高度 h。

(2) 检查设备线路是否连接好，并打开设备电源以及配套软件操作界面。

(3) 将试件放在实验机活动平台的中心上面。

(4) 设置软件界面上的各个实验参数，保证试件与上支承台接触后能以设定的加载速度进行加载，设置完毕后开始实验，进行加载。对低碳钢试件要及时正确地读出屈服荷载 F_s，过了屈服阶段后继续加载，直到试件变形比较明显后停止加载。对铸铁试件，加载至试件破坏为止，读出破坏极限荷载 F_b。

(5) 实验完毕，打印实验报告，关闭软件，关闭电源。

20.2.6　实验数据记录与计算

表 20-2　测定材料压缩时的力学性能

材　料	铸铁/低碳钢	
试样尺寸	$d=$　　mm, $A=$　　mm^2	
试样草图	实验前 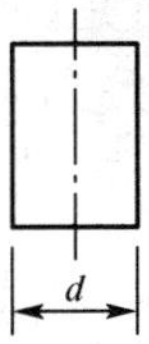	实验后
实验数据	屈服荷载　$F_s=$　　　kN　　屈服应力　$\sigma_s=\frac{F_s}{A}=$　　　MPa	
压 缩 图		

20.2.7 思考题

(1) 铸铁试件断口平面有何特征？是什么应力引起的？

(2) 比较低碳钢拉伸与压缩的屈服极限 σ_s。

(3) 比较铸铁拉伸与压缩的强度极限 σ_b。

20.3 金属材料剪切实验

20.3.1 实验目的

(1) 分别测定低碳钢和铸铁剪切时的强度性能指标：抗切强度 τ_b。

(2) 比较低碳钢和灰铸铁的剪切破坏形式。

20.3.2 实验设备和仪器

万能材料试验机、剪切器、游标卡尺。

20.3.3 试样

常用的剪切试样为圆形截面试样。

20.3.4 实验原理

把试样安装在剪切器内，用万能试验机对剪切器的剪切刀刃施加荷载，则试样上有两个横截面受剪，如图 20-6 所示。随着荷载 F 的增加，剪切面上的材料经过弹性、屈服等阶段，最后沿剪切面被剪断。

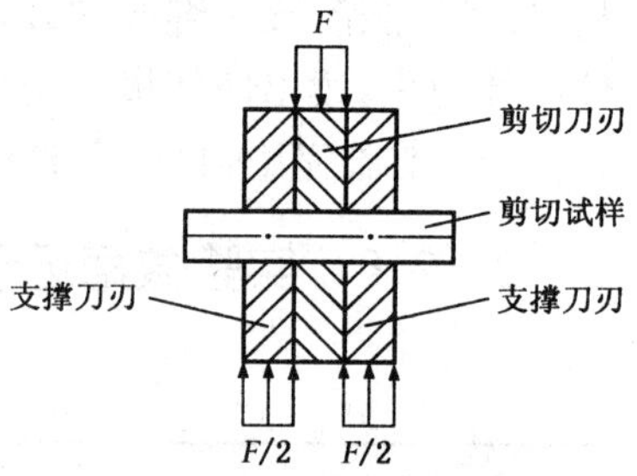

图 20-6 剪切器的原理

用万能试验机可以测得试样被剪坏时的最大荷载 F_b，抗切强度为

$$\tau_b = \frac{F_b}{2A}$$

式中：A——试样的原始横截面面积。

从被剪坏的低碳钢试样可以看到，剪断面已不再是圆，说明试样尚受到挤压应力的作用。同时，还可以看出中间一段略有弯曲，表明试样承受的不是单纯的剪切变形，这与工程中使用的螺栓、铆钉、销钉、键等连接件的受力情况相同，故所测得的 τ_b 有实用价值。

20.3.5 实验步骤

(1) 测量试样的直径(与拉伸试验的测量方法相同)。

(2) 估算试样的最大荷载，选择相应的测力盘，配置好相应的摆锤。调整测力指针，使之对准“0”，将使动指针与之靠拢。

(3) 将试样装入剪切器中。

(4) 把剪切器放到万能试验机的压缩区间内。

(5) 均匀缓慢地加载直至试样被剪断，读取最大荷载 F_b，取下试样，观察破坏现象。

20.3.6 实验数据的记录与计算

表 20-3 测定低碳钢和铸铁剪切时的强度性能指标试验的数据记录与计算

材　料	试样直径 d(mm)	最大荷载 F_b(kN)	抗切强度 $\tau_b = F_b/(2A)$(MPa)
低碳钢			
灰铸铁			

20.3.7 思考题

比较低碳钢和灰铸铁被剪断后的试样，分析破坏原因。

20.4 金属材料扭转实验

20.4.1 实验目的

(1) 测定低碳钢的剪切屈服极限 τ_s 和剪切强度极限 τ_b。

(2) 测定铸铁的剪切强度极限 τ_b。

20.4.2 实验设备

扭转实验机，游标卡尺，直尺。

20.4.3 试件

扭转实验所用试件与拉伸试件的标准相同，一般使用圆形试件，$d_0 = 10$ mm，标距 $l_0 =$ 50 mm 或 $l_0 = 100$ mm。为了防止打滑，扭转试样的夹持段宜为力矩形。

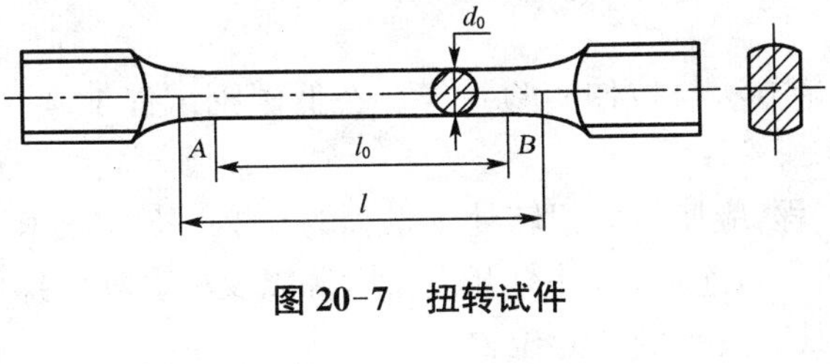

图 20-7 扭转试件

20.4.4 实验原理

低碳钢和铸铁 M-φ 曲线分别如图 20-8(a)、(b)所示。

当低碳钢试件承受的扭矩在剪切比例极限以内时，处于线弹性阶段 OA(图 20-8(b))，切应力和切应变服从虎克定律，即 $\tau = G\gamma$。

当扭矩超过 M_p，试件表面开始形成塑性区，转角越大，塑性区越深入到中心，M-φ 曲线开始平坦，一直到 B 点，这时 $M_n = M_s$，可以近似的认为整个截面切应力都达到屈服极限 τ_s（图 20-9(c)）。则可按下式计算屈服切应力。

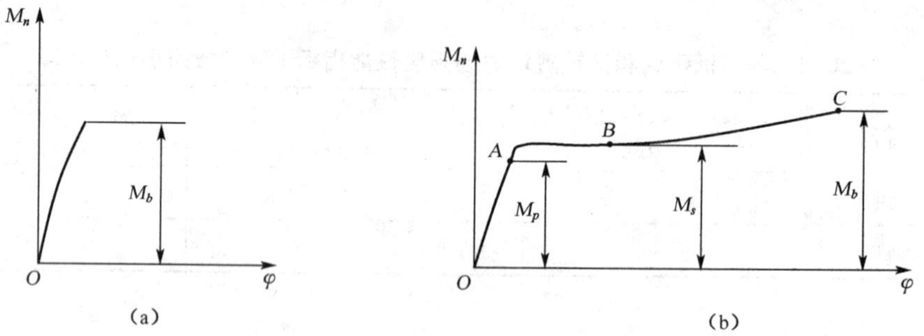

图 20-8　低碳钢和铸铁的 M-φ 曲线

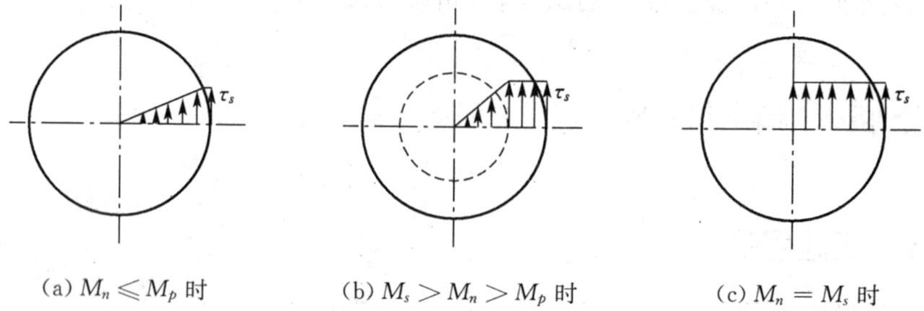

图 20-9　低碳钢的屈服应力

$$M_s = \int_A \tau_s \rho \mathrm{d}A = \tau_s \int_A \rho \mathrm{d}A = \frac{4}{3}\tau_s W_n, \quad \tau_s = \frac{3}{4}\frac{M_s}{W_n}$$

其中 $W_n = \dfrac{\pi d^3}{16}$。变形过 B 点后材料开始强化，一直到 C 点时剪断，τ_b 近似值为 $\tau_b = \dfrac{3}{4}\dfrac{M_b}{W_n}$。

铸铁的 M-φ 曲线从开始受扭直到破坏，近似认为是一条直线，按弹性应力公式其剪切强度极限取 $\tau_b = \dfrac{M_b}{W_n}$。

20.4.5　实验步骤

(1) 测量直径，测量方法与拉伸实验一样。在低碳钢试件上画一条轴向线和两条圆周线，用以观察扭转变形。

(2) 选择合适的量程，应使最大扭转处于量程的 50%～80% 范围。

(3) 检查设备线路是否连接好，并打开设备电源以及配套软件操作界面。

(4) 装夹试件，使其在夹头的中心位置。

(5) 低碳钢试件，在实验过程中，要读出屈服扭矩 M_s 和断裂扭矩 M_b。

(6) 铸铁试件，在实验过程中，要读出断裂扭矩 M_b。

(7) 实验结束后，打印实验结果，关闭软件，关闭电源。

20.4.6 实验记录及结果分析

表 20-4 测定材料扭转时的强度性能指标实验的数据记录与计算

材 料	低 碳 钢	灰 铸 铁
试样尺寸	直 径 $d=$ mm	直 径 $d=$ mm
实验后的试样草图		
实验数据	屈服扭矩 $T_s=$ N·m 最大扭矩 $T_b=$ N·m 扭转屈服应力 $\tau_s=$ MPa	最大扭矩 $T_b=$ N·m 抗扭强度 $\tau_b=$ MPa
试样的扭转图		

20.4.7 思考题

1. 低碳钢和铸铁扭转时变形和破坏情况有何不同？试分析其破坏原因。

2. 根据拉伸、压缩和扭转实验结果，分析塑性材料（低碳钢）和脆性材料（铸铁）的力学性能。

20.5 电测法应力分析实验

20.5.1 电测法基础

电阻应变测量方法是将应变转换成电信号进行测量的方法，简称电测法。电测法的基本原理是：将电阻应变片（简称应变片）粘贴在被测构件的表面，当构件发生变形时，应变片随着构件一起变形，应变片的电阻值将发生相应的变化，通过电阻应变测量仪器（简称电阻应变仪），可测量出应变片中电阻值的变化，并换算成应变值，或输出与应变成正比的模拟电信号（电压或电流），用记录仪记录下来，也可用计算机按预定的要求进行数据处理，得到所需要的应变或应力值。其工作过程如下所示：

应变——电阻变化——电压（或电流）变化——放大——记录——数据处理

电测法具有灵敏度高的特点，应变片重量轻、体积小且可在高（低）温、高压等特殊环境下使用，测量过程中的输出量为电信号，便于实现自动化和数字化，并能进行远距离测量及无线遥测。

为了将应变片的变化以模拟电信号的形式传输出去，需要将应变片与记录仪连接起来。连接的方式有许多种，根据所选用的记录仪的不同，按照这里所介绍的仪器类型，称为CML-1H系列应变力综合测试仪电桥接线方式，每组测点组成同一种电桥的接线方式，如图 20-10～图 20-12 所示。

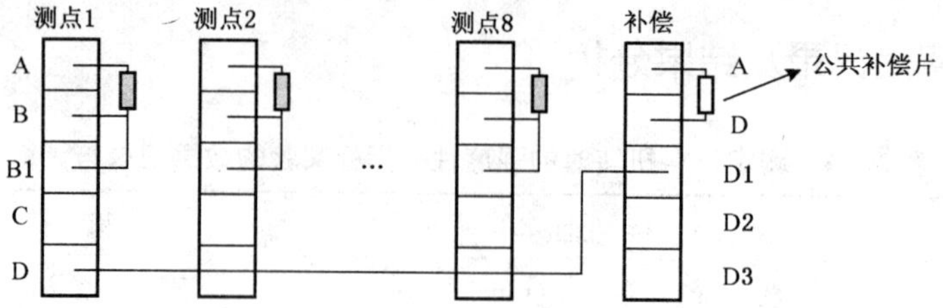

图 20-10　1/4 桥接线方法

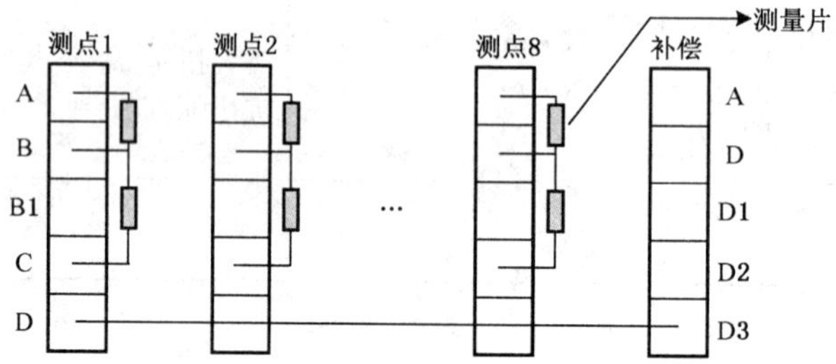

图 20-11　半桥接线方法

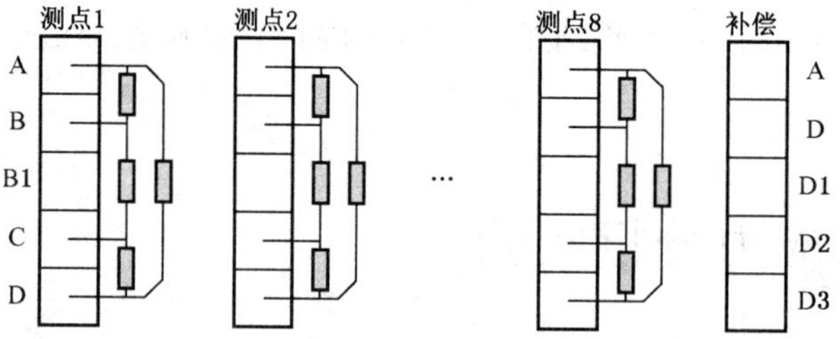

图 20-12　全桥接线方法

本应变仪每一组内的测点也可根据需要组成不同方式的电桥。全桥方式只需接好对应电桥的 $ABCD$ 端即可。1/4 桥、半桥、全桥的混合接线参见图 20-13。

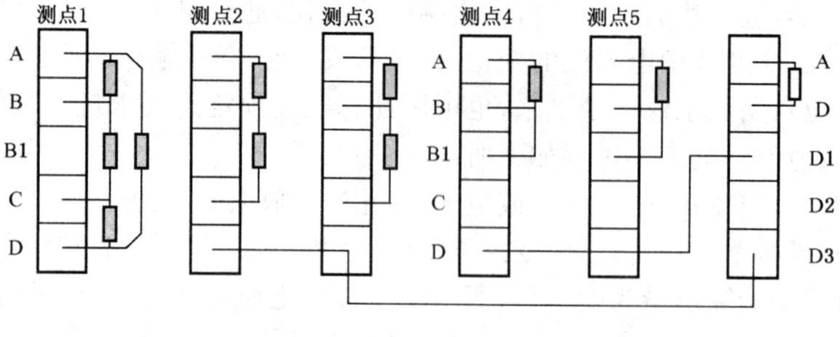

图 20-13　混合接线方法示意图

每一测试组连线应使用屏蔽电缆，长度相等，应变片阻值也应预先挑选，使其基本相等，以利于桥路平衡。

需要注意的是，在本次试验中选用的是 1/4 桥接法。

20.5.2 不同截面梁弯曲正应力实验

1）实验目的

（1）熟悉电测法的基本原理和静态电阻应变仪的使用方法。

（2）掌握矩形、工字形、T形截面梁在纯弯曲时横截面上正应力的分布规律。

（3）比较正应力的实验测量值与理论计算值的差别。

2）实验装置

（1）多用电测实验台。

（2）静态电阻应变仪。

（3）荷载显示仪。

（4）游标卡尺。

如图20-14所示，纯弯曲梁矩形截面材料为45钢调质处理，弹性模量$E=210\,\mathrm{GPa}$，梁的侧面上沿与轴线平行的不同高度均粘贴有单向应变片，每种截面的尺寸及应变片位置如图所示。通过材料力学多功能实验装置（图20-15）实现等量逐级加载，荷载大小由数字荷载显示仪显示。

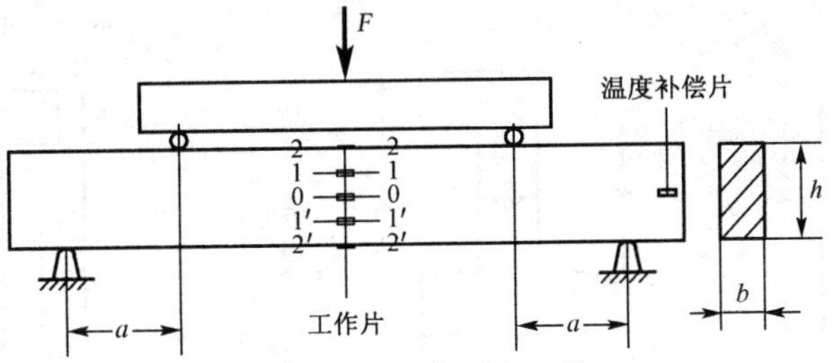

图20-14　矩形截面梁的纯弯曲

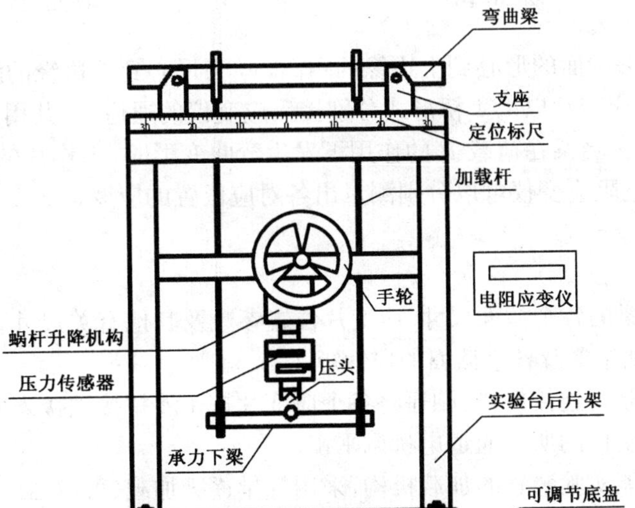

图20-15　多用电测实验台的纯弯曲梁实验装置部分

3）实验原理与方法

在荷载 P 的作用下梁发生弯曲变形，三种截面上所承受的弯矩均为

$$M = \frac{1}{2}P \cdot a$$

横截面上的正应力理论计算公式为

$$\sigma_{理} = \frac{M \cdot y}{I_z}$$

式中 y 为欲求应力点到中性轴的距离。对于矩形截面和工字形截面，梁的中性轴（z 轴）位置均在其几何中心线上，但T形截面梁的中性轴（z 轴）位置不在其几何中心线上，通过计算可得T形截面的中性轴。各截面的惯性矩 I_z 为矩形截面的惯性矩 $I_z = \frac{1}{12}BH^3$，如图20-16(a)所示。

工字形截面的惯性矩 $I_z = \frac{1}{12}(BH^3 - bh^3)$，如图20-16(b)所示。

T形截面的惯性矩 $I_z = \frac{1}{12}Bh_1^3 + Bh_1\left(y_1 - \frac{1}{2}h_1\right)^2 + \frac{1}{12}bh_2^3 + bh_2\left(y_2 - \frac{1}{2}h_2\right)^2$，如图20-17所示。

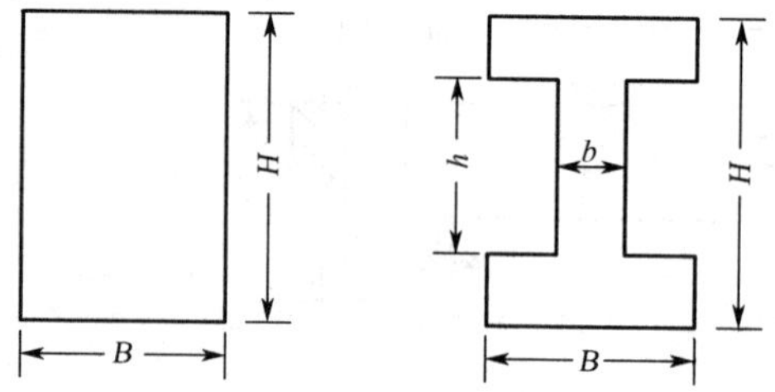

(a) 矩形截面　　(b) 工字形截面

图 20-16

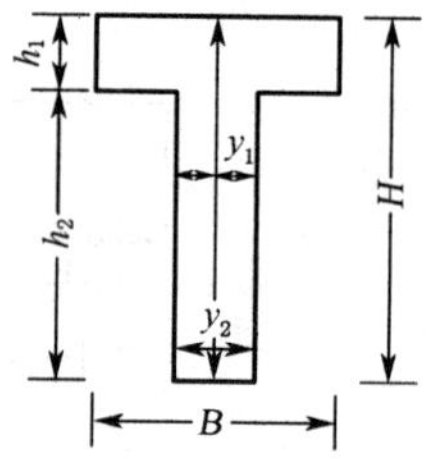

图 20-17　T形截面

其中 y_1 为T形截面的形心到上边缘的距离，y_2 为形心到下边缘的距离。

将每段梁上的应变片以1/4桥形式分别接入应变仪的通道中，共用一个温度补偿片，组成1/4桥接法电桥。当梁在荷载 P 的作用下发生弯曲变形时，工作片的电阻随着梁的变形而发生变化，通过电阻应变仪可以分别测量出各对应位置的应变量 $\varepsilon_{实}$。根据胡克定律可计算出相应的应力值。

4）实验步骤

(1) 分别测量梁的各个截面尺寸、应变片位置参数及其他有关尺寸，预热应变仪和荷载显示仪。计算中性轴位置及各个截面的惯性矩 I_z。

(2) 检查仪器是否连接好，按顺序将各个应变片按1/4桥接法接入应变仪所选通道上。

(3) 逐一将应变仪的所选通道电桥调平衡。

(4) 摇动多功能实验装置的加载机构，采用等量逐级加载（可取 $\Delta P = 1$ kN），每加一级荷载，分别读出各相应电阻应变片的应变值。加载应保持缓慢、均匀、平稳。

(5) 将实验数据记录在实验报告的相应表格中。

(6) 整理仪器，结束实验。

5）实验数据记录与计算

表 20-5

矩形截面

$E=$ GPa，$a=$ mm，$B=$ mm，$H=$ mm，$I_z=$ mm^4

应变(μ_ε) 荷载(kN)		1-1 点 $y=$ mm		2-2 点 $y=$ mm		3-3 点 $y=$ mm		4-4 点 $y=$ mm		5-5 点 $y=$ mm	
读数	增量	读数	增量	读数	增量	读数	增量	读数	增量	读数	增量
$\overline{\Delta P}=$ N											
$\sigma_{实}=$ MPa											
$\sigma_{理}=$ MPa											
误差 = %											

工字形截面

$E=$ GPa，$a=$ mm，$B=$ mm，$H=$ mm，$b=$ mm，$h=$ mm，$I_z=$ mm^4

应变(μ_ε) 荷载(kN)		6-6 点 y= *mm*		7-7 点 y= *mm*		8-8 点 y= *mm*		9-9 点 y= *mm*		10-10 点 y= *mm*	
读数	增量	读数	增量	读数	增量	读数	增量	读数	增量	读数	增量
$\Delta\overline{P}=$ N											
$\sigma_{实}=$ MPa											
$\sigma_{理}=$ MPa											
误差 = %											

续表 20-5

T形截面

$E=$ GPa, $a=$ mm, $B=$ mm, $H=$ mm, $h_1=$ mm, $h_2=$ mm,

$y_1=$ mm, $y_2=$ mm, $I_z=$ mm^4

应变(μ_ε) 荷载(kN)		11-11点 $y=$ mm		12-12点 $y=$ mm		13-13点 $y=$ mm		14-14点 $y=$ mm		15-15点 $y=$ mm	
读数	增量	读数	增量	读数	增量	读数	增量	读数	增量	读数	增量
$\Delta\bar{P}=$ N											
$\sigma_{实}=$ MPa											
$\sigma_{理}=$ MPa											
误差= %											

6）注意事项

（1）加载时要缓慢，防止冲击。

（2）读取应变值时，应保持荷载稳定。

（3）各引线的接线柱必须拧紧，测量过程中不要触动引线，以免引起测量误差。

20.6 桁架内力测定实验

20.6.1 实验目的

（1）测定桁架指定杆件的内力。

（2）比较理论计算结果与实际测量结果间的误差。

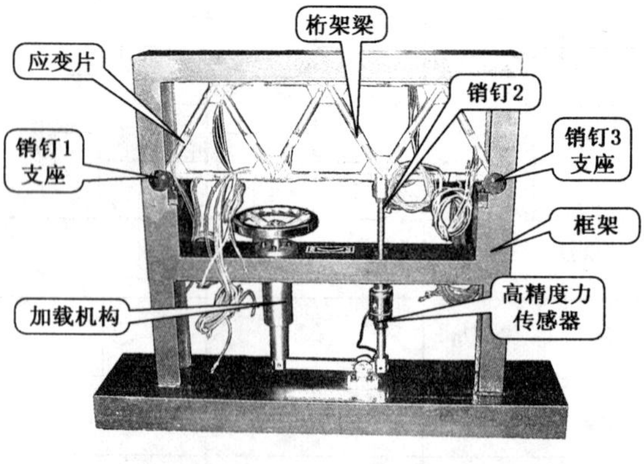

图 20-18　工程结构内力实验台

20.6.2 实验仪器

工程结构内力实验台、静态电阻应变仪、荷载显示仪。

20.6.3 实验原理

桁架结构简图如图 20-19。

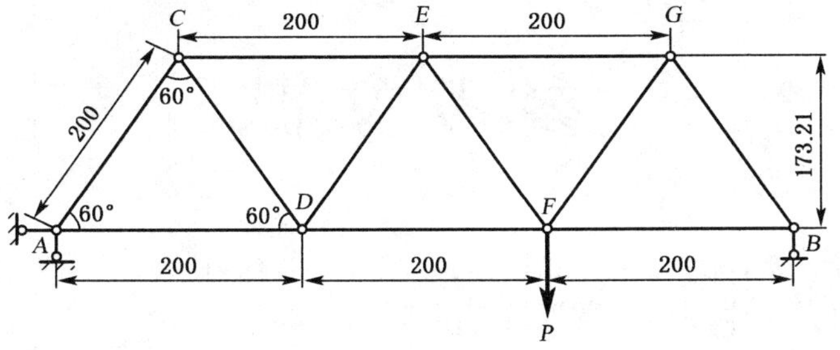

图 20-19　桁架结构简图

每个杆长度 $L = 200$ mm，高度 $H = 173$ mm，桁架上长 400 mm、下长 600 mm。

各点约束情况为铰支时：支座反力 $F_{Ay} = \frac{1}{3}P$，$F_{By} = \frac{2}{3}P$。

利用结点法或截面法根据平衡方程可求出桁架结构内部任意杆件所受的轴力。

如计算得 $F_{EF} = \frac{1}{3\sin 60°}P$，$F_{FG} = \frac{2}{3\sin 60°}P$。

20.6.4　实验步骤

(1) 将桁架梁放入支座中，然后将销子插入桁架梁的孔中，固定在将中间加载的连接件用销钉插好，加载时看好加载指示牌进行加载，并看好仪器测力指示进行加载。

(2) 先加载 100 N 的预荷载，然后匀速分级逐次加载 500 N，且加载四次，最终加载至 2 000 N，并逐次读取应变值计入表格中。

(3) 试验结束，整理实验数据并进行计算。

20.6.5　实验记录和要求

根据得出的应变值计算各杆上的应力，研究应力分布情况，并为以后工程结构的设计提供一些理论上的帮助。

表 20-6

测杆编号	P	ε	σ	N 测定	N 理论	误差
FG 杆	500					
	1 000					
	1 500					
	2 000					
EF 杆	500					
	1 000					
	1 500					
	2 000					

20.6.6　思考题

实验结果发现误差很大，原因是什么？

参 考 文 献

1 龙驭球,包世华主编.结构力学.北京:高等教育出版社,1979
2 沈伦序主编.建筑力学.北京:高等教育出版社,1985
3 李廉锟主编.结构力学.第3版.北京:高等教育出版社,1997
4 范钦珊主编.工程力学教程.第1版.北京:高等教育出版社,1998
5 李前程,安学敏.建筑力学.北京:中国建筑工业出版社,1998
6 周国瑾,施美丽,张景良.建筑力学.上海:同济大学出版社,1999
7 于光瑜,秦惠民.建筑力学.北京:高等教育出版社,1999
8 张流芳主编.材料力学.武汉:武汉工业大学出版社,1999
9 张来仪等.结构力学.第1版.北京:中国建筑工业出版社,1997
10 薛明德主编.力学与工程技术的进步.第1版.北京:高等教育出版社,2001
11 孙训方主编.材料力学.北京:高等教育出版社,2001
12 张曦主编.建筑力学.北京:中国建筑工业出版社,2002
13 王长连等.建筑力学(上).北京:中国建筑工业出版社,2006
14 王长连,梁艳波等.建筑力学(上、下册).北京:清华大学出版社,2008
15 武建华主编.材料力学.重庆:重庆大学出版社,2002
16 卢光斌主编.土木工程力学.北京:机械工业出版社,2003
17 张良成主编.工程力学与建筑构造.北京:科学出版社,2002
18 陈应龙主编.建筑力学.北京:高等教育出版社,2000